B.I.-Hochschultaschenbücher
Band 106

Formelsammlung zur Numerischen Mathematik

von
Gisela Jordan-Engeln
Akademische Oberrätin
und
Fritz Reutter
o. Professor
an der Rheinisch-Westfälischen Technischen Hochschule Aachen

2., überarbeitete und erweiterte Auflage

Anhang Fortran IV-Programme

von
Dieter Axmacher, Werner Glasmacher,
Dietmar Sommer, Thomas Tolxdorff,
Diether Wittek
Aachen

Bibliographisches Institut Mannheim/Wien/Zürich
B.I.-Wissenschaftsverlag

CIP-Kurztitelaufnahme der Deutschen Bibliothek

Jordan-Engeln, Gisela
Formelsammlung zur numerischen Mathematik / von Gisela Jordan-Engeln u. Fritz Reutter. Anh.: Fortran IV-Programme / von Dieter Axmacher . . . – 2., überarb. u. erw. Aufl. – Mannheim : Bibliographisches Institut, 1976.
(B.I.-Hochschultaschenbücher ; Bd. 106)
ISBN 3-411-05106-X

NE : Reutter, Fritz :

Druck und Bindearbeit: Hain-Druck KG, Meisenheim/Glan
Printed in Germany
ISBN 3-411-05106-X

VORWORT

Das vorliegende Hochschultaschenbuch enthält eine Sammlung der gebräuchlichsten Verfahren der numerischen Mathematik. Sie beginnt bei Verfahren zur Auflösung von Gleichungen und Gleichungssystemen und führt über Eigenwertaufgaben bei Matrizen, Approximation und Interpolation von Funktionen, numerische Quadratur bis zur Behandlung von Anfangswert- und Randwertaufgaben für gewöhnliche Differentialgleichungen. Für Aufgaben aus einigen weiterführenden Gebieten, die im Rahmen dieses Buches nicht behandelt werden, sind Literaturangaben gemacht.

Dieses Hochschultaschenbuch soll dem Benutzer numerischer Verfahren zur Lösung konkreter Aufgaben nicht nur Formeln bieten, wie der Titel vermuten lassen könnte, sondern darüberhinaus jeweils eine exakte Erläuterung der Anwendung der Verfahren. Dabei wird, ausgehend von den Voraussetzungen, der Ablauf des Verfahrens in Form von Algorithmen und durch Rechenschemata zur Erleichterung der Rechnungsführung beschrieben. Ferner werden Entscheidungshilfen für die Auswahl des für ein Problem günstigsten Verfahrens angegeben, wobei die jeweiligen Vorzüge und Nachteile erörtert und vor allem der erforderliche Rechenaufwand berücksichtigt wird.

Auf die Beweise der Verfahren wird verzichtet. Sie finden sich zum Teil in dem Hochschultaschenbuch Nr. 104 "Numerische Mathematik für Ingenieure". Ferner wird auf die am Ende der Abschnitte angegebene Literatur verwiesen.

Es werden sowohl Verfahren angegeben, die sich besonders gut für Datenverarbeitungsanlagen eignen, als auch solche für den Einsatz konventioneller Rechenhilfsmittel.

Der Anhang "Fortran IV-Programme" enthält vollständige Programme zu den meisten der angegebenen Verfahren. Die Programme und zugehörige Erläuterungen sind in einer einheitlichen Form dargestellt einschließlich der Eingabe- und Ausgabeanweisungen, so daß sie von einem Benutzer leicht nachvollzogen werden können. Den Programmen sind auf der Anlage CD 6400 des Rechenzentrums der RWTH Aachen durchgerechnete Beispiele angefügt.

An erster Stelle danken wir sehr herzlich Herrn Dipl.-Math. Dieter Axmacher, der die Fortran IV-Programme für den Anhang hergestellt und mit den Erläuterungen versehen hat.

Unser Dank gilt ferner Herrn Dr. D. Sommer für eine Durchsicht des Anhangs sowie ihm und Herrn Dr. W. Glasmacher für die Überlassung der beiden von ihnen erstellten Programme P 4.2.4 und P 11.1. Den Herren cand. math. R. Jansen und cand. math. B. Lenz danken wir für die Zusammenstellung des Sachregisters und die Mithilfe beim Lesen der Korrekturen.

Frau H. Baumert hat das reproduktionsreife Manuskript mit größter Sorgfalt und mit sehr viel Einfühlungsvermögen für die übersichtliche Anordnung mathematischer Formelsätze geschrieben, Fräulein V. Rehfeldt hat bei der technischen Herstellung von Tabellen und Abbildungen und dem Eintragen von Zeichen mitgewirkt, ferner haben Frau E. Schöller, Frau M. Schnapauff und Herr K. Pütz die Fertigstellung tatkräftig unterstützt. Ihnen allen gilt unser herzlicher Dank.

Dem Bibliographischen Institut danken wir für die bereitwillige Erfüllung unserer Wünsche.

Aachen, im März 1974

Gisela Jordan-Engeln
Fritz Reutter

VORWORT ZUR ZWEITEN AUFLAGE.

In der neuen Auflage sind die Kapitel 2, 3 und 7 durch die Aufnahme von neueren computergerechten Verfahren stark erweitert und überarbeitet worden unter Verzicht auf einige heute weniger gebräuchliche Verfahren. Ebenso wurden in die Kapitel 5, 10 und 11 weitere Verfahren aufgenommen.

Wesentlich erweitert und überarbeitet wurde der Anhang. Dort wurden neue Programme zur Bestimmung sämtlicher Nullstellen von Polynomen, zur

Auflösung bandstrukturierter Gleichungssysteme, zur Bestimmung sämtlicher Eigenwerte und Eigenvektoren von Matrizen und zur Spline-Interpolation aufgenommen.

Herr cand. inf. T. Tolxdorff hat die bisher vorhandenen Programme zum Teil überarbeitet, zum Teil neu erstellt und eine Reihe neuer Programme beigesteuert, beim Lesen der Korrekturen für den Programmteil mitgearbeitet und beim Einarbeiten der Programmlisten in das Manuskript. Herr Dipl.-Math. D. Wittek hat ebenfalls einige neue Programme beigesteuert und beim Korrekturlesen des Programmteils geholfen. Frau Dipl.-Math. A. Reutter und Herr cand. inf. R. Hollmann haben die Korrekturen für den gesamten Band gelesen. Herr R. Hollmann hat außerdem beim Einarbeiten der Programmlisten in den Text mitgeholfen und alle zeichentechnischen Arbeiten für das Manuskript übernommen.

Frau H. Baumert und Frau M. Schnapauff haben das reproduktionsreife Manuskript mit großer Sorgfalt und Mühe geschrieben. Frau E. Schöller hat die Fertigstellung des Manuskripts tatkräftig unterstützt und das neue Sachregister mit Sorgfalt erstellt. - Ihnen allen danken wir sehr herzlich für ihren unermüdlichen Einsatz.

Dem Bibliographischen Institut danken wir für die bereitwillige Erfüllung unserer Wünsche.

Aachen, im August 1976

Gisela Jordan-Engeln
Fritz Reutter

BEZEICHNUNGEN.

$<$ $\leq$	kleiner, kleiner oder gleich
$>$ $\geq$	größer, größer oder gleich
$a \ll b$	a ist wesentlich kleiner als b
$\approx$	ungefähr gleich
$\sim$	proportional
$\in$	ist Element von
$\subset$	ist Teilmenge von
$\Rightarrow$	daraus folgt
$\prod$	Produktzeichen
$:=$	ist Bezeichnung für (Definition)
(a,b)	offenes Intervall von a bis b, $a < b$
$[a,b]$	abgeschlossenes Intervall von a bis b, $a < b$
$(a,b]$	halboffenes Intervall von a bis b (links offen), $a < b$
$[a,b)$	halboffenes Intervall von a bis b (rechts offen), $a < b$
$\mathbb{N}$	Menge der natürlichen Zahlen
$\mathbb{Z}$	Menge der ganzen Zahlen
$\mathbb{Q}$	Menge der rationalen Zahlen
$\mathbb{R}$	Menge der reellen Zahlen
$\mathbb{C}$	Menge der komplexen Zahlen
$\{x,y \mid x \in [a,b],\ y \in [c,d]\}$	Menge der Elemente x,y mit $x \in [a,b]$, $y \in [c,d]$
R^n	n-dimensionaler euklidischer Raum
$C^n[a,b]$	Menge der auf $[a,b]$ n-mal stetig differenzierbaren Funktionen
$C[a,b]$	Menge der auf $[a,b]$ stetigen Funktionen
$A = O(h^q)$	der Ausdruck A ist von der Ordnung h^q für $h \to 0$, d.h. es gilt $\lvert A/h^q \rvert \leq c$ mit $c = \text{const.}$
$0(1)n$	$0,1,2,\ldots,n$
[A]	s. im Literaturverzeichnis unter [A]

INHALTSVERZEICHNIS.

Seite

Seite

1. DARSTELLUNG VON ZAHLEN UND FEHLERANALYSE.

1.1 DEFINITION VON FEHLERGRÖSSEN.

Ein numerisches Verfahren liefert im allgemeinen anstelle einer gesuchten Zahl x nur einen Näherungswert X für diese Zahl x. Zur Beschreibung dieser Abweichung werden Fehlergrößen eingeführt.

DEFINITION 1.1 (*wahrer und absoluter Fehler*).

Ist X ein Näherungswert für die Zahl x, so heißt die Differenz

$$\Delta_x = x - X$$

der wahre Fehler von X und deren Betrag

$$|\Delta_x| = |x - X|$$

der absolute Fehler von X.

In den meisten Fällen ist die Zahl x nicht bekannt, so daß weder der wahre noch der absolute Fehler eines Näherungswertes X angegeben werden kann. Daher versucht man, für den absoluten Fehler $|\Delta_x|$ von X eine möglichst kleine obere Schranke $\alpha_x > 0$ anzugeben, so daß gilt $|\Delta_x| \le \alpha_x$.

DEFINITION 1.2 (*maximaler absoluter Fehler, absoluter Höchstfehler*).

Ist $|\Delta_x|$ der absolute Fehler eines Näherungswertes X und ist $\alpha_x > 0$ eine möglichst kleine obere Schranke für $|\Delta_x|$, so daß

(1.1) $$|\Delta_x| \le \alpha_x$$

gilt, dann heißt α_x maximaler absoluter Fehler oder absoluter Höchstfehler von X.

Bei bekanntem α_x ist wegen $|\Delta_x| = |x-X| \le \alpha_x$

(1.2) $$X - \alpha_x \le x \le X + \alpha_x \text{ , also } x \in [X - \alpha_x, X + \alpha_x] .$$

Um die Qualität von Näherungswerten vergleichen zu können, wird der relative Fehler eingeführt.

DEFINITION 1.3 (*relativer Fehler*).

Ist $|\Delta_x|$ der absolute Fehler eines Näherungswertes X für die Zahl x, so heißt der Quotient $\dfrac{|\Delta_x|}{|X|} = \dfrac{|x-X|}{|X|}$

der relative Fehler von X.

DEFINITION 1.4 (*maximaler relativer Fehler, relativer Höchstfehler*).

Ist $|\Delta_X|/|X|$ der relative Fehler eines Näherungswertes X und ist $\varrho_X > 0$ eine möglichst kleine obere Schranke für $|\Delta_X|/|X|$, so daß

$$\frac{|\Delta_X|}{|X|} \le \varrho_X$$

gilt, dann heißt ϱ_X maximaler relativer Fehler oder relativer Höchstfehler von X.

Ist α_X ein absoluter Höchstfehler von X, so ist wegen (1.1) $\alpha_X/|X| = \varrho_X$ ein relativer Höchstfehler von X.

Häufig wird ein relativer Fehler oder Höchstfehler mit 100 multipliziert und in Prozent (°/o) angegeben; die entsprechende Größe σ_X heißt *prozentualer Fehler* von X

$$\sigma_X = 100\ \varrho_X\ \%\ .$$

1.2 DEZIMALDARSTELLUNG VON ZAHLEN.

Für jede ganze Zahl a gibt es genau eine Entwicklung nach absteigenden Potenzen der Basis 10 (*Zehnerpotenzen*) der Gestalt

$$(1.3)\qquad a = \pm(a_n\, 10^n + a_{n-1}\, 10^{n-1} + \ldots + a_1\, 10^1 + a_0\, 10^0)$$

mit Koeffizienten $a_k \in \{0, 1, 2, 3, 4, 5, 6, 7, 8, 9\}$ und einer nichtnegativen ganzen Zahl n. Die *Dezimaldarstellung* von a erhält man, indem man die Ziffern, die zur Bezeichnung der Zahlen a_k dienen, in derselben Reihenfolge wie in (1.3) aufschreibt:

$$(1.4)\qquad a = \pm\, a_n\, a_{n-1} \cdots a_1\, a_0\ .$$

Die Ziffern a_k in der Dezimaldarstellung (1.4) werden auch *Stellen* genannt.

Jede nicht ganze Zahl a besitzt genau eine Entwicklung nach absteigenden Zehnerpotenzen, in der mindestens eine Potenz mit einem negativen Exponenten auftritt, also ein Glied der Form

$$a_{-k}\, 10^{-k} \quad \text{mit} \quad k \in \mathbb{N}\ , \quad a_{-k} \neq 0\ .$$

Die Dezimaldarstellung einer nicht ganzen Zahl heißt *Dezimalbruch*. Im Dezimalbruch einer Zahl a wird nach der Stelle a_0 ein Komma gesetzt:

$$(1.5) \qquad a = \pm\, a_n\, a_{n-1} \dots a_1\, a_0,\, a_{-1}\, a_{-2} \dots a_{-k}\ .$$

Die rechts vom Komma notierten Stellen heißen *Dezimalstellen* oder *Dezimalen*. Gibt es in einem Dezimalbruch eine Dezimale $a_{-m} \neq 0$, so daß alle folgenden Dezimalen $a_{-m-1} = a_{-m-2} = \dots = 0$ sind, dann heißt der Dezimalbruch *endlich*, andernfalls *unendlich*. Bekanntlich gilt

LEMMA 1.1. Jede rationale Zahl p/q mit teilerfremden $p \in \mathbb{Z}$ und $q \in \mathbb{N}$ wird durch einen endlichen oder durch einen unendlichen periodischen Dezimalbruch dargestellt, jede irrationale Zahl durch einen unendlichen nicht periodischen Dezimalbruch.

DEFINITION 1.5 (*tragende Stellen*).
Alle Stellen einer Dezimaldarstellung (1.4) oder (1.5), beginnend mit der ersten von 0 verschiedenen Stelle, heißen tragende Stellen.

1.3 RUNDUNGSVORSCHRIFTEN FÜR DEZIMALZAHLEN.

Wenn von einer Zahl $a \neq 0$ mit der Entwicklung

$$(1.6) \qquad a = \pm(a_n\, 10^n + a_{n-1}\, 10^{n-1} + \dots + a_{n-m+1}\, 10^{n-m+1} + a_{n-m}\, 10^{n-m} + \dots)$$

mit $a_n \neq 0$, $n \in \mathbb{Z}$, nur m tragende Stellen, $m \geq 1$, berücksichtigt werden sollen, kann man die auf a_{n-m+1} folgenden Stellen $a_{n-m}, \dots$ weglassen und erhält für a die Näherungszahl

$$(1.7) \qquad a^* = \pm(a_n\, 10^n + a_{n-1}\, 10^{n-1} + \dots + a_{n-m+1}\, 10^{n-m+1})\ .$$

VORSCHRIFT 1.1 (*Rundung auf m tragende Stellen*).
Um eine Zahl a mit der Entwicklung (1.6) mit $a_n \neq 0$, $n \in \mathbb{Z}$ auf m tragende Stellen zu runden ($m > 1$), wird die Entwicklung nach dem m-ten Glied $a_{n-m+1}\, 10^{n-m+1}$ abgebrochen, und es gilt mit (1.7):

1. Ist $|a-a^*| < \frac{1}{2}\, 10^{n-m+1}$, so bleibt a_{n-m+1} unverändert.
2. Ist $|a-a^*| \geq \frac{1}{2}\, 10^{n-m+1}$, so wird a_{n-m+1} durch $a_{n-m+1} + 1$ ersetzt

oder

VORSCHRIFT 1.2 (*Rundung auf m tragende Stellen*).

In Vorschrift 1.1 wird 2. ersetzt durch

2. a) Ist $|a-a^*| > \frac{1}{2}\,10^{n-m+1}$, so wird a_{n-m+1} durch $a_{n-m+1}+1$ ersetzt.

   b) Ist $|a-a^*| = \frac{1}{2}\,10^{n-m+1}$, so bleibt a_{n-m+1} unverändert, falls es eine gerade Zahl ist, andernfalls wird es durch $a_{n-m+1}+1$ ersetzt.

DEFINITION 1.6 (*Rundungsfehler*).

Ist A die Zahl, die durch Rundung der Zahl a nach der Vorschrift 1.1 oder 1.2 entsteht, so heißt der absolute Fehler

$$|\Delta_a| = |a - A|$$

der Rundungsfehler von A.

LEMMA 1.2. Bei Rundung einer Zahl nach der Vorschrift 1.1 oder 1.2 beträgt der Rundungsfehler höchstens eine halbe Einheit der letzten mitgeführten Stelle.

1.4 SCHREIBWEISE FÜR NÄHERUNGSZAHLEN UND REGELN ZUR BESTIMMUNG DER ANZAHL SICHERER STELLEN.

Ist X der Näherungswert für eine gesuchte Zahl x, so gilt nach (1.2)

$$X - \alpha_X \le x \le X + \alpha_X \qquad \text{oder} \qquad x \in [X - \alpha_X,\, X + \alpha_X] .$$

Will man diese Schreibweise vermeiden und allein durch das Aufschreiben der Näherungszahl X Auskunft über die Größe von α_X erhalten, so benutzt man den Begriff der sicheren Stelle.

DEFINITION 1.7 (*Sichere Stellen*).

Die Stelle a_{n-m+1} einer Näherungszahl

$$X = \pm\,(a_n\, 10^n + a_{n-1}\, 10^{n-1} + \ldots + a_{n-m+1}\, 10^{n-m+1} + \ldots)$$

heißt sicher, wenn für den absoluten Höchstfehler α_X gilt $\alpha_X \le \Omega \cdot 10^{n-m+1}$ mit $\frac{1}{2} \le \Omega \le 1$ fest, andernfalls heißt sie unsicher.

Ist a_j eine sichere Stelle, so sind auch alle vorangehenden tragenden Stellen sicher. Man trifft die folgende

VEREINBARUNG: Die letzte tragende Stelle einer Näherungszahl X muß eine sichere Stelle sein.

Bei Funktionentabellen wird i.a. $\Omega = \frac{1}{2}$ gewählt, bei der Angabe von Meßergebnissen $\Omega = 1$.

Im folgenden geben wir noch Regeln zur Bestimmung der Höchstzahl sicherer Stellen einer Näherungszahl an, die durch arithmetische Operationen angewandt auf Näherungszahlen entsteht (s. [66], S.98-100).

1. Bei der *Addition und Subtraktion* von Näherungszahlen werden im Ergebnis höchstens so viele Dezimalstellen beibehalten, wie die Näherungszahl mit der kleinsten Anzahl von Dezimalstellen besitzt.

2. Bei der *Multiplikation und Division* von Näherungszahlen besitzt das Ergebnis mindestens zwei sichere Stellen weniger als die Näherungszahl mit der kleinsten Anzahl sicherer Stellen und höchstens gleich viele wie diese.

3. Beim *Potenzieren* von Näherungszahlen besitzt das Ergebnis höchstens so viele sichere Stellen, wie die zu potenzierende Zahl besitzt.

4. Beim *Wurzelziehen* besitzt das Ergebnis höchstens so viele sichere Stellen, wie der Näherungswert des Radikanden besitzt.

Bei allen Zwischenergebnissen wird man eine (oder mehrere) Stelle(n) mehr stehen lassen, als aus den Regeln 1 bis 4 folgt. Im Endergebnis werden diese Reservestellen dann weggelassen.

Will man ein Ergebnis mit einer bestimmten Anzahl sicherer Stellen erhalten und können die in die Rechnung eingehenden Näherungswerte mit beliebiger Genauigkeit angegeben werden, so muß man diese mit so vielen sicheren Stellen in die Rechnung einführen, als sie nach den Regeln 1 bis 4 ein Ergebnis mit der gewünschten Zahl sicherer Stellen plus eins liefern.

1.5 FEHLERQUELLEN.

Bei der numerischen Behandlung eines Problems treten verschiedene Fehlerquellen auf. Der Gesamtfehler (oder akkumulierte Fehler) setzt sich zusammen aus dem:

1. Verfahrensfehler,
2. Eingangsfehler,
3. Rechnungsfehler.

1.5.1 DER VERFAHRENSFEHLER.

Viele Verfahren der numerischen Mathematik beruhen darauf, daß anstelle eines vorgelegten Problems, für welches eine geeignete Lösungsformel nicht existiert, ein Ersatzproblem derart formuliert wird, daß dessen Lösung a) numerisch berechnet werden kann und b) von der gesuchten Lösung des vorgelegten Problems hinreichend wenig abweicht. Die exakte Lösung eines solchen Ersatzproblems ist eine Näherungslösung für das vorgelegte Problem. Die Differenz zwischen der gesuchten Lösung und einer solchen Näherungslösung heißt der *Verfahrensfehler* des betreffenden numerischen Verfahrens. Er kann also nur im Zusammenhang mit dem jeweils verwendeten Verfahren untersucht werden, und das geschieht dort unter der Voraussetzung, daß die Anfangsdaten frei von Fehlern sind, so daß kein Eingangsfehler entsteht, und daß keine Rechnungsfehler auftreten.

1.5.2 DER EINGANGSFEHLER.

Der Fehler des Ergebnisses einer Aufgabe, der durch die Fehler der Anfangsdaten hervorgerufen wird, heißt *Eingangsfehler*.

Man nimmt an, das Resultat y sei eine reellwertige Funktion f, die sich aus den Anfangsdaten $x_1, x_2, \ldots, x_n$ berechnen läßt

$$y = f(x_1, x_2, \ldots, x_n) =: f(\mathfrak{x}) \text{ mit } \mathfrak{x}' = (x_1, x_2, \ldots, x_n) .$$

Sind nun statt der Argumente x_i nur Näherungswerte X_i bekannt, so erhält man statt des gesuchten Funktionswertes y einen Näherungswert Y

für y mit

$$Y = f(X_1, X_2, \ldots, X_n) =: f(\mathfrak{X}) \quad , \quad \mathfrak{X}' = (X_1, X_2, \ldots, X_n) \ .$$

Im folgenden wird eine obere Schranke für den Fehler $\Delta_y = y - Y$ bei Fehlern $\Delta_{x_i} = x_i - X_i$ der Anfangsdaten x_i angegeben.

SATZ 1.1. Es sei $G = \left\{ \mathfrak{x} \,\middle|\, |x_i - X_i| \leq \alpha_{x_i},\ i = 1(1)n \right\}$, ferner seien $\mathfrak{x} \in G$ und $\mathfrak{X} \in G$, und f besitze in G stetige erste partielle Ableitungen f_{x_i}. Dann gibt es in G ein $\bar{\mathfrak{x}}' = (\bar{x}_1, \bar{x}_2, \ldots, \bar{x}_n)$ mit $\bar{x}_i \in (X_i, X_i + \Delta_{x_i})$ für $i = 1(1)n$, so daß für den wahren Eingangsfehler

$$\Delta_y = y - Y = f(\mathfrak{x}) - f(\mathfrak{X}) = \sum_{i=1}^{n} \frac{\partial f(\bar{\mathfrak{x}})}{\partial x_i} \Delta_{x_i}$$

und für den maximalen absoluten Eingangsfehler

$$|\Delta_y| \leq \sum_{i=1}^{n} \left(\max_{\mathfrak{x} \in G} \left| \frac{\partial f(\mathfrak{x})}{\partial x_i} \right| \right) \alpha_{x_i} = \alpha_y$$

bzw. mit $\max\limits_{1 \leq i \leq n} \alpha_{x_i} = \alpha$

$$|\Delta_y| \leq \alpha \cdot \left(\sup_{\mathfrak{x} \in G} \sum_{i=1}^{n} \left| \frac{\partial f(\mathfrak{x})}{\partial x_i} \right| \right) = \alpha_y$$

gilt.

Für den maximalen absoluten Eingangsfehler α_y sind also im wesentlichen die Beträge der Ableitungen f_{x_i} verantwortlich.

Die Bestimmung des Eingangsfehlers aus den Fehlern der Anfangsdaten wird als *direkte Aufgabe der Fehlertheorie* bezeichnet, von der u.a. die zweckmäßige Auswahl des numerischen Verfahrens abhängt. Es wäre nämlich sinnlos, bei großem Eingangsfehler ein sehr genaues Verfahren anzusetzen und mit großer Stellenzahl zu rechnen.

Ist umgekehrt die Festlegung der Genauigkeit der Anfangsdaten offen, es wird aber das Resultat mit vorgegebener Genauigkeit verlangt, dann ist die *inverse Aufgabe der Fehlertheorie* zu lösen. Man muß also bestimmen, mit welcher Genauigkeit die Ausgangsdaten vorzugeben sind, damit der Eingangsfehler kleiner als der für das Resultat zugelassene Fehler ist; s. dazu [40], S.55/56.

Bei umfangreichen Aufgaben ist die Abschätzung des Eingangsfehlers sehr kompliziert und kaum praktikabel. In solchen Fällen sind statistische Fehlerabschätzungen angebracht, s. [18] Bd.2, S.381; [30], S.26ff..

Im folgenden wird noch der Eingangsfehler für einige arithmetische Operationen angegeben.

1. *Eingangsfehler einer Summe.* Es sei

$$y = f(x_1, x_2, \dots, x_n) = x_1 + x_2 + \dots + x_n, \quad x_i > 0, \quad i = 1(1)n .$$

Dann gelten folgende Aussagen:

a) Der absolute Fehler der Summe ist höchstens gleich der Summe der absoluten Höchstfehler der Summanden. Es gilt

$$|\Delta_y| \le \alpha_{x_1} + \alpha_{x_2} + \dots + \alpha_{x_n} = \alpha_y .$$

b) Der relative Höchstfehler der Summe liegt zwischen dem kleinsten und dem größten Wert der relativen Höchstfehler der Summanden. Es gilt mit $m \le \varrho_{x_i} \le M$, $m > 0$, $M > 0$,

$$m \le \varrho_y \le M .$$

2. *Eingangsfehler einer Differenz.* Es sei

$$y = f(x_1, x_2) = x_1 - x_2 \quad \text{mit} \quad x_1 > x_2 > 0 .$$

a) Für den absoluten Fehler gilt die Aussage 1a).

b) Für den relativen Höchstfehler sind folgende Fälle zu unterscheiden:

I. $x_1 \gg x_2$: $\varrho_y \approx \varrho_{x_1}$.

II. $x_1 \approx x_2$: ϱ_y wird sehr groß. In diesem Fall besteht die Gefahr der Auslöschung sicherer Stellen, man versucht dies dann durch eine andere Aufeinanderfolge der Rechenoperationen zu vermeiden.

3. *Eingangsfehler eines Produktes.* Es sei

$$y = f(x_1, x_2, \dots, x_n) = x_1 \, x_2 \cdots x_n .$$

Wegen $|\Delta_y| \le |Y| \sum_{i=1}^{n} \varrho_{x_i} = \alpha_y$ ist der relative Höchstfehler des Produktes gleich der Summe der relativen Höchstfehler der Faktoren. Es gilt

$$\varrho_y = \frac{\alpha_y}{|Y|} = \sum_{i=1}^{n} \varrho_{x_i} .$$

4. *Eingangsfehler eines Quotienten.* Es sei

$$y = f(x_1, x_2) = x_1 / x_2 .$$

Wegen $|\Delta_y| \leq |Y| (\varrho_{x_1} + \varrho_{x_2}) = \alpha_y$ ist der relative Höchstfehler des Quotienten gleich der Summe der relativen Fehler von Zähler und Nenner. Es gilt $\varrho_y = \alpha_y/|Y| = \varrho_{x_1} + \varrho_{x_2}$.

1.5.3 DER RECHNUNGSFEHLER.

Wenn man sich für eine Methode zur numerischen Lösung einer Aufgabe entschieden hat, so bleibt noch die Freiheit in der Wahl des Algorithmus zu ihrer Durchführung, d.h. hinsichtlich der Reihenfolge für die arithmetischen, logischen und sonstigen Operationen von der Eingabe der Anfangsdaten bis zum Endergebnis. Unter Algorithmus versteht man eine endliche Menge von genau beschriebenen Anweisungen, die mit vorgegebenen Anfangsdaten in bestimmter Reihenfolge nacheinander auszuführen sind, um die Lösung zu ermitteln. Im Verlaufe dieser Rechnung entsteht durch Auflaufen der *lokalen Rechnungsfehler* der *akkumulierte Rechnungsfehler*. Der lokale Rechnungsfehler entsteht z.B. dadurch, daß irrationale Zahlen wie π, e, $\sqrt{2}$ durch endliche Dezimalbrüche ersetzt werden, daß im Rechnungsprozeß selbst gerundet wird, daß hinreichend kleine Größen vernachlässigt werden, daß sichere Stellen ausgelöscht werden usw.. Er entsteht also im wesentlichen durch Rundungen. Ist die Anzahl der Operationen sehr groß, so besteht die Gefahr der Verfälschung des Ergebnisses.

DEFINITION 1.8 (*Stabilität eines Algorithmus*).

Ein Algorithmus für ein numerisches Verfahren heißt stark stabil, schwach stabil oder instabil, je nachdem ein im n-ten Rechenschritt zugelassener Rechnungsfehler bei exakter Rechnung in den Folgeschritten abnimmt, von gleicher Größenordnung bleibt oder anwächst.

Instabile Algorithmen sind für die Praxis unbrauchbar. Z.B. sind Algorithmen der allgemeinen Form $y_{n+1} = ay_n + by_{n-1}$, a,b konstant, $n \in \mathbb{N}$ stabil, wenn man a und b so wählt, daß gilt

$$\left|\frac{a}{2} \pm \sqrt{\frac{a^2}{4} + b}\right| < 1 .$$

Es hat aber auch im Falle stabiler Algorithmen keinen Sinn, einerseits mit einem sehr genauen Verfahren zu arbeiten, wenn andererseits sehr grob gerechnet wird, also große Rechnungsfehler gemacht werden.

LITERATUR zu 1: [2] Bd.1, I; [7], 1; [18] Bd.2, Kap.15,16; [20], Kap.1; [29] I,I;[30], I; [35], I; [40], I § 6; [42]; [43], I; [66], S.96-100.

2. NUMERISCHE VERFAHREN ZUR LÖSUNG ALGEBRAISCHER UND TRANSZENDENTER GLEICHUNGEN.

Ist f eine in einem abgeschlossenen Intervall I stetige und reellwertige Funktion, so heißt die Zahl $\xi \in I$ *Nullstelle der Funktion* f oder *Lösung der Gleichung*

(2.1) $$f(x) = 0 ,$$

falls $f(\xi) = 0$ ist.

Wenn f ein *algebraisches Polynom* der Form

(2.2) $$f(x) \equiv P_n(x) = \sum_{j=0}^{n} a_j x^j, \qquad a_j \in \mathbb{R} \quad , \quad a_n \neq 0$$

ist, heißt die Gleichung (2.1) *algebraisch*, und die natürliche Zahl n heißt der *Grad* des Polynoms bzw. der algebraischen Gleichung. Jede Gleichung (2.1), die nicht algebraisch ist, heißt *transzendent* (z.B. $e^x = 0$, $x - \sin x = 0$).

Nach dem Fundamentalsatz der Algebra besitzt eine algebraische Gleichung vom Grad n genau n Lösungen, die i.a. komplexe Zahlen und nicht notwendig voneinander verschieden sind. Diese Lösungen können i.a. nur bis zum Grad n=4 in geschlossener Form durch die Koeffizienten a_j ausgedrückt werden. Für $n \geq 5$ müssen Verfahren zur numerischen Bestimmung der Lösungen verwendet werden ([45], S.44; [66], S.113-121).

2.1 ITERATIONSVERFAHREN.

2.1.1 KONSTRUKTIONSMETHODE UND DEFINITION.

Anstelle der Gleichung (2.1) wird eine Gleichung der Form

(2.3) $$x = \varphi(x)$$

betrachtet. Dabei sei φ eine in einem abgeschlossenen Intervall I stetige und reellwertige Funktion, und $\xi \in I$ heißt Lösung von (2.3), wenn $\xi = \varphi(\xi)$ ist.

Die Untersuchung von Gleichungen der Form (2.3) bedeutet keine Beschränkung der Allgemeinheit, denn es gilt das

LEMMA 2.1. Sind f und g stetige Funktionen in einem abgeschlossenen Intervall I und ist $g(x) \neq 0$ für alle $x \in I$, dann besitzen die Gleichungen (2.1) und (2.3) mit

$$\varphi(x) := x - f(x)g(x) \tag{2.4}$$

im Intervall I dieselben Lösungen, d.h. die beiden Gleichungen sind äquivalent.

Jede geeignete Wahl von g liefert eine zu (2.1) äquivalente Gleichung (2.3). Häufig kann eine Gleichung (2.1) auf die Form (2.3) gebracht werden, indem irgendeine Auflösung von (2.1) nach x vorgenommen wird.

Nun sei eine Gleichung der Form (2.3) mit dem zugehörigen Intervall I gegeben. Dann konstruiert man mit Hilfe eines *Startwertes* $x^{(0)} \in I$ eine Zahlenfolge $\{x^{(\nu)}\}$ nach der Vorschrift

$$x^{(\nu+1)} := \varphi(x^{(\nu)}), \quad \nu = 0,1,2,\ldots \tag{2.5}$$

Diese Folge läßt sich nur dann konstruieren, wenn für $\nu = 0,1,2,\ldots$

$$x^{(\nu+1)} = \varphi(x^{(\nu)}) \in I \tag{2.6}$$

ist, da φ nur für $x \in I$ erklärt ist.

Wenn die Folge $\{x^{(\nu)}\}$ konvergiert, d.h. wenn

$$\lim_{\nu \to \infty} x^{(\nu)} = \xi \tag{2.7}$$

ist, dann ist ξ eine Lösung der Gleichung (2.3). Es gilt

$$\xi = \lim_{\nu \to \infty} x^{(\nu)} = \lim_{\nu \to \infty} x^{(\nu+1)} = \lim_{\nu \to \infty} \varphi(x^{(\nu)}) = \varphi(\lim_{\nu \to \infty} x^{(\nu)}) = \varphi(\xi).$$

Ein solches *Verfahren der schrittweisen Annäherung* wird *Iterationsverfahren* genannt. Die Vorschrift (2.5) heißt *Iterationsvorschrift*; sie stellt für jedes feste ν einen *Iterationsschritt* dar. Die Funktion φ wird *Schrittfunktion* genannt. Die Folge $\{x^{(\nu)}\}$ heißt *Iterationsfolge*.

Die Iterationsschritte für $\nu = 0(1)N$ mit $N \in \mathbb{N}$ bilden zusammen mit dem Startwert $x^{(0)}$ das algorithmische Schema des Iterationsverfahrens:

$$\begin{aligned} x^{(0)} &= \text{Startwert}\,, \\ x^{(1)} &= \varphi(x^{(0)})\,, \\ x^{(2)} &= \varphi(x^{(1)})\,, \\ &\vdots \\ x^{(N+1)} &= \varphi(x^{(N)})\,. \end{aligned}$$

2.1.2 EXISTENZ VON LÖSUNGEN UND EINDEUTIGKEIT DER LÖSUNGEN.

SATZ 2.1 (*Existenzsatz*).

Die Gleichung $x = \varphi(x)$ besitzt in dem endlichen, abgeschlossenen Intervall I mindestens eine Lösung ξ, falls φ die folgenden Bedingungen erfüllt:

(i) φ ist stetig in I,

(ii) $\varphi(x) \in I$ für alle $x \in I$.

Zur Beantwortung der Frage nach der Eindeutigkeit einer Lösung von (2.3) benötigt man die sogenannte *Lipschitzbedingung* (LB):

Wenn es eine Konstante L, $0 \le L < 1$, gibt, so daß für alle $x, x' \in I$

(2.8) $$|\varphi(x) - \varphi(x')| \le L|x-x'|$$

gilt, dann ist (2.8) eine LB für die Funktion φ. Die Konstante L heißt *Lipschitzkonstante*, und eine Funktion φ, welche eine LB (2.8) erfüllt, heißt *lipschitzbeschränkt*. Eine differenzierbare Funktion φ ist sicher lipschitzbeschränkt, wenn für alle $x \in I$

(2.9) $$|\varphi'(x)| \le L < 1$$

gilt.

SATZ 2.2 (*Eindeutigkeitssatz*).

Die Gleichung $x = \varphi(x)$ besitzt höchstens eine Lösung $\xi \in I$, wenn φ im Intervall I einer LB (2.8) bzw. (2.9) genügt.

Da eine Funktion φ, die in I einer LB genügt, überall in I stetig ist, und da die Stetigkeit von φ für die Existenz mindestens einer Lösung in I hinreichend ist, sofern $\varphi(x) \in I$ für alle $x \in I$, gilt weiter der

SATZ 2.3 (*Existenz- und Eindeutigkeitssatz*).

Die Gleichung $x = \varphi(x)$ besitzt in dem endlichen, abgeschlossenen Intervall I genau eine Lösung ξ, wenn φ die folgenden Bedingungen erfüllt:

(i) φ genügt einer LB (2.8) oder, falls φ in I differenzierbar ist, einer Bedingung (2.9),

(ii) $\varphi(x) \in I$ für alle $x \in I$.

2.1.3 KONVERGENZ EINES ITERATIONSVERFAHRENS, FEHLERABSCHÄTZUNGEN, RECHNUNGSFEHLER.

SATZ 2.4. Es liege eine Gleichung der Form $x = \varphi(x)$ vor und ein endliches, abgeschlossenes Intervall I. Die Funktion φ erfülle die folgenden Bedingungen:

(i) φ genügt einer LB (2.8) oder, falls φ für alle $x \in I$ differenzierbar ist, einer Bedingung (2.9),

(ii) $\varphi(x) \in I$ für alle $x \in I$.

Dann existiert genau eine Lösung $\xi \in I$, die mittels der Iterationsvorschrift $x^{(\nu+1)} = \varphi(x^{(\nu)})$, $\nu = 0,1,2,\ldots$, zu einem beliebigen Startwert $x^{(0)} \in I$ erzeugt werden kann, d.h. es ist $\lim\limits_{\nu\to\infty} x^{(\nu+1)} = \xi$.

Die nach ν Iterationsschritten erzeugte Näherungslösung $x^{(\nu)}$ unterscheidet sich von der exakten Lösung ξ um den Fehler $\Delta^{(\nu)} = x^{(\nu)}-\xi$ unter der Annahme, daß keine Rechnungsfehler gemacht wurden. Es wird nun für ein festes ν eine Schranke α für den absoluten Fehler $|\Delta^{(\nu)}|$ gesucht. Ferner interessiert bei vorgegebener Schranke α die Anzahl ν der Iterationsschritte, die erforderlich ist, damit $|\Delta^{(\nu)}| \le \alpha$ gilt.

Es gelten

1. die *a posteriori-Fehlerabschätzung*

$$(2.10)\qquad |\Delta^{(\nu)}| = |x^{(\nu)}-\xi| \le \frac{L}{1-L}\,|x^{(\nu)}-x^{(\nu-1)}| = \alpha,$$

2. die *a-priori-Fehlerabschätzung*

$$(2.11)\qquad |\Delta^{(\nu)}| = |x^{(\nu)}-\xi| \le \frac{L^{\nu}}{1-L}\,|x^{(1)}-x^{(0)}| = \beta,$$

mit $\alpha \le \beta$.

Die a priori-Fehlerabschätzung (2.11) kann bereits nach dem ersten Iterationsschritt vorgenommen werden. Sie dient vor allem dazu, bei vorgegebener Fehlerschranke die Anzahl ν der höchstens erforderlichen Iterationsschritte abzuschätzen. Die a posteriori-Fehlerabschätzung (2.10) kann erst im Verlauf oder nach Abschluß der Rechnung durchgeführt werden, da sie $x^{(\nu)}$ als bekannt voraussetzt; sie liefert eine bessere Schranke als die a priori-Fehlerabschätzung und wird deshalb zur Abschätzung des Fehlers verwendet.

Um rasche Konvergenz zu erreichen, sollten die Schrittfunktion φ und das zugehörige Intervall I so gewählt werden, daß $L < \frac{1}{5}$ gilt. Dann sind auch die Fehlerabschätzungen genauer ([46], S.163).

Rechnungsfehler. Es sei $\varepsilon^{(\nu)}$ der lokale Rechnungsfehler des ν-ten Iterationsschrittes, der bei der Berechnung von $x^{(\nu)} = \varphi(x^{(\nu-1)})$ entsteht.Gilt $|\varepsilon^{(\nu)}| \le \varepsilon$ für $\nu = 0,1,2,\ldots$, so ergibt sich für den akkumulierten Rechnungsfehler des ν-ten Iterationsschrittes

$$|r^{(\nu)}| \le \frac{\varepsilon}{1-L}, \qquad 0 \le L < 1 .$$

Die Fehlerschranke $\varepsilon/(1-L)$ ist also unabhängig von der Anzahl ν der Iterationsschritte; der Algorithmus (2.5) ist somit stabil (vgl. Definition 1.8).

Da sich der Gesamtfehler aus dem Verfahrensfehler und dem Rechnungsfehler zusammensetzt, sollten Rechnungsfehler und Verfahrensfehler etwa von gleicher Größenordnung sein. Dann ergibt sich mit (2.11) aus der Beziehung

$$\frac{L^{\nu}}{1-L}\,|x^{(1)}-x^{(0)}| \approx \frac{\varepsilon}{1-L}$$

die Anzahl $\nu = \nu_0$ der höchstens erforderlichen Iterationsschritte. Es gilt

$$\text{(2.12)} \qquad \nu_0 \approx \left(\log \frac{\varepsilon}{|x^{(1)}-x^{(0)}|}\right) / \log L .$$

2.1.4 PRAKTISCHE DURCHFÜHRUNG.

2.1.4.1 ALGORITHMUS.

Bei der Lösung einer Gleichung $f(x) = 0$ mit Hilfe eines Iterationsverfahrens geht man wie folgt vor:

ALGORITHMUS 2.1. Gesucht ist eine Lösung ξ der Gleichung $f(x) = 0$.
1. Schritt. Äquivalente Umformung von $f(x) = 0$ in eine Gleichung der Gestalt $x = \varphi(x)$.

2. Schritt. Festlegung eines Intervalls I, in welchem mindestens eine Nullstelle von f liegt; s. dazu Abschnitt 2.1.4.2.

3. Schritt. Prüfung, ob die Funktion φ für alle $x \in I$ die Voraussetzungen des Satzes 2.4 erfüllt; s. Abschnitt 2.1.4.3. 4. Schritt. Aufstellung der Iterationsvorschrift gemäß (2.5) und Wahl eines beliebigen Startwertes $x^{(0)} \in I$.

5. Schritt. Berechnung der Iterationsfolge $\{x^{(\nu)}\}$, $\nu = 1,2,\ldots$. Die Iteration ist solange fortzusetzen, bis von einem $\nu = N$ an zu vorgegebenem $\delta > 0$ gilt $|x^{(\nu+1)} - x^{(\nu)}| < \delta$ bzw. bis $\nu \geq \nu_0$ gilt bei vorgegebenem ν_0. Die Bestimmung von ν_0 erfolgt nach der Formel (2.12).

6. Schritt. Fehlerabschätzung (s. Abschnitt 2.1.3).

2.1.4.2 BESTIMMUNG DES STARTWERTES.

Zur Festlegung eines Startwertes ist es erforderlich, ein Intervall I zu finden, in dem die Voraussetzungen des Satzes 2.4 erfüllt sind.

a) Graphisch: Die gegebene Funktion f wird als Differenz $f = f_1 - f_2$ zweier Funktionen f_1 und f_2 geschrieben. Die Auflösung der Gleichung $f(x) \equiv f_1(x) - f_2(x) = 0$ bzw. $f_1(x) = f_2(x)$ ist äquivalent zur Bestimmung jener Abszissen, für welche die Graphen von f_1 und f_2 gleiche Ordinaten haben. Die Umformung von f in eine Differenz wird so vorgenommen, daß die für die Graphen von f_1 und f_2 erforderliche Rechen- und Zeichenarbeit möglichst gering ist. Man greift also möglichst auf Funktionen f_1, f_2 zurück, die tabelliert vorliegen oder sich besonders einfach zeichnen lassen. Eine Umgebung der Abszisse eines zeichnerisch ermittelten Schnittpunktes der Graphen von f_1 und f_2 wird als Intervall I und ein Wert $x^{(0)} \in I$ als Startwert gewählt.

b) Überschlagsrechnung: Die Aufstellung einer Wertetabelle für die Funktion f ermöglicht es, ein Intervall $I = [a,b]$ zu finden mit $f(a) \cdot f(b) < 0$, also $\operatorname{sgn} f(a) = -\operatorname{sgn} f(b)$.

c) Abschätzung der Schrittfunktion: Man kann auch von der zu $f(x) = 0$ äquivalenten Gleichung $x = \varphi(x)$ ausgehen. Gilt dann $|x| = |\varphi(x)| \leq r$, so kann man als Intervall $I = [-r,+r]$ wählen. Ebenso muß wegen der Stetigkeit von φ eine Eingrenzung $a \leq x = \varphi(x) \leq b$ möglich sein, dann ist $I = [a,b]$ zu setzen. Wenn in I die Voraussetzungen von Satz 2.4 erfüllt sind, dann kann irgendein Wert $x^{(0)} \in I$ als Startwert gewählt werden.

d) S. a. die noch folgende Bemerkung 2.2.

2.1.4.3 KONVERGENZUNTERSUCHUNG.

Es ist oft sehr schwierig, die hinreichenden Bedingungen für die Konvergenz (Satz 2.4) in einem praktischen Fall nachzuprüfen, also etwa zu zeigen, daß die LB (2.8) bzw. (2.9) für ein Intervall I erfüllt ist. Man hilft sich hier, indem man zunächst für den gewählten Startwert $x^{(0)} \in I$ die Bedingungen (i) $|\varphi'(x^{(0)})| < 1$ und (ii) $\varphi(x^{(0)}) \in I$ des Satzes 2.4 nachprüft, dann - falls sie erfüllt sind - mit der Iteration beginnt und nach jedem Iterationsschritt wieder prüft, ob die Bedingungen

(i) $\quad |\varphi'(x^{(\nu)})| < 1$ bzw. die Ungleichung

$$|x^{(\nu+1)}-x^{(\nu)}| = |\varphi(x^{(\nu)})-\varphi(x^{(\nu-1)})| < |x^{(\nu)}-x^{(\nu-1)}| ,$$

(ii) $\quad \varphi(x^{(\nu)}) \in I$

erfüllt sind.

Man kann auch zu einem vorgegebenem $\delta > 0$ die Abfrage

$$|x^{(\nu+1)}-x^{(\nu)}| < \delta$$

einbauen (vgl. Algorithmus 2.1). Sie wird für $\nu \geq N$ mit hinreichend großem N sicher erfüllt, wenn φ einer LB genügt. Anstelle dieser Abfrage können auch die Abfragen

$$|f(x^{(\nu)})| < \delta_1 \quad \text{oder} \quad \frac{|x^{(\nu+1)}-x^{(\nu)}|}{|x^{(\nu+1)}|} < \delta_2$$

eingebaut werden mit vorgegebenen δ_1, δ_2.

2.1.5 KONVERGENZORDNUNG EINES ITERATIONSVERFAHRENS.

Bei Iterationsverfahren, deren Operationszahl nicht im voraus bestimmbar ist, kann die Konvergenzordnung als Maßstab für den erforderlichen Rechenaufwand eines Verfahrens dienen.

DEFINITION 2.1 (*Konvergenzordnung*).

Die Iterationsfolge $\{x^{(\nu)}\}$ konvergiert von mindestens p-ter Ordnung gegen ξ, wenn eine Konstante $0 \leq M < \infty$ existiert, so daß für $p \in \mathbb{N}$ gilt

$$(2.13) \qquad \lim_{\nu\to\infty} \frac{|x^{(\nu+1)}-\xi|}{|x^{(\nu)}-\xi|^p} = M .$$

Das Iterationsverfahren $x^{(\nu+1)} = \varphi(x^{(\nu)})$ heißt dann ein Verfahren von mindestens p-ter Ordnung; es besitzt genau die Ordnung p, wenn $M \neq 0$ ist.

Durch (2.13) wird also ausgedrückt, daß der Fehler der $(\nu+1)$-ten Näherung ungefähr gleich M-mal der p-ten Potenz des Fehlers der ν-ten Näherung ist. Die Konvergenzgeschwindigkeit wächst mit der Konvergenzordnung. Bei $p = 1$ spricht man von *linearer Konvergenz*, bei $p = 2$ von *quadratischer Konvergenz* und allgemein bei $p > 1$ von *superlinearer Konvergenz*. Es gilt der

SATZ 2.5. Die Schrittfunktion φ sei für $x \in I$ p-mal stetig differenzierbar. Gilt dann mit $\lim_{\nu\to\infty} x^{(\nu)} = \xi$

$$\varphi(\xi) = \xi, \quad \varphi'(\xi) = \varphi''(\xi) = \ldots = \varphi^{(p-1)}(\xi) = 0, \quad \varphi^{(p)}(\xi) \neq 0 ,$$

so ist $x^{(\nu+1)} = \varphi(x^{(\nu)})$ ein Iterationsverfahren der Ordnung p mit

$$M = \frac{1}{p!}\,|\varphi^{(p)}(\xi)| \leq \frac{1}{p!} \max_{x\in I} |\varphi^{(p)}(x)| \leq M_1 .$$

Im Fall $p = 1$ gilt zusätzlich $M = |\varphi'(\xi)| < 1$.

Es gilt außerdem der in [6], S.231 bewiesene

SATZ 2.6. Sind $x^{(\nu+1)} = \varphi_1(x^{(\nu)})$ und $x^{(\nu+1)} = \varphi_2(x^{(\nu)})$ zwei Iterationsverfahren der Konvergenzordnung p_1 bzw. p_2, so ist

$$x^{(\nu+1)} = \varphi_1(\varphi_2(x^{(\nu)}))$$

ein Iterationsverfahren, das mindestens die Konvergenzordnung $p_1 \cdot p_2$ besitzt.

Unter Anwendung von Satz 2.6 lassen sich Iterationsverfahren beliebig hoher Konvergenzordnung konstruieren. Ist etwa $x^{(\nu+1)} = \varphi(x^{(\nu)})$ ein Iterationsverfahren der Konvergenzordnung $p > 1$, so erhält man durch die Schrittfunktion $\varphi_s(x)$ mit

$$\varphi_1(x) = \varphi(x), \quad \varphi_s(x) = \varphi(\varphi_{s-1}(x)) \quad \text{für} \quad s = 2,3,\ldots$$

ein Iterationsverfahren der Konvergenzordnung p^s.

Spezialfall: *Quadratische Konvergenz*. Ist von einer Schrittfunktion φ bekannt, daß sie ein quadratisch konvergentes Verfahren liefert, so reduzieren sich die Voraussetzungen des Satzes 2.4 auf die des folgenden Satzes:

SATZ 2.4*. Die Funktion φ sei für alle $x \in I$ definiert und erfülle die folgenden Bedingungen

(i) $\varphi, \varphi', \varphi''$ sind stetig in I,

(ii) die Gleichung $x = \varphi(x)$ besitzt im Innern von I eine Lösung ξ mit $\varphi'(\xi) = 0$.

Dann existiert ein Intervall $I_r = \{x \mid |x-\xi| \le r,\ r > 0\}$, so daß die Folge $\{x^{(\nu)}\}$ mit $x^{(\nu+1)} = \varphi(x^{(\nu)})$ für jeden Startwert $x^{(0)} \in I_r$ von mindestens zweiter Ordnung gegen ξ konvergiert.

oder kurz

Unter den Voraussetzungen (i), (ii) des Satzes 2.4* konvergiert die Folge $\{x^{(\nu)}\}$ stets mindestens quadratisch gegen ξ, falls $x^{(0)}$ nur nahe genug an der Lösung ξ liegt.

Man könnte zunächst vermuten, daß der Satz nur theoretische Bedeutung besitzt. Es gelingt jedoch wegen der Willkür in der äquivalenten Umformung von $f(x) = 0$ in $x = \varphi(x)$, Schrittfunktionen φ von vornherein so zu konstruieren, daß $\varphi'(\xi) = 0$ ist (s. dazu die folgenden Abschnitte).

2.1.6 SPEZIELLE ITERATIONSVERFAHREN.

2.1.6.1 DAS NEWTONSCHE VERFAHREN FÜR EINFACHE NULLSTELLEN.

Die Funktion f sei zweimal stetig differenzierbar in $I = [a,b]$ und besitze in (a,b) eine *einfache Nullstelle* ξ, es seien also $f(\xi) = 0$ und $f'(\xi) \neq 0$. Man geht aus von der Darstellung (2.4) für φ und setzt darin $g(x) = 1/f'(x)$ und erhält für die Schrittfunktion φ die Darstellung

$$\varphi(x) = x - \frac{f(x)}{f'(x)} \,. \tag{2.14}$$

Daraus folgt die Iterationsvorschrift

$$x^{(\nu+1)} = \varphi(x^{(\nu)}) = x^{(\nu)} - \frac{f(x^{(\nu)})}{f'(x^{(\nu)})} \,, \quad \nu = 0,1,2,\ldots \,. \tag{2.15}$$

Wegen $\varphi'(\xi) = 0$ konvergiert das Verfahren mindestens quadratisch (Satz 2.5), so daß zur Konvergenzuntersuchung Satz 2.4* benutzt werden kann.

Es muß also immer ein Intervall

$$I_r(x) := \{x \mid |x-\xi| \le r, \quad r > 0\} \subset [a,b] \tag{2.16}$$

geben, in welchem die Schrittfunktion φ mit der Darstellung (2.14) einer LB

$$|\varphi'(x)| = \left|\frac{f(x)f''(x)}{f'^2(x)}\right| \le L < 1 \tag{2.17}$$

genügt. Dabei muß für alle x des betrachteten Intervalls $f'(x) \neq 0$ gelten. Es gilt der

SATZ 2.7. Die Funktion f sei für alle $x \in [a,b]$ dreimal stetig differenzierbar und besitze in (a,b) eine einfache Nullstelle ξ. Dann gibt es ein Intervall (2.16) derart, daß die Iterationsfolge (2.15) für das Verfahren von Newton für jeden Startwert $x^{(0)} \in I_r$ von mindestens zweiter Ordnung gegen ξ konvergiert, d.h. ein Intervall I_r, in welchem die LB (2.17) erfüllt ist, sofern für alle $x \in I_r$ gilt $f'(x) \neq 0$. Es gelten die Fehlerabschätzungen (2.10) und (2.11) sowie unter Verwendung von (2.10) die demgegenüber verschärfte Fehlerabschätzung

$$|x^{(\nu+m)}-\xi| \le \frac{1}{M_1}\left(M_1\,|x^{(\nu)}-\xi|\right)^{2^m}, \qquad \nu,m = 0,1,2,\ldots$$

mit

$$\frac{1}{2}\,\frac{\max\limits_{x \in I}|f''(x)|}{\min\limits_{x \in I}|f'(x)|} \le M_1 .$$

Im Fall einer mehrfachen Nullstelle mit der Vielfachheit j gilt $\varphi'(\xi) = 1 - 1/j$, so daß für $j \ge 2$ die quadratische Konvergenz des Verfahrens von Newton verlorengeht. Das Verfahren kann grundsätzlich natürlich auch hier angewandt werden, jedoch empfiehlt sich bei bekanntem j die Anwendung des Verfahrens von Newton für mehrfache Nullstellen (Satz 2.8, Abschnitt 2.1.6.2), bei unbekanntem j die Anwendung des modifizierten Newtonschen Verfahrens (Satz 2.9, Abschnitt 2.1.6.2, s. auch Abschnitt 2.1.6.5) bzw. eine Kombination beider Verfahren.

Um die LB (2.17) prüfen zu können, müßte $f'(x) \neq 0$ für alle $x \in I_r$ (nicht nur an der Nullstelle ξ selbst) gelten. Außerdem müßten $|f'(x)|$ nach unten, $|f''(x)|$ und $|f(x)|$ nach oben abgeschätzt werden. In [46], S.28ff. wird ein Satz über das Newtonsche Verfahren, einschließlich schärferer Fehlerabschätzungen, bewiesen, in dem zwar die Forderung $L < 1$ auf $L \le \frac{1}{2}$ verschärft werden muß, jedoch $f'(x) \neq 0$ und die LB (2.17) nur an einer Stelle $x^{(0)}$ erfüllt sein müssen.

BEMERKUNG 2.1. Das Newtonsche Verfahren läßt sich auch auf Gleichungen $f(z)=0$ anwenden, wo f eine in einem Gebiet G der Gaußschen Zahlenebene analytische Funktion einer komplexen Veränderlichen $z = x+iy$ ist.

BEMERKUNG 2.2. Satz 2.7 gewährleistet die Konvergenz des Newtonschen Verfahrens nur für genügend nahe bei ξ gelegene Startwerte $x^{(0)}$. Es gilt jedoch auch folgende Aussage globaler Art ([18], Bd.I, S.107):

Es sei f für $x \in [a,b]$ definiert und zweimal stetig differenzierbar. Außerdem gelte

a) $f(a)\cdot f(b) < 0$,

b) $f'(x) \neq 0$ für alle $x \in [a,b]$,

c) $f''(x) \geq 0$ (oder ≤ 0) für alle $x \in [a,b]$.

d) Ist c derjenige Randpunkt von $[a,b]$, in dem $|f'(x)|$ den kleineren Wert hat, so sei $\left|\frac{f(c)}{f'(c)}\right| \leq b-a$.

Dann konvergiert das Newtonsche Verfahren für jedes $x^{(0)} \in [a,b]$ gegen die eindeutige Lösung ξ von $f(x) = 0$, die in $[a,b]$ liegt.

2.1.6.2 DAS NEWTONSCHE VERFAHREN FÜR MEHRFACHE NULLSTELLEN.

Die Funktion f sei genügend oft stetig differenzierbar in $I = [a,b]$ und besitze in (a,b) eine Nullstelle ξ der Vielfachheit j, d.h. es seien $f(\xi)=0,\ f'(\xi)=f''(\xi) = \ldots = f^{(j-1)}(\xi)=0,\ f^{(j)}(\xi) \neq 0$.

SATZ 2.8 (*Newtonsches Verfahren für mehrfache Nullstellen*).

Die Funktion f sei $(j+1)$-mal stetig differenzierbar in $I = [a,b]$ und besitze in (a,b) eine Nullstelle ξ der Vielfachheit $j \geq 2$. Dann konvergiert das Iterationsverfahren mit der Iterationsvorschrift

$$x^{(\nu+1)} = x^{(\nu)} - j\,\frac{f(x^{(\nu)})}{f'(x^{(\nu)})} = \varphi(x^{(\nu)}), \quad \nu = 0,1,2,\ldots,$$

in einem r-Intervall (2.16) um ξ von mindestens zweiter Ordnung.

Die Anwendung des Satzes 2.8 setzt die Kenntnis der Vielfachheit j der Nullstelle voraus; j ist allerdings nur in den seltensten Fällen bekannt. Für eine mehrfache Nullstelle läßt sich jedoch auch ohne Kenntnis ihrer Vielfachheit ein quadratisch konvergentes Verfahren angeben. Man wendet dabei das Verfahren von Newton mit der Iterationsvorschrift (2.15) auf die Funktion $\psi := f/f'$ an. Dann ergibt sich die Iterationsvorschrift

$$(2.18)\quad \begin{cases} x^{(\nu+1)} = x^{(\nu)} - \dfrac{\psi(x^{(\nu)})}{\psi'(x^{(\nu)})} = x^{(\nu)} - j(x^{(\nu)})\dfrac{f(x^{(\nu)})}{f'(x^{(\nu)})} \quad \text{mit} \\ j(x^{(\nu)}) := \dfrac{1}{1 - \dfrac{f(x^{(\nu)})f''(x^{(\nu)})}{f'^2(x^{(\nu)})}}, \quad \nu = 0,1,2,\ldots, \end{cases}$$

und es gilt ([16], S. 119/20) der

SATZ 2.9 (Modifiziertes Newtonsches Verfahren für mehrfache Nullstellen). Die Funktion f sei hinreichend oft differenzierbar in $I = [a,b]$ und besitze in (a,b) eine Nullstelle ξ der Vielfachheit $j \geq 2$. Dann ist das Iterationsverfahren mit der Iterationsvorschrift (2.18) für jedes $x^{(0)}$ aus einem r-Intervall (2.16) um ξ quadratisch konvergent; es gilt gleichzeitig

$$\lim_{\nu \to \infty} x^{(\nu)} = \xi \quad \text{und} \quad \lim_{\nu \to \infty} j(x^{(\nu)}) = j.$$

2.1.6.3 REGULA FALSI.

Die Funktion f sei in $I = [a,b]$ stetig und besitze in (a,b) eine Nullstelle ξ. Zur näherungsweisen Bestimmung von ξ mit Hilfe des Verfahrens von Newton ist die Berechnung der Ableitung f' von f erforderlich, so daß die Differenzierbarkeit von f vorausgesetzt werden muß. Die Berechnung von f' kann in praktischen Fällen mit großen Schwierigkeiten verbunden sein. Die Regula falsi ist ein Iterationsverfahren, das ohne Ableitungen arbeitet und zwei Startwerte $x^{(0)}, x^{(1)}$ erfordert, ihre Iterationsvorschrift lautet[1)]

$$(2.19)\quad x^{(\nu+1)} = x^{(\nu)} - \frac{x^{(\nu)} - x^{(\nu-1)}}{f(x^{(\nu)}) - f(x^{(\nu-1)})} f(x^{(\nu)}); \quad f(x^{(\nu)}) - f(x^{(\nu-1)}) \neq 0, \quad \nu = 1,2,\ldots .$$

Falls einmal $f(x^{(\nu)}) = 0$ ist, wird das Verfahren abgebrochen. Wesentlich für die Konvergenz des Verfahrens ist, daß die Startwerte $x^{(0)}, x^{(1)}$ hinreichend nahe an der Nullstelle ξ liegen. Es gilt die Aussage des folgenden *Konvergenzsatzes* ([38], S.43):

Falls die Funktion f für alle $x \in (a,b)$ zweimal stetig differenzierbar ist und mit zwei positiven Zahlen m,M den Bedingungen

$$|f'(x)| \geq m, \qquad |f''(x)| \leq M, \qquad x \in (a,b),$$

genügt, gibt es immer eine Umgebung $I_r(\xi) \subset (a,b)$, $r > 0$, so daß ξ in I_r die einzige Nullstelle von f ist und das Verfahren für jedes Paar von Startwerten $x^{(0)}, x^{(1)} \in I_r$, $x^{(0)} \neq x^{(1)}$, gegen die gesuchte Nullstelle ξ konvergiert.

---

1) "Einpunkt-Formel mit Speicherung", s.a. S. 257

Die Konvergenzordnung $p \approx 1{,}62$ der Regula falsi liegt zwischen der Konvergenzordnung des Newtonschen Verfahrens ($p = 2$) und der des einfachen Iterationsverfahrens ($p = 1$). Zur Effektivität des Verfahrens s. Abschnitt 2.1.6.5.

Primitivform der Regula falsi. Die Iterationsvorschrift der Primitivform lautet

$$(2.20)\quad x^{(\nu+1)} = x^{(\nu)} - \frac{x^{(\mu)} - x^{(\nu)}}{f(x^{(\mu)}) - f(x^{(\nu)})}\, f(x^{(\nu)}),\quad \mu = 0,1,2,\ldots,\quad \nu = 1,2,3,\ldots,$$

wobei μ der größte Index unterhalb ν ist, für den $f(x^{(\mu)}) \neq 0$, $f(x^{(\nu)}) \neq 0$ und $f(x^{(\mu)}) \cdot f(x^{(\nu)}) < 0$ gilt. Für die Startwerte $x^{(0)}$, $x^{(1)}$ muß somit gelten $f(x^{(0)}) \cdot f(x^{(1)}) < 0$. Die Primitivform ergibt i.a. nur ein Verfahren der Konvergenzordnung $p = 1$. Sie erlaubt allerdings eine sehr einfache Fehlerabschätzung, da die gesuchte Lösung ξ stets zwischen zwei beliebigen Werten $x^{(s)}$ und $x^{(t)}$ der Folge $\{x^{(\nu)}\}$ liegt, wenn $f(x^{(s)}) < 0$ und $f(x^{(t)}) > 0$ ist; es gilt dann $x^{(s)} \leq \xi \leq x^{(t)}$. Die Stetigkeit einer in $[a,b]$ reellwertigen Funktion f und die Existenz einer Lösung ξ der Gleichung $f(x) = 0$ in $[a,b]$ sind zusammen mit der Bedingung $f(x^{(0)}) \cdot f(x^{(1)}) < 0$ bereits hinreichend für die Konvergenz des Iterationsverfahrens der Primitivform der Regula falsi (2.20). (Zum Beweis s. [6], S.240.)

2.1.6.4 DAS VERFAHREN VON STEFFENSEN FÜR EINFACHE UND MEHRFACHE NULLSTELLEN.

Es liege eine zur Gleichung $f(x) = 0$ in $I = [a,b]$ äquivalente Gleichung $x = \varphi(x)$ vor; ξ sei in (a,b) die einzige Lösung von $f(x) = 0$ bzw. $x = \varphi(x)$. Gemäß Satz 2.4 konvergiert das Iterationsverfahren mit der Schrittfunktion φ gegen ξ, sofern überall in I gelten

(i) $|\varphi'(x)| \leq L < 1$, (ii) $\varphi(x) \in I$.

Mit der Schrittfunktion φ läßt sich nun ein Iterationsverfahren aufbauen, das sowohl für $|\varphi'(x)| < 1$ als auch für $|\varphi'(x)| > 1$ gegen ξ konvergiert, und zwar quadratisch. Dieses Verfahren heißt *Steffensen-Verfahren*; es besitzt gegenüber dem Newtonschen Verfahren den Vorteil, bei gleicher Konvergenzordnung ohne Ableitungen auszukommen, die für kompliziert gebaute Funktionen oft recht schwierig zu bilden sind. Man wendet das Verfahren besonders dann an, wenn $|\varphi'|$ nur wenig kleiner 1 oder $|\varphi'| > 1$ ist.

SATZ 2.10 (*Steffensen-Verfahren für einfache Nullstellen*).
Es sei $\varphi \in C^3[a,b]$, und ξ sei in (a,b) einzige Lösung der Gleichung $x = \varphi(x)$. Ist dann $\varphi'(\xi) \neq 1$, so konvergiert das Iterationsverfahren

$$x^{(\nu+1)} = x^{(\nu)} - \frac{(\varphi(x^{(\nu)}) - x^{(\nu)})^2}{\varphi(\varphi(x^{(\nu)})) - 2\varphi(x^{(\nu)}) + x^{(\nu)}} = \phi(x^{(\nu)}),\quad \nu = 0,1,2,\ldots,$$

für jeden Startwert $x^{(0)} \in I$ von mindestens zweiter Ordnung gegen ξ.

Nachteil dieses Verfahrens ist, daß es wegen $\varphi'(\xi) \neq 1$ nur im Falle einfacher Nullstellen anwendbar ist. Dagegen ist das folgende *modifizierte Verfahren von Steffensen* im Falle mehrfacher Nullstellen anzuwenden; es liefert die Nullstelle und deren Vielfachheit ([97]).

SATZ 2.11: (*Modifiziertes Steffensen-Verfahren für mehrfache Nullstellen*).
Die Funktion φ sei in $I = [a,b]$ hinreichend oft differenzierbar und die Gleichung $x = \varphi(x)$ mit $\varphi(x) = x - f(x)$ besitze in (a,b) eine einzige Lösung ξ der Vielfachheit $j \geq 2$. Dann konvergiert das Iterationsverfahren

$$x^{(\nu+1)} = x^{(\nu)} - j(x^{(\nu)}) \frac{(x^{(\nu)} - \varphi(x^{(\nu)}))^2}{z(x^{(\nu)})} = \phi(x^{(\nu)}),\quad \nu = 0,1,2,\ldots$$

mit

$$j(x^{(\nu)}) := \frac{(z(x^{(\nu)}))^2}{(z(x^{(\nu)}))^2 + (x^{(\nu)} - \varphi(x^{(\nu)}))\,(z(x^{(\nu)}) + \varphi(2x^{(\nu)} - \varphi(x^{(\nu)})) - x^{(\nu)})}$$

$$z(x^{(\nu)}) := x^{(\nu)} - 2\varphi(x^{(\nu)}) + \varphi(\varphi(x^{(\nu)}))$$

für jeden beliebigen Startwert $x^{(0)} \in I$ von mindestens zweiter Ordnung gegen ξ; es gilt gleichzeitig $\lim_{\nu \to \infty} j(x^{(\nu)}) = j$.

Zur Vermeidung einer Anhäufung von Rundungsfehlern sollte beim modifizierten Verfahren mit doppelter Wortlänge gerechnet werden.

2.1.6.5 GEGENÜBERSTELLUNG DER VERFAHREN.

Je weniger Iterationsschritte erforderlich sind, um eine gewisse Genauigkeit zu erreichen, desto größer ist die Konvergenzgeschwindigkeit; die Konvergenzgeschwindigkeit wächst also mit der Konvergenzordnung. Im allgemeinen erfordern jedoch Verfahren höherer Konvergenzordnung einen größeren Rechenaufwand pro Iterationsschritt. Um nun ein Maß für die Effektivität eines Verfahrens angeben zu können, bestimmt man den sogenannten Informationswirkungsgrad (IW) eines Verfahrens (vgl. [40] , S.83).

$$IW = \frac{p}{H} = \frac{\text{Konvergenzordnung}}{\text{Hornerzahl}} = \text{Informationswirkungsgrad} \; ,$$

wobei man unter Hornerzahl (H) nach Ostrowski die pro Iterationsschritt erforderliche Anzahl neu zu berechnender Werte von f und deren Ableitungen versteht.

	Einfaches Iterationsverfahren	Newtonsches Verfahren für einfache Nullstellen	Newtonsches Verfahren für mehrfache Nullstellen	Modifiziertes Newtonsches Verfahren	Regula falsi	Primitivform der Regula falsi	Verfahren von Steffensen
p	1	2	2	2	1,62	1	2
H	1	2	2	3	1	1	2
IW	1	1	1	0,67	1,62	1	1

Aus der Tabelle kann man schließen, daß die Regula falsi das effektivste der genannten Verfahren bezüglich des Rechenaufwandes ist. Ihr Vorteil ist außerdem, daß sie ohne Ableitungen auskommt, ihr Nachteil, daß sie zwei Startwerte erfordert.

Liegt eine mehrfache Nullstelle vor, und ist ihre Vielfachheit bekannt, so sollte grundsätzlich das Newtonsche Verfahren für mehrfache Nullstellen angewandt werden. Ist hingegen die Vielfachheit der Nullstelle unbekannt, so sollte man das modifizierte Newtonsche Verfahren anwenden, da sein Informationswirkungsgrad (IW = 0,67) dann noch über dem des zur Bestimmung einer mehrfachen Nullstelle verwendeten Newtonschen Verfahrens für einfache Nullstellen liegt; wegen $p = 1$ und $H = 2$ reduziert dieser sich nämlich von IW = 1 auf IW = 0,5.

EMPFEHLUNG.

Wegen seiner geringen Effektivität sollte man mit dem modifizierten Verfahren nur solange iterieren, bis die Vielfachheit der Nullstelle geklärt ist, dann aber mit Newton für mehrfache Nullstellen weiterrechnen. Man wird sich ohnehin von einem gewissen ν an mit $j(x^{(\nu)})$ wieder weiter von der Vielfachheit j entfernen wegen des für $x^{(\nu)} \to \xi$ unbestimmten Ausdrucks im Nenner der Iterationsvorschrift für $j(x^{(\nu)})$, bedingt durch die beschränkte Stellenzahl der Maschinenzahlen.

Das Verfahren von Steffensen muß hingegen in allen den Fällen verwendet werden, wo kein anderes konvergentes Verfahren angegeben werden konnte bzw. keine nahe genug an der Nullstelle gelegenen Startwerte.

BEMERKUNG 2.3. Das für algebraische Gleichungen entwickelte Verfahren von Muller (s. Abschnitt 2.2.2.3) läßt sich auch zur Bestimmung der reellen und komplexen Lösungen transzendenter Gleichungen verwenden (s.dazu [99]).

LITERATUR zu 2.1: [2] Bd. 2, 7.3-7.4; [6], §§ 17-19; [7], 2.1-2.4; [18] Bd. 1, Kap.4; [19], 3.1-3.2; [29] I, 2.1-2.4; [30], II §§ 2-4; [35], 5; [38], 2; [40], II §§ 1-5; [43], § 27; [45], § 1;[67] I, 1.5-1.7.

2.2 VERFAHREN ZUR LÖSUNG ALGEBRAISCHER GLEICHUNGEN.

Es werden algebraische Gleichungen der folgenden Form betrachtet

(2.21) $$P_n(x) = \sum_{j=0}^{n} a_j x^j = 0, \quad a_j \in \mathbb{C}\ , \quad a_n \neq 0\ .$$

Der Fundamentalsatz der Algebra besagt, daß eine algebraische Gleichung (2.21) genau n komplexe Lösungen x_k besitzt, die entsprechend ihrer Vielfachheit α_k gezählt werden. Jedes algebraische Polynom (2.2) läßt sich in n Linearfaktoren zerlegen

(2.22) $$P_n(x) = a_n(x-x_1)(x-x_2)\ldots(x-x_n)\ .$$

Kommt der Linearfaktor $(x-x_k)$ genau α_k-fach vor, so heißt x_k dabei α_k-fache Lösung von (2.21); man schreibt (2.22) in der Form

(2.23) $$\begin{cases} P_n(x) = a_n(x-x_1)^{\alpha_1}(x-x_2)^{\alpha_2}\ldots(x-x_l)^{\alpha_l} \\ \text{mit } \alpha_1 + \alpha_2 + \ldots + \alpha_l = n\ . \end{cases}$$

Für $a_j \in \mathbb{R}$ können komplexe Lösungen von (2.21) nur als Paare konjugiert komplexer Lösungen auftreten, d.h. mit der Lösung $x = \alpha + i\beta$ ist auch $\bar{x} = \alpha - i\beta$ Lösung von (2.21), und zwar mit derselben Vielfachheit. Der Grad einer Gleichung (2.21) mit reellen Koeffizienten, die keine reellen Wurzeln besitzt, kann somit nur gerade sein, und jede derartige Gleichung ungeraden Grades besitzt eine reelle Lösung.

2.2.1 DAS HORNER-SCHEMA FÜR ALGEBRAISCHE POLYNOME.

Das Horner-Schema dient zur Berechnung der Funktionswerte eines Polynoms P_n und seiner Ableitungen an einer festen Stelle x_0; es arbeitet übersichtlich und rundungsfehlergünstig, spart Rechen- und Schreibarbeit.

2.2.1.1 DAS EINFACHE HORNER-SCHEMA FÜR REELLE ARGUMENTWERTE.

Man geht aus von der Polynomdarstellung

$$P_n(x) = a_n^{(0)}x^n + a_{n-1}^{(0)}x^{n-1} + \ldots + a_1^{(0)}x + a_0^{(0)}, \qquad a_j^{(0)} \in \mathbb{C} \quad .$$

Zur Berechnung des Funktionswertes $P_n(x_0)$, $x_0 \in \mathbb{R}$, wird $P_n(x_0)$ in der folgenden Form geschrieben

$$(2.24) \quad P_n(x_0) = (\ldots((a_n^{(0)}x_0 + a_{n-1}^{(0)})x_0 + a_{n-2}^{(0)})x_0 + \ldots)x_0 + a_0^{(0)} .$$

Unter Benutzung der Größen

$$(2.25) \quad \begin{cases} a_n^{(1)} := a_n^{(0)} \\ a_j^{(1)} := a_{j+1}^{(1)}x_0 + a_j^{(0)}, \qquad j = n-1, n-2, \ldots, 1, 0, \end{cases}$$

gilt für (2.24)

$$P_n(x_0) = a_0^{(1)} .$$

Die Rechenoperationen (2.25) werden in der folgenden Anordnung durchgeführt, dem sogenannten *Horner-Schema* :

P_n	$a_n^{(0)}$	$a_{n-1}^{(0)}$	$a_{n-2}^{(0)}$	...	$a_1^{(0)}$	$a_0^{(0)}$
$x = x_0$	0	$a_n^{(1)}x_0$	$a_{n-1}^{(1)}x_0$	...	$a_2^{(1)}x_0$	$a_1^{(1)}x_0$
$\sum$	$a_n^{(1)}$	$a_{n-1}^{(1)}$	$a_{n-2}^{(1)}$	...	$a_1^{(1)}$	$a_0^{(1)} = P_n(x_0)$

In der ersten Zeile stehen also die Koeffizienten der einzelnen Potenzen von x, für fehlende Potenzen muß eine Null gesetzt werden.

Der Vorteil des Horner-Schemas liegt darin, daß außer Additionen nur Multiplikationen mit dem festen Faktor x_0 auszuführen sind. Beim Rechnen mit dem Rechenschieber sind diese Multiplikationen mit x_0 durch feste Zungeneinstellung schnell ausführbar.

Wird $P_n(x)$ durch $(x-x_0)$ dividiert mit $x_0 \in \mathbb{R}$ und $x \neq x_0$, so ergibt sich die Beziehung

(2.26) $$P_n(x) = (x-x_0)P_{n-1}(x) + P_n(x_0)$$

mit

$$\begin{cases} P_n(x_0) = a_0^{(1)} , \\ P_{n-1}(x) = a_n^{(1)}x^{n-1} + a_{n-1}^{(1)}x^{n-2} + \ldots + a_2^{(1)}x + a_1^{(1)} . \end{cases}$$

Die Koeffizienten des Polynoms P_{n-1} sind mit den im Horner-Schema für $x = x_0$ auftretenden und durch (2.25) definierten Koeffizienten $a_j^{(1)}$ identisch.

Abdividieren von Nullstellen (Deflation).

Ist x_0 Nullstelle von P_n, so gilt wegen $P_n(x_0) = 0$ gemäß (2.26)

(2.26') $$P_n(x) = (x-x_0)\, P_{n-1}(x) .$$

Die Koeffizienten des sogenannten *dividierten Polynoms* bzw. *Deflationspolynoms* P_{n-1} sind die $a_j^{(1)}$ im Horner-Schema.

2.2.1.2 DAS EINFACHE HORNER-SCHEMA FÜR KOMPLEXE ARGUMENTWERTE.

Besitzt das Polynoms P_n komplexe Koeffizienten und ist x_0 ein komplexer Argumentwert, so kann man zur Berechnung des Funktionswertes $P_n(x_0)$ das einfache Horner-Schema (s. Abschnitt 2.2.1.1) verwenden. Man hat dann lediglich für jeden Koeffizienten eine reelle und eine imaginäre Spalte zu berechnen.

Besitzt das Polynom P_n jedoch reelle Koeffizienten, so kann man zur Berechnung des Funktionswertes $P_n(x_0)$zu einem komplexen Argumentwert x_0 mit dem Horner-Schema ganz im Reellen bleiben, wenn man das sogenannte *doppelreihige* Horner-Schema verwendet. Zunächst nimmt man den zu x_0 konjugiert komplexen Argumentwert $\bar{x}_0$ hinzu und bildet

$$(x-x_0)(x-\bar{x}_0) = x^2 - px - q$$

mit reellen Zahlen p und q. Dividiert man jetzt P_n durch (x^2-px-q), so erhält man die Beziehung

$$(2.27)\quad \begin{cases} P_n(x) = (x^2-px-q)P_{n-2}(x) + b_1^{(1)}x + b_0^{(1)} \\ \text{mit} \\ P_{n-2}(x) = b_n^{(1)}x^{n-2} + b_{n-1}^{(1)}x^{n-3} + \ldots + b_3^{(1)}x + b_2^{(1)} \ . \end{cases}$$

Für die Koeffizienten $b_k^{(1)}$ von P_{n-2} gelten die Beziehungen

$$(2.28)\quad \begin{cases} b_n^{(1)} = a_n^{(0)} \ , \\ b_{n-1}^{(1)} = a_{n-1}^{(0)} + pb_n^{(1)} \ , \\ b_k^{(1)} = a_k^{(0)} + pb_{k+1}^{(1)} + qb_{k+2}^{(1)} \ , \quad k = 1(1)n-2 \ , \\ b_0^{(1)} = a_0^{(0)} + qb_1^{(1)} \ . \end{cases}$$

Die Rechenoperationen (2.28) werden in dem folgenden *doppelreihigen Horner-Schema* durchgeführt:

P_n	$a_n^{(0)}$	$a_{n-1}^{(0)}$	$a_{n-2}^{(0)}$	...	$a_2^{(0)}$	$a_1^{(0)}$	$a_0^{(0)}$
q	0	0	$qb_n^{(1)}$	...	$qb_4^{(1)}$	$qb_3^{(1)}$	$qb_2^{(1)}$
p	0	$pb_n^{(1)}$	$pb_{n-1}^{(1)}$	...	$pb_3^{(1)}$	$pb_2^{(1)}$	0
Σ	$b_n^{(1)}$	$b_{n-1}^{(1)}$	$b_{n-2}^{(1)}$	...	$b_2^{(1)}$	$b_1^{(1)}$	$b_0^{(1)}$

Für $x = x_0$ folgt aus (2.27) wegen $x_0^2 - px_0 - q = 0$

$$(2.29)\quad P_n(x_0) = b_1^{(1)}x_0 + b_0^{(1)}$$

als gesuchter Funktionswert.

Ist x_0 Nullstelle von P_n, so folgt wegen $P_n(x_0) = 0$ aus (2.29):

$$b_0^{(1)} = 0, \quad b_1^{(1)} = 0 \ .$$

Abdividieren von komplexen Nullstellen bei Polynomen mit reellen Koeffizienten.

Ist x_0 Nullstelle von P_n, so gilt wegen $P_n(x_0) = 0$, d.h. $b_0^{(1)} = 0$, $b_1^{(1)} = 0$ gemäß (2.27)

$$P_n(x) = (x^2 - px - q)P_{n-2}(x) \; .$$

Die Koeffizienten des Deflationspolynoms P_{n-2} sind die $b_k^{(1)}$ im doppelreihigen Horner-Schema.

2.2.1.3 DAS VOLLSTÄNDIGE HORNER-SCHEMA FÜR REELLE ARGUMENTWERTE.

Da das Horner-Schema neben dem Funktionswert $P_n(x_0)$ auch die Koeffizienten $a_j^{(1)}$ des Polynoms P_{n-1} liefert, ergibt sich die Möglichkeit, die k-ten Ableitungen $P_n^{(k)}$ des Polynoms P_n für $k = 1(1)n$ an der Stelle $x_0 \in \mathbb{R}$ zu berechnen. Aus (2.26) folgt

$$P_n'(x) = P_{n-1}(x) + (x-x_0)P_{n-1}'(x), \quad P_n^{(1)}(x) = P_n'(x) \; ,$$

also ist für $x = x_0$

$$P_n^{(1)}(x_0) = P_{n-1}(x_0) \; .$$

$P_n^{(1)}(x_0)$ ergibt sich, indem man an die 3. Zeile des Horner-Schemas ein weiteres Horner-Schema anschließt.

So fortfahrend folgt schließlich

$$P_n^{(k)}(x_0) = k! \; P_{n-k}(x_0), \quad k = 1(1)n \; .$$

Durch Fortsetzung des Horner-Schemas erhält man die Koeffizienten $P_{n-k}(x_0)$ der Taylorentwicklung von P_n an der Stelle $x = x_0$

$$P_n(x) = \tilde{P}_n(x-x_0) = \sum_{k=0}^{n} (x-x_0)^k \frac{1}{k!} P_n^{(k)}(x_0) = \sum_{k=0}^{n} (x-x_0)^k P_{n-k}(x_0) \; .$$

RECHENSCHEMA 2.1 (*Vollständiges Horner-Schema*).

P_n	$a_n^{(0)}$	$a_{n-1}^{(0)}$	$a_{n-2}^{(0)}$	$\dots$	$a_1^{(0)}$	$a_0^{(0)}$	
$x = x_0$	0	$a_n^{(1)}x_0$	$a_{n-1}^{(1)}x_0$	$\dots$	$a_2^{(1)}x_0$	$a_1^{(1)}x_0$	
P_{n-1}	$a_n^{(1)}$	$a_{n-1}^{(1)}$	$a_{n-2}^{(1)}$	$\dots$	$a_1^{(1)}$	$\boxed{a_0^{(1)} = P_n(x_0)}$	
$x = x_0$	0	$a_n^{(2)}x_0$	$a_{n-1}^{(2)}x_0$	$\dots$	$a_2^{(2)}x_0$		
P_{n-2}	$a_n^{(2)}$	$a_{n-1}^{(2)}$	$a_{n-2}^{(2)}$	$\dots$	$\boxed{a_1^{(2)} = \frac{1}{1!}P_n'(x_0)}$	$= P_{n-1}(x_0)$	
$\vdots$	$\vdots$	$\vdots$	$\vdots$				
P_1	$a_n^{(n-1)}$	$a_{n-1}^{(n-1)}$	$\dots$				
$x = x_0$	0	$a_n^{(n)}x_0$					
P_0	$a_n^{(n)}$	$\boxed{a_{n-1}^{(n)} = \frac{1}{(n-1)!}P_n^{(n-1)}(x_0)}$	$= P_1(x_0)$				
$x = x_0$	0						
	$\boxed{a_n^{(n+1)} = \frac{1}{n!}P_n^{(n)}(x_0)}$	$= P_0(x_0)$					

mit $a_n^{(l)} = a_n^{(l-1)}$, $a_j^{(l)} = a_{j+1}^{(l)}x_0 + a_j^{(l-1)}$ für $j = 0(1)n-1$, $l = 1(1)n+1$.

Anzahl der Punktoperationen.

Die Aufstellung der Taylorentwicklung von P_n an einer Stelle x_0 mit Hilfe des vollständigen Horner-Schemas erfordert $\frac{1}{2}(n^2+n)$ Punktoperationen, während der übliche Weg (Differenzieren, Berechnen der Werte der Ableitungen, Dividieren durch k!, wobei k! als bekannter Wert vorausgesetzt wird) $n^2 + 2n - 2$, also für $n \geq 3$ mehr als doppelt so viele Punktoperationen erfordert. Durch das Einsparen von Punktoperationen wird das rundungsfehlergünstige Arbeiten ermöglicht, denn durch hohe Potenzen häufen sich systematische Rundungsfehler an.

2.2.1.4 ANWENDUNGEN

Das Horner-Schema wird verwendet

(1) zur bequemen, schnellen und rundungsfehlergünstigen Berechnung der Funktionswerte und Ableitungswerte eines Polynoms P_n,

(2) zur Aufstellung der Taylorentwicklung eines Polynoms,

(3) zum Abdividieren von Nullstellen (Deflation von Polynomen).

Man wird z.B. bei der iterativen Bestimmung einer Nullstelle nach einem Newton-Verfahren P_n, P_n' bzw. P_n, P_n', P_n'' nach dem Horner-Schema berechnen.

Hat man für eine Nullstelle x_0 von P_n iterativ eine hinreichend gute Näherung erhalten, so dividiert man P_n durch $(x-x_0)$ und wendet das Iterationsverfahren auf das Deflationspolynom P_{n-1} an. So erhält man nacheinander alle Nullstellen von P_n und schließt aus, eine Nullstelle zweimal zu berechnen. Dabei könnten sich aber die Nullstellen der dividierten Polynome immer weiter von den Nullstellen des Ausgangspolynoms P_n entfernen, so daß die Genauigkeit immer mehr abnimmt. Wilkinson empfiehlt deshalb in [42], S. 70-83, das Abdividieren von Nullstellen grundsätzlich mit der betragskleinsten Nullstelle zu beginnen, d.h. mit einer Methode zu arbeiten, die für das jeweilige Polynom eine Anfangsnäherung so auswählt, daß die Iteration gegen die betragskleinste Nullstelle konvergiert (s. Verfahren von Muller, Abschnitt 2.2.2.3). Wird diese Forderung erfüllt, so ergeben sich alle Nullstellen mit einer Genauigkeit, die im wesentlichen von ihrer Kondition bestimmt ist, nicht von der Genauigkeit der vorher bestimmten Nullstelle. Wilkinson empfiehlt außerdem, nachdem man alle Nullstellen mittels Abdividieren gefunden hat, die berechneten Näherungswerte als Startwerte für eine Iteration mit dem ursprünglichen Polynom zu verwenden. Man erreicht damit eine Erhöhung der Genauigkeit, besonders in den Fällen, in denen das Abdividieren die Kondition verschlechtert hat.

2.2.2 METHODEN ZUR BESTIMMUNG SÄMTLICHER LÖSUNGEN ALGEBRAISCHER GLEICHUNGEN.

2.2.2.1 VORBEMERKUNGEN UND ÜBERBLICK.

Wenn hinreichend genaue Anfangsnäherungen für die Nullstellen eines Polynoms vorliegen, kann man mit Iterationsverfahren Folgen von Näherungswerten konstruieren, die gegen die Nullstellen konvergieren. Das Problem liegt in der Beschaffung der Startwerte.

Will man z.B. sämtliche reellen Nullstellen eines Polynoms P_n mit reellen Koeffizienten mit Hilfe eines der bisher angegebenen Iterationsverfahren berechnen, so muß man:

1. ein Intervall ermitteln, in dem alle Nullstellen liegen. Das kann z.B. nach dem folgenden Satz geschehen:

   Ist $P_n(x) = x^n + a_{n-1} x^{n-1} + \ldots + a_1 x + a_0$ das gegebene Polynom und

   $A = \max\limits_{k=0(1)n-1} |a_k|$, so liegen alle Nullstellen von P_n in einem Kreis um den Nullpunkt der komplexen Zahlenebene mit dem Radius $r = A+1$.

   Also ist $I = [-r,r]$.

   Ist P_n ein Polynom mit lauter reellen Nullstellen, z.B. ein Orthogonalpolynom, s. 6.2.1, Sonderfälle 2. (in der Praxis gibt es Fälle, in denen man z.B. aufgrund des physikalischen Sachverhalts schließen kann, daß es n reelle Nullstellen gibt), so kann der *Satz von Laguerre* angewandt werden:

   Die Nullstellen liegen alle in einem Intervall, dessen Endpunkte durch die beiden Lösungen der quadratischen Gleichung

   $$nx^2 + 2a_{n-1}x + \left(2(n-1)a_{n-2} - (n-2)a_{n-1}^2\right) = 0$$

   gegeben sind,

2. die Anzahl reeller Nullstellen nach den Vorzeichenregeln von Sturm und Descartes berechnen,

3. die Lage der Nullstellen durch Intervallteilung, Berechnung der Funktionswerte und Abzählung der Anzahl der Vorzeichenwechsel ermitteln.

Mit 3. ist es möglich, Intervalle $I_k \subset I$ anzugeben, in denen jeweils nur eine Nullstelle x_k liegt. Dann läßt sich z.B. das Newtonsche Verfahren zur näherungsweisen Berechnung der x_k anwenden. Dabei sind P_n und P_n' (bzw. P_n, P_n', P_n'') mit Hilfe des Horner-Schemas zu berechnen.

LITERATUR zu 1. bis 3.: [2] Bd. 2, 7.2; [43], S. 289ff.; [45], S. 46; [66], S. 119-121; zu 2. und 3. auch Routine Chaina, Sturm, Cern Bibliothek.

Dieser Weg ist mühsam und für die Praxis uninteressant. Hier braucht man Verfahren, die in kürzester Zeit und ohne Kenntnis von Startwerten sämtliche reellen und komplexen Lösungen eines Polynoms mit reellen bzw. komplexen Koeffizienten liefern.

Für Polynome mit reellen Koeffizienten werden diese Anforderungen mühelos vom *Verfahren von Muller* erfüllt, s. Abschnitt 2.2.2.3. Weitaus mühsamer arbeitet der in Abschnitt 2.2.2.2 angegebene QD-Algorithmus.

Für Polynome mit komplexen Koeffizienten werden hier zwei Verfahren genannt, das *Verfahren von Jenkins und Traub* und das *Verfahren von Bauhuber*. Das Verfahren von Jenkins ist schneller als das von Bauhuber, aber weniger genau. Bei sehr hohen Genauigkeitsansprüchen sollte man das von Bauhuber verwenden. Beide Verfahren werden hier nur kurz beschrieben ohne Formulierung eines Algorithmus; für sie sind - ebenso wie für Muller - im Anhang Programme enthalten. Für den QD-Algorithmus wird kein Programm angegeben.

2.2.2.2 DER QD-ALGORITHMUS.

Der QD-Algorithmus ([4], 3.9; [18] Bd.1, 8; [34], 4.6; [57]) liefert ohne vorherige Kenntnis von Startwerten sämtliche Lösungen einer algebraischen Gleichung

$$P_n(x) \equiv \sum_{j=0}^{n} a_j x^j = 0, \quad a_j \in \mathbb{R} \quad , \; a_j \neq 0 \text{ für alle } j.$$

Falls die Voraussetzung $a_j \neq 0$, $j = 0(1)n$, für ein vorgelegtes Polynom nicht erfüllt ist, entwickelt man P_n mit Hilfe des vollständigen Horner-Schemas an einer geeignet gewählten Stelle $x_0 \in \mathbb{R}$ und erhält $P_n(x) = \widetilde{P}_n(x-x_0) = \widetilde{P}_n(w)$. Wenn kein Koeffizient des Polynoms $\widetilde{P}_n = \widetilde{P}_n(w)$ verschwindet, können dessen Nullstellen w_k mit Hilfe des QD-Algorithmus bestimmt werden. Wegen $x - x_0 = w$ sind $x_k = w_k + x_0$, $k = 1(1)n$, die gesuchten Nullstellen des Polynoms P_n.

1. Fall. P_n besitzt keine betragsgleichen Nullstellen.

Die Nullstellen x_k von P_n seien so bezeichnet, daß

$$|x_1| > |x_2| > \ldots > |x_n| > 0 \; .$$

Mit dem QD-Algorithmus werden n Zahlenfolgen $\left\{ q_k^{(\nu)} \right\}$, $k = 1(1)n$, konstruiert, die linear gegen die Nullstellen x_k von P_n streben

$$\lim_{\nu \to \infty} q_k^{(\nu)} = x_k \; , \qquad k = 1(1)n \; .$$

Neben den Folgen $\left\{ q_k^{(\nu)} \right\}$ werden noch Hilfsfolgen $\left\{ e_k^{(\nu)} \right\}$, $k = 1(1)n$, benötigt, die gegen Null konvergieren

$$\lim_{\nu \to \infty} e_k^{(\nu)} = 0 \; .$$

Die Folgen der $q_k^{(\nu)}$ und $e_k^{(\nu)}$ werden für jedes feste k in zwei benachbarten Spalten eines Rechenschemas angeordnet. Ihre Berechnung erfolgt nach den sogenannten *Rhombenregeln*, dem q-Rhombus und dem e-Rhombus:

q-Rhombus

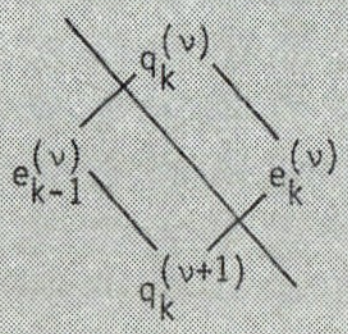

$$q_k^{(\nu)} + e_k^{(\nu)} = e_{k-1}^{(\nu)} + q_k^{(\nu+1)}$$

(2.30) $$\boxed{q_k^{(\nu+1)} = q_k^{(\nu)} + e_k^{(\nu)} - e_{k-1}^{(\nu)}}$$

e-Rhombus

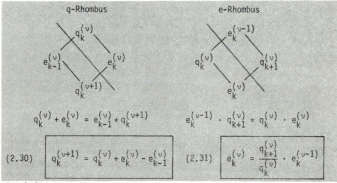

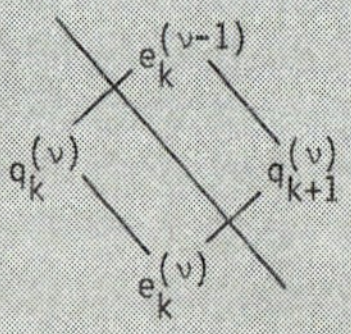

$$e_k^{(\nu-1)} \cdot q_{k+1}^{(\nu)} = q_k^{(\nu)} \cdot e_k^{(\nu)}$$

(2.31) $$\boxed{e_k^{(\nu)} = \frac{q_{k+1}^{(\nu)}}{q_k^{(\nu)}} \cdot e_k^{(\nu-1)}}$$

Regel für den q-Rhombus: Die beiden oberhalb der eingezeichneten Diagonale stehenden Glieder werden addiert und der Summe der beiden unterhalb der Diagonale stehenden Glieder gleichgesetzt.

Regel für den e-Rhombus: Die beiden oberhalb der eingezeichneten Diagonale stehenden Glieder werden multipliziert und dem Produkt der beiden unterhalb der Diagonale stehenden Glieder gleichgesetzt.

Die Werte $q_k^{(1)}$, $e_k^{(1)}$, $e_0^{(\nu)}$ und $e_n^{(\nu)}$ sind wie folgt vorzugeben:

$$(2.32)\quad \begin{cases} q_1^{(1)} = -\dfrac{a_{n-1}}{a_n}\,; \qquad q_2^{(1)} = \ldots = q_n^{(1)} = 0\,, & a_n \neq 0\,, \\ e_k^{(1)} = \dfrac{a_{n-k-1}}{a_{n-k}} \quad \text{für } k = 1(1)n-1\,, & a_{n-k} \neq 0\,, \\ e_0^{(\nu)} = e_n^{(\nu)} = 0 \quad \text{für alle } \nu. \end{cases}$$

Im folgenden wird ein Rechenschema angegeben, das zeilenweise auszufüllen ist. Wie dabei vorgegangen werden muß, beschreibt der daran anschließende Algorithmus 2.2.

RECHENSCHEMA 2.2 (*QD-Algorithmus*).

ν	$e_0^{(\nu)}$	$q_1^{(\nu)}$	$e_1^{(\nu)}$	$q_2^{(\nu)}$	$e_2^{(\nu)}$	$q_3^{(\nu)}$	$e_3^{(\nu)}$	...	$q_n^{(\nu)}$	$e_n^{(\nu)}$
1		$q_1^{(1)}$		0		0		...	0	
	0		$e_1^{(1)}$		$e_2^{(1)}$		$e_3^{(1)}$	...		0
2		$q_1^{(2)}$		$q_2^{(2)}$		$q_3^{(2)}$		...	$q_n^{(2)}$	
	0		$e_1^{(2)}$		$e_2^{(2)}$		$e_3^{(2)}$	...		0
3		$q_1^{(3)}$		$q_2^{(3)}$		$q_3^{(3)}$		...	$q_n^{(3)}$	
	0		$e_1^{(3)}$		$e_2^{(3)}$		$e_3^{(3)}$	...		0
⋮ ↓	⋮ ↓	⋮ ↓	⋮ ↓	⋮ ↓	⋮ ↓	⋮ ↓	⋮ ↓	...	⋮ ↓	⋮ ↓
∞	0	x_1	0	x_2	0	x_3	0	...	x_n	0

ALGORITHMUS 2.2. Gegeben ist ein Polynom $P_n(x) = \sum_{j=0}^{n} a_j x^j$, $a_j \in \mathbb{R}$, $a_j \neq 0$ für $j = 0(1)n$, gesucht sind sämtliche Nullstellen von $P_n(x)$.

1. Schritt. Ausfüllen der ersten beiden Zeilen des Rechenschemas 2.2 nach den Vorschriften (2.32).

2. Schritt. Berechnung der Elemente $q_k^{(2)}$ der 3. Zeile des Schemas nach der q-Regel (2.30).

3. Schritt. Berechnung der Elemente $e_k^{(2)}$ der 4. Zeile des Schemas nach der e-Regel (2.31).

4. Schritt. Zeilenweises Ausfüllen des Schemas analog zum 2. und 3. Schritt, bis zu vorgegebenem $\varepsilon > 0$ gilt $|q_k^{(\nu+1)} - q_k^{(\nu)}| < \varepsilon$ und gleichzeitig $|e_k^{(\nu+1)}| < \varepsilon_1$ ist, $\varepsilon_1 > 0$. Konvergieren die Folgen benachbarter q-Spalten nicht und strebt die dazwischenliegende e-Spalte nicht gegen Null, so besitzt P_n betragsgleiche Nullstellen, s. dazu den folgenden 2. Fall; vgl. auch Bemerkung 2.5.

2. Fall. P_n besitzt zwei betragsgleiche Nullstellen.

Es gelte $|x_k| = |x_{k+1}|$, alle übrigen Nullstellen von P_n seien betragsverschieden. Dann gibt es die folgenden Möglichkeiten für x_k und x_{k+1}:

(1) $x_k = x_{k+1}$ reell ,
(2) $x_k = -x_{k+1}$ reell ,
(3) $x_k = \alpha+i\beta$, $x_{k+1} = \alpha-i\beta$, α,β reell .

In den Fällen (2) und (3) konvergieren die Folgen $\left\{q_k^{(\nu)}\right\}$ und $\left\{q_{k+1}^{(\nu)}\right\}$ nicht gegen x_k bzw. x_{k+1}, und auch die zwischen diesen beiden q-Spalten angeordnete Folge $\left\{e_k^{(\nu)}\right\}$ strebt nicht gegen Null. Bildet man jedoch mit den Werten aus diesen q-Spalten die quadratischen Gleichungen

$$x^2 - (q_k^{(\nu)} + q_{k+1}^{(\nu)})x + q_{k+1}^{(\nu)}\, q_k^{(\nu-1)} = x^2 - a^{(\nu)}x + b^{(\nu)} = 0 \tag{2.33}$$

so streben deren Lösungen für $\nu \to \infty$ gegen x_k und x_{k+1}.

Im Falle (1) konvergieren i.a. wie bei betragsverschiedenen Nullstellen die Folgen $\left\{q_k^{(\nu)}\right\}$ bzw. $\left\{q_{k+1}^{(\nu)}\right\}$ gegen $x_k = x_{k+1}$ und die Folge $\left\{e_k^{(\nu)}\right\}$ gegen Null, jedoch ist die Konvergenz erheblich langsamer als dort. Deshalb empfiehlt es sich auch hier, $x_k = x_{k+1}$ mit Hilfe von (2.33) zu ermitteln. Auch bei nahe beieinanderliegenden Nullstellen tritt ein ähnliches Verhalten auf.

3. Fall. P_n besitzt mehr als zwei betragsgleiche Nullstellen.

Hier tritt das gleiche Verhalten wie oben beschrieben in entsprechend mehr q-Spalten bzw. e-Spalten auf, so daß (2.33) nicht anwendbar ist. Deshalb empfiehlt es sich, für P_n mit der Darstellung (2.23) ein Ersatzpolynom $\tilde{P}_l$ herzustellen, welches die gleichen l Nullstellen x_k, $k=1(1)l$, wie P_n besitzt, jedoch nur einfach. Dazu wendet man den Euklidischen Algorithmus zur Bestimmung des größten gemeinsamen Teilers $Q(x)$ zweier Polynome auf die Polynome P_n und P_n' an und bestimmt $\tilde{P}_l$ aus der Beziehung

$$\tilde{P}_l(x) = P_n(x)/Q(x) \;;$$

$\tilde{P}_l$ kann dann höchstens noch zwei betragsgleiche Nullstellen besitzen, so daß bei der Anwendung des QD-Algorithmus auf $\tilde{P}_l$ nur der 1. bzw. 2. Fall auftreten können. Zum Euklidischen Algorithmus s. [40],S.132; [66], S.108.

Ein Verfahren, das die Abspaltung von Lösungen gleichen Betrages erlaubt, ist in [54] angegeben.

BEMERKUNG 2.4. Das Graeffe-Verfahren oder Verfahren der quadrierten Wurzeln ([2] Bd. 2, 7.6; [4], 3.2; [45], § 3) liefert wie der QD-Algorithmus ohne Kenntnis von Startwerten, sämtliche Lösungen $x_1, x_2, \dots, x_n$ einer algebraischen Gleichung (2.21) mit $a_j \in \mathbb{R}$. Das Verfahren ist zwar für DVA wenig geeignet, aber von Bedeutung für überschlägige Rechnungen mit dem Rechenschieber oder Rechenmaschinen mit Handsteuerung.

2.2.2.3 DAS VERFAHREN VON MULLER.

Das Verfahren von Muller [111] liefert ohne vorherige Kenntnis von Startwerten sämtliche reellen und konjugiert komplexen Nullstellen eines Polynoms

$$P_n: \quad P_n(x) = \sum_{j=0}^{n} a_j x^j, \quad a_j \in \mathbb{R}, \quad a_n \neq 0 .$$

Prinzip des Verfahrens.

Zunächst wird durch Muller-Iteration (s. Durchführung Muller-Iteration) ein Näherungswert $x_1^{(N)}$ für die betragskleinste Nullstelle x_1 von P_n bestimmt. Nach Division $P_n(x)/(x-x_1^{(N)})$ mit Horner und Vernachlässigung des Restes erhält man ein Polynom P_{n-1} vom Grad n-1, das im Rahmen der erzielten Genauigkeit ungefähr gleich dem Deflationspolynom $P_n(x)/(x-x_1)$ ist. Von P_{n-1} wird wiederum durch Muller-Iteration ein Näherungswert $x_2^{(N)}$ für die betragskleinste Nullstelle x_2 bestimmt (s. Durchführung der Muller-Iteration, dort ist mit $f \equiv P_{n-1}$ statt $f \equiv P_n$ zu arbeiten und x_1 durch x_2 zu ersetzen). Mit $x_2^{(N)}$ wird analog zu $x_1^{(N)}$ verfahren. Man erhält so Näherungswerte für sämtliche Nullstellen von P_n ungefähr [1] dem Betrage nach geordnet. In den meisten Testbeispielen ergab sich die Anordnung

$$|x_1| \leq |x_2| \leq \dots \leq |x_n| \quad .$$

Durchführung der Muller-Iteration.

Zu je drei Wertepaaren $(x^{(k)}, f_k)$, $k = \nu-2, \nu-1, \nu$ mit $f_k := f(x^{(k)})$ werden das zugehörige quadratische Interpolationspolynom ϕ und dessen Nullstellen bestimmt. Eine der Nullstellen wird als neue Näherung $x^{(\nu+1)}$ für die ge-

---

[1] Möglicherweise erhält man z.B. die im Betrag zweitkleinste Nullstelle zuerst.

suchte betragskleinste Nullstelle x_1 von P_n: $f(x) \equiv P_n(x)$ gewählt.

Man erhält

(2.34) $$x^{(\nu+1)} = x^{(\nu)} + h_\nu \cdot q_{\nu+1}, \quad \nu = 2,3,\ldots$$

mit

(2.35) $$q_{\nu+1} = \frac{-2C_\nu}{B_\nu \pm \sqrt{B_\nu^2 - 4A_\nu C_\nu}},$$

wobei folgende Beziehungen gelten

$$\begin{cases} h_\nu = x^{(\nu)} - x^{(\nu-1)}, \quad q_\nu = \dfrac{h_\nu}{h_{\nu-1}} \\ A_\nu = q_\nu f_\nu - q_\nu (1+q_\nu) f_{\nu-1} + q_\nu^2 f_{\nu-2}, \\ B_\nu = (2q_\nu+1) f_\nu - (1+q_\nu)^2 f_{\nu-1} + q_\nu^2 f_{\nu-2}, \\ C_\nu = (1+q_\nu) f_\nu . \end{cases}$$

Das Vorzeichen der Wurzel im Nenner von (2.35) ist so zu wählen, daß $x^{(\nu+1)}$ die näher an $x^{(\nu)}$ liegende Nullstelle von ϕ ist; d.h. als Nenner von $q_{\nu+1}$ ist diejenige der Zahlen $\pm \sqrt{}$ zu wählen, die den größeren Betrag besitzt.

Falls der Nenner von (2.35) verschwindet - dies ist dann der Fall, wenn $f(x^{(\nu)}) = f(x^{(\nu-1)}) = f(x^{(\nu-2)})$ gilt - schlägt Muller vor, statt (2.35) für $q_{\nu+1} = 1$ zu setzen und damit weiterzurechnen.

Automatischer Startprozeß.

Als Startwerte für die Iteration werden fest vorgegeben

$$x^{(0)} = -1, \quad x^{(1)} = 1, \quad x^{(2)} = 0 .$$

Als Funktionswerte an den Stellen $x^{(0)}$, $x^{(1)}$, $x^{(2)}$ (und nur an diesen!) werden nicht die Funktionswerte des jeweiligen Polynoms f genommen, sondern die Werte

$$a_0 - a_1 + a_2 \quad \text{für} \quad f_0 = f(x^{(0)}) ,$$

$$a_0 + a_1 + a_2 \quad \text{für} \quad f_1 = f(x^{(1)}) ,$$

$$a_0 \qquad\qquad \text{für} \quad f_2 = f(x^{(2)}) .$$

Abbruchbedingung.

Die Iteration (2.34) wird abgebrochen, falls zu vorgegebenem $\varepsilon > 0$ die Abfrage

$$\frac{|x^{(\nu+1)} - x^{(\nu)}|}{|x^{(\nu+1)}|} < \varepsilon$$

erfüllt ist. Ist dies für ein $\nu = N-1$ der Fall, so ist $x^{(N)} = x_1^{(N)}$ der gesuchte Näherungswert für x_1.

Auftreten konjugiert komplexer Nullstellen.

Falls der Radikand der Wurzel in (2.35) negativ ausfällt, so kann dies zwei Ursachen haben:

(1) Eine reelle Lösung der Gleichung $f(x) \equiv P_n(x) = 0$ wird durch eine Folge konjugiert komplexer Zahlen approximiert. Die Imaginärteile der Folge $\{x^{(\nu)}\}$ sowie die Imaginärteile der zugehörigen Polynomwerte streben dann gegen Null.

(2) x_1 ist eine komplexe Nullstelle. Mit x_1 ist dann auch $\bar{x}_1$ Nullstelle von P_n. In diesem Fall liefert die Division $P_n/(x-x_1^{(N)})(x-\bar{x}_1^{(N)})$ unter Vernachlässigung des Restes ein Polynom P_{n-2} vom Grad n-2 (s. Abschnitt 2.2.1.2), für das wiederum die Muller-Iteration eine Näherung für die betragskleinste Nullstelle liefert.

Zur Konvergenz des Verfahrens.

Konvergenz im Großen konnte nicht nachgewiesen werden. Es konnte aber gezeigt werden, daß Konvergenz eintritt, wenn der Prozeß hinreichend nahe an einer einfachen bzw. doppelten Nullstelle beginnt. Jedoch erreichte Muller mit der in [111], S. 210 angegebenen Modifikation Konvergenz in allen getesteten Fällen zu dem angegebenen Startprozeß.

Konvergenzordnung.

In [111] wird für den Fall einfacher Nullstellen die Konvergenzordnung $p = 1{,}84$, für den Fall doppelter Nullstellen $p = 1{,}23$ nachgewiesen.

BEMERKUNG 2.5. Die nach Muller ermittelten Näherungen für die betragskleinsten Nullstellen der dividierten Polynome sollten im Anschluß noch einmal iterativ (z.B. mit Newton) verbessert werden, indem man sie als Startwerte für eine Iteration mit dem ursprünglichen Polynom P_n verwendet (s. auch Abschnitt 2.2.1.4).

2.2.2.4 DAS VERFAHREN VON BAUHUBER.

Das Verfahren von Bauhuber [95] liefert sämtliche reellen und komplexen Nullstellen eines Polynoms P_n mit komplexen Koeffizienten mit sehr hoher Genauigkeit.

Prinzip des Verfahrens.

Zu einem beliebigen Startwert $x^{(0)}$ soll eine Folge von Näherungen $\{x^{(\nu)}\}$, $\nu = 1,2,\ldots$, so konstruiert werden, daß die zugehörige Folge der Beträge von P_n monoton fällt

$$|P_n(x^{(0)})| > |P_n(x^{(1)})| > \ldots \quad .$$

Als Iterationsverfahren wird das Verfahren von Newton verwendet. Die Iteration wird abgebrochen, wenn z.B. die Abfrage $|P(x^{(\nu+1)})| \le \varepsilon$ zu vorgegebenem $\varepsilon > 0$ erfüllt ist. Gilt für ein festes ν $|P(x^{(\nu)})| \le |P(x^{(\nu+1)})|$, so muß $x^{(\nu+1)}$ aus der Folge der $\{x^{(\nu)}\}$ ausgeschlossen werden. Mit einem zweidimensionalen Suchprozeß, der als "Spiralisierung" bezeichnet wird, wird dann ein neues $x^{(\nu+1)}$ ermittelt, für das $|P(x^{(\nu)})| > |P(x^{(\nu+1)})|$ gilt; damit wird die Iteration fortgesetzt. Die Folgen der Näherungswerte werden durch Extrapolation verbessert. Ist $x^{(N)}$ der beste Näherungswert, so wird er als Nullstelle von P_n bezeichnet; man bildet $P_n/(x-x^{(N)})$, vernachlässigt den Rest und wendet das eben beschriebene Verfahren auf das Restpolynom vom Grad n-1 an.

2.2.2.5 DAS VERFAHREN VON JENKINS UND TRAUB.

Das Verfahren von Jenkins und Traub ([105], [117]) ist ein Iterationsverfahren zur Ermittlung der betragskleinsten Nullstelle eines Polynoms P_n mit komplexen Koeffizienten. Es ist für alle Startwerte $x^{(0)} \in (-\infty, |x_i|_{min}]$ global konvergent von mindestens zweiter Ordnung. Es behandelt auch den Fall von zwei oder mehr betragsgleichen Nullstellen. Je nachdem, ob die betragskleinste Nullstelle einfach, zweifach oder mehr als zweifach ist, wird der vom Computer auszuführende Algorithmus automatisch durch entsprechend eingebaute logische Entscheidungen modifiziert.

Nachdem die betragskleinste(n) Nullstelle(n) näherungsweise ermittelt ist, wird durch Abdividieren der Nullstelle(n) das Restpolynom bestimmt. Hiervon liefert das gleiche Verfahren eine Näherung für die nächste(n) Nullstelle(n).

LITERATUR zu 2.2: [2] Bd.2, 7.6, 7.8; [4], 3.2-3.4, 3.9; [7], 2.6-2.7; [18] Bd.1, Kap. 7.8; [19], 3.3-3.4; [29] I, 2.5-2.7; [30], II §§ 1.3; [31] Bd.1, VI 21; [34], 4.5-4.6; [40], II §§ 3,6-8; [42], Kap.2; [45], § 2; [67] I, 1.3-1.4.

3. VERFAHREN ZUR NUMERISCHEN LÖSUNG LINEARER GLEICHUNGS-SYSTEME.

Man unterscheidet *direkte* und *iterative* Methoden zur numerischen Lösung linearer Gleichungssysteme. Die direkten Methoden liefern die exakte Lösung, sofern man von Rundungsfehlern absieht. Die iterativen Methoden gehen von einer Anfangsnäherung für die Lösung, dem sogenannten Startvektor, aus und verbessern diese schrittweise.

Zu den direkten Methoden gehören der Gaußsche Algorithmus, der mechanisierte Algorithmus von Banachiewicz, das Verfahren von Cholesky, das Gauß-Jordan-Verfahren und die Methode des Pivotisierens.

Zu den iterativen Methoden gehören das Iterationsverfahren in Gesamtschritten, das Iterationsverfahren in Einzelschritten und die Relaxationsverfahren.

3.1 AUFGABENSTELLUNG UND LÖSBARKEITSBEDINGUNGEN.

Gegeben sei ein System von n linearen Gleichungen mit n Unbekannten x_i der Form

$$(3.1)\quad \begin{cases} a_{11}x_1 + a_{12}x_2 + \dots + a_{1n}x_n = a_1, \\ a_{21}x_1 + a_{22}x_2 + \dots + a_{2n}x_n = a_2, \\ \vdots \qquad\qquad\qquad\qquad\qquad \vdots \\ a_{n1}x_1 + a_{n2}x_2 + \dots + a_{nn}x_n = a_n, \end{cases}$$

wobei die Koeffizienten $a_{ik} \in \mathbb{R}$ und die rechten Seiten $a_i \in \mathbb{R}$, $i,k = 1(1)n$, vorgegebene Zahlen sind. In Matrizenschreibweise lautet (3.1)

$$(3.2)\quad \mathfrak{A}\mathfrak{x} = \mathfrak{a}$$

mit

$$\mathfrak{A} = (a_{ik}) = \begin{pmatrix} a_{11} & a_{12} & \cdots & a_{1n} \\ a_{21} & a_{22} & \cdots & a_{2n} \\ \vdots & & & \vdots \\ a_{n1} & a_{n2} & \cdots & a_{nn} \end{pmatrix}, \quad \mathfrak{x} = \begin{pmatrix} x_1 \\ x_2 \\ \vdots \\ x_n \end{pmatrix}, \quad \mathfrak{a} = \begin{pmatrix} a_1 \\ a_2 \\ \vdots \\ a_n \end{pmatrix}$$

Ein Vektor $\mathfrak{x}$, dessen Komponenten x_i, $i = 1(1)n$, jede Gleichung des Systems (3.1) zu einer Identität machen, heißt Lösungsvektor oder kurz Lösung von (3.1) bzw. (3.2). Ein Gleichungssystem (3.2) heißt *homogen*, wenn $\mathfrak{a} = \mathfrak{o}$ ist, andernfalls heißt es *inhomogen*.

1. Das homogene Gleichungssystem: $\mathfrak{A}\mathfrak{x} = \mathfrak{o}$.

a) det $\mathfrak{A} \neq 0$: Es existiert nur die triviale Lösung $\mathfrak{x} = \mathfrak{o}$.

b) det $\mathfrak{A} = 0$: Die Matrix $\mathfrak{A}$ habe den Rang r, d.h. es gibt mindestens eine r-reihige Unterdeterminante von det $\mathfrak{A}$, die nicht verschwindet, während alle s-reihigen Unterdeterminanten für $s > r$ verschwinden. Dann besitzt das homogene System genau n-r linear unabhängige Lösungen.

2. Das inhomogene Gleichungssystem: $\mathfrak{A}\mathfrak{x} = \mathfrak{a}$ mit $\mathfrak{a} \neq \mathfrak{o}$.

Es gilt der folgende Existenzsatz:

SATZ 3.1. Ein inhomogenes Gleichungssystem $\mathfrak{A}\mathfrak{x} = \mathfrak{a} \neq \mathfrak{o}$ ist dann und nur dann auflösbar, wenn der Rang der erweiterten Matrix $(\mathfrak{A}, \mathfrak{a})$ gleich dem Rang der Matrix $\mathfrak{A}$ ist: $\text{Rg}(\mathfrak{A}, \mathfrak{a}) = \text{Rg}(\mathfrak{A})$.

a) det $\mathfrak{A} \neq 0$: Es existiert genau eine Lösung, sie lautet $\mathfrak{x} = \mathfrak{A}^{-1}\mathfrak{a}$.

b) det $\mathfrak{A} = 0$: Ist das System auflösbar, so ist die Lösung nicht eindeutig bestimmt. Sie ergibt sich als Summe einer Linearkombination der n-r linear unabhängigen Lösungen des homogenen und einer speziellen Lösung des inhomogenen Systems.

LITERATUR zu 3.1: [34], S.20; [44] § 8; [45], § 5.5-5.6.

3.2 DER GAUSSCHE ALGORITHMUS.

Das *Prinzip des Gaußschen Algorithmus* ist die Überführung eines Gleichungssystems der Form (3.1) in ein gestaffeltes System

$$(3.3)\quad \begin{cases} b_{11}x_1 + b_{12}x_2 + \dots + b_{1n}x_n = b_1\,, \\ \qquad\qquad b_{22}x_2 + \dots + b_{2n}x_n = b_2\,, \\ \qquad\qquad\qquad\qquad \vdots \qquad\quad \vdots \\ \qquad\qquad\qquad\qquad b_{nn}x_n = b_n\,, \end{cases}$$

aus dem sich die x_i, $i = 1(1)n$, rekursiv bestimmen lassen, falls $b_{11}b_{22}\cdots b_{nn} \neq 0$ ist. In Matrixschreibweise lautet (3.3)

$$(3.3')\qquad \mathfrak{B}\mathfrak{x} = \mathfrak{b}\;;$$

$\mathfrak{B} = (b_{ik})$ ist eine Superdiagonalmatrix, s. Fußnote S. 49.

Konstruktion des Verfahrens.

Bekanntlich ist die Lösung eines Gleichungssystems (3.1) unabhängig von der Anordnung der Gleichungen. Man kann also o.B.d.A. eine Zeilenvertauschung derart vornehmen, daß das betragsgrößte Element der ersten Spalte von $\mathfrak{A}$ in die erste Zeile kommt. Die durch die Umordnung entstandene Matrix wird mit $\mathfrak{A}^{(0)}$ bezeichnet, ihre Elemente mit $a_{ik}^{(0)}$ und die rechten Seiten des Systems mit $a_i^{(0)}$, so daß das System (3.1) in das äquivalente System

$$(3.4) \qquad \sum_{k=1}^{n} a_{ik}^{(0)} x_k = a_i^{(0)} , \quad i = 1(1)n ,$$

übergeht. Ist det $\mathfrak{A} \neq 0$, so gilt für das betragsgrößte Element der ersten Spalte $a_{11}^{(0)} \neq 0$. Zur Elimination von x_1 aus den Gleichungen $i = 2(1)n$ multipliziert man die 1. Gleichung von (3.4) mit $-a_{i1}^{(0)}/a_{11}^{(0)}$ und addiert sie jeweils zur i-ten Gleichung, so daß sich für $i = 2(1)n$ zusammen mit der unveränderten 1. Zeile ergibt (1. Eliminationsschritt):

$$(3.5) \qquad \begin{cases} a_{11}^{(0)}x_1 + a_{12}^{(0)}x_2 + \dots + a_{1n}^{(0)}x_n = a_1^{(0)} , \\ \qquad\quad \tilde{a}_{22}^{(1)}x_2 + \dots + \tilde{a}_{2n}^{(1)}x_n = \tilde{a}_2^{(1)} , \\ \qquad\quad \vdots \qquad\qquad\qquad\qquad\quad \vdots \\ \qquad\quad \tilde{a}_{n2}^{(1)}x_2 + \dots + \tilde{a}_{nn}^{(1)}x_n = \tilde{a}_n^{(1)} \end{cases}$$

mit

$$\begin{cases} \tilde{a}_{ik}^{(1)} = \begin{cases} 0 & \text{für } k = 1, \ i = 2(1)n , \\ a_{ik}^{(0)} - a_{1k}^{(0)} \dfrac{a_{i1}^{(0)}}{a_{11}^{(0)}} & \text{sonst} , \end{cases} \\ \tilde{a}_i^{(1)} = a_i^{(0)} - a_1^{(0)} \dfrac{a_{i1}^{(0)}}{a_{11}^{(0)}} , \quad i = 2(1)n. \end{cases}$$

Das System (3.5) besteht also aus einer Gleichung mit den n Unbekannten $x_1, x_2, \dots, x_n$ und n-1 Gleichungen mit den n-1 Unbekannten $x_2, \dots, x_n$.

Auf die n-1 Gleichungen $i = 2(1)n$ von (3.5) wendet man das Eliminationsverfahren erneut an. Dazu muß man zunächst wieder eine Zeilenvertauschung durchführen, so daß das betragsgrößte Element der $\tilde{a}_{i2}^{(1)}$ für $i = 2(1)n$ in der 2. Gleichung erscheint; nach der Zeilenvertauschung werden die Elemente der neu entstandenen Zeilen 2 bis n mit $a_{ik}^{(1)}$ bzw.

$a_i^{(1)}$ bezeichnet:

$$(3.6)\quad \begin{cases} a_{11}^{(0)}x_1 + a_{12}^{(0)}x_2 + \ldots + a_{1n}^{(0)}x_n = a_1^{(0)} , \\ \qquad\quad a_{22}^{(1)}x_2 + \ldots + a_{2n}^{(1)}x_n = a_2^{(1)} , \\ \qquad\quad \vdots \qquad\qquad\qquad\qquad\quad \vdots \\ \qquad\quad a_{n2}^{(1)}x_2 + \ldots + a_{nn}^{(1)}x_n = a_n^{(1)} , \end{cases}$$

wobei wegen det $\mathfrak{A} \neq 0$ gelten muß $a_{22}^{(1)} \neq 0$.
Verfährt man nun analog mit der 2. bis n-ten Gleichung von (3.6), so sind für jeden weiteren Eliminationsschritt j mit j = 2(1)n-1 die Elemente

$$(3.7)\quad \begin{cases} \tilde{a}_{ik}^{(j)} = \begin{cases} 0 \quad \text{für } k = 1(1)j, \quad i = (j+1)(1)n , \\ a_{ik}^{(j-1)} - a_{jk}^{(j-1)} \dfrac{a_{ij}^{(j-1)}}{a_{jj}^{(j-1)}} \quad \text{sonst} , \end{cases} \\ \tilde{a}_i^{(j)} = \quad a_i^{(j-1)} - a_j^{(j-1)} \dfrac{a_{ij}^{(j-1)}}{a_{jj}^{(j-1)}} , \quad i = (j+1)(1)n , \end{cases}$$

zu berechnen. Nach jedem Eliminationsschritt j sind die Gleichungen j+1 bis n so umzuordnen, daß das betragsgrößte Element der $\tilde{a}_{ij+1}^{(j)}$ für $j+1 \le i \le n$ in der (j+1)-ten Gleichung steht; die Elemente der neu entstandenen Gleichungen j+1 bis n werden mit $a_{ik}^{(j)}$ bzw. $a_i^{(j)}$ bezeichnet. Man erhält so nach n-1 Eliminationsschritten das gestaffelte Gleichungssystem

$$(3.8)\quad \begin{cases} a_{11}^{(0)}x_1 + a_{12}^{(0)}x_2 + a_{13}^{(0)}x_3 + \ldots + a_{1n}^{(0)}x_n = a_1^{(0)} , \\ \qquad\quad a_{22}^{(1)}x_2 + a_{23}^{(1)}x_3 + \ldots + a_{2n}^{(1)}x_n = a_2^{(1)} , \\ \qquad\qquad\qquad a_{33}^{(2)}x_3 + \ldots + a_{3n}^{(2)}x_n = a_3^{(2)} , \\ \qquad\qquad\qquad\qquad\qquad\quad \vdots \qquad\quad \vdots \\ \qquad\qquad\qquad\qquad\qquad a_{nn}^{(n-1)}x_n = a_n^{(n-1)} \end{cases}$$

Mit $b_{ik} = a_{ik}^{(i-1)}$, $b_i = a_i^{(i-1)}$ besitzt (3.8) die Gestalt (3.3). Aus dem zu (3.1) äquivalenten System (3.8) berechnet man rekursiv die x_i gemäß

$$(3.9)\quad \begin{cases} x_n = \dfrac{a_n^{(n-1)}}{a_{nn}^{(n-1)}} , \\ x_j = \dfrac{a_j^{(j-1)}}{a_{jj}^{(j-1)}} - \displaystyle\sum_{k=j+1}^{n} \dfrac{a_{jk}^{(j-1)}}{a_{jj}^{(j-1)}} x_k , \quad j = n-1, n-2, \ldots, 1 . \end{cases}$$

Im Fall det $\mathfrak{A} \neq 0$ darf keines der Diagonalelemente $a_{jj}^{(j-1)}$ verschwinden. Ist es nach irgendeinem Eliminationsschritt nicht mehr möglich, ein Element $a_{jj}^{(j-1)} \neq 0$ zu finden, so bedeutet dies, daß det $\mathfrak{A} = 0$ ist. Ob dann überhaupt eine Lösung existiert und wenn ja, wieviele Parameter sie besitzt, folgt automatisch aus der Rechnung (vgl. dazu [20], S. 85/89).

Da der Rang r von $\mathfrak{A}$ gleich der Anzahl der nichtverschwindenden Diagonalelemente $b_{jj} = a_{jj}^{(j-1)}$ der Superdiagonalmatrix $\mathfrak{B}$ ist, läßt sich die Anzahl n-r der Parameter nach Durchführung der n-1 Eliminationsschritte sofort angeben.

RECHENSCHEMA 3.1 (*Gaußscher Algorithmus für $n = 3$*).

Bezeichnung der Zeilen	$a_{ik}^{(j)}, \tilde{a}_{ik}^{(j)}$			$a_i^{(j)}, \tilde{a}_i^{(j)}$	Operationen
$1^{(0)}$	$a_{11}^{(0)}$	$a_{12}^{(0)}$	$a_{13}^{(0)}$	$a_1^{(0)}$	-
$2^{(0)}$	$a_{21}^{(0)}$	$a_{22}^{(0)}$	$a_{23}^{(0)}$	$a_2^{(0)}$	-
$3^{(0)}$	$a_{31}^{(0)}$	$a_{32}^{(0)}$	$a_{33}^{(0)}$	$a_3^{(0)}$	-
$\tilde{2}^{(1)}$	0	$\tilde{a}_{22}^{(1)}$	$\tilde{a}_{23}^{(1)}$	$\tilde{a}_2^{(1)}$	$2^{(0)} - \frac{a_{21}^{(0)}}{a_{11}^{(0)}} \cdot 1^{(0)}$
$\tilde{3}^{(1)}$	0	$\tilde{a}_{32}^{(1)}$	$\tilde{a}_{33}^{(1)}$	$\tilde{a}_3^{(1)}$	$3^{(0)} - \frac{a_{31}^{(0)}}{a_{11}^{(0)}} \cdot 1^{(0)}$
$2^{(1)}$	0	$a_{22}^{(1)}$	$a_{23}^{(1)}$	$a_2^{(1)}$	Zeilenvertauschung von $\tilde{2}^{(1)}, \tilde{3}^{(1)}$ in $2^{(1)}, 3^{(1)}$ so, daß gilt $\lvert a_{22}^{(1)}\rvert = \max(\lvert\tilde{a}_{22}^{(1)}\rvert, \lvert\tilde{a}_{32}^{(1)}\rvert)$
$3^{(1)}$	0	$a_{32}^{(1)}$	$a_{33}^{(1)}$	$a_3^{(1)}$	
$\tilde{3}^{(2)} = 3^{(2)}$	0	0	$\tilde{a}_{33}^{(2)} = a_{33}^{(2)}$	$\tilde{a}_3^{(2)} = a_3^{(2)}$	$3^{(1)} - \frac{a_{32}^{(1)}}{a_{22}^{(1)}} \cdot 2^{(1)}$

Die Zeilen $1^{(0)}$, $2^{(1)}$, $3^{(2)}$ bilden das gesuchte gestaffelte System (3.8), aus dem die Lösungen x_i rekursiv gemäß (3.9) bestimmt werden. Die Zeilenvertauschung der Zeilen $\tilde{2}^{(1)}$, $\tilde{3}^{(1)}$ erübrigt sich, falls $|\tilde{a}_{22}^{(1)}| \geq |\tilde{a}_{32}^{(1)}|$ ist; dann ist $\tilde{a}_{2i}^{(1)} = a_{2i}^{(1)}$ und $\tilde{a}_{3i}^{(1)} = a_{3i}^{(1)}$ für $i = 2,3$ zu setzen, und man erspart sich das erneute Aufschreiben dieser beiden Zeilen.

BEMERKUNG 3.1. Wenn die Koeffizienten des Gleichungssystems gerundete Zahlen sind oder im Verlaufe der Rechnung gerundet werden muß, sind die Zeilenvertauschungen unerläßlich, um Verfälschungen des Ergebnisses durch Rundungsfehler, die bei der Division durch kleine Diagonalelemente entstehen, möglichst zu vermeiden.
Man bezeichnet diese Strategie als *teilweise Pivotsuche* und die Diagonalelemente $b_{jj} = a_{jj}^{(j-1)}$ als *Pivotelemente*.
Verwendet man als Pivotelement jeweils das betragsgrößte Element der gesamten Restmatrix, so spricht man von *vollständiger Pivotsuche*. Hierfür ist der Aufwand sehr groß, da jeweils die entsprechenden Zeilen und Spalten zu vertauschen sind und die x_i umgeordnet werden müssen. Für die Praxis ist die teilweise Pivotisierung angemessener.

BEMERKUNG 3.2. Eine Variante des Gaußschen Algorithmus ist der *mechanisierte Algorithmus von Banachiewicz-Crout* (s. [10], § 18; [19], S.53ff.; [20], 3.3; [30], VI § 2.6; [40], S.146-149; [44], § 6.2; [45], § 5.2-5.3; [87], 4.3).
Dieses Verfahren ist nützlich beim Arbeiten mit einer Rechenmaschine mit Handsteuerung, da es das Aufschreiben vieler Zwischenergebnisse erspart. Beim Arbeiten mit DVA bringt es gegenüber Gauß den Vorteil, daß erheblich weniger Speicherplatz gebraucht wird. Deshalb ist das Verfahren besonders nützlich für Digitalrechner mit geringer Speicherkapazität. Ohne Pivotsuche ist auch Banachiewicz nicht zu empfehlen; in [19], S.54 ist eine modifizierte Form mit Pivotsuche angegeben.

LITERATUR zu 3.2: [2] Bd.2, 6.2; [3], 5.32; [7], 5.3; [10], § 16; [14], 17a; [19], 2.1; [20], 3.2; [26], 8.2; [29] I, 4.1-4.3; [30], VI, § 2.2; [35], 4.1; [40], III § 1; [42], S.119ff., 198; [44], § 6.1; [45], § 5.1; [67] I, 2.3.

BEMERKUNG (Homogene Systeme): Die praktische Lösung homogener Systeme vom Rang r erfolgt so, daß mit dem Gaußschen Algorithmus die Dreiecksmatrix B hergestellt wird. Das System reduziert sich auf r linear unabhängige Gleichungen (d.h. man erhält r Diagonalelemente $b_{ii} \neq 0$, $i=1(1)r$). Für die restlichen $n-r$ Unbekannten setzt man beliebige Zahlenwerte bzw. Parameter ein, so daß sich damit die ersten r Unbekannten ermitteln lassen.

3.3 MATRIZENINVERSION MIT HILFE DES GAUSSCHEN ALGORITHMUS.

Es seien n lineare Gleichungssysteme $\mathfrak{A}\mathfrak{x}_l = \mathfrak{y}_l$, $l = 1(1)n$, gegeben mit det $\mathfrak{A} \neq 0$ und den rechten Seiten

$$\mathfrak{y}_1 = \begin{pmatrix} 1 \\ 0 \\ 0 \\ \vdots \\ 0 \end{pmatrix}, \quad \mathfrak{y}_2 = \begin{pmatrix} 0 \\ 1 \\ 0 \\ \vdots \\ 0 \end{pmatrix}, \quad \ldots, \quad \mathfrak{y}_n = \begin{pmatrix} 0 \\ 0 \\ 0 \\ \vdots \\ 1 \end{pmatrix}.$$

Faßt man die n rechten Seiten $\mathfrak{y}_l$ zu der Einheitsmatrix $\mathfrak{E}$ zusammen und die n Lösungsvektoren $\mathfrak{x}_l$ als Spaltenvektoren zu einer Matrix $\mathfrak{X}$, so folgt aus

$$\mathfrak{A}\mathfrak{X} = \mathfrak{E}$$

durch Multiplikation mit $\mathfrak{A}^{-1}$ von links

$$\mathfrak{X} = \mathfrak{A}^{-1},$$

d.h. die n Lösungsvektoren $\mathfrak{x}_l$ der n Systeme $\mathfrak{A}\mathfrak{x}_l = \mathfrak{y}_l$ bauen spaltenweise die Inverse $\mathfrak{A}^{-1}$ von $\mathfrak{A}$ auf. Man gewinnt $\mathfrak{A}^{-1}$, indem man die n Systeme in einem Zuge mit dem Gaußschen Algorithmus löst. Auch hier ist die teilweise Pivotisierung unerläßlich; natürlich müssen dann bei Zeilenvertauschungen auch die Zeilen von $\mathfrak{E}$ mit berücksichtigt werden.

LITERATUR zu 3.3: [7], 5.5; [10], § 21; [29], 5.3; [30], VI § 2.2; [34], S.24; [44], § 6.6; [45], S.147.

3.4 DAS VERFAHREN VON CHOLESKY.

Ist die Matrix $\mathfrak{A}$ in (3.2) symmetrisch ($a_{ik} = a_{ki}$) und positiv definit ($\mathfrak{x}^T \mathfrak{A} \mathfrak{x} > 0$), so kann das Verfahren von Cholesky angewandt werden. Es sind gegenüber dem Gaußschen Algorithmus asymptotisch nur halb so viele Punktoperationen erforderlich.

Prinzip des Verfahrens.

Mit der Zerlegung $\mathfrak{A} = \mathfrak{B}^T\mathfrak{B}$, wo $\mathfrak{B} = (b_{ik})$ eine Superdiagonalmatrix[1] ($b_{ik} = 0$ für $i > k$) ist, wird das System $\mathfrak{A}\mathfrak{x} = \mathfrak{a}$ in ein äquivalentes System $\mathfrak{B}\mathfrak{x} = \mathfrak{b}$ überführt. Die Elemente b_{ik} der Matrix $\mathfrak{B}$ und die Komponenten b_i des Vektors $\mathfrak{b}$ ergeben sich aus den Beziehungen

$$\mathfrak{A} = \mathfrak{B}^T\mathfrak{B} \quad \text{und} \quad \mathfrak{a} = \mathfrak{B}^T\mathfrak{b}$$

bzw. den Formeln

$$(3.10) \quad \begin{cases} b_{kj} = \begin{cases} \left(a_{kj} - \sum\limits_{l=1}^{k-1} b_{lj} b_{lk}\right) \cdot \dfrac{1}{b_{kk}} & \text{für } k+1 \le j \le n, \quad j = 2(1)n, \\ 0 & \text{für } k > j, \end{cases} \\ b_{jj} = \sqrt{a_{jj} - \sum\limits_{l=1}^{j-1} b_{lj}^2}, \quad j = 1(1)n, \\ b_j = \left(a_j - \sum\limits_{l=1}^{j-1} b_{lj} b_l\right) \dfrac{1}{b_{jj}}, \quad j = 1(1)n. \end{cases}$$

LITERATUR zu 3.4: [19], S.57/8; [33], S.36ff.; [35], 4.3; [40], S.149/150; [44], § 6.7; [45], S.99.

---

[1] Eine Matrix $\mathfrak{B} = (b_{ik})$ heißt *Superdiagonalmatrix*, wenn $b_{ik} = 0$ für $i > k$ gilt, sie heißt *normierte Superdiagonalmatrix*, wenn außerdem $b_{ii} = 1$ ist für alle i.
Eine Matrix $\mathfrak{C} = (c_{ik})$ heißt *Subdiagonalmatrix*, wenn $b_{ik} = 0$ für $k > i$ gilt, sie heißt normierte Subdiagonalmatrix, wenn zusätzlich $c_{ii} = 1$ ist für alle i.

3.5 DAS GAUSS-JORDAN-VERFAHREN.

Das Gauß-Jordan-Verfahren ist eine Modifikation des Gaußschen Algorithmus, welche die rekursive Berechnung der Lösungen x_i gemäß (3.9) erspart. Der erste Schritt des Verfahrens ist identisch mit dem ersten Eliminationsschritt des Gaußschen Algorithmus; man erhält somit (3.6). Die Gleichungen 2 bis n sind so umgeordnet, daß $a_{22}^{(1)}$ das betragsgrößte Element der $a_{i2}^{(1)}$ für i = 2(1)n ist. Jetzt wird die 2. Gleichung von (3.6) nacheinander für i = 1 mit $-a_{12}^{(0)}/a_{22}^{(1)}$ und für i = 3(1)n mit $-a_{i2}^{(1)}/a_{22}^{(1)}$ multipliziert und jeweils zur i-ten Gleichung addiert. Man erhält nach diesem ersten Jordan-Schritt ein Gleichungssystem der Form

$$(3.11)\quad \left\{\begin{array}{rcrcrcl} a_{11}^{(I)}x_1 & & & + a_{13}^{(I)}x_3 + a_{14}^{(I)}x_4 + \ldots + a_{1n}^{(I)}x_n & = & a_1^{(I)}\,, \\ & & a_{22}^{(I)}x_2 & + a_{23}^{(I)}x_3 + a_{24}^{(I)}x_4 + \ldots + a_{2n}^{(I)}x_n & = & a_2^{(I)}\,, \\ & & & a_{33}^{(I)}x_3 + a_{34}^{(I)}x_4 + \ldots + a_{3n}^{(I)}x_n & = & a_3^{(I)}\,, \\ & & & \vdots & & \\ & & & a_{n3}^{(I)}x_3 + a_{n4}^{(I)}x_4 + \ldots + a_{nn}^{(I)}x_n & = & a_n^{(I)}\,. \end{array}\right.$$

Dabei ist $a_{11}^{(I)} = a_{11}^{(0)}$ und $a_{22}^{(I)} = a_{22}^{(1)}$; für diese unveränderten und für die neu gewonnenen Elemente soll jedoch die einheitliche Bezeichnung mit dem Strich (im Unterschied zum Index beim Gaußschen Algorithmus) verwendet werden. Die Gleichungen 3 bis n von (3.11) sind bereits so umgeordnet, daß $a_{33}^{(I)}$ das betragsgrößte Element der $a_{i3}^{(I)}$ für i = 3(1)n ist.

In einem zweiten Jordan-Schritt multipliziert man die dritte Gleichung von (3.11) mit $-a_{i3}^{(I)}/a_{33}^{(I)}$ für i = 1(1)n und i $\neq$ 3 und addiert sie jeweils zur i-ten Gleichung. Man erhält ein System der Form

$$\begin{array}{l} a_{11}^{(II)}x_1 \qquad\qquad\qquad + a_{14}^{(II)}x_4 + \ldots + a_{1n}^{(II)}x_n = a_1^{(II)}\,, \\ \qquad a_{22}^{(II)}x_2 \qquad\quad + a_{24}^{(II)}x_4 + \ldots + a_{2n}^{(II)}x_n = a_2^{(II)}\,, \\ \qquad\qquad a_{33}^{(II)}x_3 + a_{34}^{(II)}x_4 + \ldots + a_{3n}^{(II)}x_n = a_3^{(II)}\,, \\ \qquad\qquad\qquad a_{44}^{(II)}x_4 + \ldots + a_{4n}^{(II)}x_n = a_4^{(II)}\,, \\ \qquad\qquad\qquad \vdots \qquad\qquad\quad \vdots \qquad\quad \vdots \\ \qquad\qquad\qquad a_{n4}^{(II)}x_4 + \ldots + a_{nn}^{(II)}x_n = a_n^{(II)}\,. \end{array}$$

Dabei ist $a_{3k}^{(II)} = a_{3k}^{(I)}$. So fortfahrend erhält man nach n-1 Jordan-Schritten schließlich n Gleichungen der Form $a_{ii}^{(n-1)} x_i = a_i^{(n-1)}$, $i = 1(1)n$, aus denen sich unmittelbar die x_i berechnen lassen, dabei sind n-1 Striche unter dem oberen Index (n-1) zu verstehen.

LITERATUR zu 3.5: [19],S.52/53;[20],3.5;[25],5.7A; [26],S.276/277.

3.6 BESTIMMUNG DER ZU EINER MATRIX INVERSEN MATRIX MIT DEM AUSTAUSCHVERFAHREN.

Das Austauschverfahren, auch Methode des Pivotisierens genannt, liefert zu einer gegebenen Matrix $\mathfrak{A}$ die inverse Matrix $\mathfrak{A}^{-1}$ durch die Umkehrung eines linearen Gleichungssystems

$$\mathfrak{A}\,\mathfrak{x} = \mathfrak{y}\,, \quad \mathfrak{A} = (a_{ik}^{(0)}), \qquad i,k = 1(1)n \tag{3.12}$$

mit $\mathfrak{x}^T = (x_1, x_2, \ldots, x_n)$, $\mathfrak{y}^T = (y_1, y_2, \ldots, y_n)$, det $\mathfrak{A} \neq 0$. Die Lösung von (3.12) wird in der Form $\mathfrak{x} = \mathfrak{A}^{-1}\mathfrak{y}$ gewonnen.

Prinzip des Verfahrens.

Das gewöhnliche Einsetzungsverfahren wird hier schematisiert. Die Lösung erhält man durch schrittweises Austauschen einer beliebigen Variablen y_i gegen ein x_k, jeder dieser Schritte heißt Austauschschritt oder Pivotschritt; die Methode heißt *Austauschverfahren* oder *Pivotisieren*. Die zu x_k gehörige Spalte der Matrix $\mathfrak{A}$ heißt *Pivotspalte*, die zu y_i gehörige Zeile *Pivotzeile*; Pivotzeile und Pivotspalte kreuzen sich im *Pivotelement*. Eine Vertauschung von x_k und y_i ist nur dann möglich, wenn das zugehörige Pivotelement verschieden von Null ist. Nach n Pivotschritten ist $\mathfrak{A}^{-1}$ bestimmt. Die Elemente der nach dem j-ten Pivotschritt entstandenen Matrix werden mit $a_{ik}^{(j)}$ bezeichnet, $j = 1(1)n$.

RECHENREGELN für einen Austauschschritt (Pivotschritt).

1. Das Pivotelement ist durch seinen reziproken Wert zu ersetzen: $a_{ik}^{(j)} = 1/a_{ik}^{(j-1)}$.
2. Die übrigen Elemente der Pivotspalte sind durch das Pivotelement zu dividieren: $a_{lk}^{(j)} = a_{lk}^{(j-1)}/a_{ik}^{(j-1)}$ für $l \neq i$.
3. Die übrigen Elemente der Pivotzeile sind durch das negative Pivotelement zu dividieren: $a_{il}^{(j)} = -a_{il}^{(j-1)}/a_{ik}^{(j-1)}$ für $l \neq k$.
4. Die restlichen Elemente der Matrix transformieren sich nach der Regel

$$a_{lm}^{(j)} = a_{lm}^{(j-1)} - \frac{a_{lk}^{(j-1)} \cdot a_{im}^{(j-1)}}{a_{ik}^{(j-1)}} \quad \text{für } l \neq i,\ m \neq k\,,$$

d.h. von dem Element $a_{lm}^{(j-1)}$ wird das Produkt aus dem Element der Pivotspalte mit gleichem Zeilenindex und aus dem Element der Pivotzeile mit gleichem Spaltenindex, dividiert durch das Pivotelement, subtrahiert.

Als *Rechenkontrolle* dient die δ-Spalte mit den Elementen $\delta_i^{(j)} = 1-(a_{i1}^{(j)}+ a_{i2}^{(j)} +\dots+ a_{in}^{(j)})$, die gerade die Summe der Elemente der i-ten Zeile zu Eins ergänzen. Die $\delta_i^{(j)}$ transformieren sich nach den Regeln 3 und 4 und bleiben bei allen Pivotschritten ihrer Bedeutung nach invariant. Außerdem wird zusätzlich eine $\sum$-Spalte eingeführt, für deren Elemente bei jedem Pivotschritt j gelten muß
$a_{i1}^{(j)} + a_{i2}^{(j)} +\dots+ a_{in}^{(j)} + \delta_i^{(j)} = 1.$

Schematisierter erster Pivotschritt mit dem Pivotelement $a_{ik}^{(0)}$:

	$x_1 \dots \underline{x_k} \dots x_m \dots x_n$	δ	$\sum$
y_1	$a_{11}^{(0)} \dots \underline{a_{1k}^{(0)}} \dots a_{1m}^{(0)} \dots a_{1n}^{(0)}$	$\delta_1^{(0)}$	1
$\vdots$	$\vdots \quad \vdots \quad \vdots \quad \vdots$	$\vdots$	$\vdots$
$\underline{y_i}$	$\underline{a_{i1}^{(0)}} \dots \underline{\underline{a_{ik}^{(0)}}} \dots \underline{a_{im}^{(0)}} \dots \underline{a_{in}^{(0)}}$	$\delta_i^{(0)}$	1
$\vdots$	$\vdots \quad \vdots \quad \vdots \quad \vdots$	$\vdots$	$\vdots$
y_l	$a_{l1}^{(0)} \dots \underline{a_{lk}^{(0)}} \dots a_{lm}^{(0)} \dots a_{ln}^{(0)}$	$\delta_l^{(0)}$	1
$\vdots$	$\vdots \quad \vdots \quad \vdots \quad \vdots$	$\vdots$	$\vdots$
y_n	$a_{n1}^{(0)} \dots \underline{a_{nk}^{(0)}} \dots a_{nm}^{(0)} \dots a_{nn}^{(0)}$	$\delta_n^{(0)}$	1
	$x_1 \dots y_i \dots x_m \dots x_n$	δ	$\sum$
y_1	$a_{11}^{(1)} \dots a_{1k}^{(1)} \dots a_{1m}^{(1)} \dots a_{1n}^{(1)}$	$\delta_1^{(1)}$	1
$\vdots$	$\vdots \quad \vdots \quad \vdots \quad \vdots$	$\vdots$	$\vdots$
x_k	$a_{i1}^{(1)} \dots a_{ik}^{(1)} \dots a_{im}^{(1)} \dots a_{in}^{(1)}$	$\delta_i^{(1)}$	1
$\vdots$	$\vdots \quad \vdots \quad \vdots \quad \vdots$	$\vdots$	$\vdots$
y_l	$a_{l1}^{(1)} \dots a_{lk}^{(1)} \dots a_{lm}^{(1)} \dots a_{ln}^{(1)}$	$\delta_l^{(1)}$	1
$\vdots$	$\vdots \quad \vdots \quad \vdots \quad \vdots$	$\vdots$	$\vdots$
y_n	$a_{n1}^{(1)} \dots a_{nk}^{(1)} \dots a_{nm}^{(1)} \dots a_{nn}^{(1)}$	$\delta_n^{(1)}$	1

Ist an einer Stelle der Rechnung kein weiterer Pivotschritt mehr möglich, weil alle als Pivotelemente in Frage kommenden Elemente verschwinden, so bedeutet dies, daß lineare Abhängigkeit zwischen den Gleichungen des gegebenen Systems besteht, also det $\mathfrak{A} = 0$ ist (vgl. [20], S.100).

Zur Vermeidung einer Akkumulation von Rundungsfehlern wird - solange die Wahl frei ist - für das Austauschen der x_k mit den y_i stets das betragsgrößte Element als Pivotelement gewählt.

BEMERKUNG 3.3: Das Austauschverfahren bzw. der Gaußsche Algorithmus zur Bestimmung der Inversen sind nur zu empfehlen, wenn $\mathfrak{A}^{-1}$ explizit gesucht ist; das Austauschverfahren spielt z. B. in der linearen Programmierung ([34], S. 28 ff.) eine Rolle. Bei der Lösung von Systemen $\mathfrak{A}\mathfrak{x}_i = \mathfrak{y}_i$, $i=1(1)m$ mit m verschiedenen rechten Seiten $\mathfrak{y}_i$ sollte man die Lösungen nicht über $\mathfrak{A}^{-1}$ aus $\mathfrak{x}_i = \mathfrak{A}^{-1}\mathfrak{y}_i$ gewinnen, sondern durch gleichzeitige Anwendung des Gaußen Algorithmus auf alle m rechten Seiten. Dann sind nur $n^3/_3 - n/_3 + mn^2$ Punktoperationen erforderlich. Berechnet man dagegen $\mathfrak{A}^{-1}$ mit Gauß und anschließend $\mathfrak{x}_i = \mathfrak{A}^{-1}\mathfrak{y}_i$, so sind es $4n^3/_3 - n/_3 + mn^2$ Punktoperationen.

LITERATUR zu 3.6: [2] Bd.2, S.20/4; [20], 3.6; [34], 1.3.

3.7 GLEICHUNGSSYSTEME MIT TRIDIAGONALEN MATRIZEN.

Eine Matrix $\mathfrak{A} = (a_{ik})$ heißt tridiagonal, falls gilt $a_{ik} = 0$ für $|i-k| > 1$, $i,k = 1(1)n$. Ein Gleichungssystem (3.1) bzw. (3.2) mit tridiagonaler Matrix hat die Gestalt

$$(3.13)\quad \begin{pmatrix} a_{11} & a_{12} & & & & \\ a_{21} & a_{22} & a_{23} & & & \\ & a_{32} & a_{33} & a_{34} & & \\ & & \ddots & \ddots & \ddots & \\ & & & a_{n-1\,n-2} & a_{n-1\,n-1} & a_{n-1\,n} \\ & & & & a_{n\,n-1} & a_{nn} \end{pmatrix} \begin{pmatrix} x_1 \\ x_2 \\ x_3 \\ \vdots \\ x_{n-1} \\ x_n \end{pmatrix} = \begin{pmatrix} a_1 \\ a_2 \\ a_3 \\ \vdots \\ a_{n-1} \\ a_n \end{pmatrix} .$$

Prinzip des Verfahrens.

Das System $\mathfrak{A}\mathfrak{x} = \mathfrak{a}$ läßt sich mit der Zerlegung $\mathfrak{A} = \mathfrak{L}\mathfrak{B}$, wo $\mathfrak{L}$ eine bidiagonale Subdiagonalmatrix und $\mathfrak{B}$ eine bidiagonale normierte Superdiagonalmatrix ist, in ein äquivalentes System $\mathfrak{B}\mathfrak{x} = \mathfrak{b}$ überführen. Die Koeffizienten von $\mathfrak{B}$ und die Komponenten von $\mathfrak{b}$ ergeben sich aus den Beziehungen

$$\mathfrak{A} = \mathfrak{L}\mathfrak{B} \quad \text{und} \quad \mathfrak{a} = \mathfrak{L}\mathfrak{b}.$$

Durchführung des Verfahrens.

Die Matrix $\mathfrak{A}$ wird mit den Abkürzungen

$$d_i := a_{ii}, \quad i = 1(1)n,$$
$$c_i := a_{i,i+1}, \quad i = 1(1)n-1,$$
$$b_{i+1} := a_{i+1,i}, \quad i = 1(1)n-1$$

in der folgenden Form geschrieben

$$(3.14) \quad \mathfrak{A} = \begin{pmatrix} d_1 & c_1 & & & & & \\ b_2 & d_2 & c_2 & & & & \\ & b_3 & d_3 & c_3 & & & \\ & & b_4 & d_4 & c_4 & & \\ & & & \ddots & \ddots & \ddots & \\ & & & & b_{n-1} & d_{n-1} & c_{n-1} \\ & & & & & b_n & d_n \end{pmatrix}$$

Mit

$$\alpha_1 = d_1, \quad \alpha_i = d_i - b_i\gamma_{i-1}, \quad i = 2(1)n,$$
$$\gamma_1 = c_1/\alpha_1, \quad \gamma_i = c_i/\alpha_i, \quad i = 2(1)n-1,$$
$$g_1 = a_1/\alpha_1, \quad g_i = (a_i - b_i g_{i-1})/\alpha_i, \quad i = 2(1)n,$$

ergeben sich die Lösungen

$$x_n = g_n, \quad x_i = g_i - \gamma_i x_{i+1}, \quad i = n-1, n-2, \ldots, 1.$$

Die Matrix $\mathfrak{A}$ ist nichtsingulär, d.h. det $\mathfrak{A} \neq 0$, wenn $|d_1| > |c_1| > 0$; $|d_i| \geq |b_i| + |c_i|$, $b_i c_i \neq 0$, $i = 2(1)n-1$; $|d_n| > |b_n| > 0$ gilt ([7], S.184; [19], S.58ff.; [38], 6.3). Es liegt dann eine tridiagonale, diagonal dominante Matrix vor. Über lineare Gleichungssysteme mit *fünfdiagonalen* Matrizen s. Abschnitt 12. 2. 1.

BEMERKUNG 3.4. Bei Gleichungssystemen mit symmetrischen, tridiagonalen bzw. zyklisch tridiagonalen, diagonal-dominanten[1] und anderen positiv definiten Matrizen ist der Gaußsche Algorithmus auch ohne Pivotsuche numerisch stabil; Konditionsverbesserung und Nachiteration tragen nicht zur Verbesserung der Lösung bei (s. [82], 8,10,11; [89], S. 15).

---

[1] Eine Matrix $\mathfrak{A} = (a_{ik})$ heißt diagonal dominant, falls für $i = 1(1)n$ gilt

$$|a_{ii}| \geq \sum_{\substack{k=1 \\ k \neq i}}^{n} |a_{ik}|;$$ **wenigstens für ein i muß das Größerzeichen gelten**; sie

sie heißt stark diagonal dominant, falls überall das Größerzeichen gilt.

In allen anderen Fällen ist Pivotsuche erforderlich. Dadurch kann sich jedoch die Bandbreite (s. Abschnitt 3.9) erhöhen, sie kann sich aber höchstenfalls verdoppeln.

LITERATUR zu 3.7: [7], S.182/4; [19], 2.3.2; [20], 3.3.4; [87], S.81ff.

3.8 GLEICHUNGSSYSTEME MIT ZYKLISCH TRIDIAGONALEN MATRIZEN.

Eine Matrix $\mathfrak{A}$ heißt *zyklisch tridiagonal*, falls gilt $a_{ik} = 0$ für $1 < |i-k| < n-1$, $i,k = 1(1)n$. Ein Gleichungssystem (3.1) bzw. (3.2) mit zyklisch tridiagonaler Matrix hat die Gestalt

$$\begin{pmatrix} a_{11} & a_{12} & & & & a_{1n} \\ a_{21} & a_{22} & a_{23} & & & \\ & a_{32} & a_{33} & a_{34} & & \\ & & \ddots & \ddots & \ddots & \\ & & & a_{n-1\,n-2} & a_{n-1\,n-1} & a_{n-1\,n} \\ a_{n1} & & & & a_{n\,n-1} & a_{nn} \end{pmatrix} \begin{pmatrix} x_1 \\ x_2 \\ x_3 \\ \vdots \\ x_{n-1} \\ x_n \end{pmatrix} = \begin{pmatrix} a_1 \\ a_2 \\ a_3 \\ \vdots \\ a_{n-1} \\ a_n \end{pmatrix} \tag{3.15}$$

Mit den Abkürzungen

$$\begin{aligned} d_i &:= a_{ii}, & i &= 1(1)n, \\ c_i &:= a_{i,i+1}, & i &= 1(1)n-1, \\ b_{i+1} &:= a_{i+1,i}, & i &= 1(1)n-1, \\ b_1 &:= a_{1n}, & c_n &:= a_{n1} \end{aligned}$$

wird die Matrix $\mathfrak{A}$ in der folgenden Form geschrieben

$$\mathfrak{A} = \begin{pmatrix} d_1 & c_1 & & & b_1 \\ b_2 & d_2 & c_2 & & \\ & b_3 & d_3 & c_3 & \\ & & \ddots & \ddots & \ddots \\ & & b_{n-1} & d_{n-1} & c_{n-1} \\ c_n & & & b_n & d_n \end{pmatrix}$$

Mit

$$\alpha_1 = d_1 , \quad \gamma_1 = \frac{c_1}{\alpha_1} , \quad \delta_1 = \frac{b_1}{\alpha_1} , \quad \varepsilon_3 = c_n , \quad g_1 = \frac{a_1}{\alpha_1} ,$$

$$\alpha_i = d_i - b_i \gamma_{i-1} , \qquad i = 2(1)n-1 ,$$

$$\gamma_i = \frac{c_i}{\alpha_i} , \qquad i = 2(1)n-2 ,$$

$$\delta_i = -\frac{\beta_i \delta_{i-1}}{\alpha_i} , \qquad i = 2(1)n-2 ,$$

$$\beta_i = b_i , \qquad i = 2(1)n-1 ,$$

$$\varepsilon_i = -\varepsilon_{i-1} \gamma_{i-3} , \qquad i = 4(1)n ,$$

$$g_i = \frac{1}{\alpha_i} (a_i - g_{i-1}\beta_i), \qquad i = 2(1)n-1 ,$$

$$\beta_n = b_n - \varepsilon_n \gamma_{n-2} ,$$

$$\gamma_{n-1} = \frac{1}{\alpha_{n-1}} (c_{n-1} - \beta_{n-1}\delta_{n-2}) ,$$

$$\alpha_n = d_n - \sum_{i=3}^{n} \varepsilon_i \delta_{i-2} - \beta_n \gamma_{n-1} ,$$

$$g_n = \frac{1}{\alpha_n} (a_n - \sum_{i=3}^{n} \varepsilon_i \, g_{i-2} - \beta_n \, g_{n-1})$$

ergeben sich die Lösungen

$$x_n = g_n ,$$

$$x_{n-1} = g_{n-1} - \gamma_{n-1} x_n ,$$

$$x_i = g_i - \gamma_i x_{i+1} - \delta_i x_n , \qquad i = n-2, n-3, \ldots, 1 .$$

LITERATUR zu 3.8: [89], S.19/21.

3.9 GLEICHUNGSSYSTEME MIT BANDMATRIZEN.

Eine Matrix $\mathfrak{A} = (a_{ik})$, $i,k = 1(1)n$, deren Elemente außerhalb eines Bandes längs der Hauptdiagonalen verschwinden, heißt *Bandmatrix* oder *bandstrukturierte* Matrix. Für die Nullelemente $a_{ik} = 0$ gilt

$$\begin{cases} i-k > m_1 & \text{mit } 0 \le m_1 \le n-2 \quad \text{und} \\ k-i > m_2 & \text{mit } 0 \le m_2 \le n-2 \ . \end{cases}$$

Die Größe $m = m_1 + m_2 + 1$ heißt *Bandbreite*. Spezielle Bandmatrizen sind

Diagonalmatrizen: $m_1 = m_2 = 0$,

bidiagonale Matrizen: $m_1 = 1$, $m_2 = 0$ oder $m_1 = 0$, $m_2 = 1$,

tridiagonale Matrizen: $m_1 = m_2 = 1$,

fünfdiagonale Matrizen: $m_1 = m_2 = 2$.

Bei der Zerlegung $\mathfrak{A} = \mathfrak{L}\mathfrak{R}$ werden die Dreiecksmatrizen $\mathfrak{R}$ und $\mathfrak{L}$ ebenfalls bandförmig, wodurch sich der Rechenaufwand bei gegenüber n kleinen Zahlen m_1, m_2 bedeutend verringert.

Im Programmteil ist ein Programm für Systeme mit Bandmatrizen angegeben. Es wird dabei $m_1 = m_2$ vorausgesetzt. Dies ist keine schwerwiegende Einschränkung, da bei den meisten Anwendungen ohnehin die Anzahl der oberen Nebendiagonalen gleich der Anzahl der unteren Nebendiagonalen ist.

LITERATUR zu 3.9: [36] , S.65; [82] § 23.

3.10 FEHLER, KONDITION UND NACHITERATION.

3.10.1 FEHLER UND KONDITION.

Die mit Hilfe direkter Methoden ermittelte numerische Lösung eines linearen Gleichungssystems ist in den meisten Fällen nicht die exakte Lösung. Das hat verschiedene *Ursachen*:

1. Wird mit einem Digitalrechner gearbeitet, so besteht die Möglichkeit, im Verlaufe der Rechnung zu runden. Dadurch kann z.B. bei der Subtraktion fast gleich großer Zahlen ein Schwund an sicheren Stellen entstehen, der die Genauigkeit der Lösung stark herabsetzt. Bei der Multiplikation mit großen Zahlen vergrößern sich Rundungsfehler, so daß es zu einer Verfälschung des Ergebnisses führen kann.

2. Gleichungssysteme, die in den Anwendungen auftreten, besitzen oft nur näherungsweise gegebene Koeffizienten. Ungenauigkeiten in den Ausgangsdaten rufen jedoch Ungenauigkeiten in den Lösungen hervor. Wenn nun kleine Änderungen in den Ausgangsdaten große Änderungen in der Lösung hervorrufen, heißt die Lösung *instabil*; man spricht von einem *schlecht konditionierten System*.

Es ist erforderlich, ein Maß für die Güte einer Näherungslösung $\mathfrak{x}^{(0)}$ für $\mathfrak{x}$ zu finden. Das Einsetzen der Näherungslösung $\mathfrak{x}^{(0)}$ in das System $\mathfrak{A}\mathfrak{x} = \mathfrak{a}$ liefert den Fehlervektor

(3.16) $$\mathfrak{r}^{(0)} = \mathfrak{a} - \mathfrak{A}\mathfrak{x}^{(0)} ;$$

man bezeichnet $\mathfrak{r}^{(0)}$ als das *Residuum*. Ist $\mathfrak{x}^{(0)}$ eine gute Approximation der exakten Lösung $\mathfrak{x}$, so werden notwendig die Komponenten von $\mathfrak{r}^{(0)}$ sehr klein sein, so daß gilt $|\mathfrak{r}^{(0)}| < \varepsilon$. Umgekehrt ist $|\mathfrak{r}^{(0)}| < \varepsilon$ nicht hinreichend dafür, daß $\mathfrak{x}^{(0)}$ eine gute Approximation für $\mathfrak{x}$ darstellt; das gilt nur für die Lösungen gut konditionierter Systeme. Das Residuum ist also als Maß für die Güte einer Näherungslösung nicht geeignet. Ebensowenig reicht als Kennzeichen für schlechte Kondition die Kleinheit des Betrages der Determinante aus. Im folgenden werden einige Konditionsmaße angegeben.

1. Konditionsmaß.

Die Zahl

$$K_H(\mathfrak{A}) = \frac{|\det \mathfrak{A}|}{\alpha_1 \alpha_2 \cdots \alpha_n}$$

mit

$$\alpha_i = \sqrt{a_{i1}^2 + a_{i2}^2 + \ldots + a_{in}^2} , \quad i = 1(1)n ,$$

heißt *Hadamardsches Konditionsmaß* der Matrix $\mathfrak{A}$. Eine Matrix $\mathfrak{A}$ heißt schlecht konditioniert, wenn gilt

$$K_H(\mathfrak{A}) \ll 1 .$$

Für Gleichungssysteme, bei denen $K_H = O(10^{-k})$ ist, kann - muß aber nicht - eine Änderung in der k-ten oder früheren sicheren Stelle eines Koeffizienten von $\mathfrak{A}$ zu Änderungen der Ordnung $O(10^k)$ in der Lösung führen (s. dazu [7], S.163ff.; [42], S.116ff., S.133ff., S.143ff.).

2. Konditionsmaß.

$$\mu(\mathfrak{A}) = \|\mathfrak{A}\| \, \|\mathfrak{A}^{-1}\|^{\,1)} .$$

3. Konditionsmaß.

$$\tilde{\mu}(\mathfrak{A}) = \frac{\max\limits_i |\lambda_i|}{\min\limits_i |\lambda_i|} ,$$

wo λ_i, $i = 1(1)n$, die Eigenwerte der Matrix $\mathfrak{A}$ sind (s. Kapitel 5).

Hier zeigt ein großes $\mu(\mathfrak{A})$ bzw. $\tilde{\mu}(\mathfrak{A})$ schlechte Kondition an.

Keine der genannten drei Konditionszahlen gibt eine erschöpfende Kennzeichnung der Kondition einer Matrix.

Eine Reihe anderer Möglichkeiten zur Einführung eines Konditionsmaßes sind in [2] Bd.2, S.270ff.; [6], S.81/82; [10], S.149-159; [19], S.39/40; [44], S.212-215 angegeben.

Auf schlechte Kondition eines linearen Gleichungssystems kann man auch im Verlaufe seiner Lösung mit Hilfe des Gaußschen Algorithmus schließen, wenn die Elemente $a_{jj}^{(j-1)}$ des gestaffelten Systems (3.8) nacheinander einen Verlust von einer oder mehreren sicheren Stellen erleiden, der z.B. bei der Subtraktion fast gleich großer Zahlen entsteht.

Zusammenfassend läßt sich sagen, daß ein System $\mathfrak{A}\mathfrak{x} = \mathfrak{a}$ mit $\mathfrak{A} = (a_{ik})$ schlecht konditioniert ist, wenn eine der folgenden Aussagen für das System zutrifft:

---

1) S. Abschnitt 3.11.2

1. $K_H(\mathfrak{A}) \ll 1$;
2. $\mu(\mathfrak{A}) \gg 1$;
3. $\tilde{\mu}(\mathfrak{A}) \gg 1$;
4. kleine Änderungen der Koeffizienten a_{ik} bewirken große Änderungen der Lösung;
5. die Koeffizienten $a_{jj}^{(j-1)}$ des nach dem Gaußschen Algorithmus erhaltenen gestaffelten Systems verlieren nacheinander eine oder mehrere sichere Stellen;
6. die Elemente der Inversen $\mathfrak{A}^{-1}$ von $\mathfrak{A}$ sind groß im Vergleich zu den Elementen von $\mathfrak{A}$ selbst;
7. langsame Konvergenz der Nachiteration.

Möglichkeiten zur Konditionsverbesserung.

(a) *Äquilibrierung* (s. [40], S.160): Man multipliziert die Zeilen von $\mathfrak{A}$ mit einem konstanten Faktor, d.h. man geht vom gegebenen System $\mathfrak{A}\mathfrak{x} = \mathfrak{a}$ zu

$$\mathfrak{D}_1 \mathfrak{A} \mathfrak{x} = \mathfrak{D}_1 \mathfrak{a}$$

über, wo $\mathfrak{D}_1$ eine nichtsinguläre Diagonalmatrix darstellt. Nach Ergebnissen von Wilkinson erhält man i.a. dann optimale Konditionszahlen, wenn man so multipliziert, daß alle Zeilenvektoren der Matrix $\mathfrak{A}$ gleiche Norm haben.

(b) *Skalierung* (s.([3],5;[82],11): Man multipliziert die k-te Spalte von $\mathfrak{A}$ mit einem konstanten Faktor. Physikalisch bedeutet dies die Änderung des Maßstabes für die Unbekannte x_k. Das gleiche kann man für die rechte Seite machen. Auf alle Spalten bezogen ergibt sich statt $\mathfrak{A}\mathfrak{x} = \mathfrak{a}$ das System

$$\mathfrak{A}\mathfrak{D}_2 \mathfrak{x} = \mathfrak{D}_2 \mathfrak{a} .$$

(c) Auch Linearkombination von Gleichungen kann zur Konditionsverbesserung führen. Die Kondition kann allerdings auch dadurch verschlechtert werden (s. Beispiel dazu in [30], S.345/346).

3.10.2 NACHITERATION.

Wenn die Koeffizienten a_{ik} eines linearen Gleichungssystems $\mathfrak{A}\mathfrak{x} = \mathfrak{a}$ mit $\mathfrak{A} = (a_{ik})$ *exakt* gegeben sind, das System aber schlecht konditioniert ist, kann eine mit Rundungsfehlern behaftete Näherungslösung, die mittels einer direkten Methode bestimmt wurde, iterativ verbessert werden. Sei $\mathfrak{x}^{(0)}$ die mit Hilfe des Gaußschen Algorithmus gewonnene Näherungslösung des Systems $\mathfrak{A}\mathfrak{x} = \mathfrak{a}$, dann ist durch (3.16) das Residuum (Fehlervektor) $\mathfrak{r}^{(0)}$ definiert. Mit Hilfe des Residuums $\mathfrak{r}^{(0)}$ läßt sich ein Korrekturvektor $\mathfrak{z}^{(1)}$ so bestimmen, daß gilt

$$\mathfrak{x}^{(1)} = \mathfrak{x}^{(0)} + \mathfrak{z}^{(1)} ,$$

wobei $\mathfrak{x}^{(1)}$ eine gegenüber $\mathfrak{x}^{(0)}$ verbesserte Näherung für die gesuchte Lösung $\mathfrak{x}$ ist. Es gilt

$$\mathfrak{A}\mathfrak{z}^{(1)} = \mathfrak{a} - \mathfrak{A}\mathfrak{x}^{(0)} = \mathfrak{r}^{(0)} . \tag{3.17}$$

Da $\mathfrak{a}$, $\mathfrak{A}$ und $\mathfrak{x}^{(0)}$ bekannt sind, läßt sich das Residuum $\mathfrak{r}^{(0)}$ berechnen. Zur Berechnung von $\mathfrak{x}^{(0)}$ ist das System $\mathfrak{A}\mathfrak{x} = \mathfrak{a}$ mit Hilfe des Gaußschen Algorithmus bereits auf obere Halbdiagonalform gebracht worden, so daß sich $\mathfrak{z}^{(1)}$ aus (3.17) rasch bestimmen läßt; man muß nur noch die rechte Seite transformieren. Für $\mathfrak{x}^{(1)}$ ergibt sich dann das Residuum $\mathfrak{r}^{(1)} = \mathfrak{a} - \mathfrak{A}\mathfrak{x}^{(1)}$, so daß sich dieser Prozeß wiederholen läßt.

Die allgemeine Vorschrift zur Berechnung eines $(\nu+1)$-ten Korrekturvektors $\mathfrak{z}^{(\nu+1)}$ lautet

$$\mathfrak{A}\mathfrak{z}^{(\nu+1)} = \mathfrak{a} - \mathfrak{A}\mathfrak{x}^{(\nu)} = \mathfrak{r}^{(\nu)} , \quad \nu = 0,1,2,\dots .$$

Es wird solange gerechnet, bis sich für ein $\nu = \nu_0$ die Komponenten der Korrekturvektoren $\mathfrak{z}^{(\nu_0)}$ und $\mathfrak{z}^{(\nu_0+1)}$ in der gewünschten Stellenzahl nicht mehr ändern. Dann gilt für die gesuchte Lösung

$$\mathfrak{x} \approx \mathfrak{x}^{(\nu_0+1)} = \mathfrak{x}^{(\nu_0)} + \mathfrak{z}^{(\nu_0+1)} .$$

Es empfiehlt sich, die Rechnung mit doppelter Stellenzahl durchzuführen und jeweils erst das Ergebnis auf die einfache Stellenzahl zu runden.

Eine hinreichende Konvergenzbedingung für die Nachiteration ist zwar bekannt ([42], S.155), jedoch für die Praxis zu aufwendig. Die Konvergenz ist umso schlechter, je schlechter die Kondition des Systems ist (vgl. auch [25], 5.8; [26], 8.4; [34], S.24/25; [44], S.352-354; [45], S.163).

LITERATUR zu 3.10: [2] Bd.2, 8.11; [7], 5.4; [10], § 15; [19], S.39/40; [20], 3.7; [29] I, 4.4; [35], 4.4-4.6; [40], III § 2; [44], § 16.5; [87], 4.4.

3.11 ITERATIONSVERFAHREN.

3.11.1 VORBEMERKUNGEN.

Bei den direkten Methoden besteht aufgrund der großen Anzahl von Punktoperationen die Gefahr der Akkumulation von Rundungsfehlern, so daß bei schlecht konditioniertem System die Lösung völlig unbrauchbar werden kann. Dagegen sind die iterativen Methoden gegenüber Rundungsfehlern weitgehend unempfindlich, da jede Näherungslösung als Ausgangsnäherung für die folgende Iterationsstufe angesehen werden kann. Die Iterationsverfahren konvergieren jedoch nicht für alle lösbaren Systeme.

Die hier angegebenen Verfahren in Einzel- und Gesamtschritten konvergieren nur linear und außerdem (wegen eines für wachsendes n ungünstiger werdenden Wertes der Lipschitzkonstanten) bei den meisten in der Praxis vorkommenden Problemen auch noch sehr langsam. Deshalb sind die iterativen Methoden den direkten nur in sehr speziellen Fällen überlegen, nämlich dann, wenn $\mathfrak{A}$ schwach besetzt ist, sehr groß und so strukturiert, daß bei Anwendung eines der direkten Verfahren die zu verarbeitenden Matrizen nicht mehr in den oder die verfügbaren Speicher passen. Die Konvergenz kann i.a. durch die Anwendung eines auf dem Gesamt- bzw. Einzelschrittverfahren aufbauenden Relaxationsverfahren beschleunigt werden. Dies erfordert jedoch zusätzlich eine möglichst genaue Bestimmung des betragsgrößten und des betragskleinsten Eigenwertes der Iterationsmatrix bei Anwendung des Gesamtschrittverfahrens bzw. des betragsgrößten Eigenwertes bei Anwendung des Einzelschrittverfahrens.

3.11.2 DAS ITERATIONSVERFAHREN IN GESAMTSCHRITTEN.

Gegeben sei das lineare Gleichungssystem $\mathfrak{A}\mathfrak{x} = \mathfrak{a}$ mit $\det \mathfrak{A} \neq 0$, das ausgeschrieben die Form (3.1) besitzt.

Um einen Näherungsvektor für $\mathfrak{x}$ zu finden, konstruiert man eine Folge $\{\mathfrak{x}^{(\nu)}\}$, $\nu = 1,2,\ldots$, für die unter gewissen Voraussetzungen $\lim\limits_{\nu\to\infty} \mathfrak{x}^{(\nu)} = \mathfrak{x}$ gilt.

Es sei o.B.d.A. vorausgesetzt, daß keines der Diagonalelemente a_{jj} von $\mathfrak{A}$ verschwindet, andernfalls werden die Zeilen entsprechend vertauscht. Indem man jeweils die i-te Gleichung von (3.1) nach x_i auflöst, bringt man das System auf die äquivalente Form:

$$x_i = -\sum_{\substack{k=1\\k\neq i}}^{n} \frac{a_{ik}}{a_{ii}} x_k + \frac{a_i}{a_{ii}}, \qquad i = 1(1)n,$$

die mit den Abkürzungen

$$(3.18)\qquad c_i = \frac{a_i}{a_{ii}}, \qquad b_{ik} = \begin{cases} -\dfrac{a_{ik}}{a_{ii}} & \text{für} \quad i \neq k \\ 0 & \text{für} \quad i = k \end{cases}$$

in Matrizenschreibweise lautet

$$(3.19)\qquad \mathfrak{x} = \mathfrak{B}\mathfrak{x} + \mathfrak{c} \quad \text{mit} \quad \mathfrak{B} = (b_{ik}), \qquad \mathfrak{c} = \begin{pmatrix} c_1 \\ c_2 \\ \vdots \\ c_n \end{pmatrix}.$$

Man definiert eine vektorielle Schrittfunktion durch

$$(3.20)\qquad \vec{\varphi}(\mathfrak{x}) := \mathfrak{B}\mathfrak{x} + \mathfrak{c}$$

und konstruiert mit einem Startvektor $\mathfrak{x}^{(0)}$ und der Vorschrift

$$(3.21)\qquad \mathfrak{x}^{(\nu+1)} = \vec{\varphi}(\mathfrak{x}^{(\nu)}) = \mathfrak{B}\mathfrak{x}^{(\nu)} + \mathfrak{c} \quad \text{mit} \quad \mathfrak{x}^{(\nu)} = \begin{pmatrix} x_1^{(\nu)} \\ x_2^{(\nu)} \\ \vdots \\ x_n^{(\nu)} \end{pmatrix}, \qquad \nu = 0,1,2,\ldots,$$

eine Folge $\{\mathfrak{x}^{(\nu)}\}$; komponentenweise lautet die *Iterationsvorschrift*

$$(3.21')\qquad x_i^{(\nu+1)} = c_i + \sum_{k=1}^{n} b_{ik} x_k^{(\nu)} = \frac{a_i}{a_{ii}} - \sum_{\substack{k=1\\k\neq i}}^{n} \frac{a_{ik}}{a_{ii}} x_k^{(\nu)}, \quad i = 1(1)n, \quad \nu = 0,1,2,\ldots.$$

Die Matrix $\mathfrak{B}$ heißt *Iterationsmatrix*. Die Rechnung wird zweckmäßig in einem Schema der folgenden Form durchgeführt:

RECHENSCHEMA 3.3 (*Iteration in Gesamtschritten für $n = 3$*).

c_i	b_{ik}			$x_i^{(0)}$	$x_i^{(1)}$	...	
$\frac{a_1}{a_{11}}$	0	$-\frac{a_{12}}{a_{11}}$	$-\frac{a_{13}}{a_{11}}$	0			
$\frac{a_2}{a_{22}}$	$-\frac{a_{21}}{a_{22}}$	0	$-\frac{a_{23}}{a_{22}}$	0			
$\frac{a_3}{a_{33}}$	$-\frac{a_{31}}{a_{33}}$	$-\frac{a_{32}}{a_{33}}$	0	0			

Zur Beantwortung der Frage, unter welchen Bedingungen die Folge $\{\mathfrak{x}^{(\nu)}\}$ konvergiert, benötigt man die Begriffe *Vektor-Norm* und *Matrix-Norm*.

R^n sei ein n-dimensionaler Vektorraum und $\mathfrak{x}$ ein Element von R^n. Unter der Norm von $\mathfrak{x}$ versteht man eine diesem Vektor zugeordnete reelle Zahl $\|\mathfrak{x}\|$, die die folgenden *Vektor-Norm-Axiome* erfüllt:

(3.22)
1. $\|\mathfrak{x}\| > 0$ für alle $\mathfrak{x} \in R^n$ mit $\mathfrak{x} \neq \vartheta$.
2. $\|\mathfrak{x}\| = 0$ genau dann, wenn $\mathfrak{x} = \vartheta$ ist.
3. $\|\alpha\mathfrak{x}\| = |\alpha|\,\|\mathfrak{x}\|$ für alle $\mathfrak{x} \in R^n$ und beliebige Zahlen α.
4. $\|\mathfrak{x}+\mathfrak{y}\| \leq \|\mathfrak{x}\| + \|\mathfrak{y}\|$ für alle $\mathfrak{x}, \mathfrak{y} \in R^n$.
   (Dreiecksungleichung)

Vektor-Normen sind z.B.:

(3.23)

$$\|\mathfrak{x}\|_1 := \max_{1 \leq i \leq n} |x_i| \quad \text{(sup-Norm)},$$

$$\|\mathfrak{x}\|_2 := \sum_{i=1}^{n} |x_i| \quad \text{(Norm der Komponenten-Betragssumme)},$$

$$\|\mathfrak{x}\|_3 := \sqrt{\sum_{i=1}^{n} |x_i|^2} \quad \text{(euklidische Norm)}.$$

Ist $\mathfrak{A}$ eine (n,n)-Matrix mit $\mathfrak{A} = (a_{ik})$, so heißt eine reelle Zahl $\|\mathfrak{A}\|$, die den *Matrix-Norm-Axiomen*

$$(3.24)\quad \begin{cases} 1.\ \|\mathfrak{A}\| \geq 0 \text{ für alle } \mathfrak{A}, \\ 2.\ \|\mathfrak{A}\| = 0 \text{ genau dann, wenn } \mathfrak{A} = \mathfrak{O} \text{ (Nullmatrix) ist,} \\ 3.\ \|\alpha\mathfrak{A}\| = |\alpha|\ \|\mathfrak{A}\| \text{ für alle } \mathfrak{A} \text{ und beliebige Zahlen } \alpha, \\ 4.\ \|\mathfrak{A}+\mathfrak{B}\| \leq \|\mathfrak{A}\| + \|\mathfrak{B}\| \text{ für alle } \mathfrak{A}, \mathfrak{B}, \\ 5.\ \|\mathfrak{A}\mathfrak{B}\| \leq \|\mathfrak{A}\|\ \|\mathfrak{B}\| \end{cases}$$

genügt, eine Norm der (n,n)-Matrix $\mathfrak{A}$.

Matrix-Normen sind z.B.:

$$(3.25)\quad \begin{cases} \|\mathfrak{A}\|_1 := \max\limits_{1\leq i\leq n} \sum\limits_{k=1}^{n} |a_{ik}| & \text{(Zeilensummennorm)}, \\ \|\mathfrak{A}\|_2 := \max\limits_{1\leq k\leq n} \sum\limits_{i=1}^{n} |a_{ik}| & \text{(Spaltensummennorm)}, \\ \|\mathfrak{A}\|_3 := \sqrt{\sum\limits_{i,k=1}^{n} |a_{ik}|^2} & \text{(euklidische Norm)}. \end{cases}$$

Die eingeführten Matrix-Normen müssen mit den Vektor-Normen verträglich sein.

DEFINITION 3.2. Eine Matrix-Norm heißt mit einer Vektor-Norm verträglich, wenn für jede Matrix $\mathfrak{A}$ und jeden Vektor $\mathfrak{x}$ die Ungleichung

$$\|\mathfrak{A}\mathfrak{x}\| \leq \|\mathfrak{A}\|\ \|\mathfrak{x}\|$$

erfüllt ist. Die Bedingung heißt *Verträglichkeitsbedingung*. Die Matrix-Normen $\|\mathfrak{A}\|_j$ sind mit den Vektor-Normen $\|\mathfrak{x}\|_j$ verträglich, j = 1,2,3.

SATZ 3.2. Es sei $\mathfrak{x} \in R^n$ eine Lösung der Gleichung $\mathfrak{x} = \vec{\varphi}(\mathfrak{x})$; $\vec{\varphi}(\mathfrak{x})$ erfülle die Lipschitzbedingung bezüglich der Vektornorm

$$\|\vec{\varphi}(\mathfrak{x}) - \vec{\varphi}(\mathfrak{x}')\| \leq L\|\mathfrak{x} - \mathfrak{x}'\| \quad \text{mit } 0 \leq L < 1$$

für alle $\mathfrak{x}, \mathfrak{x}' \in R^n$.
Dann gilt für die durch $\mathfrak{x}^{(\nu+1)} = \vec{\varphi}(\mathfrak{x}^{(\nu)})$ mit dem beliebigen Startvektor $\mathfrak{x}^{(0)} \in R^n$ definierte Iterationsfolge $\{\mathfrak{x}^{(\nu)}\}$:

1. $\lim\limits_{\nu\to\infty} \mathfrak{x}^{(\nu)} = \mathfrak{x}$;
2. $\mathfrak{x}$ ist eindeutig bestimmt;

3. $\|\mathfrak{x}^{(\nu)} - \mathfrak{x}\| \le \frac{L}{1-L} \|\mathfrak{x}^{(\nu)} - \mathfrak{x}^{(\nu-1)}\|$ (a posteriori-Fehlerabschätzung)

$\le \frac{L^{\nu}}{1-L} \|\mathfrak{x}^{(1)} - \mathfrak{x}^{(0)}\|$ (a priori-Fehlerabschätzung) .

SATZ 3.3. Ist für die Koeffizienten a_{ik} des linearen Gleichungssystems $\mathfrak{A}\mathfrak{x} = \mathfrak{a}$ mit $\mathfrak{A} = (a_{ik})$ das

a) *Zeilensummenkriterium*

$$(3.26)\quad \max_{1 \le i \le n} \sum_{k=1}^{n} |b_{ik}| = \max_{1 \le i \le n} \sum_{\substack{k=1 \\ k \ne i}}^{n} \left|\frac{a_{ik}}{a_{ii}}\right| \le L_1 < 1 ,$$

b) *Spaltensummenkriterium*

$$(3.27)\quad \max_{1 \le k \le n} \sum_{i=1}^{n} |b_{ik}| = \max_{1 \le k \le n} \sum_{\substack{i=1 \\ i \ne k}}^{n} \left|\frac{a_{ik}}{a_{ii}}\right| \le L_2 < 1 ,$$

c) *Kriterium von Schmidt - v. Mises*

$$(3.28)\quad \sqrt{\sum_{i=1}^{n} \sum_{k=1}^{n} |b_{ik}|^2} = \sqrt{\sum_{i=1}^{n} \sum_{\substack{k=1 \\ k \ne i}}^{n} \left|\frac{a_{ik}}{a_{ii}}\right|^2} \le L_3 < 1$$

erfüllt, dann konvergiert die durch (3.21) bzw. (3.21') definierte Iterationsfolge mit (3.18) und (3.19) für jeden Startvektor $\mathfrak{x}^{(0)} \in R^n$ gegen die eindeutig bestimmte Lösung $\mathfrak{x}$[1], und es gilt die Fehlerabschätzung

$$f_1^{(\nu)} := \|\mathfrak{x}^{(\nu)} - \mathfrak{x}\|_1 = \max_{1 \le i \le n} |x_i^{(\nu)} - x_i| \le \frac{L_1}{1-L_1} \max_{1 \le i \le n} |x_i^{(\nu)} - x_i^{(\nu-1)}|$$

(a posteriori) ,

$$(3.29)\quad \le \frac{L_1^{\nu}}{1-L_1} \max_{1 \le i \le n} |x_i^{(1)} - x_i^{(0)}|$$

(a priori)

bzw.

$$f_2^{(\nu)} := \|\mathfrak{x}^{(\nu)} - \mathfrak{x}\|_2 = \sum_{i=1}^{n} |x_i^{(\nu)} - x_i| \le \frac{L_2}{1-L_2} \sum_{i=1}^{n} |x_i^{(\nu)} - x_i^{(\nu-1)}|$$

(a posteriori),

$$(3.30)\quad \le \frac{L_2^{\nu}}{1-L_2} \sum_{i=1}^{n} |x_i^{(1)} - x_i^{(0)}|$$

(a priori)

[1] Im Falle (3.26) sogar komponentenweise.

bzw.

$$f_3^{(\nu)} := \| \mathfrak{x}^{(\nu)} - \mathfrak{x} \|_3 = \sqrt{\sum_{i=1}^{n} |x_i^{(\nu)} - x_i|^2} \le \frac{L_3}{1-L_3} \sqrt{\sum_{i=1}^{n} |x_i^{(\nu)} - x_i^{(\nu-1)}|^2}$$

(a posteriori),

$$\text{(3.31)} \qquad \le \frac{L_3^{\nu}}{1-L_3} \sqrt{\sum_{i=1}^{n} |x_i^{(1)} - x_i^{(0)}|^2}$$

(a priori)

ALGORITHMUS 3.1 (*Iteration in Gesamtschritten*).
Gegeben ist das lineare Gleichungssystem $\mathfrak{A}\mathfrak{x} = \mathfrak{a}$ mit

$$\mathfrak{A} = (a_{ik}), \quad \mathfrak{x} = \begin{pmatrix} x_1 \\ \vdots \\ x_n \end{pmatrix}, \quad \mathfrak{a} = \begin{pmatrix} a_1 \\ \vdots \\ a_n \end{pmatrix}, \quad i,k = 1(1)n,$$

gesucht ist seine Lösung $\mathfrak{x}$ mittels Iteration in Gesamtschritten.

1. Schritt. Das gegebene System wird auf die äquivalente Form (3.19) gebracht mit den Größen (3.18).

2. Schritt. Man prüfe, ob eines der in Satz 3.3 angegebenen hinreichenden Konvergenzkriterien erfüllt ist. Falls nicht, versuche man durch geeignete Linearkombinationen von Gleichungen ein System mit überwiegenden Diagonalelementen herzustellen, welches einem der Konvergenzkriterien genügt. Ist dies nicht möglich, so berechne man die Lösung nach einer direkten Methode.

3. Schritt. Falls eines der Konvergenzkriterien erfüllt ist, wähle man einen beliebigen Startvektor $\mathfrak{x}^{(0)}$; o.B.d.A. kann man $\mathfrak{x}^{(0)} = \mathfrak{o}$ wählen.

4. Schritt. Man erzeuge eine Iterationsfolge $\{\mathfrak{x}^{(\nu)}\}$ nach der Vorschrift (3.21) bzw. (3.21'). Dazu verwende man zweckmäßig das Rechenschema 3.3. Es wird solange iteriert, bis eine der beiden folgenden Abfragen bejaht ist:

a) $\max\limits_{1 \le i \le n} |x_i^{(\nu+1)} - x_i^{(\nu)}| < \delta$, $\delta > 0$ vorgegeben; δ sollte etwa in der Größenordnung des Rechnungsfehlers liegen (vgl. dazu Abschnitt 2.1.3).

b) $\nu > \nu_0$, ν_0 vorgegebene Zahl, die aus einer a priori-Fehlerabschätzung ermittelt wurde.

5. Schritt (Fehlerabschätzung). Falls (3.26) erfüllt ist, wird die Fehlerabschätzung (3.29) verwendet. Ist (3.26) nicht erfüllt, sondern (3.27), so wird die Fehlerabschätzung (3.30) verwendet. Ist nur (3.28) erfüllt, so kann nur die gröbste Fehlerabschätzung (3.31) benutzt werden.

BEMERKUNG 3.5. Die Abfrage a) im 4. Schritt des Algorithmus 3.1 ist praktisch einem Konvergenznachweis gleichzusetzen; denn für $0 \le L_1 < 1$ und hinreichend großes ν kann 4a) immer erfüllt werden.

3.11.3 DAS ITERATIONSVERFAHREN IN EINZELSCHRITTEN ODER DAS GAUSS-SEIDELSCHE ITERATIONSVERFAHREN.

Das Gauß-Seidelsche Iterationsverfahren unterscheidet sich vom Iterationsverfahren in Gesamtschritten nur dadurch, daß zur Berechnung der $(\nu+1)$-ten Näherung von x_i die bereits berechneten $(\nu+1)$-ten Näherungen von $x_1, x_2, \ldots, x_{i-1}$ berücksichtigt werden. Hat man das gegebene Gleichungssystem (3.1) auf die äquivalente Form (3.19) mit (3.18) gebracht, so lautet hier die Iterationsvorschrift

$$(3.32)\quad \begin{cases} \mathfrak{x}^{(\nu+1)} = \mathfrak{B}_r \mathfrak{x}^{(\nu)} + \mathfrak{B}_l \mathfrak{x}^{(\nu+1)} + \mathfrak{c} \quad \text{mit} \\ \mathfrak{B}_r = \begin{pmatrix} 0 & b_{12} & b_{13} \cdots b_{1n} \\ 0 & 0 & \ddots \quad \vdots \\ \vdots & \vdots & \ddots \; b_{n-1,n} \\ 0 & 0 & \cdots\cdots \; 0 \end{pmatrix}, \mathfrak{B}_l = \begin{pmatrix} 0 & \cdots\cdots & 0 \\ b_{21} & \ddots & \vdots \\ \vdots & \ddots \quad \ddots & \vdots \\ b_{n1} & b_{n2} \cdots b_{n,n-1} & 0 \end{pmatrix} \end{cases}$$

bzw. in Komponenten geschrieben für $i = 1(1)n$, $\nu = 0,1,2,\ldots$

$$(3.32')\quad x_i^{(\nu+1)} = c_i + \sum_{k=i+1}^{n} b_{ik} x_k^{(\nu)} + \sum_{k=1}^{i-1} b_{ik} x_k^{(\nu+1)} = \frac{a_i}{a_{ii}} - \sum_{k=i+1}^{n} \frac{a_{ik}}{a_{ii}} x_k^{(\nu)} - \sum_{k=1}^{i-1} \frac{a_{ik}}{a_{ii}} x_k^{(\nu+1)} .$$

Hinreichende Konvergenzkriterien für das Iterationsverfahren in Einzelschritten sind:

1. das Zeilensummenkriterium (Satz 3.3);
2. das Spaltensummenkriterium (Satz 3.3);
3. ist $\mathfrak{A}$ symmetrisch ($a_{ik} = a_{ki}$) und positiv definit ($\mathfrak{x}'\mathfrak{A}\mathfrak{x} > 0$), so konvergiert das Verfahren.

Die Rechnung wird zweckmäßig in einem Rechenschema der folgenden Form durchgeführt.

RECHENSCHEMA 3.4 (*Iterationsverfahren in Einzelschritten für* $n = 3$).

c_i	b_{ik} für $k \geq i$			b_{ik} für $k < i$			$x_i^{(0)}$	$x_i^{(1)}$	...	
$\frac{a_1}{a_{11}}$	0	$-\frac{a_{12}}{a_{11}}$	$-\frac{a_{13}}{a_{11}}$	0	0	0	0			
$\frac{a_2}{a_{22}}$	0	0	$-\frac{a_{23}}{a_{22}}$	$-\frac{a_{21}}{a_{22}}$	0	0	0			
$\frac{a_3}{a_{33}}$	0	0	0	$-\frac{a_{31}}{a_{33}}$	$-\frac{a_{32}}{a_{33}}$	0	0			

Hier wird kein eigener Algorithmus formuliert, weil der Wortlaut völlig mit dem des Algorithmus 3.1 übereinstimmen würde; hier kommen lediglich für den 2. Schritt andere Konvergenzkriterien in Frage, und im 4. Schritt lautet die Iterationsvorschrift (3.32) bzw. (3.32').

3.11.4 RELAXATION BEIM GESAMTSCHRITTVERFAHREN.

Beim Gesamtschrittverfahren erfolgte die Iteration nach der Vorschrift

(3.33) $$\mathfrak{x}^{(\nu+1)} = \mathfrak{c} + \mathfrak{B}\,\mathfrak{x}^{(\nu)}, \qquad \nu = 0,1,2,\ldots$$

mit der Iterationsmatrix $\mathfrak{B}$ bzw. umgeformt nach der Vorschrift

(3.34) $$\mathfrak{x}^{(\nu+1)} = \mathfrak{x}^{(\nu)} + \mathfrak{z}^{(\nu)}$$

mit

(3.35) $$\begin{cases} \mathfrak{z}^{(\nu)} = \mathfrak{c} - \mathfrak{B}^{*}\mathfrak{x}^{(\nu)}, \\ \mathfrak{B}^{*} = \mathfrak{E} - \mathfrak{B} ; \end{cases}$$

$\mathfrak{z}^{(\nu)}$ heißt Korrekturvektor. Man versucht nun, den Wert $\mathfrak{x}^{(\nu)}$ durch $\omega \cdot \mathfrak{z}^{(\nu)}$ statt durch $\mathfrak{z}^{(\nu)}$ zu verbessern; ω heißt Relaxationskoeffizient. Das Iterationsverfahren (3.34) erhält so die Form

(3.36) $$\mathfrak{x}^{(\nu+1)} = \mathfrak{x}^{(\nu)} + \omega\,\mathfrak{z}^{(\nu)},$$

ω ist so zu wählen, daß die Konvergenzgeschwindigkeit gegenüber der des Gesamtschrittverfahrens erhöht wird.

Besitzt nun die Iterationsmatrix $\mathfrak{B}$ des Gesamtschrittverfahrens (3.33) die reellen Eigenwerte

$$\lambda_1 \geq \lambda_2 \geq \dots \geq \lambda_n \quad \text{mit} \quad \lambda_1 \neq -\lambda_n ,$$

so ist mit dem Relaxationskoeffizienten

$$\omega = \frac{2}{2 - \lambda_1 - \lambda_n}$$

die Konvergenz des Relaxationsverfahrens (3.36) mit (3.35) besser als die des Gesamtschrittverfahrens (Beweis s. [40], S.188ff.).

Im Falle $\omega < 1$ spricht man von *Unterrelaxation* ; für $\omega > 1$ von *Überrelaxation*. Zur Durchführung der Relaxation benötigt man scharfe Schranken für die Eigenwerte von $\mathfrak{B}$, die das Vorzeichen berücksichtigen. Verfahren zur näherungsweisen Bestimmung der Eigenwerte sind in Kapitel 5 angegeben.

3.11.5 RELAXATION BEIM EINZELSCHRITTVERFAHREN.

Die Iterationsvorschrift für das Einzelschrittverfahren lautet

$$\mathfrak{x}^{(\nu+1)} = \mathfrak{r} + \mathfrak{B}_r \mathfrak{x}^{(\nu)} + \mathfrak{B}_l \mathfrak{x}^{(\nu+1)} , \quad \nu = 0,1,2,\dots \tag{3.37}$$

bzw. umgeformt

$$\left\{ \begin{aligned} \mathfrak{x}^{(\nu+1)} &= \mathfrak{x}^{(\nu)} + \mathfrak{z}^{(\nu)} \quad \text{mit} \\ \mathfrak{z}^{(\nu)} &= \mathfrak{r} + \mathfrak{B}_l \mathfrak{x}^{(\nu+1)} - (\mathfrak{E} - \mathfrak{B}_r) \mathfrak{x}^{(\nu)} . \end{aligned} \right. \tag{3.38}$$

Ersetzt man nun in (3.38) analog zu Abschnitt 3.11.4 den Korrekturvektor $\mathfrak{z}^{(\nu)}$ durch $\omega \cdot \mathfrak{z}^{(\nu)}$ mit dem Relaxationskoeffizienten ω, so erhält man als Iterationsvorschrift für das Verfahren der sukzessiven Relaxation

$$\mathfrak{x}^{(\nu+1)} = \mathfrak{x}^{(\nu)} + \omega\left(\mathfrak{r} + \mathfrak{B}_l \mathfrak{x}^{(\nu+1)} - (\mathfrak{E} - \mathfrak{B}_r) \mathfrak{x}^{(\nu)} \right) . \tag{3.39}$$

Die Berechnung des optimalen Wertes für ω ist schwierig. Es läßt sich zeigen, daß überhaupt nur Relaxationsverfahren (3.39) konvergent sein können für $0 < \omega < 2$ (s. [35], S.236).

Für ein Gleichungssystem mit symmetrischer, positiv definiter, tridiagonaler bzw. diagonal blockweise tridiagonaler Matrix [1] ist der optimale Überrelaxationsfaktor für das *Verfahren der sukzessiven Überrelaxation (kurz SOR)*

$$\omega_{opt} = \frac{2}{1 + \sqrt{1 - \lambda_1^2}} \; ;$$

λ_1 ist der größte Eigenwert der Matrix $\mathfrak{B} = \mathfrak{B}_l + \mathfrak{B}_r$ (s. [33], S.60, S.208/210, S.214). Solche Matrizen treten bei der Diskretisierung von Randwertaufgaben vom elliptischen Typ auf. SOR mit ω_{opt} konvergiert hier erheblich rascher als die Relaxation beim Gesamtschrittverfahren.

Für Gleichungssysteme mit symmetrischer, aber nicht diagonal blockweise tridiagonalen Matrizen sowie schiefsymmetrischen Matrizen wird in [112] eine günstige Näherung für ω angegeben.

LITERATUR zu 3.11: [33], 2 u. 5.2; [36], 8.3; [10], III § 5; [94], 6-8; [Ea 8], 2.7, 3.12.

3.12 ENTSCHEIDUNGSHILFEN FÜR DIE AUSWAHL DES VERFAHRENS.

Trotz der Vielzahl numerischer Verfahren, die zur Lösung linearer Gleichungssysteme zur Verfügung stehen, ist die praktische Bestimmung der Lösungen für große Werte von n [2] eine problematische numerische Aufgabe. Die Gründe hierfür sind

(1) der Arbeitsaufwand (die Rechenzeit),

(2) der Speicherplatzbedarf,

(3) die Verfälschung der Ergebnisse durch Rundungsfehler oder mathematische Instabilität des Problems.

Zu (1): Der Arbeitsaufwand läßt sich über die Anzahl erforderlicher Punktoperationen abschätzen.

---

[1] Es handelt sich um eine tridiagonale Blockmatrix, deren Diagonalblöcke Diagonalmatrizen sind, s. Abschnitt 3.13.

[2] In der Praxis treten durchaus Systeme mit 5000 und mehr Unbekannten auf.

TABELLE (*Anzahl der Punktoperationen*).[2]

Anzahl der Unbekannten in (3.1)	Gaußscher-Algorithmus	Verfahren[1] von Cholesky	Gauß-Jordan-Verfahren	Pivotisieren	Gaußscher-Algorithmus für Systeme mit tridiagonalen Matrizen	Iterationsverfahren (pro Schritt)
n	$\frac{n}{3}(n^2+3n-1)$	$\frac{n^3}{6}+\frac{3n^2}{2}+\frac{n}{3}$	$\frac{n}{2}(n^2+2n+1)$	n^3+n^2	5n - 4	2n(n-1)
5	65	60	90	150	21	40
10	430	320	605	1100	46	180
20	3060	1940	4410	8400	96	760

Zu (2): Vom Computer her gesehen ergeben sich bezüglich des Speicherplatzes zwei kritische Größen für n:

(a) der für die Speicherung der a_{ik} verfügbare Platz im Arbeitsspeicher (Kernspeicher),

(b) der dafür verfügbare Platz in den Hintergrundspeichern (Massenkernspeicher, Platten, Trommeln, Bänder).

Der Speicherplatzbedarf verringert sich, wenn $\mathfrak{A}$ spezielle Eigenschaften, z.B. Bandstruktur, besitzt, dünn besetzt ist, symmetrisch ist. Es entsteht praktisch kein Speicherplatzbedarf, wenn sich die a_{ik} aufgrund einer im Einzelfall gegebenen Vorschrift jeweils im Computer berechnen lassen ("generated Matrix").

Zu (3): Durch geeignete Gestaltung des Ablaufs der Rechnung kann die Akkumulation von Rundungsfehlern unter Kontrolle gehalten werden, sofern die Ursache nicht in mathematischer Instabilität des Problems liegt. Deshalb sollte grundsätzlich mit teilweiser Pivotisierung gearbeitet werden, es sei denn, die spezielle Struktur des Systems garantiert numerische Stabilität. Mit relativ geringem Aufwand lassen sich die Ergebnisse jeweils durch Nachiteration verbessern.

---

[1] Außerdem sind n Quadratwurzeln zu berechnen.

[2] s. auch Bemerkung 3.3

BEMERKUNG 3.6. Im allgemeinen lassen sich weder die Kondition des Systems noch die Frage, ob die Bedingungen für die eindeutige Lösbarkeit erfüllt sind, vor Beginn der numerischen Rechnung prüfen. Daher sollten die Programme so gestaltet sein, daß sie den Benutzern im Verlaufe der Rechnung darüber Auskunft geben (z.B. Stop bei schlechter Kondition, die sich durch zu langsame Konvergenz der Nachiteration bemerkbar macht,o.ä.).

BEMERKUNG 3.7. Bei sehr großen Systemen, wo die Elemente von $\mathfrak{A}$ und $\mathfrak{a}$ nicht vollständig im Arbeitsspeicher unterzubringen sind, müssen sogenannte Blockmethoden angewandt werden, s. dazu Abschnitt 3.13. Solche Systeme treten vorwiegend im Zusammenhang mit der numerischen Lösung partieller Differentialgleichungen auf.

LITERATUR zu 3.12: [7], 5; [19], 2; [20], 3.9; [87], 4.1; |94|, 18.

3.13 GLEICHUNGSSYSTEME MIT BLOCKMATRIZEN.

Es liege ein Gleichungssystem von n Gleichungen mit n Unbekannten der Form (3.2)

$$\mathfrak{A}\mathfrak{x} = \mathfrak{a}$$

vor. Eine Zerlegung der (n,n)-Matrix $\mathfrak{A} = (a_{ik})$ in *Blöcke* (*Untermatrizen*) geschieht durch horizontale und vertikale Trennungslinien, die die ganze Matrix durchschneiden. Man erhält eine sogenannte *Blockmatrix*, die aus Untermatrizen $\mathfrak{A}_{ik}$ kleinerer Ordnung aufgebaut ist: $\mathfrak{A} = (\mathfrak{A}_{ik})$.

Zerlegt man nun die quadratische Matrix $\mathfrak{A}$ so, daß die *Diagonalblöcke* $\mathfrak{A}_{ii}$ quadratische (n_i,n_i)-Matrizen sind und die Blöcke $\mathfrak{A}_{ik}$ Matrizen mit n_i Zeilen und n_k Spalten, so erhält man bei entsprechender Zerlegung der Vektoren $\mathfrak{x}$ und $\mathfrak{a}$ das System $\mathfrak{A}\mathfrak{x} = \mathfrak{a}$ in der Form

$$(3.40)\qquad \begin{pmatrix} \mathfrak{A}_{11} & \mathfrak{A}_{12} & \dots & \mathfrak{A}_{1N} \\ \mathfrak{A}_{21} & \mathfrak{A}_{22} & \dots & \mathfrak{A}_{2N} \\ \vdots & & & \\ \mathfrak{A}_{N1} & \mathfrak{A}_{N2} & \dots & \mathfrak{A}_{NN} \end{pmatrix} \begin{pmatrix} \mathfrak{x}_1 \\ \mathfrak{x}_2 \\ \vdots \\ \mathfrak{x}_N \end{pmatrix} = \begin{pmatrix} \mathfrak{a}_1 \\ \mathfrak{a}_2 \\ \vdots \\ \mathfrak{a}_N \end{pmatrix}$$

Es gilt

$$\sum_{i=1}^{N} n_i = n \,, \qquad \sum_{k=1}^{N} \mathfrak{A}_{ik}\,\mathfrak{x}_k = \mathfrak{a}_i \,, \qquad i = 1(1)N \ .$$

Es werden nur solche Zerlegungen betrachtet, deren Diagonalblöcke quadratisch sind, weil man mit ihnen so operieren kann, als wären die Blöcke Zahlen. Man kann deshalb zur Lösung von Gleichungssystemen (3.40) mit Blockmatrizen im wesentlichen die bisher behandelten Methoden verwenden, nur rechnet man jetzt mit Matrizen und Vektoren statt mit Zahlen. Divisionen durch Matrixelemente sind jetzt durch Multiplikationen mit der Inversen zu ersetzen. Die Methode der teilweisen Pivotisierung kann nicht angewandt werden. In den Anwendungen treten jedoch meist Blocksysteme ganz spezieller Gestalt auf, bei denen ohnehin Pivotisierung überflüssig ist (weil z.B. die Koeffizientenmatrix positiv definit ist).

Hier wird zur Veranschaulichung der Vorgehensweise bei Blockmethoden nur der Gaußsche Algorithmus für beliebige Blocksysteme angegeben. Anschließend werden einige Methoden zur Behandlung spezieller Blocksysteme mit entsprechenden Literaturangaben genannt.

GAUSS'SCHER ALGORITHMUS FÜR BLOCKSYSTEME.

1. Eliminationsschritt.

Formal verläuft die Elimination analog zu Abschnitt 3.2 ohne Pivotisierung. Die Division durch die Diagonalelemente wird hier ersetzt durch die Multiplikation mit der Inversen $\left(\mathfrak{A}_{jj}^{(j-1)}\right)^{-1}$. Multiplikation von

$$1^{(0)}: \quad \mathfrak{A}_{11}^{(0)}\,\mathfrak{x}_1 + \mathfrak{A}_{12}^{(0)}\mathfrak{x}_2 + \ldots + \mathfrak{A}_{1N}^{(0)}\mathfrak{x}_N = \mathfrak{a}_1^{(0)}$$

mit $-\mathfrak{A}_{i1}^{(0)}\left(\mathfrak{A}_{11}^{(0)}\right)^{-1}$ von links und Addition zur i-ten Zeile (nacheinander für i = 2,3,...,N) liefert das System

$$\begin{array}{llll}
1^{(0)}: & \mathfrak{A}_{11}^{(0)}\mathfrak{x}_1 + \mathfrak{A}_{12}^{(0)}\mathfrak{x}_2 + \ldots + \mathfrak{A}_{1N}^{(0)}\mathfrak{x}_N = \mathfrak{a}_1^{(0)} & , \\
2^{(1)}: & \qquad\qquad \mathfrak{A}_{22}^{(1)}\mathfrak{x}_2 + \ldots + \mathfrak{A}_{2N}^{(1)}\mathfrak{x}_N = \mathfrak{a}_2^{(1)} & , \\
3^{(1)}: & \qquad\qquad \mathfrak{A}_{32}^{(1)}\mathfrak{x}_2 + \ldots + \mathfrak{A}_{3N}^{(1)}\mathfrak{x}_N = \mathfrak{a}_3^{(1)} & , \\
\vdots & \qquad\qquad \vdots \qquad\qquad\qquad \vdots \qquad\quad \vdots & \\
N^{(1)}: & \qquad\qquad \mathfrak{A}_{N2}^{(1)}\mathfrak{x}_2 + \ldots + \mathfrak{A}_{NN}^{(1)}\mathfrak{x}_N = \mathfrak{a}_N^{(1)} & .
\end{array}$$

2. Eliminationsschritt.

Multiplikation von $2^{(1)}$ mit $-\mathfrak{A}_{i2}^{(1)}\left(\mathfrak{A}_{22}^{(1)}\right)^{-1}$ von links und Addition zur i-ten Zeile nacheinander für i = 3,4,...,N liefert das System

$$\begin{array}{llll}
1^{(0)}: & \mathfrak{A}_{11}^{(0)}\mathfrak{x}_1 + \mathfrak{A}_{12}^{(0)}\mathfrak{x}_2 + \mathfrak{A}_{13}^{(0)}\mathfrak{x}_3 + \ldots + \mathfrak{A}_{1N}^{(0)}\mathfrak{x}_N = \mathfrak{a}_1^{(0)} & , \\
2^{(1)}: & \mathfrak{A}_{22}^{(1)}\mathfrak{x}_2 + \mathfrak{A}_{23}^{(1)}\mathfrak{x}_3 + \ldots + \mathfrak{A}_{2N}^{(1)}\mathfrak{x}_N = \mathfrak{a}_2^{(1)} & , \\
3^{(2)}: & \mathfrak{A}_{33}^{(2)}\mathfrak{x}_3 + \ldots + \mathfrak{A}_{3N}^{(2)}\mathfrak{x}_N = \mathfrak{a}_3^{(2)} & , \\
\vdots & \vdots & \\
N^{(2)}: & \mathfrak{A}_{N3}^{(2)}\mathfrak{x}_3 + \ldots + \mathfrak{A}_{NN}^{(2)}\mathfrak{x}_N = \mathfrak{a}_N^{(2)} & .
\end{array}$$

Nach N-1 analogen Eliminationsschritten erhält man das blockweise gestaffelte System $\mathfrak{B}\mathfrak{x} = \mathfrak{b}$, wo $\mathfrak{B}$ eine Block-Superdiagonalmatrix ist, der Form

$$\begin{array}{ll}
1^{(0)}: & \mathfrak{A}_{11}^{(0)}\mathfrak{x}_1 + \mathfrak{A}_{12}^{(0)}\mathfrak{x}_2 + \ldots + \mathfrak{A}_{1N}^{(0)}\mathfrak{x}_N = \mathfrak{a}_1^{(0)} , \\
2^{(1)}: & \mathfrak{A}_{22}^{(1)}\mathfrak{x}_2 + \ldots + \mathfrak{A}_{2N}^{(1)}\mathfrak{x}_N = \mathfrak{a}_2^{(1)} , \\
\vdots & \ddots \quad \vdots \\
N^{(N-1)}: & \mathfrak{A}_{NN}^{(N-1)}\mathfrak{x}_N = \mathfrak{a}_N^{(N-1)} .
\end{array}$$

Durch Rückrechnung ergeben sich daraus die $\mathfrak{x}_i$, i = 1(1)N, man erhält N Gleichungssysteme

$$\mathfrak{A}_{NN}^{(N-1)}\mathfrak{x}_N = \mathfrak{a}_N^{(N-1)} ,$$

$$\mathfrak{A}_{jj}^{(j-1)}\mathfrak{x}_j = \mathfrak{a}_j^{(j-1)} - \sum_{k=j+1}^{N} \mathfrak{A}_{jk}^{(j-1)}\mathfrak{x}_k ,$$

wobei die $\mathfrak{A}_{jj}^{(j-1)}$ quadratisch sind. Diese Systeme lassen sich jetzt mit dem Gaußschen Algorithmus (mit Pivotisierung) gemäß Abschnitt 3.2 behandeln.

Anzahl erforderlicher Punktoperationen:

$$\frac{n^3}{3}\left(1 + \frac{3}{N^2} - \frac{3}{N^3}\right) + n^2 - \frac{n}{3} .$$

WEITERE VERFAHREN.

(1) Ist $\mathfrak{A} = (\mathfrak{A}_{ik})$ positiv definit und besitzen alle Diagonalblöcke $\mathfrak{A}_{ii}$ ein und dieselbe Ordnung $n_1 = n_2 = \ldots = n_N = \frac{n}{N}$, so läßt sich die in [2], 2, S.49-51 beschriebene Quadratwurzelmethode (Analogon zum Verfahren von Cholesky) anwenden.

(2) Sind alle Blöcke $\mathfrak{A}_{ik}$ quadratische Matrizen der gleichen Ordnung, so läßt sich eine Blockmethode anwenden, die eine Modifikation des Verfahrens von Gauß-Jordan darstellt, s. [2], 2, S.51-54.

(3) Bei der numerischen Lösung partieller DGLen und Integralgleichungen treten häufig Gleichungssysteme auf mit blockweise tridiagonalen Matrizen, s. dazu [19], S.61-64. Ein Beispiel dazu ist in [33], S.210 zu finden. Dort liegt eine diagonal blockweise tridiagonale Matrix vor, d.h. eine blockweise tridiagonale Matrix, deren Diagonalblöcke Diagonalmatrizen sind.

(4) Zur Blockiteration und Blockrelaxation s. [19], S.63ff.; [33], S.216ff..

LITERATUR zu 3.13: [2], 6.6; [19], 2.4; [33], 5.2.3; [36], 8.5; [94], 14.

4. SYSTEME NICHTLINEARER GLEICHUNGEN.

Gegeben sei ein System von n i.a. nichtlinearen Gleichungen mit n Unbekannten ($n \geq 2$), im folgenden kurz als nichtlineares Gleichungssystem bezeichnet,

$$(4.1)\qquad \begin{cases} f_1(x_1,x_2,\dots,x_n) = 0\,, \\ f_2(x_1,x_2,\dots,x_n) = 0\,, \\ \vdots \\ f_n(x_1,x_2,\dots,x_n) = 0\,, \end{cases}$$

das mit

$$f_i(\mathfrak{x}) := f_i(x_1,x_2,\dots,x_n),\quad i = 1(1)n,\quad \vec{f}(\mathfrak{x}) = \begin{pmatrix} f_1(\mathfrak{x}) \\ f_2(\mathfrak{x}) \\ \vdots \\ f_n(\mathfrak{x}) \end{pmatrix}$$

in Form einer Vektorgleichung

$$(4.1')\qquad \vec{f}(\mathfrak{x}) = \mathfrak{o}$$

lautet. Die Funktionen $f_i(\mathfrak{x})$ seien in einem endlichen, abgeschlossenen Bereich B des n-dimensionalen euklidischen Raumes R^n definiert und dort stetig und reellwertig.

4.1 ITERATIONSVERFAHREN.

4.1.1 KONSTRUKTIONSMETHODE UND DEFINITION.

Anstelle des Gleichungssystems (4.1) bzw. (4.1') wird ein System der Form

$$(4.2)\qquad x_i = \varphi_i(x_1,x_2,\dots,x_n) =: \varphi_i(\mathfrak{x}),\quad i = 1(1)n$$

bzw.

$$(4.2')\qquad \mathfrak{x} = \vec{\varphi}(\mathfrak{x}) \text{ mit } \vec{\varphi}(\mathfrak{x}) = \begin{pmatrix} \varphi_1(\mathfrak{x}) \\ \varphi_2(\mathfrak{x}) \\ \vdots \\ \varphi_n(\mathfrak{x}) \end{pmatrix}$$

betrachtet, das man durch äquivalente Umformung aus (4.1) erhält, so daß jede Lösung von (4.1) auch Lösung von (4.2) ist und umgekehrt. Die Funktionen

φ_i müssen denselben Voraussetzungen genügen wie die f_i. Ist ein Vektor $\bar{\mathfrak{x}} \in B$ Lösung von (4.1), so gilt $\vec{f}(\bar{\mathfrak{x}}) = \mathfrak{o}$ bzw. $\bar{\mathfrak{x}} = \vec{\varphi}(\bar{\mathfrak{x}})$.

Nun sei ein System der Form (4.2')mit dem zugehörigen Bereich B gegeben. Mit Hilfe eines Startvektors $\mathfrak{x}^{(0)} \in B$ konstruiert man eine Vektorfolge $\{\mathfrak{x}^{(\nu)}\}$ nach der Vorschrift

$$(4.3) \qquad \mathfrak{x}^{(\nu+1)} := \vec{\varphi}(\mathfrak{x}^{(\nu)}), \qquad \nu = 0,1,2,\ldots \quad .$$

Da die Funktionen $\varphi_i(\mathfrak{x})$ nur für $\mathfrak{x} \in B$ erklärt sind, muß gelten $\mathfrak{x}^{(\nu+1)} = \vec{\varphi}(\mathfrak{x}^{(\nu)}) \in B$. Wenn die Folge $\{\mathfrak{x}^{(\nu)}\}$ konvergiert, d.h. $\lim\limits_{\nu \to \infty} \mathfrak{x}^{(\nu)} = \bar{\mathfrak{x}}$ ist, dann ist $\bar{\mathfrak{x}}$ eine Lösung des Gleichungssystems (4.2').Analog zu Abschnitt 2.1.1 heißt die Vorschrift (4.3) *Iterationsvorschrift*, die Funktion $\vec{\varphi}$ *Schrittfunktion* und die Folge $\{\mathfrak{x}^{(\nu)}\}$ *Iterationsfolge*. Die Iterationsschritte für $\nu = 0(1)N$, $N \in \mathbb{N}$, bilden zusammen mit dem Startvektor $\mathfrak{x}^{(0)}$ das algorithmische Schema des Iterationsverfahrens.

4.1.2 EXISTENZ VON LÖSUNGEN UND EINDEUTIGKEIT DER LÖSUNGEN. KONVERGENZ EINES ITERATIONSVERFAHRENS. FEHLERABSCHÄTZUNGEN. KONVERGENZORDNUNG.

SATZ 4.1 (*Existenz- und Eindeutigkeitssatz*).

Das nichtlineare Gleichungssystem $\mathfrak{x} = \vec{\varphi}(\mathfrak{x})$ besitzt in dem endlichen, abgeschlossenen Bereich $B \subset R^n$ genau eine Lösung $\bar{\mathfrak{x}}$ mit $\bar{\mathfrak{x}} = \vec{\varphi}(\bar{\mathfrak{x}})$, falls $\vec{\varphi}$ die folgenden Bedingungen erfüllt:

(i) $\vec{\varphi}$ ist in B definiert und dort stetig.

(ii) $\vec{\varphi}(\mathfrak{x}) \in B$ für alle $\mathfrak{x} \in B$.

(iii) Es gibt eine Konstante L mit $0 \le L < 1$, so daß $\vec{\varphi}(\mathfrak{x})$ für zwei beliebige Punkte $\mathfrak{x}, \mathfrak{x}' \in B$ der Lipschitzbedingung

$$\|\vec{\varphi}(\mathfrak{x}) - \vec{\varphi}(\mathfrak{x}')\| \le L \|\mathfrak{x} - \mathfrak{x}'\|$$

genügt.

Die Stetigkeit von $\vec{\varphi}$ überall in B folgt auch aus (iii) (auch für $L \ge 1$).

SATZ 4.2. Es liege ein Gleichungssystem $\mathfrak{x} = \vec{\varphi}(\mathfrak{x})$ vor und ein endlicher, abgeschlossener Bereich $B \subset R^n$. Die Funktion $\vec{\varphi}$ erfülle die Bedingungen des Satzes 4.1. Dann existiert genau eine Lösung $\bar{\mathfrak{x}} \in B$, die mittels der Iterationsvorschrift $\varphi^{(\nu+1)} = \vec{\varphi}(\varphi^{(\nu)})$, $\nu = 0,1,2,\ldots$, zu einem beliebigen Startvektor $\varphi^{(0)} \in B$ erzeugt werden kann, d.h. es gilt $\lim_{\nu\to\infty} \varphi^{(\nu)} = \overline{\varphi}$, und es gelten die Fehlerabschätzungen

(4.4) $\|\varphi^{(\nu)} - \overline{\varphi}\| \leq \frac{L^\nu}{1-L}\|\varphi^{(1)} - \varphi^{(0)}\|$ (a priori-Fehlerabschätzung),

(4.5) $\|\varphi^{(\nu)} - \overline{\varphi}\| \leq \frac{L}{1-L}\|\varphi^{(\nu)} - \varphi^{(\nu-1)}\|$ (a posteriori-Fehlerabschätzung).

Ist die Existenz mindestens einer Lösung $\overline{\varphi} \in B$ gesichert und $\varphi^{(1)} \in B$, so muß nur die Bedingung (iii) des Satzes 4.1 erfüllt sein, damit das in Satz 4.2 genannte Iterationsverfahren konvergiert. Zum Beweis der Sätze 4.1 und 4.2 vgl. [18] Bd.1, S.131 ff..

Besitzen die Funktionen $\varphi_i(\varphi)$ in B stetige partielle Ableitungen nach den x_k, so lassen sich *hinreichende Bedingungen* dafür angeben, daß $\vec{\varphi}(\varphi)$ einer Lipschitzbedingung genügt:

Zeilensummenkriterium:

(4.6) $$\max_{\substack{1\leq i\leq n \\ \varphi\in\tilde{B}_1\subset B}} \left(\sum_{k=1}^{n} \left|\frac{\partial\varphi_i}{\partial x_k}\right|\right) \leq L_1 < 1 ,$$

Spaltensummenkriterium:

(4.7) $$\max_{\substack{1\leq k\leq n \\ \varphi\in\tilde{B}_2\subset B}} \left(\sum_{i=1}^{n} \left|\frac{\partial\varphi_i}{\partial x_k}\right|\right) \leq L_2 < 1 ,$$

Kriterium von E. Schmidt und R. v. Mises:

(4.8) $$\max_{\varphi\in\tilde{B}_3\subset B} \sqrt{\sum_{i=1}^{n}\sum_{k=1}^{n} \left(\frac{\partial\varphi_i}{\partial x_k}\right)^2} \leq L_3 < 1 .$$

Ist (4.6) erfüllt, so lassen sich unter Verwendung der sup-Norm in (3.23) mittels (4.4) und (4.5) die zugehörige a priori- und a posteriori-Fehlerabschätzung angeben. Wenn (4.7) erfüllt ist, benutzt man ganz analog die Norm der Komponenten-Betragssumme aus (3.23) und bei (4.8) die euklidische Norm aus (3.23). Dabei ist die zum Zeilensummenkriterium (4.6) gehörige Fehlerabschätzung am schärfsten, die zum Kriterium (4.8) von Schmidt-v. Mises gehörige am gröbsten.

DEFINITION 4.1 (*Konvergenzordnung*).

Die Iterationsfolge $\{\varphi^{(\nu)}\}$ konvergiert von mindestens k-ter Ordnung gegen $\overline{\varphi}$, wenn eine Konstante $0 \leq M < \infty$ existiert, so daß gilt

$$\lim_{\nu \to \infty} \frac{\|\varphi^{(\nu+1)} - \overline{\varphi}\|}{\|\varphi^{(\nu)} - \overline{\varphi}\|^k} = M < \infty \quad , \quad k \in \mathbb{N} \quad .$$

Das Iterationsverfahren $\varphi^{(\nu+1)} = \vec{\varphi}(\varphi^{(\nu)})$ heißt dann ein Verfahren von mindestens k-ter Ordnung; es besitzt genau die Konvergenzordnung k, wenn $M \neq 0$ ist.

LITERATUR zu 4.1: [2] Bd.2, § 7.5.1; [6], § 13.2; [18] Bd.1, § 5.1-5.3; [20], 4.1; [35], 5.1-5.2; [38], 9.1.

4.2 SPEZIELLE ITERATIONSVERFAHREN.

4.2.1 DAS NEWTONSCHE VERFAHREN.

Vorgelegt sei ein nichtlineares Gleichungssystem (4.1). Die Funktionen f_i, $i = 1(1)n$, seien in einem abgeschlossenen, beschränkten Bereich $B \subset \mathbb{R}^n$ definiert und sollen dort stetige zweite partielle Ableitungen besitzen. Das System (4.1) besitze im Innern von B eine Lösung $\overline{\varphi}$, und es gelte für die Funktionalmatrix

$$\vartheta(\varphi) := \left(\frac{\partial f_i(\varphi)}{\partial x_k}\right) = \begin{pmatrix} \frac{\partial f_1(\varphi)}{\partial x_1} & \cdots & \frac{\partial f_1(\varphi)}{\partial x_n} \\ \vdots & & \vdots \\ \frac{\partial f_n(\varphi)}{\partial x_1} & \cdots & \frac{\partial f_n(\varphi)}{\partial x_n} \end{pmatrix}, \quad i,k = 1(1)n,$$

$\det \vartheta(\overline{\varphi}) \neq 0$.

Dann gibt es zu jedem $0 \leq L_j < 1$, $j = 1,2,3$, j fest, eine Umgebung $\tilde{B}_j \subset B$ von $\overline{\varphi}$, in der die hinreichenden Bedingungen (4.6) bzw. (4.7) bzw. (4.8) dafür erfüllt sind, daß die Schrittfunktion

$$\vec{\varphi}(\varphi) = \varphi - \vartheta^{-1}(\varphi)\vec{f}(\varphi) \quad [1]$$

des Newtonschen Verfahrens der LB (iii) in Satz 4.1 genügt. Dann stre-

---

[1] $\vartheta^{-1}(\varphi)$ ist die Inverse der Matrix $\vartheta(\varphi)$.

ben die nach der *Iterationsvorschrift des Newtonschen Verfahrens*

(4.9) $\varphi^{(\nu+1)} = \varphi^{(\nu)} - \vartheta^{-1}(\varphi^{(\nu)})\,\vec{f}(\varphi^{(\nu)}) = \vec{\varphi}(\varphi^{(\nu)}),\ \nu = 1,2,3,\ldots$

gebildeten Vektoren der Folge $\{\varphi^{(\nu)}\}$ für jeden Startvektor $\varphi^{(0)} \in \tilde{B}_j$ von mindestens zweiter Ordnung gegen $\bar{\varphi}$. Damit die Konvergenz des Verfahrens von Newton gewährleistet ist, muß der Startvektor $\varphi^{(0)}$ also nur nahe genug bei $\bar{\varphi}$ liegen.

$n = 2$: Mit $x_1 = x$, $x_2 = y$, $f_1 = f$, $f_2 = g$ lautet (4.1)

$$\vec{f}(\varphi) = \begin{pmatrix} f(\varphi) \\ g(\varphi) \end{pmatrix} := \begin{pmatrix} f(x,y) \\ g(x,y) \end{pmatrix} = \begin{pmatrix} 0 \\ 0 \end{pmatrix}.$$

Wegen

$$\vartheta = \begin{pmatrix} f_x & f_y \\ g_x & g_y \end{pmatrix}, \quad \vartheta^{-1} = \frac{1}{f_x g_y - f_y g_x} \begin{pmatrix} g_y & -f_y \\ -g_x & f_x \end{pmatrix}$$

lautet die *Iterationsvorschrift*

$$\begin{cases} x^{(\nu+1)} = x^{(\nu)} - \left.\dfrac{f g_y - g f_y}{f_x g_y - f_y g_x}\right|_{\substack{x = x^{(\nu)} \\ y = y^{(\nu)}}} \\[2ex] y^{(\nu+1)} = y^{(\nu)} - \left.\dfrac{g f_x - f g_x}{f_x g_y - f_y g_x}\right|_{\substack{x = x^{(\nu)} \\ y = y^{(\nu)}}} \end{cases} \quad \nu = 0,1,2,\ldots\,.$$

Notwendige Bedingung: $\det \vartheta = f_x g_y - f_y g_x \neq 0$ für $\varphi \in \tilde{B}_j$.
Einen Startvektor $\varphi^{(0)}$ beschafft man sich im Falle $n = 2$ durch grobes Aufzeichnen der Graphen von $f = 0$ und $g = 0$.

BEMERKUNG 4.1. Das Newtonsche Verfahren ist ein Gesamtschrittverfahren. Man erhält ein Einzelschrittverfahren, wenn man jeweils auf der rechten Seite der Iterationsvorschrift für die i-te Komponente $x_i^{(\nu+1)}$ von $\varphi^{(\nu+1)}$ die bereits berechneten $\nu+1$ Näherungen für $x_1, x_2, \ldots, x_{i-1}$ berücksichtigt. Dann ist die hinreichende Konvergenzbedingung (4.8) nicht mehr gültig; es gelten nur noch (4.6) und (4.7) mit den zugehörigen Fehlerabschätzungen.

BEMERKUNG 4.2. Es ist i.a. in einem konkreten Fall schwierig, die hinreichenden Bedingungen für die Konvergenz nachzuprüfen und einen geeigneten Startvektor $\varphi^{(0)}$ zu finden. Man kann dann prüfen, ob, angefangen mit einem gewählten Startvektor $\varphi^{(0)}$, für jeden Vektor $\varphi^{(\nu)}$ der Iterationsfolge die entsprechende Bedingung erfüllt ist. Man kann aber auch zu einem gegebenen $\varepsilon > 0$, dessen Größe sich am Rechnungsfehler orientiert, die Abfrage $\max_{1 \le i \le n} |x_i^{(\nu+1)} - x_i^{(\nu)}| \le \varepsilon$

einbauen, die für $\nu \ge N$ mit hinreichend großem N sicher erfüllt wird, wenn $\vec{\varphi}$ einer LB genügt, d.h. wenn $\mathfrak{x}^{(0)}$ nahe genug bei $\bar{\mathfrak{x}}$ gewählt wurde. Bei der Rechnung auf DVA sollte wegen dieser Schwierigkeit besser das in Abschnitt 4.2.3 angegebene Verfahren benutzt werden.

BEMERKUNG 4.3. Ist det $\mathfrak{J}(\bar{\mathfrak{x}}) = 0$, so läßt sich zwar formal für $\mathfrak{x}^{(0)} \neq \bar{\mathfrak{x}}$ das Iterationsverfahren (4.9) durchführen, doch besteht nur noch lineare Konvergenz, und wegen der jetzt schlechten Kondition von $\mathfrak{J}^{-1}$ in diesem Fall wird in der Umgebung von $\bar{\mathfrak{x}}$ die Konvergenz bei einem konkreten Fall noch schlechter sein. Für n = 2 bedeutet det $\mathfrak{J}(\bar{\mathfrak{x}}) = 0$, daß die beiden Kurven $f(x,y) = 0$, $g(x,y) = 0$ einander im Punkte $\bar{x},\bar{y}$ berühren. (Analogon zur mehrfachen Nullstelle, Abschnitt 2.1.6.2.)

BEMERKUNG 4.4. Der Aufwand bei der Anwendung des Newtonschen Verfahrens läßt sich verringern, indem man anstelle von $\mathfrak{J}^{-1}(\mathfrak{x}^{(\nu)})$ bei jedem Iterationsschritt in (4.9) $\mathfrak{J}^{-1}(\mathfrak{t})$ setzt, wo $\mathfrak{t}$ ein geeigneter fester Vektor in $\tilde{B}_j$ ist. (Vereinfachtes Newtonsches Verfahren, vgl. [2], Bd. 2, S.144; [38], 9.3.1.)

4.2.2 REGULA FALSI.

Gegeben sei das nichtlineare Gleichungssystem (4.1). Man bildet damit die Vektoren

(4.10) $$\vec{\delta f}(x_j,\tilde{x}_j) = \frac{1}{x_j-\tilde{x}_j}\left(\vec{f}(x_1,\ldots,x_j,\ldots,x_n) - \vec{f}(x_1,\ldots,\tilde{x}_j,\ldots,x_n)\right), \quad j = 1(1)n ,$$

bzw. ausführlich

$$\vec{\delta f}(x_j,\tilde{x}_j) = \frac{1}{x_j-\tilde{x}_j}\begin{pmatrix} f_1(x_1,\ldots,x_j,\ldots,x_n) - f_1(x_1,\ldots,\tilde{x}_j,\ldots,x_n) \\ f_2(x_1,\ldots,x_j,\ldots,x_n) - f_2(x_1,\ldots,\tilde{x}_j,\ldots,x_n) \\ \vdots \qquad\qquad \vdots \\ f_n(x_1,\ldots,x_j,\ldots,x_n) - f_n(x_1,\ldots,\tilde{x}_j,\ldots,x_n) \end{pmatrix}.$$

Mit den Vektoren (4.10) wird die folgende Matrix gebildet

$$\vec{\Delta f}(\mathfrak{x},\tilde{\mathfrak{x}}) = (\vec{\delta f}(x_1,\tilde{x}_1), \vec{\delta f}(x_2,\tilde{x}_2),\ldots,\vec{\delta f}(x_n,\tilde{x}_n)) .$$

Ist $\overline{\varphi} \in B$ eine Lösung von (4.1) und sind $\varphi^{(\nu-1)}, \varphi^{(\nu)} \in B$ Näherungen für $\overline{\varphi}$, so errechnet sich für jedes $\nu = 1,2,3,\ldots$ eine weitere Näherung $\varphi^{(\nu+1)}$ nach der *Iterationsvorschrift der Regula falsi*

$$(4.11)\quad \varphi^{(\nu+1)} = \varphi^{(\nu)} - (\Delta\vec{f}(\varphi^{(\nu)}, \varphi^{(\nu-1)})^{-1}\vec{f}(\varphi^{(\nu)}) = \vec{\varphi}(\varphi^{(\nu)}, \varphi^{(\nu-1)})\ ;$$

es sind also stets zwei Startvektoren $\varphi^{(0)}, \varphi^{(1)}$ erforderlich. Hinreichende Bedingungen dafür, daß die Folge der Vektoren (4.10) für $\nu \to \infty$ gegen $\overline{\varphi}$ konvergiert, sind in [59] angegeben; die Bedingungen sind für die praktische Durchführung unbrauchbar. Ist jedoch $\det \vartheta(\overline{\varphi}) \neq 0$, so konvergiert das Verfahren sicher, wenn die Startvektoren nahe genug bei $\overline{\varphi}$ liegen; die Konvergenzordnung ist dann $k = (1+\sqrt{5})/2$.

Fehlerabschätzungen (vgl. [59], S.3):

$$\|\overline{\varphi} - \varphi^{(\nu)}\| \le \prod_{k=1}^{\nu-1}\left(\frac{s_k}{1-s_k}\right)\frac{1-2s_1}{1-3s_1}\,\|\varphi^{(2)} - \varphi^{(1)}\|\ ,\quad \nu = 2,3,\ldots$$

$$\text{mit}\quad s_1 \le \frac{2}{7}\ ,\quad s_2 = \frac{s_1}{1-s_1}\ ,\quad s_k = \frac{s_{k-1}}{1-s_{k-1}}\cdot\frac{s_{k-2}}{1-s_{k-2}}\ ,\quad k \ge 3\ .$$

In [59], S.99 ist eine Variante des o.a. Verfahrens zu finden.

Ein dem Steffensen-Verfahren verwandtes Verfahren zur Lösung nichtlinearer Systeme (4.1) von mindestens zweiter Konvergenzordnung ist in [60], S.147/148 angegeben.

4.2.3 DAS VERFAHREN DES STÄRKSTEN ABSTIEGS (GRADIENTENVERFAHREN).

Gegeben sei ein nichtlineares Gleichungssystem (4.1). Es besitze in B eine Lösung $\overline{\varphi}$. Bildet man die Funktion

$$(4.12)\quad Q(\varphi) := \sum_{i=1}^{n} f_i^2(\varphi),\quad Q(\varphi) = Q(x_1, x_2, \ldots, x_n)\ ,$$

so ist genau dann, wenn $f_i(\varphi) = 0$ für $i = 1(1)n$ gilt, auch $Q(\varphi) = 0$. Die Aufgabe, Lösungen $\overline{\varphi}$ zu suchen, für die $Q(\varphi) = 0$ ist, ist also äquivalent zu der Aufgabe, das System (4.1) aufzulösen.

Mit Hilfe von (4.12) und

$$\nabla Q(\varphi) = \operatorname{grad} Q(\varphi) = \begin{pmatrix} Q_{x_1} \\ Q_{x_2} \\ \vdots \\ Q_{x_n} \end{pmatrix},\quad Q_{x_i} := \frac{\partial Q}{\partial x_i}\ ,\quad i = 1(1)n\ ,$$

ergibt sich ein Iterationsverfahren zur näherungsweisen Bestimmung von $\bar{\varphi}$ mit der *Iterationsvorschrift*

$$(4.13)\quad \varphi^{(\nu+1)} = \varphi^{(\nu)} - \frac{Q(\varphi^{(\nu)})}{(\nabla Q(\varphi^{(\nu)}))^2}\nabla Q(\varphi^{(\nu)}) = \vec{\Phi}(\varphi^{(\nu)}) .$$

Die Schrittfunktion lautet somit

$$\vec{\Phi}(\varphi) = \varphi - \frac{Q(\varphi)}{(\nabla Q(\varphi))^2}\nabla Q(\varphi) .$$

Zur Konvergenz gelten die entsprechenden Aussagen wie beim Newtonschen Verfahren. Die Konvergenz der nach der Vorschrift (4.13) gebildeten Vektoren der Folge $\{\varphi^{(\nu)}\}$ gegen $\bar{\varphi}$ ist wie dort gewährleistet, wenn der Startvektor $\varphi^{(0)}$ nur nahe genug bei $\bar{\varphi}$ liegt. I.a. kann man jedoch beim Gradientenverfahren mit gröberen Ausgangsnäherungen (Startvektoren) $\varphi^{(0)}$ arbeiten als beim Newtonschen Verfahren; das Gradientenverfahren konvergiert allerdings nur linear. Über eine Methode zur Konvergenzverbesserung s. [2] Bd.2, S.150/151.

Die Anwendung des Gradientenverfahrens wird allerdings erschwert, wenn in der Umgebung der gesuchten Lösung $\bar{\varphi}$ auch Nichtnull-Minima der Funktion $Q(\varphi)$ existieren. Dann kann es vorkommen, daß die Iterationsfolge gegen eines dieser Nichtnull-Minima konvergiert (vgl. dazu [2] Bd.2, S.152).

Über allgemeine Gradientenverfahren und die zugehörigen Konvergenzbedingungen s. [35], 5.4.1; [38], 9.2.2.

n = 2: Mit $x_1 = x$, $x_2 = y$, $f_1 = f$, $f_2 = g$ und $Q = f^2 + g^2$ lautet (4.13)

$$\begin{cases} x^{(\nu+1)} = x^{(\nu)} - \dfrac{Q(\varphi^{(\nu)})Q_x(\varphi^{(\nu)})}{Q_x^2(\varphi^{(\nu)}) + Q_y^2(\varphi^{(\nu)})} \\[2ex] y^{(\nu+1)} = y^{(\nu)} - \dfrac{Q(\varphi^{(\nu)})Q_y(\varphi^{(\nu)})}{Q_x^2(\varphi^{(\nu)}) + Q_y^2(\varphi^{(\nu)})} \end{cases} .$$

Einen geeigneten Startvektor $\varphi^{(0)}$ beschafft man sich hier durch grobes Aufzeichnen der Graphen von $f = 0$ und $g = 0$.

4.2.4 EIN KOMBINIERTES VERFAHREN (SUCH-WEG-VERFAHREN).

Bei der Anwendung der bisher behandelten Iterationsverfahren besteht die Hauptschwierigkeit darin, eine Ausgangsnäherung $\varphi^{(0)}$ zu finden, die so nahe an der Lösung $\overline{\varphi}$ liegt, daß das Verfahren konvergiert.

W. Glasmacher und D. Sommer haben nun ein Verfahren (von ihnen Such-Weg-Verfahren genannt) entwickelt (unveröffentlichtes Manuskript), das mit sehr groben Ausgangsnäherungen $\varphi^{(0)}$ auskommt. Es stellt eine Kombination des Gradientenverfahrens in geeignet modifizierter Form mit dem Newtonschen Verfahren dar. Mit Hilfe des modifizierten Gradientenverfahrens werden zunächst die groben Ausgangsnäherungen verbessert und zwar so, daß die verbesserten Werte als Ausgangswerte für das Newtonsche Verfahren verwendet werden können.
Für dieses kombinierte Verfahren wurde von W. Glasmacher und D. Sommer ein Fortran-Programm für bis zu 20 nichtlineare Gleichungen mit 20 Unbekannten aufgestellt, das zur iterativen Bestimmung der Lösungen eines nichtlinearen Gleichungssystems fast ausschließlich und mit großem Erfolg im Rechenzentrum der RWTH Aachen verwendet wird; das Programm wird im Anhang angegeben. Hier soll nur heuristisch der Grundgedanke des Verfahrens erläutert werden.

Es wird ausgegangen von der Funktion

$$Q(\varphi) = \sum_{i=1}^{n} f_i^2(\varphi) .$$

Für die Lösung $\overline{\varphi}$ von (4.1') gilt $Q(\overline{\varphi}) = 0$. Gesucht sind Näherungen für $\overline{\varphi}$.

Das modifizierte Gradientenverfahren ist ein Zwei-Schritt-Verfahren. Im ersten Schritt ("Suchschritt") wird eine Näherung $\varphi^{(1)}$ für $\overline{\varphi}$ nach der Vorschrift

$$\varphi^{(1)} = \varphi^{(0)} + \alpha \Delta \varphi^{(0)}$$

bestimmt mit

$$\Delta \varphi^{(0)} = - \frac{Q(\varphi^{(0)}) \nabla Q(\varphi^{(0)})}{(\nabla Q(\varphi^{(0)}))^2} ,$$

$$\alpha = \frac{3P_0 - 4P_1 + P_2}{4(P_0 - 2P_1 + P_2)} , \qquad 0 \leq \alpha \leq 1$$

und $P_0 = |\nabla Q(\varphi^{(0)})|$, $P_1 = |\nabla Q(\varphi^{(0)} + \frac{1}{2}\Delta\varphi^{(0)})|$, $P_2 = |\nabla Q(\varphi^{(0)} + \Delta\varphi^{(0)})|$.

Im zweiten Schritt ("Wegschritt") wird eine Näherung $\varphi^{(2)}$ für $\overline{\varphi}$ nach der Vorschrift

$$\varphi^{(2)} = \varphi^{(1)} + \beta \Delta \varphi^{(1)}$$

bestimmt mit

$$\Delta \varphi^{(1)} = - \frac{Q(\varphi^{(1)}) \nabla Q(\varphi^{(1)})}{(\nabla Q(\varphi^{(1)}))^2},$$

$$\beta = \frac{3Q_0 - 4Q_1 + Q_2}{4(Q_0 - 2Q_1 + Q_2)}$$

und $Q_0 = Q(\varphi^{(1)})$, $Q_1 = Q(\varphi^{(1)} + \frac{1}{2}\Delta\varphi^{(1)})$, $Q_2 = Q(\varphi^{(1)} + \Delta\varphi^{(1)})$ (Verfahren von Booth, s. Quart. J. Mech. Appl. Math. 2(1949), pp 460-468).
Als Maß für die Schrittlängenänderung zweier aufeinanderfolgender Schritte (Suchschritte,Wegschritte,Newtonschritte) dient dabei der Wert

$$H := \max_{1 \le i \le n} |x_i^{(\nu+1)} - x_i^{(\nu)}| \Big/ \max_{1 \le i \le n} |x_i^{(\nu)} - x_i^{(\nu-1)}| .$$

In dem angegebenen Programm ist nur eine maximale Schrittlängenänderung um den Faktor $H = 2$ in einem Schritt zugelassen. Das Verfahren konvergiert umso langsamer, je näher man der Lösung $\overline{\varphi}$ ist. Nach jeweils fünf Doppelschritten (Such-Weg-Schritten) des modifizierten Gradientenverfahrens mit dem Startvektor $\varphi^{(0)}$ wird nun die erreichte Näherung $\varphi^{(10)}$ als Startwert für das Newtonsche Verfahren verwendet und jeweils geprüft, ob die Schrittlängenänderungen aufeinanderfolgender Newton-Schritte abnehmen. Solange dies zutrifft, ist Konvergenz des Newtonschen Verfahrens zu erwarten. Es wird nach dem Newtonschen Verfahren, das bekanntlich schneller konvergiert, solange weitergerechnet, bis sich entweder die Näherungslösung mit geforderter Genauigkeit ergibt oder sich durch zu große Schrittlängenänderung ein Nichtnull-Minimum ankündigt. Im letzten Fall werden erneut fünf Doppelschritte des Such-Weg-Verfahrens durchgeführt usf.. Das genannte Abbrechen des Newton-Verfahrens erfolgt jeweils automatisch wegen Überschreitung der für einen Schritt zugelassenen Schrittlängenänderung.

LITERATUR zu 4.2: [2] Bd.2, § 7.5; [3], 6.10; [4], 5.9; [16]; [18] Bd.1, 5.4-5.5, 5.9; [19], 3.3; [20], 4.2; [25], 3.3; [34], 4.4; [38], 9.2-9.3; [67] I, 2.5.

5. EIGENWERTE UND EIGENVEKTOREN VON MATRIZEN.

5.1 DEFINITIONEN UND AUFGABENSTELLUNGEN.

Gegeben ist eine (n,n)-Matrix $\mathfrak{A} = (a_{ik})$, i,k = 1(1)n, und gesucht sind Vektoren $\mathfrak{x}$ derart, daß der Vektor $\mathfrak{A}\mathfrak{x}$ dem Vektor $\mathfrak{x}$ proportional ist mit einem zunächst noch unbestimmten Parameter λ

$$(5.1) \qquad \mathfrak{A}\mathfrak{x} = \lambda \mathfrak{x} .$$

Mit der (n,n)-Einheitsmatrix $\mathfrak{E}$ läßt sich (5.1) in der Form

$$(5.2) \qquad \mathfrak{A}\mathfrak{x} - \lambda \mathfrak{x} = (\mathfrak{A} - \lambda \mathfrak{E})\mathfrak{x} = \mathfrak{o}$$

schreiben. (5.2) ist ein homogenes lineares Gleichungssystem, das genau dann nichttriviale Lösungen $\mathfrak{x} \neq \mathfrak{o}$ besitzt, wenn

$$(5.3) \qquad P(\lambda) := \det(\mathfrak{A} - \lambda\mathfrak{E}) = 0$$

ist, ausführlich geschrieben

$$(5.3') \qquad P(\lambda) = \begin{vmatrix} a_{11}-\lambda & a_{12} & a_{13} & \cdots & a_{1n} \\ a_{21} & a_{22}-\lambda & a_{23} & \cdots & a_{2n} \\ \vdots & & \ddots & & \vdots \\ a_{n1} & a_{n2} & a_{n3} & \cdots & a_{nn}-\lambda \end{vmatrix} = 0 .$$

(5.3) bzw. (5.3') heißt *charakteristische Gleichung* der Matrix $\mathfrak{A}$; $P(\lambda)$ ist ein Polynom in λ vom Grade n und heißt entsprechend *charakteristisches Polynom* der Matrix $\mathfrak{A}$. Die Nullstellen λ_i, i = 1(1)n, von $P(\lambda)$ heißen *charakteristische Zahlen* oder *Eigenwerte* (EWe) von $\mathfrak{A}$. Nur für die EWe λ_i besitzt (5.2) nichttriviale Lösungen $\mathfrak{x}_i$. Ein zu einem EW λ_i gehöriger Lösungsvektor $\mathfrak{x}_i$ heißt *Eigenvektor* (EV) der Matrix $\mathfrak{A}$ zum EW λ_i, es gilt

$$(5.4) \qquad \mathfrak{A}\mathfrak{x}_i = \lambda_i \mathfrak{x}_i \quad \text{bzw.} \quad (\mathfrak{A} - \lambda_i\mathfrak{E})\mathfrak{x}_i = \mathfrak{o} .$$

Die Aufgabe, die EWe und EVen einer Matrix $\mathfrak{A}$ zu bestimmen, heißt *Eigenwertaufgabe* (EWA).

Es wird zwischen der *vollständigen* und der *teilweisen* EWA unterschieden. Die vollständige EWA verlangt die Bestimmung sämtlicher EWe und EVen, die teilweise EWA verlangt nur die Bestimmung eines (oder mehrerer) EWes (EWe) ohne oder mit dem (den) zugehörigen EV (EVen).

Man unterscheidet zwei Klassen von *Lösungsmethoden*:

1. *Iterative Methoden*: Sie umgehen die Aufstellung des charakteristischen Polynoms $P(\lambda)$ und versuchen, die EWe und EVen schrittweise anzunähern. Hier wird nur das Verfahren nach v. Mises angegeben.
2. *Direkte Methoden*: Sie erfordern die Aufstellung des charakteristischen Polynoms $P(\lambda)$, die Bestimmung der EWe λ_i als Nullstellen von $P(\lambda)$ und die anschließende Berechnung der EVen $\mathfrak{x}_i$ als Lösungen der homogenen Gleichungssysteme (5.4). Sie sind zur Lösung der vollständigen EWA geeignet; unter ihnen gibt es auch solche, die das Ausrechnen umfangreicher Determinanten vermeiden, z.B. das Verfahren von Krylov, das hier angegeben wird.

LITERATUR zu 5.1: [2] Bd.2,8.1; [3],5.92; [6], § 8; [7],5.7; [10], S.277/9; [19], 4.0; [20], 5.1; [34], 5.2; [36], 6.1; [44], §§ 13.1-13.2, 15; [45], § 9.

5.2 DIAGONALÄHNLICHE MATRIZEN.

Eine (n,n)-Matrix $\mathfrak{A}$, die zu einem k_j-fachen EW stets k_j linear unabhängige EVen und wegen $\sum k_j = n$ genau n linear unabhängige EVen zu der Gesamtheit ihrer EWe besitzt, heißt *diagonalähnlich*. Die n linear unabhängigen EVen spannen einen n-dimensionalen Vektorraum R^n auf.

Die EVen sind bis auf einen willkürlichen Faktor bestimmt. Es wird so normiert, daß gilt

$$(5.5)\qquad \|\mathfrak{x}_i\|_3^{\;1)} = |\mathfrak{x}_i| = \sqrt{\mathfrak{x}_i^T\mathfrak{x}_i} = \sqrt{\sum_{k=1}^{n} x_{i,k}^2} = 1 \text{ mit } \mathfrak{x}_i = \begin{pmatrix} x_{i,1} \\ x_{i,2} \\ \vdots \\ x_{i,n} \end{pmatrix} .$$

Bezeichnet man mit $\mathfrak{X}$ die nichtsinguläre Eigenvektormatrix

$$(5.6)\qquad \mathfrak{X} = (\mathfrak{x}_1, \mathfrak{x}_2, \ldots, \mathfrak{x}_n) ,$$

so gilt mit der Diagonalmatrix ϑ der EWe

$$\vartheta = \begin{pmatrix} \lambda_1 & 0 & \cdots & & 0 \\ 0 & \lambda_2 & 0 & \cdots & 0 \\ \vdots & & \ddots & & \vdots \\ \vdots & & & \ddots & 0 \\ 0 & \cdots & & 0 & \lambda_n \end{pmatrix}$$

---

1) Vgl. Abschnitt 3.11.2

und wegen det $\mathfrak{H} \neq 0$

(5.7) $$\mathfrak{D} = \mathfrak{H}^{-1}\mathfrak{A}\mathfrak{H}.$$

Jede Matrix mit n linear unabhängigen EVen $\mathfrak{x}_i$ läßt sich also auf Hauptdiagonalform transformieren. Es gilt der folgende

SATZ 5.1 (*Entwicklungssatz*).

Ist $\mathfrak{x}_1, \mathfrak{x}_2, \ldots, \mathfrak{x}_n$ ein System von n linear unabhängigen Eigenvektoren, so läßt sich jeder beliebige Vektor $\mathfrak{z} \neq \mathfrak{o}$ des n-dimensionalen Vektorraumes R^n als Linearkombination

$$\mathfrak{z} = c_1\mathfrak{x}_1 + c_2\mathfrak{x}_2 + \ldots + c_n\mathfrak{x}_n, \qquad c_i = \text{const.},$$

darstellen, wobei für mindestens einen Index i gilt $c_i \neq 0$.

Als Sonderfall enthalten die diagonalähnlichen Matrizen die hermiteschen Matrizen $\mathfrak{H} = (h_{ik})$ mit $\mathfrak{H} = \bar{\mathfrak{H}}^T$ bzw. $h_{ik} = \bar{h}_{ki}$ ($\bar{h}_{ki}$ sind die zu h_{ki} konjugiert komplexen Elemente) und diese wiederum die symmetrischen Matrizen $\mathfrak{S} = (s_{ik})$ mit reellen Elementen $s_{ik} = s_{ki}$.

Hermitesche (und damit auch symmetrische) Matrizen besitzen die folgenden *Eigenschaften*:

1. Sämtliche EWe sind reell;bei symmetrischen Matrizen sind auch die EVen reell.
2. Die zu verschiedenen EWen gehörenden EVen sind unitär (konjugiert orthogonal): $\bar{\mathfrak{x}}_i^T \mathfrak{x}_k = 0$ für $i \neq k$; für gemäß (5.5) normierte EVen gilt

$$\bar{\mathfrak{x}}_i^T \mathfrak{x}_k = \delta_{ik} = \begin{cases} 1 & \text{für } i = k, \\ 0 & \text{für } i \neq k. \end{cases}$$

3. Die Eigenvektormatrix (5.6) ist unitär ($\bar{\mathfrak{H}}^T = \mathfrak{H}^{-1}$).

Bei symmetrischen Matrizen ist in 2. und 3. unitär durch orthogonal zu ersetzen.

BEMERKUNG 5.1. Die Berechnung der Eigenwerte und Eigenvektoren einer komplexen (n,n)-Matrix kann auf die entsprechende Aufgabe für eine reelle (2n,2n)-Matrix zurückgeführt werden. Es sei

$$\mathfrak{A} = \mathfrak{B} + i\,\mathfrak{C}, \qquad \mathfrak{B}, \mathfrak{C} \text{ reelle Matrizen},$$
$$\mathfrak{x} = \check{\mathfrak{u}} + i\,\mathfrak{v}, \qquad \check{\mathfrak{u}}, \mathfrak{v} \text{ reelle Vektoren}.$$

Dann erhält man durch Einsetzen in (5.1) zwei reelle lineare homogene Gleichungssysteme

$$\mathfrak{B}\check{\mathfrak{u}} - \mathfrak{C}\mathfrak{w} = \lambda\check{\mathfrak{u}},$$
$$\mathfrak{C}\check{\mathfrak{u}} + \mathfrak{B}\mathfrak{w} = \lambda\mathfrak{w}.$$

Diese lassen sich mit der (2n,2n)-Matrix $\tilde{\mathfrak{A}}$ und dem Vektor $\tilde{\mathfrak{x}}$

$$\tilde{\mathfrak{A}} = \begin{pmatrix} \mathfrak{B} & -\mathfrak{C} \\ \mathfrak{C} & \mathfrak{B} \end{pmatrix}, \qquad \tilde{\mathfrak{x}} = \begin{pmatrix} \check{\mathfrak{u}} \\ \mathfrak{w} \end{pmatrix}$$

zur reellen Ersatzaufgabe $\tilde{\mathfrak{A}}\tilde{\mathfrak{x}} = \tilde{\lambda}\tilde{\mathfrak{x}}$ zusammenfassen.

LITERATUR zu 5.2: [20], 5.2; [33], 4.3; [44], § 14.1; [45], § 9.2.

5.3. DAS ITERATIONSVERFAHREN NACH V. MISES.

5.3.1 BESTIMMUNG DES BETRAGSGRÖSSTEN EIGENWERTES UND DES ZUGEHÖRIGEN EIGENVEKTORS.

Es sei eine EWA (5.2) vorgelegt mit einer diagonalähnlichen reellen Matrix $\mathfrak{A}$, d.h. einer Matrix mit n linear unabhängigen EVen $\mathfrak{x}_1, \mathfrak{x}_2, \ldots, \mathfrak{x}_n \in R^n$. Man beginnt mit einem beliebigen reellen Vektor $\mathfrak{z}^{(0)} \neq \mathfrak{o}$ und bildet mit der Matrix $\mathfrak{A}$ die iterierten Vektoren $\mathfrak{z}^{(\nu)}$ nach der Vorschrift

$$(5.8) \qquad \mathfrak{z}^{(\nu+1)} := \mathfrak{A}\,\mathfrak{z}^{(\nu)}, \qquad \mathfrak{z}^{(\nu)} = \begin{pmatrix} z_1^{(\nu)} \\ z_2^{(\nu)} \\ \vdots \\ z_n^{(\nu)} \end{pmatrix}, \quad \nu = 0,1,2,\ldots .$$

Nach Satz 5.1 läßt sich $\mathfrak{z}^{(0)}$ als Linearkombination der n EVen $\mathfrak{x}_i$, $i = 1(1)n$, darstellen

$$(5.9) \qquad \mathfrak{z}^{(0)} = \sum_{i=1}^{n} c_i\,\mathfrak{x}_i$$

mit $c_i \neq 0$ für mindestens ein i, so daß wegen (5.4) mit (5.8) und (5.9) folgt

$$\mathfrak{z}^{(\nu)} = c_1\lambda_1^{\nu}\,\mathfrak{x}_1 + c_2\lambda_2^{\nu}\,\mathfrak{x}_2 + \ldots + c_n\lambda_n^{\nu}\,\mathfrak{x}_n .$$

Nun werden die Quotienten $q_i^{(\nu)}$ der i-ten Komponenten der Vektoren $\mathfrak{z}^{(\nu+1)}$ und $\mathfrak{z}^{(\nu)}$ gebildet

$$q_i^{(\nu)} := \frac{z_i^{(\nu+1)}}{z_i^{(\nu)}} = \frac{c_1\lambda_1^{\nu+1}x_{1,i} + c_2\lambda_2^{\nu+1}x_{2,i} + \ldots + c_n\lambda_n^{\nu+1}x_{n,i}}{c_1\lambda_1^{\nu}\,x_{1,i} + c_2\lambda_2^{\nu}\,x_{2,i} + \ldots + c_n\lambda_n^{\nu}\,x_{n,i}} .$$

Die Weiterbehandlung erfordert *Fallunterscheidungen*:

1. $|\lambda_1| > |\lambda_2| \geq |\lambda_3| \geq \dots \geq |\lambda_n|$

a) $c_1 \neq 0$, $x_{1,i} \neq 0$: Für die Quotienten $q_i^{(\nu)}$ gilt

$$q_i^{(\nu)} = \lambda_1 + O\left(\left|\frac{\lambda_2}{\lambda_1}\right|^{\nu}\right) \text{ bzw. } \lim_{\nu\to\infty} q_i^{(\nu)} = \lambda_1 .$$

Die Voraussetzung $x_{1,i} \neq 0$ ist für mindestens ein i erfüllt. Es strebt also mindestens einer der Quotienten $q_i^{(\nu)}$ gegen λ_1, für die übrigen vgl. unter b).

Für genügend große ν ist $q_i^{(\nu)}$ eine Näherung für den betragsgrößten EW λ_1. Bezeichnet man mit λ_i^* die Näherungen für λ_i, so gilt hier

$$\lambda_1^* = q_i^{(\nu)} \approx \lambda_1 . \tag{5.10}$$

Bei der praktischen Durchführung des Verfahrens wird solange gerechnet, bis für die $q_i^{(\nu)}$ mit einer vorgegebenen Genauigkeit gleichmäßig für alle i mit $x_{1,i} \neq 0$ (5.10) gilt.

Der Vektor $\mathfrak{z}^{(\nu)}$ hat für große ν annähernd die Richtung von $\mathfrak{x}_1$. Für $\nu \to \infty$ erhält man das folgende asymptotische Verhalten

$$\mathfrak{z}^{(\nu)} \sim \lambda_1^{\nu} c_1 \mathfrak{x}_1, \quad \mathfrak{z}^{(\nu)} \sim \lambda_1 \mathfrak{z}^{(\nu-1)} .$$

Sind die EVen $\mathfrak{x}_i$ normiert und bezeichnet man mit $\mathfrak{x}_i^*$ die Näherungen für $\mathfrak{x}_i$, so gilt mit (5.5) für hinreichend großes ν

$$\mathfrak{x}_1^* = \frac{\mathfrak{z}^{(\nu)}}{|\mathfrak{z}^{(\nu)}|} \approx \mathfrak{x}_1 .$$

b) $c_1 = 0$ oder $x_{1,i} = 0$, $c_2 \neq 0$, $x_{2,i} \neq 0$, $|\lambda_2| > |\lambda_3| \geq \dots \geq |\lambda_n|$:

Der Fall $c_1 = 0$ tritt dann ein, wenn der Ausgangsvektor $\mathfrak{z}^{(0)}$ keine Komponente in Richtung von $\mathfrak{x}_1$ besitzt. Im Falle symmetrischer Matrizen ist $c_1=0$, wenn $\mathfrak{z}^{(0)}$ orthogonal ist zu $\mathfrak{x}_1$ wegen $\mathfrak{x}_i^T\mathfrak{x}_k = 0$ für $i \neq k$; dann gilt

$$q_i^{(\nu)} = \lambda_2 + O\left(\left|\frac{\lambda_3}{\lambda_2}\right|^{\nu}\right) \text{ bzw. } \lim_{\nu\to\infty} q_i^{(\nu)} = \lambda_2 .$$

$$\mathfrak{z}^{(\nu)} \sim \begin{cases} c_1 \lambda_1^{\nu} \mathfrak{x}_1 & \text{für } c_1 \neq 0 , \\ c_2 \lambda_2^{\nu} \mathfrak{x}_2 & \text{für } c_1 = 0 . \end{cases}$$

Für hinreichend großes ν erhält man die Beziehungen

$$\mathfrak{x}_1^* = \frac{\mathfrak{z}^{(\nu)}}{|\mathfrak{z}^{(\nu)}|} \approx \mathfrak{x}_1 \quad \text{für} \quad c_1 \neq 0, \quad \mathfrak{x}_2^* = \frac{\mathfrak{z}^{(\nu)}}{|\mathfrak{z}^{(\nu)}|} \approx \mathfrak{x}_2 \quad \text{für} \quad c_1 = 0,$$

$$\lambda_2^* = q_i^{(\nu)} \approx \lambda_2 \begin{cases} \text{für alle } i = 1(1)n, \text{ falls } c_1 = 0,\ c_2 \neq 0,\ x_{2,i} \neq 0 \text{ ist,} \\ \text{für alle } i \text{ mit } x_{1,i} = 0, \text{ falls } c_1 \neq 0 \text{ ist.} \end{cases}$$

Es kann also vorkommen, daß die $q_i^{(\nu)}$ für verschiedene i gegen verschiedene EWe streben.

c) $c_i = 0$ für $i = 1(1)j$, $c_{j+1} \neq 0$, $x_{j+1,i} \neq 0$, $|\lambda_{j+1}| > |\lambda_{j+2}| \geq \ldots \geq |\lambda_n|$:
Man erhält hier für hinreichend großes ν die Beziehungen

$$\lambda_{j+1}^* = q_i^{(\nu)} \approx \lambda_{j+1}, \qquad \mathfrak{x}_{j+1}^* = \frac{\mathfrak{z}^{(\nu)}}{|\mathfrak{z}^{(\nu)}|} \approx \mathfrak{x}_{j+1} .$$

Gilt hier $x_{j+1,i} = 0$ für ein i, so strebt das zugehörige $q_i^{(\nu)}$ gegen λ_{j+2}.

Im folgenden Rechenschema dient als *Rechenkontrolle* die zusätzlich eingeführte Spaltensumme $t_k = a_{1k} + a_{2k} + \ldots + a_{nk}$, $k = 1(1)n$. Sie liefert bei der Berechnung von $\mathfrak{z}^{(\nu)}$ für $\nu \geq 1$ eine zusätzliche Vektorkomponente $z_{n+1}^{(\nu)}$. Bei richtiger Rechnung muß gelten:

$$z_{n+1}^{(\nu)} = \sum_{i=1}^{n} z_i^{(\nu)} = \sum_{k=1}^{n} t_k\, z_k^{(\nu-1)} .$$

RECHENSCHEMA 5.1 (*Verfahren nach v. Mises*: $\mathfrak{A}\mathfrak{z}^{(\nu)} = \mathfrak{z}^{(\nu+1)}$).

$\mathfrak{A}$				$\mathfrak{z}^{(0)}$	$\mathfrak{z}^{(1)}$	$\mathfrak{z}^{(2)}$	...
a_{11}	a_{12}	...	a_{1n}	$z_1^{(0)}$	$z_1^{(1)}$	$z_1^{(2)}$	
a_{21}	a_{22}	...	a_{2n}	$z_2^{(0)}$	$z_2^{(1)}$	$z_2^{(2)}$	
$\vdots$	$\vdots$		$\vdots$	$\vdots$	$\vdots$	$\vdots$	
a_{n1}	a_{n2}	...	a_{nn}	$z_n^{(0)}$	$z_n^{(1)}$	$z_n^{(2)}$	
t_1	t_2	...	t_n	/	$z_{n+1}^{(1)}$	$z_{n+1}^{(2)}$	

BEMERKUNG 5.2. Bei der praktischen Durchführung berechnet man nicht nur die Vektoren $\mathfrak{z}^{(\nu)}$, sondern normiert jeden Vektor $\mathfrak{z}^{(\nu)}$ dadurch, daß man jede seiner Komponenten durch die betragsgrößte Komponente dividiert, so daß diese gleich 1 wird. Bezeichnet man den normierten Vektor mit $\mathfrak{z}_n^{(\nu)}$, so wird $\mathfrak{z}^{(\nu+1)}$ nach der Vorschrift $\mathfrak{A}\mathfrak{z}_n^{(\nu)} = \mathfrak{z}^{(\nu+1)}$ bestimmt. Eine andere Möglichkeit ist, jeden Vektor $\mathfrak{z}^{(\nu)}$ auf Eins zu normieren, was jedoch mehr

Rechenzeit erfordert. Durch die Normierung wird ein zu starkes Anwachsen der Werte $z_i^{(\nu)}$ und auch der Rundungsfehler vermieden.

BEMERKUNG 5.3. Da die exakten Werte der EWe und EVen nicht bekannt sind, muß zur Sicherheit die Rechnung mit mehreren (theoretisch mit n) linear unabhängigen Ausgangsvektoren $\mathfrak{z}^{(0)}$ durchgeführt werden, um aus den Ergebnissen auf den jeweils vorliegenden Fall schließen zu können. Für die Praxis gilt das jedoch nicht, denn mit wachsendem n wird die Wahrscheinlichkeit immer geringer, daß man zufällig ein $\mathfrak{z}^{(0)}$ wählt, das z.B. keine Komponente in Richtung von $\mathfrak{x}_1$ hat oder etwa bereits selbst ein EV ist.

2. $\lambda_1 = \lambda_2 = \ldots = \lambda_p$, $|\lambda_1| > |\lambda_{p+1}| \geq \ldots \geq |\lambda_n|$ (*mehrfacher EW*)

Für $c_1 x_{1,i} + c_2 x_{2,i} + \ldots + c_p x_{p,i} \neq 0$ ergeben sich zu p linear unabhängigen Ausgangsvektoren $\mathfrak{z}^{(0)}$ die Beziehungen

$$q_i^{(\nu)} = \lambda_1 + O\left(\left|\frac{\lambda_{p+1}}{\lambda_1}\right|^\nu\right) \quad \text{bzw.} \quad \lim_{\nu\to\infty} q_i^{(\nu)} = \lambda_1 ,$$

$$\mathfrak{z}^{(\nu)} \sim \lambda_1^\nu \left(c_1^{(r)}\mathfrak{x}_1 + c_2^{(r)}\mathfrak{x}_2 + \ldots + c_p^{(r)}\mathfrak{x}_p\right) = \mathfrak{y}_r, \quad r = 1(1)p, \quad \nu = 0,1,2,\ldots .$$

Die p Vektoren $\mathfrak{y}_r$ sind linear unabhängig und spannen den sogenannten *Eigenraum* 1) zu λ_1 auf; d.h. sie bilden eine Basis des Eigenraumes zu λ_1. Als Näherung für λ_1 nimmt man für hinreichend großes ν wieder $\lambda_1^* = q_i^{(\nu)}$, für die EVen $\mathfrak{x}_i$, $i = 1(1)p$, erhält man hier keine Näherungen sondern nur die Linearkombinationen $\mathfrak{y}_r$.

3. $\lambda_1 = -\lambda_2$, $|\lambda_1| > |\lambda_3| \geq \ldots \geq |\lambda_n|$

Man bildet die Quotienten $\tilde{q}_i^{(\nu)}$ der i-ten Komponenten der Vektoren $\mathfrak{z}^{(\nu+2)}$ und $\mathfrak{z}^{(\nu)}$

$$\tilde{q}_i^{(\nu)} := \frac{z_i^{(\nu+2)}}{z_i^{(\nu)}}$$

und erhält mit $c_1 x_{1,i} + (-1)^\nu c_2 x_{2,i} \neq 0$

$$\tilde{q}_i^{(\nu)} = \lambda_1^2 + O\left(\left|\frac{\lambda_3}{\lambda_1}\right|^\nu\right) \quad \text{bzw.} \quad \lim_{\nu\to\infty} \tilde{q}_i^{(\nu)} = \lambda_1^2 . \tag{5.11}$$

Für $\nu\to\infty$ ergibt sich das folgende asymptotische Verhalten

$$\mathfrak{x}_1 \sim \mathfrak{z}^{(\nu+1)} + \lambda_1 \mathfrak{z}^{(\nu)} ,$$
$$\mathfrak{x}_2 \sim \mathfrak{z}^{(\nu+1)} - \lambda_1 \mathfrak{z}^{(\nu)} .$$

1) s. dazu [44], S.151.

Man erhält somit als Näherungen λ_1^*, λ_2^* für λ_1 und λ_2 für hinreichend großes ν wegen (5.11)

$$\lambda_{1,2}^* = \pm\sqrt{\tilde{q}_i^{(\nu)}} \approx \lambda_{1,2}$$

und als Näherungen für $\mathfrak{e}_1$ und $\mathfrak{e}_2$

$$\mathfrak{e}_1^* = \frac{\mathfrak{z}^{(\nu+1)} + \lambda_1^* \mathfrak{z}^{(\nu)}}{|\mathfrak{z}^{(\nu+1)} + \lambda_1^* \mathfrak{z}^{(\nu)}|} \approx \mathfrak{e}_1 \quad ,$$

$$\mathfrak{e}_2^* = \frac{\mathfrak{z}^{(\nu+1)} - \lambda_1^* \mathfrak{z}^{(\nu)}}{|\mathfrak{z}^{(\nu+1)} - \lambda_1^* \mathfrak{z}^{(\nu)}|} \approx \mathfrak{e}_2 \quad .$$

Bei der praktischen Durchführung macht sich das Auftreten dieses Falles dadurch bemerkbar, daß gleiches Konvergenzverhalten nur für solche Quotienten eintritt, bei denen die zum Zähler und Nenner gehörigen Spalten durch genau eine Spalte des Rechenschemas getrennt sind.

BEMERKUNG 5.4. Die Fälle 2 und 3 gelten auch für betragsnahe EWe $|\lambda_i| \approx |\lambda_j|$ für $i \neq j$.

5.3.2 BESTIMMUNG DES BETRAGSKLEINSTEN EIGENWERTES.

In (5.2) wird $\lambda = 1/\varkappa$ gesetzt. Dann lautet die transformierte EWA

$$\mathfrak{A}^{-1}\mathfrak{e} = \varkappa\,\mathfrak{e} \,.$$

Mit dem Verfahren nach v. Mises bestimmt man nach der Vorschrift

$$(5.12) \qquad \mathfrak{z}^{(\nu+1)} = \mathfrak{A}^{-1}\mathfrak{z}^{(\nu)}$$

den betragsgrößten EW $\hat{\varkappa}$ von $\mathfrak{A}^{1}$. Für den betragskleinsten EW $\hat{\lambda}$ von $\mathfrak{A}$ erhält man so die Beziehung

$$|\hat{\lambda}| = 1/|\hat{\varkappa}| \quad .$$

Zur Bestimmung von $\mathfrak{A}^{-1}$ kann z.B. das Verfahren des Pivotisierens verwendet werden (Abschnitt 3.6). Die Berechnung von $\mathfrak{A}^{-1}$ kann aber auch umgangen werden, wenn die Vektoren $\mathfrak{z}^{(\nu+1)}$ jeweils aus der Beziehung $\mathfrak{A}\,\mathfrak{z}^{(\nu+1)} = \mathfrak{z}^{(\nu)}$, die aus (5.12) folgt, berechnet werden - etwa mit Hilfe des Gaußschen Algorithmus.

BEMERKUNG 5.5. Ist $\mathfrak{A}$ symmetrisch und det $\mathfrak{A} = 0$, so verschwindet mindestens ein EW, so daß $\hat{\lambda} = 0$ ist ([20], S.160).

5.3.3 BESTIMMUNG WEITERER EIGENWERTE UND EIGENVEKTOREN.

$\mathfrak{A}$ sei eine symmetrische Matrix; die EVen $\mathfrak{e}_i$ seien orthonormiert. Dann gilt mit (5.9) $c_1 = \mathfrak{z}^{(0)T}\mathfrak{e}_1$. Man bildet

$$\mathfrak{y}^{(0)} := \mathfrak{z}^{(0)} - c_1\mathfrak{e}_1 = c_2\mathfrak{e}_2 + c_3\mathfrak{e}_3 + \ldots + c_n\mathfrak{e}_n$$

und verwendet $\mathfrak{y}^{(0)}$ als Ausgangsvektor für das Verfahren von v. Mises. Wegen

$$\mathfrak{y}^{(0)T}\mathfrak{e}_1 = \mathfrak{z}^{(0)T}\mathfrak{e}_1 - c_1 = 0$$

ist $\mathfrak{y}^{(0)}$ orthogonal zu $\mathfrak{e}_1$, und der Fall 1.b) des Abschnittes 5.3.1 tritt ein, d.h. die Quotienten $q_i^{(\nu)}$ streben gegen λ_2. Da $\mathfrak{e}_1$ nur näherungsweise bestimmt wurde, wird $\mathfrak{y}^{(0)}$ nicht vollständig frei von Komponenten in Richtung von $\mathfrak{e}_1$ sein, so daß man bei jedem Schritt des Verfahrens die $\mathfrak{y}^{(\nu)}$ von Komponenten in Richtung $\mathfrak{e}_1$ säubern muß. Das geschieht, indem man

$$\tilde{\mathfrak{y}}^{(\nu)} = \mathfrak{y}^{(\nu)} - (\mathfrak{y}^{(\nu)T}\mathfrak{e}_1)\cdot\mathfrak{e}_1 \quad \text{mit} \quad \tilde{\mathfrak{y}}^{(\nu)T} = (\tilde{y}_1^{(\nu)}, \tilde{y}_2^{(\nu)}, \ldots, \tilde{y}_n^{(\nu)})$$

bildet und danach $\mathfrak{y}^{(\nu+1)} = \mathfrak{A}\tilde{\mathfrak{y}}^{(\nu)}$ berechnet. So fortfahrend erhält man für hinreichend großes ν Näherungswerte λ_2^* für λ_2 und $\mathfrak{e}_2^*$ für $\mathfrak{e}_2$

$$\lambda_2^* = q_i^{(\nu)} = \frac{\tilde{y}_i^{(\nu+1)}}{\tilde{y}_i^{(\nu)}} \approx \lambda_2 \,; \quad \mathfrak{e}_2^* = \frac{\tilde{\mathfrak{y}}^{(\nu)}}{|\tilde{\mathfrak{y}}^{(\nu)}|} \approx \mathfrak{e}_2 \,.$$

Zur Berechnung weiterer EWe und EVen wird ganz analog vorgegangen. Sollen etwa der im Betrag drittgrößte EW und der zugehörige EV bestimmt werden, so wird als Ausgangsvektor mit bekannten EVen $\mathfrak{e}_1, \mathfrak{e}_2$

$$\mathfrak{y}^{(0)} := \mathfrak{z}^{(0)} - c_1\mathfrak{e}_1 - c_2\mathfrak{e}_2$$

gebildet mit $c_1 = \mathfrak{z}^{(0)T}\mathfrak{e}_1$, $c_2 = \mathfrak{z}^{(0)T}\mathfrak{e}_2$.

Da $\mathfrak{e}_1$, $\mathfrak{e}_2$ wieder nur näherungsweise durch $\mathfrak{e}_1^*, \mathfrak{e}_2^*$ gegeben sind, müssen hier die $\mathfrak{y}^{(\nu)}$ entsprechend von Komponenten in Richtung von $\mathfrak{e}_1, \mathfrak{e}_2$ gesäubert werden usw..

LITERATUR zu 5.3: [10], § 53; [20], 5.3-5.4, 5.6; [25], 5.10; [28], § 15; [29] I,6.2-6.3; [44], § 14.4; [45], § 10.1-10.2; [67] I, 2.2.

5.4 KONVERGENZVERBESSERUNG MIT HILFE DES RAYLEIGH-QUOTIENTEN IM FALLE HERMITESCHER MATRIZEN.

Für den betragsgrößten EW λ_1 einer hermiteschen Matrix läßt sich bei nur unwesentlich erhöhtem Rechenaufwand eine gegenüber (5.10) verbesserte Näherung angeben. Man benötigt dazu den Rayleigh-Quotienten.

DEFINITION 5.1 (*Rayleigh-Quotient*).

Ist $\mathfrak{A}$ eine beliebige (n,n)-Matrix, so heißt

$$R[\mathfrak{x}] = \frac{\bar{\mathfrak{x}}^T \mathfrak{A} \mathfrak{x}}{\bar{\mathfrak{x}}^T \mathfrak{x}}$$

Rayleigh-Quotient von $\mathfrak{A}$.

Wegen $\mathfrak{A}\mathfrak{x}_i = \lambda_i \mathfrak{x}_i$ gilt $R[\mathfrak{x}_i] = \lambda_i$, d.h. der Rayleigh-Quotient zu einem EV $\mathfrak{x}_i$ ist gleich dem zugehörigen EW λ_i. Ist $\mathfrak{A}$ hermitesch, so gilt der

SATZ 5.2. Der Rayleigh-Quotient nimmt für die EVen einer hermiteschen Matrix $\mathfrak{A}$ seine Extremalwerte an. Für $|\lambda_1| \ge |\lambda_2| \ge \dots \ge |\lambda_n|$ gilt $|R[\mathfrak{x}]| \le |\lambda_1|$.

Der Rayleigh-Quotient zu dem iterierten Vektor $\mathfrak{z}^{(\nu)}$ lautet

$$R[\mathfrak{z}^{(\nu)}] = \frac{\bar{\mathfrak{z}}^{(\nu)T} \mathfrak{z}^{(\nu+1)}}{\bar{\mathfrak{z}}^{(\nu)T} \mathfrak{z}^{(\nu)}} .$$

Wegen Satz 5.2 gilt die Ungleichung

$$|R[\mathfrak{z}^{(\nu)}]| \le |\lambda_1| ,$$

so daß man mit $|R[\mathfrak{z}^{(\nu)}]|$ eine *untere Schranke* für $|\lambda_1|$ erhält.

Der Rayleigh-Quotient, gebildet zu der Näherung $\mathfrak{z}^{(\nu)}$ für den EV $\mathfrak{x}_1$, liefert einen besseren Näherungswert für den zugehörigen EW λ_1, als die Quotienten $q_i^{(\nu)}$. Es gilt nämlich

$$R[\mathfrak{z}^{(\nu)}] = \lambda_1 + O\left(\left|\frac{\lambda_2}{\lambda_1}\right|^{2\nu}\right),$$

hier ist die Ordnung des Restgliedes $O(|\lambda_2/\lambda_1|^{2\nu})$ im Gegensatz zur Ordnung $O(|\lambda_2/\lambda_1|^{\nu})$ bei den Quotienten $q_i^{(\nu)}$.

LITERATUR zu 5.4: [2] Bd.2, S.221; [10], § 61; [19], S.149; [20], 5.5; [28], S.69; [33], 4.3; [44], § 13.6; [45], § 10.3.

5.5 DIREKTE METHODEN.

5.5.1 DAS VERFAHREN VON KRYLOV.

Es sei eine EWA (5.2) vorgelegt mit einer diagonalähnlichen reellen Matrix $\mathfrak{A}$ (über den Fall nichtdiagonalähnlicher Matrizen s. [44], S.176); gesucht sind sämtliche EWe und EVen.

5.5.1.1 BESTIMMUNG DER EIGENWERTE.

1. Fall. Sämtliche EWe λ_i, $i = 1(1)n$, seien einfach.

Das charakteristische Polynom $P(\lambda)$ der Matrix $\mathfrak{A}$ sei in der Form

(5.13) $$P(\lambda) = \sum_{j=0}^{n-1} a_j\lambda^j + \lambda^n$$

dargestellt. Dann können die a_j aus dem folgenden linearen Gleichungssystem bestimmt werden:

(5.14) $$\mathfrak{Z}\mathfrak{a} + \mathfrak{z}^{(n)} = \mathfrak{o}$$

mit

$$\mathfrak{Z} = (\mathfrak{z}^{(0)}, \mathfrak{z}^{(1)}, \mathfrak{z}^{(2)}, \ldots, \mathfrak{z}^{(n-1)}),$$

$$\mathfrak{z}^{(\nu)} = \mathfrak{A}\,\mathfrak{z}^{(\nu-1)}, \quad \nu = 1(1)n,$$

$$\mathfrak{a}^T = (a_0, a_1, \ldots, a_{n-1}).$$

Dabei ist $\mathfrak{z}^{(0)}$ ein Ausgangsvektor mit der Darstellung (5.9),der bis auf die folgenden Annahmen willkürlich ist:

a) $c_i \neq 0$ für $i = 1(1)n$: Dann ist det $\mathfrak{Z} \neq 0$ und das System (5.14) ist eindeutig lösbar. Einschließlich $\mathfrak{z}^{(0)}$ gibt es n linear unabhängige Vektoren $\mathfrak{z}^{(\nu)}$, $\nu = 1(1)n-1$.

b) $c_i = 0$ für $i = q+1, q+2, \ldots, n$ [1]: Dann gilt
$$\mathfrak{z}^{(0)} = c_1\mathfrak{x}_1 + c_2\mathfrak{x}_2 + \ldots + c_q\mathfrak{x}_q \text{ mit } c_i \neq 0 \text{ für } i = 1(1)q\,,\ q < n\,.$$

Die q+1 Vektoren $\mathfrak{z}^{(0)}$ und $\mathfrak{z}^{(\nu+1)} = \mathfrak{A}\,\mathfrak{z}^{(\nu)}$, $\nu = 0(1)q-1$,sind linear abhängig: det $\mathfrak{Z} = 0$. Die (n,q)-Matrix

$$\mathfrak{Z}_q = (\mathfrak{z}^{(0)}, \mathfrak{z}^{(1)}, \ldots, \mathfrak{z}^{(q-1)})$$

---

[1] Es wird o.B.d.A. so numeriert.

besitzt den Rang q, so daß sich mit

$$\mathfrak{b}^T = (b_0, b_1, \dots, b_{q-1})$$

das inhomogene lineare Gleichungssystem von n Gleichungen für q Unbekannte b_j, $j = 0(1)q-1$, ergibt

$$\mathfrak{Z}_q \mathfrak{b} + \mathfrak{z}^{(q)} = \mathfrak{o}, \tag{5.15}$$

von denen q widerspruchsfrei sind und ausgewählt werden können. Die b_j, $j = 0(1)q-1$, $b_q = 1$ sind die Koeffizienten eines Teilpolynoms $P_q(\lambda)$ von $P(\lambda)$:

$$P_q(\lambda) = \sum_{j=0}^{q} b_j \lambda^j . \tag{5.16}$$

Aus $P_q(\lambda) = 0$ lassen sich q der insgesamt n EWe λ_i bestimmen. Um sämtliche voneinander verschiedenen λ_i zu erhalten, muß das gleiche Verfahren für verschiedene (höchstens n) linear unabhängige $\mathfrak{z}^{(0)}$ durchgeführt werden.

2.Fall. Es treten mehrfache EWe auf.

$\mathfrak{A}$ besitze s verschiedene EWe λ_j, $j = 1(1)s$, $s < n$, der Vielfachheiten p_j mit $p_1 + p_2 + \dots + p_s = n$; dann geht man so vor: Zunächst ist festzustellen, wieviele linear unabhängige iterierte Vektoren $\mathfrak{z}^{(\nu+1)} = \mathfrak{A}\,\mathfrak{z}^{(\nu)}$, $\nu = 0,1,2,\dots$, zu einem willkürlich gewählten Ausgangsvektor der Darstellung

$$\mathfrak{z}^{(0)} = c_1 \mathfrak{e}_1 + c_2 \mathfrak{e}_2 + \dots + c_s \mathfrak{e}_s \,, \qquad \mathfrak{e}_r \text{ EV zu } \lambda_r \,, \tag{5.17}$$

bestimmt werden können. Sind etwa

$$\mathfrak{z}^{(0)}, \mathfrak{z}^{(1)}, \dots, \mathfrak{z}^{(s)}$$

linear unabhängig, so liefert das lineare Gleichungssystem von n Gleichungen für $s < n$ Unbekannte $\hat{b}_j$

$$\begin{cases} \hat{\mathfrak{Z}}\, \hat{\mathfrak{b}} + \mathfrak{z}^{(s)} = \mathfrak{o} \quad \text{mit} \quad \hat{\mathfrak{b}}^T = (\hat{b}_0, \hat{b}_1, \dots, \hat{b}_{s-1}) \\ \text{und} \quad \hat{\mathfrak{Z}} = (\mathfrak{z}^{(0)}, \mathfrak{z}^{(1)}, \dots, \mathfrak{z}^{(s-1)}) \end{cases} \tag{5.18}$$

die Koeffizienten $\hat{b}_j$ des Minimalpolynoms

$$m(\lambda) = \sum_{j=0}^{s-1} \hat{b}_j \lambda^j + \lambda^s = \prod_{l=1}^{s} (\lambda - \lambda_l). \tag{5.19}$$

$m(\lambda)$ hat die s verschiedenen EWe von $\mathfrak{A}$ als einfache Nullstellen. Sind in (5.17) einige der $c_i = 0$, so ist analog zu 1.b) vorzugehen.

5.5.1.2 BESTIMMUNG DER EIGENVEKTOREN.

1. Fall. Sämtliche EW λ_i, $i = 1(1)n$, seien einfach.

Die EVen lassen sich als Linearkombinationen der iterierten Vektoren $\mathfrak{z}^{(\nu)}$ gewinnen. Es gilt

$$\mathfrak{x}_i = \sum_{j=0}^{n-1} \tilde{a}_{ij}\, \mathfrak{z}^{(j)}\ ,$$

wobei die $\tilde{a}_{ij}$ die Koeffizienten des Polynoms

$$P_i(\lambda) = \frac{P(\lambda)}{\lambda-\lambda_i} = \sum_{j=0}^{n-1} \tilde{a}_{ij}\, \lambda^j$$

sind. Die $\tilde{a}_{ij}$ lassen sich leicht mit dem einfachen Horner-Schema bestimmen.

2. Fall. Es treten mehrfache EWe auf.

Das eben beschriebene Verfahren ist auch dann noch anwendbar. Hier erhält man jedoch zu einem Ausgangsvektor $\mathfrak{z}^{(0)}$ jeweils nur einen EV, d.h. die Vielfachheit bleibt unberücksichtigt. Man muß deshalb entsprechend der Vielfachheit p_j des EWes λ_j genau p_j linear unabhängige Ausgangsvektoren $\mathfrak{z}^{(0)}$ wählen und erhält damit alle p_j EVen zu λ_j.

BEMERKUNG 5.6. Das Verfahren von Krylov sollte nur angewandt werden, wenn die Systeme (5.14), (5.15) und (5.18) gut konditioniert sind, da sonst Ungenauigkeiten bei der Bestimmung der Koeffizienten in (5.13), (5.16) und (5.19) zu wesentlichen Fehlern bei der Bestimmung der λ_j führen.

5.5.2 BESTIMMUNG DER EIGENWERTE POSITIV DEFINITER SYMMETRISCHER TRIDIAGONALER MATRIZEN MIT HILFE DES QD-ALGORITHMUS.

Für positiv-definite *symmetrische* tridiagonale Matrizen (vgl. Abschnitt 3.7) der Form

$$(5.20)\quad \mathfrak{A} = \begin{pmatrix} d_1 & c_1 & 0 & 0 & 0 & \cdots & 0 \\ c_1 & d_2 & c_2 & 0 & 0 & \cdots & 0 \\ 0 & c_2 & d_3 & c_3 & 0 & \cdots & 0 \\ \vdots & & \ddots & \ddots & \ddots & & \vdots \\ 0 & \cdots & 0 & c_{n-3} & d_{n-2} & c_{n-2} & 0 \\ 0 & \cdots & 0 & 0 & c_{n-2} & d_{n-1} & c_{n-1} \\ 0 & \cdots & 0 & 0 & 0 & c_{n-1} & d_n \end{pmatrix}$$

mit $c_i \neq 0$ für $i = 1(1)n$ lassen sich die EWe mit Hilfe des QD-Algorithmus (Abschnitt 2.2.4.1) bestimmen. Setzt man das QD-Schema (2.2) mit den Werten

$$q_1^{(1)} = d_1, \quad q_{k+1}^{(1)} = d_{k+1} - e_k^{(1)}, \quad e_k^{(1)} = c_k^2/q_k^{(1)}, \quad k = 1(1)n-1 ,$$

für die beiden ersten Zeilen an und setzt $e_0^{(\nu)} = e_n^{(\nu)} = 0$, so erhält man die weiteren Zeilen des Schemas nach den an die Stelle der Rhomben-Regeln (2.28), (2.29) tretenden Regeln [1)]

$$e_k^{(\nu+1)} = q_{k+1}^{(\nu)} \cdot e_k^{(\nu)}/q_k^{(\nu+1)}, \quad q_k^{(\nu+1)} = e_k^{(\nu)} + q_k^{(\nu)} - e_{k-1}^{(\nu+1)}.$$

Dann sind durch

$$\lim_{\nu \to \infty} q_k^{(\nu)} = \lambda_k$$

die der Größe nach geordneten EWe von (5.20) gegeben. Es gilt auch $\lim_{\nu \to \infty} e_k^{(\nu)} = 0$. Die Matrix $\mathfrak{A}$ hat lauter positive verschiedene EWe λ_i ([33], S.139 und 168).

BEMERKUNG 5.7. Eine für DVA besonders geeignete direkte Methode stellt die Jakobi-Methode in der ihr durch Neumann gegebenen Form dar ([31] Bd.I, Kap. 7; ferner [2] Bd.2 § 8.8; [10], § 81; [33], 4.4; [67] I, S.56 ff; [87], 5.5).

---

1) Hierbei berechnet man für festes ν nacheinander

$q_1^{(\nu)}, e_1^{(\nu)}, q_2^{(\nu)}, e_2^{(\nu)}, \ldots, e_{n-1}^{(\nu)}, q_n^{(\nu)}$.

5.5.3 EIGENWERTE UND EIGENVEKTOREN EINER MATRIX NACH DEN VERFAHREN VON MARTIN, PARLETT, PETERS, REINSCH, WILKINSON.

Besitzt die Matrix $\mathfrak{A} = (a_{ik})$, $i,k = 1(1)n$, keine spezielle Struktur, so kann man sie durch sukzessive auszuführende Transformationen in eine Form bringen, die eine leichte Bestimmung der Eigenwerte und Eigenvektoren zuläßt.

Unter Verwendung der Arbeiten [110], [113], [114] wird in P 5.5.3 ein Programm angegeben, das im wesentlichen die folgenden Schritte durchführt:

1. Schritt. Vorbehandlung der Matrix $\mathfrak{A}$ zur Konditionsverbesserung nach einem von B.N. Parlett und C. Reinsch angegebenen Verfahren [113].

2. Schritt. Transformation der Matrix $\mathfrak{A}$ auf obere *Hessenbergform* $\mathfrak{B}$ (s. [40], S.213) mit

$$(5.21)\qquad \mathfrak{B} = (b_{ik}) = \begin{pmatrix} b_{11} & b_{12} & \cdot & \cdot & \cdot & b_{1n} \\ b_{21} & b_{22} & \cdot & \cdot & \cdot & b_{2n} \\ & b_{32} & \cdot & \cdot & \cdot & b_{3n} \\ & & \ddots & & & \vdots \\ & & & & b_{nn-1} & b_{nn} \end{pmatrix},$$

d.h. $b_{ik} = 0$ für $i > k+1$, nach einem Verfahren von R.S. Martin und J.H. Wilkinson [110].
Gesucht ist zu der gegebenen Matrix eine nichtsinguläre Matrix $\mathfrak{L}$, so daß gilt

$$(5.22)\qquad \mathfrak{B} = \mathfrak{L}^{-1}\mathfrak{A}\mathfrak{L}.$$

Diese Transformation gelingt durch Überführung des Systems (5.1) $\mathfrak{A}\mathfrak{x} = \lambda\mathfrak{x}$ in ein dazu äquivalentes gestaffeltes System

$$(5.23)\qquad \mathfrak{B}\mathfrak{y} = \lambda\mathfrak{y} \quad \text{mit} \quad \mathfrak{y} = \mathfrak{L}^{-1}\mathfrak{x}$$

in einer Weise, die dem Gaußschen Algorithmus, angewandt auf (3.2), entspricht. Anstelle des bekannten Vektors $\mathfrak{a}$ in (3.2) tritt hier der unbekannte Vektor $\lambda\mathfrak{x}$.

Mit (5.22) folgt

$$\det(\mathfrak{B} - \lambda \mathfrak{E}) = \det(\mathfrak{A} - \lambda \mathfrak{E}),$$

d.h. $\mathfrak{B}$ und $\mathfrak{A}$ besitzen dieselben Eigenwerte λ_i.
Wegen der einfachen Gestalt (5.21) von $\mathfrak{B}$ lassen sich die λ_i damit leichter bestimmen.

3. Schritt. Die Bestimmung der Eigenwerte λ_i wird nun mit dem *QR-Algorithmus* nach G. Peters und J.H. Wilkinson [114] vorgenommen. Ausgehend von $\mathfrak{B}_1 := \mathfrak{B}$ wird eine Folge $\{\mathfrak{B}_s\}$, $s = 1,2,3,\ldots$, von oberen Hessenbergmatrizen konstruiert, die gegen eine Superdiagonalmatrix $\mathfrak{R} = (r_{ik})$, $i,k = 1(1)n$, konvergiert.[1] Es gilt dann für alle i: $r_{ii} = \lambda_i$.

Mit $\mathfrak{B}_1 := \mathfrak{B}$ lautet die *Konstruktionsvorschrift*:

(i) $\qquad \mathfrak{B}_s - k_s \mathfrak{E} = \mathfrak{Q}_s \mathfrak{R}_s , \qquad s = 1,2,\ldots ,$

(ii) $\qquad \mathfrak{B}_{s+1} = \mathfrak{R}_s \mathfrak{Q}_s + k_s \mathfrak{E} .$

Die Vorschrift (i) beinhaltet die Zerlegung der Hessenbergmatrix $\mathfrak{B}_s - k_s \mathfrak{E}$ in das Produkt aus einer Orthogonalmatrix $\mathfrak{Q}_s$ ($\mathfrak{Q}_s^T = \mathfrak{Q}_s^{-1}$) und einer Superdiagonalmatrix $\mathfrak{R}_s$. Danach wird $\mathfrak{B}_{s+1}$ nach der Vorschrift (ii) gebildet, $\mathfrak{B}_{s+1}$ anstelle von $\mathfrak{B}_s$ gesetzt und zu (i) zurückgegangen. Durch geeignete Wahl des sogenannten *Verschiebungsparameters* k_s wird erhebliche Konvergenzbeschleunigung erreicht. Mit $k_s = 0$ für alle s ergibt sich der QR-Algorithmus von Rutishauser (s. [40], S.244 ff.).

4. Schritt. Die Bestimmung der Eigenvektoren erfolgt ebenfalls nach [114]. Wegen (5.23) gilt

$$\mathfrak{B}\mathfrak{y}_i = \lambda_i \mathfrak{y}_i \quad \text{mit} \quad \mathfrak{x}_i = \mathfrak{L}\mathfrak{y}_i .$$

Zu jedem λ_i lassen sich daraus rekursiv bei willkürlich gegebenem y_{in} die Komponenten y_{ik}, $k = n-1,n-2,\ldots,1$, von $\mathfrak{y}_i$ berechnen. Mit $\mathfrak{x}_i = \mathfrak{L}\mathfrak{y}_i$ ergeben sich die gesuchten EVen $\mathfrak{x}_i$, $i = 1(1)n$.

5. Schritt. Normierung der Eigenvektoren $\mathfrak{x}_i$.

LITERATUR zu 5.5: [2] Bd.2, 8.2; [10], §§ 42,43; [33], 4.6; [44] §§ 21, 22; [57], III; [88], 11.6.5; [110]; [113]; [114].

---

[1] Konvergenzbedingungen s. [40], S. 245.

6. APPROXIMATION STETIGER FUNKTIONEN.

Bei der Annäherung einer stetigen Funktion f durch eine sogenannte *Approximationsfunktion* ϕ werden zwei Aufgabenstellungen unterschieden:

1. Eine gegebene Funktion f ist durch eine Funktion ϕ zu ersetzen, deren formelmäßiger Aufbau für den geforderten Zweck besser geeignet ist, d.h. die sich z.B. einfacher differenzieren oder integrieren läßt, oder deren Funktionswerte leicht berechenbar sind.

2. Eine empirisch gegebene Funktion f, von der endlich viele Wertepaare $(x_i, f(x_i))$ an den paarweise verschiedenen Stützstellen x_i bekannt sind, ist durch eine formelmäßig gegebene Funktion ϕ zu ersetzen. Wenn f graphisch durch eine Kurve gegeben ist, kann man sich Wertepaare $(x_i, f(x_i))$ verschaffen und damit zum obigen Fall zurückkehren.

6.1 APPROXIMATIONSAUFGABE UND BESTE APPROXIMATION.

Jeder Funktion $f \in C[a,b]$ ordnen wir eine reelle nichtnegative Zahl $\|f\|$ zu, genannt *Norm* von f, die den folgenden *Normaxiomen* genügt:

$$(6.1)\quad \begin{cases} 1. & \|f\| \geq 0\,. \\ 2. & \|f\| = 0 \text{ genau dann, wenn } f = 0 \text{ überall in } [a,b]\,. \\ 3. & \|\alpha f\| = |\alpha|\,\|f\| \quad \text{für beliebige Zahlen } \alpha\,. \\ 4. & \|f+g\| \leq \|f\| + \|g\| \text{ für } f,g \in C[a,b]\,. \end{cases}$$

Für je zwei Funktionen $f_1, f_2 \in C[a,b]$ kann mit Hilfe einer Norm ein *Abstand*

$$\varrho(f_1,f_2) := \|f_1 - f_2\|$$

erklärt werden, für den die folgenden *Abstandsaxiome* gelten:

$$\begin{cases} 1. & \varrho(f_1,f_2) \geq 0\,. \\ 2. & \varrho(f_1,f_2) = 0 \text{ genau dann, wenn } f_1 = f_2 \text{ überall in } [a,b]\,. \\ 3. & \varrho(f_1,f_2) = \varrho(f_2,f_1)\,. \\ 4. & \varrho(f_1,f_3) \leq \varrho(f_1,f_2) + \varrho(f_2,f_3) \text{ für } f_1,f_2,f_3 \in C[a,b]\,. \end{cases}$$

Es wird ein System von n+1 linear unabhängigen Funktionen $\varphi_0, \varphi_1, \ldots, \varphi_n \in C[a,b]$ vorgegeben. Die Funktionen $\varphi_0, \varphi_1, \ldots, \varphi_n$

heißen *linear abhängig*, wenn es Zahlen $c_0, c_1, \ldots, c_n$ gibt, die nicht alle Null sind, so daß gilt $c_0 \varphi_0(x) + c_1 \varphi_1(x) + \ldots + c_n \varphi_n(x) = 0$ für alle $x \in [a,b]$, andernfalls heißen $\varphi_0, \varphi_1, \ldots, \varphi_n$ *linear unabhängig*. Mit diesen Funktionen φ_k, $k = 0(1)n$, werden als Approximationsfunktionen die Linearkombinationen

$$(6.2) \quad \phi(x) = \sum_{k=0}^{n} c_k \varphi_k(x), \quad x \in [a,b], \quad c_k = \text{const.}, \quad c_k \in \mathbb{R},$$

gebildet. Eine solche Approximation heißt *lineare Approximation*.
$\bar{C}$ sei die Menge aller ϕ. Jede Linearkombination ϕ ist durch das $(n+1)$-Tupel $(c_0, c_1, \ldots, c_n)$ ihrer Koeffizienten bestimmt. Der Abstand von ϕ und einer Funktion $f \in C[a,b]$ hängt bei festgehaltenem f nur von ϕ ab; es ist

$$(6.3) \quad \varrho(f, \phi) = \|f - \phi\| =: D(c_0, c_1, \ldots, c_n).$$

Häufig verwendete Funktionensysteme $\varphi_0, \varphi_1, \ldots, \varphi_n$ sind:

1. $\varphi_0 = 1$, $\varphi_1 = x$, $\varphi_2 = x^2, \ldots, \varphi_n = x^n$;

die Approximationsfunktionen ϕ sind dann algebraische Polynome vom Höchstgrad n.

2. $\varphi_0 = 1$, $\varphi_1 = \cos x$, $\varphi_2 = \sin x$, $\varphi_3 = \cos 2x$, $\varphi_4 = \sin 2x, \ldots$;

die Approximationsfunktionen ϕ sind dann trigonometrische Polynome.

3. $\varphi_0 = 1$, $\varphi_1 = e^{\alpha_1 x}$, $\varphi_2 = e^{\alpha_2 x}, \ldots, \varphi_n = e^{\alpha_n x}$

mit paarweise verschiedenen reellen Zahlen α_i.

4. $\varphi_0 = 1$, $\varphi_1 = \dfrac{1}{(x-\alpha_1)^{p_1}}$, $\varphi_2 = \dfrac{1}{(x-\alpha_2)^{p_2}}, \ldots, \varphi_n = \dfrac{1}{(x-\alpha_n)^{p_n}}$, $\alpha_i \in \mathbb{R}$, $p_i \in \mathbb{N}$;

mehrere Werte α_j (bzw. p_j) können gleich sein, dann müssen die zugehörigen Werte p_j (bzw. α_j) verschieden sein. Die Approximationsfunktionen ϕ sind dann spezielle rationale Funktionen (s. auch Bemerkung 6.1).

5. Orthogonale Funktionensysteme, s. dazu Sonderfälle in Abschnitt 6.2.1.

Ein Kriterium für die lineare Unabhängigkeit eines Funktionensystems $\varphi_0, \varphi_1, \ldots, \varphi_n \in C^n[a,b]$ ist das Nichtverschwinden der *Wronskischen Determinante* für $x \in [a,b]$

$$W(\varphi_0, \varphi_1, \ldots, \varphi_n) = \begin{vmatrix} \varphi_0 & \varphi_1 & \cdots & \varphi_n \\ \varphi_0' & \varphi_1' & \cdots & \varphi_n' \\ \vdots & \vdots & & \vdots \\ \varphi_0^{(n)} & \varphi_1^{(n)} & \cdots & \varphi_n^{(n)} \end{vmatrix} \neq 0$$

Approximationsaufgabe:

Zu einer gegebenen Funktion $f \in C[a,b]$ und zu einem vorgegebenen Funktionensystem $\varphi_0, \varphi_1, \ldots, \varphi_n \in C[a,b]$ ist unter allen Funktionen $\phi \in \bar{C}$ der Gestalt (6.2) eine Funktion

(6.4) $$\phi^{(0)}(x) = \sum_{k=0}^{n} c_k^{(0)} \varphi_k(x)$$

zu bestimmen mit der Eigenschaft

(6.5) $$D(c_0^{(0)}, c_1^{(0)}, \ldots, c_n^{(0)}) = \|f - \phi^{(0)}\| = \min_{\phi \in \bar{C}} \|f - \phi\| = \min_{\phi \in \bar{C}} D(c_0, c_1, \ldots, c_n) .$$

$\phi^{(0)}$ heißt eine *beste Approximation* von f bezüglich des vorgegebenen Systems $\varphi_0, \varphi_1, \ldots, \varphi_n$ und im Sinne der gewählten Norm $\|.\|$.

SATZ 6.1 (*Existenzsatz*).

Zu jeder Funktion $f \in C[a,b]$ existiert für jedes System linear unabhängiger Funktionen $\varphi_0, \varphi_1, \ldots, \varphi_n \in C[a,b]$ und jede Norm $\|.\|$ mindestens eine beste Approximation $\phi^{(0)}$ der Gestalt (6.4) mit der Eigenschaft (6.5).

Das Funktionensystem $\varphi_0, \varphi_1, \ldots, \varphi_n$ wird im Hinblick auf die jeweilige Aufgabenstellung gewählt, z.B. sind zur Bestimmung einer besten Approximation für eine 2π-periodische Funktion i.a. nicht algebraische, sondern trigonometrische Polynome zweckmäßig.

BEMERKUNG 6.1 (*Rationale Approximation*).

Bei manchen Aufgabenstellungen, z.B. dann, wenn bekannt ist, daß f(x) für Werte x_j außerhalb $[a,b]$ Pole besitzt, empfiehlt sich als Approximationsfunktion eine Funktion der Gestalt

(6.2') $$\psi(x) = \frac{\sum_{k=0}^{m} a_k \varphi_k(x)}{\sum_{k=0}^{l} b_k \varphi_k(x)} , \quad \varphi_k \in C[a,b] .$$

Für $\varphi_k(x) = x^k$, liefert der Ansatz eine rationale Funktion, deren Zähler den Höchstgrad m, deren Nenner den Höchstgrad l besitzt. Wird o.B.d.A. $a_0 = 1$ gesetzt, so ist unter allen Funktionen $\psi \in \bar{\bar{C}}$ der Gestalt (6.2') eine beste Approximation $\psi^{(0)}$ mit der Eigenschaft

$$D(a_1^{(0)}, a_2^{(0)}, \ldots, a_m^{(0)}, b_0^{(0)}, b_1^{(0)}, \ldots, b_l^{(0)}) = \|f - \psi^{(0)}\| =$$

$$= \min_{\psi \in \bar{\bar{C}}} \|f - \psi\| = \min_{\psi \in \bar{\bar{C}}} D(a_1, a_2, \ldots, a_m, b_0, b_1, \ldots, b_l)$$

zu bestimmen (bzgl. einer weiteren Verallgemeinerung s. z.B. [78] § 4).

LITERATUR zu 6.1: [2] Bd.1, 4.1; [3] 4.1; [6], §§ 2.5, 25.1; [8], I § 1; [14], 1,2; [19], 5.0, 5.1; [20], 6.2; [28], II; [32] I,I, § 1.1; [38], 1.5; [45], § 22.1; [87], 11.1.

6.2 APPROXIMATION IM QUADRATISCHEN MITTEL.

6.2.1 KONTINUIERLICHE FEHLERQUADRATMETHODE VON GAUSS.

Man legt für eine Funktion g die folgende Norm zugrunde

$$\|g\| = \left(\int_a^b w(x)\, g^2(x)\,dx\right)^{\frac{1}{2}}, \quad g \in C[a,b] \; ; \tag{6.6}$$

dabei ist $w(x) > 0$ eine gegebene, auf $[a,b]$ integrierbare *Gewichtsfunktion*. Setzt man $g = f - \phi$ und betrachtet das Quadrat des Abstandes (6.3), so lautet die (6.5) entsprechende Bedingung

$$\begin{aligned}\|f-\phi^{(0)}\|^2 &= \min_{\phi \in \bar{C}} \|f-\phi\|^2 = \min_{\phi \in \bar{C}} \int_a^b w(x)(f(x)-\phi(x))^2 dx = \\ &= \min_{\phi \in \bar{C}} D^2(c_0, c_1, \ldots, c_n) \; ,\end{aligned} \tag{6.7}$$

d.h. das Integral über die gewichteten Fehlerquadrate ist zum Minimum zu machen. Die notwendigen Bedingungen $\partial D^2/\partial c_j = 0$ liefern mit (6.2) und $\partial\phi/\partial c_j = \varphi_j(x)$ n+1 lineare Gleichungen zur Bestimmung der n+1 Koeffizienten $c_k^{(0)}$ einer besten Approximation (6.4):

$$\sum_{k=0}^{n} c_k^{(0)} \int_a^b w(x)\,\varphi_j(x)\varphi_k(x)\,dx = \int_a^b w(x) f(x)\,\varphi_j(x)\,dx, \quad j = 0(1)n, \tag{6.8}$$

oder ausführlich

$$\begin{pmatrix} (\varphi_0,\varphi_0) & (\varphi_0,\varphi_1) & \cdots & (\varphi_0,\varphi_n) \\ (\varphi_1,\varphi_0) & (\varphi_1,\varphi_1) & \cdots & (\varphi_1,\varphi_n) \\ \vdots & \vdots & & \vdots \\ (\varphi_n,\varphi_0) & (\varphi_n,\varphi_1) & \cdots & (\varphi_n,\varphi_n) \end{pmatrix} \begin{pmatrix} c_0^{(0)} \\ c_1^{(0)} \\ \vdots \\ c_n^{(0)} \end{pmatrix} = \begin{pmatrix} (f,\varphi_0) \\ (f,\varphi_1) \\ \vdots \\ (f,\varphi_n) \end{pmatrix} \tag{6.8'}$$

mit $(\varphi_j,\varphi_k) := \int_a^b w(x)\,\varphi_j(x)\varphi_k(x)\,dx; \quad (f,\varphi_j) := \int_a^b w(x)\, f(x)\,\varphi_j(x)\,dx.$

Die Gleichungen (6.8) heißen *Normalgleichungen*.

Die Determinante des Gleichungssystems (6.8') heißt *Gramsche Determinante* des Systems $\varphi_0, \varphi_1, \dots, \varphi_n$. Es gilt das

LEMMA 6.1. Ein Funktionensystem $\varphi_0, \varphi_1, \dots, \varphi_n \in C[a,b]$ ist genau dann linear abhängig, wenn seine Gramsche Determinante verschwindet (s. [2] Bd.1, S.319; [38], S.133).

SATZ 6.2. Zu jeder Funktion $f \in C[a,b]$ existiert für jedes System linear unabhängiger Funktionen $\varphi_0, \varphi_1, \dots, \varphi_n \in C[a,b]$ und die Norm (6.6) genau eine beste Approximation $\Phi^{(0)}$ der Gestalt (6.4) mit der Eigenschaft (6.7), deren Koeffizienten $c_k^{(0)}$ sich aus (6.8) ergeben.

Sonderfälle.

1. Algebraische Polynome.

Die Approximationsfunktionen Φ sind mit $\varphi_k(x) = x^k$ algebraische Polynome vom Höchstgrad n

$$\Phi(x) = \sum_{k=0}^{n} c_k x^k \quad . \tag{6.9}$$

Das System (6.8) zur Bestimmung der $c_k^{(0)}$ lautet hier

$$\sum_{k=0}^{n} c_k^{(0)} \int_a^b w(x) x^{j+k} dx = \int_a^b w(x) f(x) x^j dx, \qquad j = 0(1)n \ , \tag{6.10}$$

und mit $w(x) \equiv 1$ (siehe Bemerkung 6.2)

$$\begin{pmatrix} \int_a^b dx & \int_a^b x\,dx & \int_a^b x^2 dx & \dots & \int_a^b x^n dx \\ \int_a^b x\,dx & \int_a^b x^2 dx & \int_a^b x^3 dx & \dots & \int_a^b x^{n+1} dx \\ \int_a^b x^2 dx & \int_a^b x^3 dx & \int_a^b x^4 dx & \dots & \int_a^b x^{n+2} dx \\ \vdots & \vdots & \vdots & & \vdots \\ \int_a^b x^n dx & \int_a^b x^{n+1} dx & \int_a^b x^{n+2} dx & \dots & \int_a^b x^{2n} dx \end{pmatrix} \begin{pmatrix} c_0^{(0)} \\ c_1^{(0)} \\ c_2^{(0)} \\ \vdots \\ c_n^{(0)} \end{pmatrix} = \begin{pmatrix} \int_a^b f(x) dx \\ \int_a^b f(x) x\,dx \\ \int_a^b f(x) x^2 dx \\ \vdots \\ \int_a^b f(x) x^n dx \end{pmatrix} . \tag{6.10'}$$

2. Orthogonale Funktionensysteme.

Die Funktionen φ_k bilden ein orthogonales System, wenn gilt

$$(\varphi_j, \varphi_k) = \int_a^b w(x)\, \varphi_j(x)\, \varphi_k(x) dx = 0 \quad \text{für } j \neq k \ .$$

Dann erhält (6.8) die besonders einfache Gestalt

(6.11) $(\varphi_j, \varphi_j)c_j^{(0)} = (f, \varphi_j), \quad j = 0(1)n$.

Bei einer Erhöhung von n auf n+1 im Ansatz (6.2) bleiben also hier im Gegensatz zu nicht orthogonalen Funktionensystemen die $c_j^{(0)}$ für j = 0(1)n unverändert und $c_{n+1}^{(0)}$ errechnet sich aus (6.11) für j = n+1.

Beispiele orthogonaler Funktionensysteme.

a) $\varphi_k(x) = \cos kx, \quad x \in [0,2\pi]$, $k = 0(1)n$, $w(x) = 1$;

b) $\varphi_k(x) = \sin kx, \quad x \in [0,2\pi]$, $k = 1(1)n$, $w(x) = 1$;

c) Legendresche Polynome P_k für $x \in [-1,+1]$ mit

$P_{k+1}(x) = \frac{1}{k+1}\Big((2k+1)x\, P_k(x) - k\, P_{k-1}(x)\Big)$,

$P_0(x) = 1, \quad P_1(x) = x, \quad k = 1,2,3,\ldots, \quad w(x) = 1.$

d) Tschebyscheffsche Polynome T_k für $x \in [-1,+1]$ mit

$T_{k+1}(x) = 2x\, T_k(x) - T_{k-1}(x), \quad T_0(x) = 1, \quad T_1(x) = x,$

$k = 1,2,3,\ldots, \quad w(x) = 1/\sqrt{1-x^2}$ (vgl. Abschnitt 6.3.2.1).

e) Orthogonalisierungsverfahren von E. Schmidt:

Es seien $\varphi_0, \varphi_1, \ldots, \varphi_n \in C[a,b]$ n+1 vorgegebene linear unabhängige Funktionen. Dann läßt sich ein diesem System zugeordnetes orthogonales Funktionensystem $\tilde{\varphi}_0, \tilde{\varphi}_1, \ldots, \tilde{\varphi}_n \in C[a,b]$ konstruieren. Man bildet dazu die Linearkombinationen

$$\tilde{\varphi}_k = a_{k0}\tilde{\varphi}_0 + a_{k1}\tilde{\varphi}_1 + \ldots + a_{k,k-1}\tilde{\varphi}_{k-1} + \varphi_k, \quad k = 0(1)n,$$

und bestimmt die konstanten Koeffizienten a_{kj} der Reihe nach so, daß die Orthogonalitätsrelationen $(\tilde{\varphi}_j, \tilde{\varphi}_k) = 0$ für $j \neq k$ erfüllt sind; man erhält

$$a_{kj} = -(\varphi_k, \tilde{\varphi}_j)/(\tilde{\varphi}_j, \tilde{\varphi}_j), \quad k = 0(1)n, \quad j = 0(1)k-1 .$$

Für $\varphi_k = x^k$, $x \in [-1,+1]$, liefert das Verfahren die Legendreschen Polynome.

Das Orthogonalisierungsverfahren läßt sich auch im Falle der diskreten Fehlerquadratmethode (Abschnitt 6.2.2) anwenden, wenn man für $(\varphi_k, \tilde{\varphi}_j)$, $(\tilde{\varphi}_j, \tilde{\varphi}_j)$ die Werte gemäß (6.15) einsetzt.

BEMERKUNG 6.2. Als Gewichtsfunktion wird in vielen Fällen $w(x) = 1$ für alle $x \in [a,b]$ gewählt. Bei manchen Problemen sind jedoch andere Gewichtsfunktionen sinnvoll. Erhält man z.B. mit $w(x) = 1$ eine beste Approximation $\phi^{(0)}$, für die $(f(x) - \phi^{(0)}(x))^2$ etwa in der Umgebung von $x = a$ und $x = b$

besonders groß wird, so wähle man statt $w(x) = 1$ ein $\tilde{w}(x)$, das für $x \to a$ und $x \to b$ besonders groß wird. Dann erhält man eine zu dieser Gewichtsfunktion $\tilde{w}(x)$ gehörige beste Approximation $\tilde{\phi}^{(0)}$, für die $(f(x)-\tilde{\phi}^{(0)}(x))^2$ für $x \to a$ und $x \to b$ klein wird. Für $a = -1$, $b = +1$ kann z.B. $\tilde{w}(x) = 1/\sqrt{1-x^2}$ eine solche Gewichtsfunktion sein.

BEMERKUNG 6.3 (*Rationale Approximation*).
Zur Bestimmung der $l+m+1$ Koeffizienten $a_k^{(0)}$, $b_k^{(0)}$ einer besten rationalen Approximation $\psi^{(0)}$ (s. Bemerkung 6.1) im Sinne der kontinuierlichen (und der diskreten, s. Abschnitt 6.2.2) Gaußschen Fehlerquadratmethode erhält man ein nichtlineares Gleichungssystem.

ALGORITHMUS 6.1 (*Kontinuierliche Gaußsche Fehlerquadratmethode*).
Gegeben sei eine Funktion $f \in C[a,b]$; gesucht ist für f die beste Approximation $\phi^{(0)}$ nach der kontinuierlichen Gaußschen Fehlerquadratmethode.
1. Schritt. Wahl eines geeigneten Funktionensystems $\varphi_0, \varphi_1, \ldots, \varphi_n$ zur Konstruktion der Approximationsfunktion (6.9).
2. Schritt. Wahl einer geeigneten Gewichtsfunktion $w(x) > 0$; vgl. dazu Bemerkung 6.2.
3. Schritt. Aufstellung und Lösung des linearen Gleichungssystems (6.8) bzw. (6.8') für die Koeffizienten $c_k^{(0)}$ der besten Approximation (6.4). Sind die Approximationsfunktionen ϕ speziell algebraische Polynome, so ist das System (6.10) bzw. für $w(x) \equiv 1$ das System (6.10') zu lösen; bilden die φ_k ein orthogonales System, so ist (6.11) zu lösen.

6.2.2 DISKRETE FEHLERQUADRATMETHODE VON GAUSS.

Hier wird eine beste Approximation $\phi^{(0)}$ der Gestalt (6.4) gesucht für eine Funktion $f \in C[a,b]$, von der an $N+1$ diskreten Stellen $x_i \in [a,b]$, $i = 0(1)N$, $N \geq n$, die Funktionswerte $f(x_i)$ gegeben sind. Es wird für eine Funktion g die Seminorm [1)]

$$(6.12) \qquad \|g\| = \Big(\sum_{i=0}^{N} w_i\, g^2(x_i)\Big)^{\frac{1}{2}}$$

zugrunde gelegt mit den Zahlen $w_i > 0$ als Gewichten. Setzt man $g = f-\phi$ und betrachtet das Quadrat des Abstandes (6.3), so lautet die (6.5) entsprechende Bedingung für eine beste Approximation unter Verwendung der Seminorm (6.12)

$$(6.13) \quad \|f-\phi^{(0)}\|^2 = \min_{\phi\in\bar{C}} \|f-\phi\|^2 = \min_{\phi\in\bar{C}} \sum_{i=0}^{N} w_i\big(f(x_i)-\phi(x_i)\big)^2 = \min_{\phi\in\bar{C}} D^2(c_0,c_1,\ldots,c_n),$$

---

1) Für eine Seminorm gelten die Axiome (6.1) mit Ausnahme von 2.

d.h. die Summe der gewichteten Fehlerquadrate ist zum Minimum zu machen. Die notwendigen Bedingungen $\partial D^2/\partial c_j = 0$ liefern n+1 lineare Gleichungen zur Bestimmung der n+1 Koeffizienten $c_k^{(0)}$ einer besten Approximation. Mit

$$\phi(x_i) = \sum_{k=0}^{n} c_k \varphi_k(x_i) \ , \quad \frac{\partial \phi(x_i)}{\partial c_j} = \varphi_j(x_i)$$

erhält man das lineare Gleichungssystem

$$(6.14) \qquad \sum_{k=0}^{n} c_k^{(0)} \sum_{i=0}^{N} w_i \varphi_j(x_i) \varphi_k(x_i) = \sum_{i=0}^{N} w_i f(x_i) \varphi_j(x_i), \ j = 0(1)n, \ N \geq n,$$

das unter Verwendung von

$$(6.15) \qquad \begin{cases} (\varphi_j, \varphi_k) = \sum_{i=0}^{N} w_i \varphi_j(x_i) \varphi_k(x_i) \ , \\ (f, \varphi_j) = \sum_{i=0}^{N} w_i f(x_i) \varphi_j(x_i) \end{cases}$$

die Form (6.8') besitzt. Mit der folgenden

DEFINITION 6.1 (*Tschebyscheff-System*)

Ein Funktionensystem $\varphi_0, \varphi_1, \ldots, \varphi_n \in C[a,b]$ heißt ein Tschebyscheff-System, wenn ein beliebiges verallgemeinertes Polynom ϕ mit $\phi(x) = c_0 \varphi_0(x) + c_1 \varphi_1(x) + \ldots + c_n \varphi_n(x)$ dieses Systems, bei dem mindestens einer der Koeffizienten von Null verschieden ist, im Intervall $[a,b]$ nicht mehr als n Nullstellen besitzt,

gilt der in [2], 1, S. 48ff. bzw. [14], S.52ff. bewiesene

SATZ 6.3. Zu jeder Funktion $f \in C[a,b]$, von der an N+1 diskreten Stellen $x_i \in [a,b]$, $i = 0(1)N$, die Funktionswerte $f(x_i)$ gegeben sind, existiert für jedes Tschebyscheff-System $\varphi_0, \varphi_1, \ldots, \varphi_n \in C[a,b]$, $n \leq N$, und die Norm (6.12) genau eine beste Approximation $\phi^{(0)}$ der Gestalt (6.4) mit der Eigenschaft (6.13), deren Koeffizienten $c_k^{(0)}$ sich aus (6.14) ergeben.

Die lineare Unabhängigkeit der φ_k ist notwendig dafür, daß die φ_k ein Tschebyscheff-System bilden.

Im Fall $N < n$ entfällt die Eindeutigkeitsaussage von Satz 6.3. Im Fall $N = n$ liegt Interpolation vor.

Sonderfall. Werden als Approximationsfunktionen ϕ algebraische Polynome (6.9) verwendet, dann lautet (6.14) mit $\varphi_k(x_i) = x_i^k$

$$(6.16)\qquad \sum_{k=0}^{n} c_k^{(0)} \sum_{i=0}^{N} w_i\, x_i^{k+j} = \sum_{i=0}^{N} w_i\, f(x_i)x_i^j\,,\quad j = 0(1)n\,.$$

Für gleiche Gewichte $w_i = 1$ gilt speziell

$$(6.16')\qquad \begin{pmatrix} N+1 & \sum x_i & \sum x_i^2 & \dots & \sum x_i^n \\ \sum x_i & \sum x_i^2 & \sum x_i^3 & \dots & \sum x_i^{n+1} \\ \sum x_i^2 & \sum x_i^3 & \sum x_i^4 & \dots & \sum x_i^{n+2} \\ \vdots & \vdots & \vdots & & \vdots \\ \sum x_i^n & \sum x_i^{n+1} & \sum x_i^{n+2} & \dots & \sum x_i^{2n} \end{pmatrix} \begin{pmatrix} c_0^{(0)} \\ c_1^{(0)} \\ c_2^{(0)} \\ \vdots \\ c_n^{(0)} \end{pmatrix} = \begin{pmatrix} \sum f(x_i) \\ \sum f(x_i)x_i \\ \sum f(x_i)x_i^2 \\ \vdots \\ \sum f(x_i)x_i^n \end{pmatrix}$$

wobei jede Summe über $i = 0(1)N$ läuft.

BEMERKUNG 6.4. In den meisten Fällen werden an allen Stellen x_i die Gewichte $w_i = 1$ gewählt. Eine andere Wahl der w_i ist sinnvoll, wenn bekannt ist, daß die Werte $f(x_i)$ für verschiedene x_i unterschiedlich genau sind. Dann werden den weniger genauen Funktionswerten kleinere Gewichte zugeordnet. Wenn man die Gewichte w_i außerdem so normiert, daß $w_0 + w_1 + \dots + w_N = 1$ ist, kann man sie als die Wahrscheinlichkeiten für das Auftreten der Werte $f(x_i)$ an den Stellen x_i deuten.

ALGORITHMUS 6.2 (*Diskrete Gaußsche Fehlerquadratmethode*).
Von einer Funktion $f \in C[a,b]$ sind an N+1 diskreten Stellen $x_i \in [a,b]$, $i = 0(1)N$, die Werte $f(x_i)$, z.B. in Form einer Wertetabelle, gegeben. Gesucht ist für f die beste Approximation $\phi^{(0)}$ nach der diskreten Gaußschen Fehlerquadratmethode.
1. Schritt. Wahl eines geeigenten Funktionensystems $\varphi_0, \varphi_1, \dots, \varphi_n$ zur Konstruktion der Approximationsfunktionen (6.2), $n \le N$.
2. Schritt. Festlegen der Gewichte w_i im Falle unterschiedlich genauer Funktionswerte $f(x_i)$, sonst $w_i = 1$ für alle i, vgl. dazu Bemerkung 6.4.
3. Schritt. Aufstellen und Lösen des linearen Gleichungssystems (6.14) bzw. (6.8') mit den Abkürzungen (6.15) für die Koeffizienten $c_k^{(0)}$ der besten Approximation (6.4). Ist speziell $\varphi_k(x) = x^k$, so ist das System (6.16), im Falle $w_i = 1$ das System (6.16') aufzustellen und zu lösen.

BEMERKUNG 6.5. Die Forderung $x_i \neq x_k$ für $i \neq k$ kann fallengelassen werden, sofern N'+1 Stützstellen x_i paarweise verschieden voneinander sind und $N \ge N' \ge n$ gilt.

Beispiel: *Lineare Regression.*

Gegeben sind in der x,y-Ebene N+1 Punkte (x_i, y_i), $i = 0(1)N$, die Ausprägungen der Merkmale x,y in der Merkmalsebene. Gesucht sind zur Beschreibung des Zusammenhangs beider Merkmale in der Merkmalsebene zwei Regressionsgeraden, je eine für die Abhängigkeit des Merkmals y von x bzw. x von y, mit den Gleichungen

$$g_1: \quad y = \Phi^{(0)}(x) = c_0^{(0)} + c_1^{(0)}x \quad \text{(Regression von y auf x)} ,$$

$$g_2: \quad x = \tilde{\Phi}^{(0)}(y) = \tilde{c}_0^{(0)} + \tilde{c}_1^{(0)}y \quad \text{(Regression von x auf y)} .$$

Die Koeffizienten $c_0^{(0)}$, $c_1^{(0)}$ zu g_1 ergeben sich aus den Normalgleichungen (6.14) mit $w_i = 1$, $\varphi_0(x) = 1$, $\varphi_1(x) = x$ bzw. (6.16') für n = 1. Die Gleichungen lauten

$$(N+1)\, c_0^{(0)} + \Big(\sum_{i=0}^{N} x_i\Big)\, c_1^{(0)} = \sum_{i=0}^{N} y_i \quad ,$$

$$\Big(\sum_{i=0}^{N} x_i\Big)\, c_0^{(0)} + \Big(\sum_{i=0}^{N} x_i^2\Big)\, c_1^{(0)} = \sum_{i=0}^{N} x_i y_i \quad .$$

Man erhält mit $\sum := \sum_{i=0}^{N}$ die Lösungen

$$c_0^{(0)} = \frac{\sum y_i \sum x_i^2 - \sum x_i \sum x_i y_i}{(N+1)\sum x_i^2 - (\sum x_i)^2} \quad ,$$

$$c_1^{(0)} = \frac{(N+1)\sum x_i y_i - \sum x_i \sum y_i}{(N+1)\sum x_i^2 - (\sum x_i)^2} \quad .$$

Faßt man nun y als unabhängige und x als abhängige Variable auf, so ergeben sich entsprechend die Koeffizienten $\tilde{c}_0^{(0)}$, $\tilde{c}_1^{(0)}$ für g_2. Durch Einsetzen sieht man sofort, daß der Schwerpunkt $(\bar{x}, \bar{y})$ mit

$$\bar{x} = \frac{1}{N+1} \sum_{i=0}^{N} x_i \;, \quad \bar{y} = \frac{1}{N+1} \sum_{i=0}^{N} y_i$$

stets Schnittpunkt der beiden Regressionsgeraden ist. Die Abweichung der Geraden voneinander ist dafür maßgebend, ob mit Recht näherungsweise von einem linearen Zusammenhang der Merkmale x,y gesprochen werden kann.

LITERATUR zu 6.2: [2] Bd.1, § 5; [3], 4.2; [8], I §§3,6,9; [14], 5; [15], 4; [19], 5.3; [20], 6.3; [30], III, § 3; [34], 3.1; [43], §§ 20, 22; [45], § 22.2-4; [87], 11.2.3.

6.3 APPROXIMATION VON POLYNOMEN DURCH TSCHEBYSCHEFF-POLYNOME.

Für die Berechnung von Funktionswerten wird eine Funktion f durch eine Funktion ϕ so approximiert, daß für alle Argumente x eines Intervalls $[a,b]$ und mit einer Schranke $\varepsilon > 0$ für den absoluten Fehler $|f(x)-\phi(x)| \leq \varepsilon$ gilt. Bei der Approximation im quadratischen Mittel kann eine solche von x unabhängige Schranke für den absoluten Fehler nicht angegeben werden, dagegen ist dies bei der sogenannten *gleichmäßigen* oder *Tschebyscheffschen Approximation* möglich.

Hier wird nur der Fall der gleichmäßigen Approximation von Polynomen durch *Tschebyscheff-Polynome* angegeben. Auf diesen Fall läßt sich die gleichmäßige Approximation einer Funktion f durch eine Approximationsfunktion ϕ wie folgt zurückführen:

Die nach einem bestimmten Glied abgebrochene Taylorentwicklung von f, deren Restglied im Intervall $[a,b]$ nach oben abgeschätzt wird und den Abbruchfehler liefert, stellt ein Polynom dar, das mit Hilfe einer Linearkombination von Tschebyscheff-Polynomen gleichmäßig approximiert werden kann. Abbruch- und Approximationsfehler sollen dabei die gleiche Größenordnung haben und eine unterhalb der vorgegebenen Schranke ε liegende Summe besitzen.

Der Grad des Approximationspolynoms ist kleiner als der des Polynoms, das durch Abbrechen der Taylorentwicklung entsteht. Also ist auch die Berechnung von Werten des Approximationspolynoms weniger aufwendig als die von Werten der abgebrochenen Taylorentwicklung. Die Ermittlung des Approximationspolynoms erfordert einen einmaligen Rechenaufwand, der sich allerdings nur dann lohnt, wenn zahlreiche Funktionswerte nach der geschilderten Methode berechnet werden sollen.

6.3.1 BESTE GLEICHMÄSSIGE APPROXIMATION, DEFINITION.

Als Norm einer Funktion g wird die sogenannte *Maximumnorm*

$$\|g\|_\infty = \max_{x \in [a,b]} |g(x)|w(x) \ , \quad g(x),\, w(x) \in C[a,b] \ ,$$

zugrunde gelegt mit der Gewichtsfunktion $w(x) > 0$; zur Gewichtsfunktion vergleiche Bemerkung 6.1. Mit $\bar{C}$ wird die Menge aller Linearkombinationen ϕ der Gestalt (6.2) zu einem gegebenen System linear unabhängiger Funktionen $\varphi_0, \varphi_1, \ldots, \varphi_n \in C[a,b]$ bezeichnet. Eine beste Approximation $\phi^{(0)}$ der Gestalt (6.4) unter allen Funktionen $\phi \in \bar{C}$ besitzt im Sinne der Maximumnorm und gemäß (6.5) die Eigenschaft

$$(6.17) \qquad \begin{aligned} \|f - \phi^{(0)}\|_\infty &= \max_{x \in [a,b]} |f(x) - \phi^{(0)}(x)|w(x) = \\ &= \min_{\phi \in \bar{C}} \left(\max_{x \in [a,b]} |f(x) - \phi(x)|w(x) \right) , \end{aligned}$$

so daß das Maximum des gewichteten absoluten Fehlers $|f(x) - \phi^{(0)}(x)|$ einer besten Approximation $\phi^{(0)}$ auf dem ganzen Intervall $[a,b]$ minimal wird. Damit ist gewährleistet, daß der absolute Fehler $|f - \phi^{(0)}|$ für alle $x \in [a,b]$ einen Wert $\varepsilon > 0$ nicht überschreitet; es gilt also $|f(x) - \phi^{(0)}(x)| \le \varepsilon$ für alle $x \in [a,b]$, d.h. f wird durch $\phi^{(0)}$ mit der *Genauigkeit* ε approximiert.

Eine beste Approximation $\phi^{(0)}$ im Sinne der Maximumnorm heißt deshalb *beste gleichmäßige Approximation* für f in der Funktionenklasse $\bar{C}$.

Im Falle der gleichmäßigen Approximation einer beliebigen Funktion $f \in C[a,b]$ gibt es im Gegensatz zur Approximation im quadratischen Mittel kein allgemeines Verfahren [1] zur Bestimmung der in $\phi^{(0)}$ auftreten-

---

[1] Über Näherungsverfahren vgl. [2] Bd.1, 4.5; [27], § 7; [41], II, §§ 4-6.

den Koeffizienten $c_k^{(0)}$. Hier wird nur der für die Praxis wichtige Sonderfall der gleichmäßigen Approximation von Polynomen durch sogenannte Tschebyscheff-Polynome angegeben.

6.3.2 APPROXIMATION DURCH TSCHEBYSCHEFF-POLYNOME.

6.3.2.1 EINFÜHRUNG DER TSCHEBYSCHEFF-POLYNOME.

Als Funktionensystem $\varphi_0, \varphi_1, \ldots, \varphi_n$ werden die *Tschebyscheff-Polynome* T_k mit

(6.18) $$T_k(x) = \cos(k \operatorname{arc\,cos} x), \quad k = 0(1)n, \quad x \in [-1,+1]$$

gewählt, es sind

(6.18') $$\begin{cases} T_0(x) = 1 \quad , & T_3(x) = 4x^3-3x \quad , \\ T_1(x) = x \quad , & T_4(x) = 8x^4-8x^2+1 \quad , \\ T_2(x) = 2x^2-1 \quad , & T_5(x) = 16x^5-20x^3+5x \quad . \end{cases}$$

Allgemein lassen sich die Tschebyscheff-Polynome mit Hilfe der Rekursionsformel

(6.19) $$T_{k+1} = 2xT_k - T_{k-1}\,, \qquad T_0 = 1,\; T_1 = x,\; k = 1(1)\ldots,$$

berechnen. Wichtige *Eigenschaften* der Tschebyscheff-Polynome sind: [1]

1. T_k ist ein Polynom in x vom Grade k.
2. Der Koeffizient von x^k in T_k ist 2^{k-1}.
3. Für alle k und für $x \in [-1,+1]$ gilt $|T_k(x)| \le 1$.
4. Die Werte $T_k(x_j) = \pm 1$ werden an k+1 Stellen $x_j = \cos \frac{\pi j}{k}$, $j = 0(1)k$, angenommen.
5. T_k besitzt in $[-1,+1]$ genau k reelle Nullstellen $x_j = \cos \frac{2j+1}{k} \frac{\pi}{2}$, $j = 0(1)k-1$.

---

[1] S. auch [32] Bd. III, S. 356-360.

6.3.2.2 DARSTELLUNG VON POLYNOMEN ALS LINEARKOMBINATION VON TSCHEBYSCHEFF-POLYNOMEN.

Die Potenzen von x lassen sich wegen (6.18') bzw. (6.19) als Linearkombinationen von Tschebyscheff-Polynomen schreiben. Es sind

$$(6.20)\qquad \begin{cases} 1 = T_0 , & x^3 = 2^{-2}(3T_1+T_3) , \\ x = T_1 , & x^4 = 2^{-3}(3T_0+4T_2+T_4) , \\ x^2 = 2^{-1}(T_0+T_2) , & x^5 = 2^{-4}(10T_1+5T_3+T_5) , \end{cases}$$

und allgemein gilt für k = 0,1,2,...

$$(6.20')\qquad x^k = 2^{1-k}\left(T_k + \binom{k}{1} T_{k-2} + \binom{k}{2} T_{k-4} + \ldots + T^*\right) ,$$

wobei das letzte Glied T^* für ungerades k die Form

$$T^* = \binom{k}{\frac{k-1}{2}} T_1$$

besitzt und für gerades k die Form

$$T^* = \frac{1}{2}\binom{k}{\frac{k}{2}} T_0 .$$

Jedes Polynom in x vom Grad m

$$(6.21)\qquad P_m(x) = \sum_{i=0}^{m} a_i x^i , \quad a_i \in \mathbb{R} ,$$

läßt sich eindeutig als Linearkombination

$$(6.22)\qquad P_m(x) = \sum_{j=0}^{m} b_j T_j(x)$$

von Tschebyscheff-Polynomen ausdrücken. Man erhält (6.22), indem man in (6.21) die Potenzen von x durch (6.20) bzw. (6.20') ersetzt.

Zur Bestimmung der Koeffizienten b_j der T-Entwicklung (6.22) aus den Koeffizienten a_i von (6.21) dienen für i,j = 0(1)10 die folgenden Rechenschemata.

RECHENSCHEMA 6.1a.

a_0	1					
$\frac{a_2}{2}$	1	1				
$\frac{a_4}{8}$	3	4	1			
$\frac{a_6}{32}$	10	15	6	1		
$\frac{a_8}{128}$	35	56	28	8	1	
$\frac{a_{10}}{512}$	126	210	120	45	10	1
	b_0	b_2	b_4	b_6	b_8	b_{10}

RECHENSCHEMA 6.1b.

a_1	1				
$\frac{a_3}{4}$	3	1			
$\frac{a_5}{16}$	10	5	1		
$\frac{a_7}{64}$	35	21	7	1	
$\frac{a_9}{256}$	126	84	36	9	1
	b_1	b_3	b_5	b_7	b_9

Die - außer a_0 - durch 2^{i-1} dividierten Koeffizienten a_i (linke Spalte) werden jeweils mit derjenigen Zahl in der zugehörigen Zeile multipliziert, die in der Spalte über dem gesuchten Koeffizienten b_j steht und auch dort eingetragen. Die Spaltensumme der eingetragenen Zahlen liefert dann den Koeffizienten b_j der T-Entwicklung. Als Rechenkontrolle dient die Summenprobe

$$\sum_{i=0}^{m} a_i = \sum_{j=0}^{m} b_j$$

6.3.2.3 BESTE GLEICHMÄSSIGE APPROXIMATION.

Es ist zweckmäßig, neben der T-Entwicklung (6.22) auch deren Teilsummen

$$S_n(x) = \sum_{j=0}^{n} b_j T_j(x), \qquad n \leq m,$$

zu betrachten. Insbesondere ist

$$P_m(x) = S_m(x) = S_{m-1}(x) + b_m T_m(x).$$

Als Approximationsfunktionen für P_m werden die Linearkombinationen ϕ mit

$$\phi(x) = \sum_{k=0}^{n} c_k T_k(x), \qquad n < m,$$

gewählt. Die Frage nach einer besten gleichmäßigen Approximation $\phi^{(0)}$ mit

$$\phi^{(0)}(x) = \sum_{k=0}^{n} c_k^{(0)} T_k(x), \qquad n < m,$$

für P_m im Sinne von (6.17) beantwortet der

SATZ 6.4. Die beste gleichmäßige Approximation $\phi^{(0)}$ eines Polynoms P_m durch ein Polynom (m-1)-ten Grades im Intervall $[-1,+1]$ ist mit $c_k^{(0)} = b_k$ für $k = 0(1)m-1$ die eindeutig bestimmte Teilsumme

$$\phi^{(0)}(x) = S_{m-1}(x) = \sum_{k=0}^{m-1} b_k T_k(x)$$

von dessen T-Entwicklung S_m. Für $w(x) \equiv 1$ gilt

$$\| P_m - S_{m-1} \|_\infty = \max_{x \in [-1,+1]} |P_m(x) - S_{m-1}(x)| \leq |b_m| .$$ [1)]

Um $\phi^{(0)}$ zu erhalten, streicht man also nur in der T-Entwicklung S_m das letzte Glied $b_m T_m$.

6.3.2.4 GLEICHMÄSSIGE APPROXIMATION.

Da die Koeffizienten b_j der T-Entwicklung mit wachsendem j in den meisten Fällen dem Betrage nach rasch abnehmen, wird auch beim Weglassen von mehr als einem Glied der T-Entwicklung S_m noch eine sehr gute Approximation des Polynoms P_m erreicht, die nur wenig von der besten gleichmäßigen Approximation S_{m-1} abweicht. Ist dann

---

1) S. [8] I, § 12, [34], S. 202.

$$S_n(x) = \sum_{j=0}^{n} b_j\, T_j(x), \qquad n \le m-1 \quad ,$$

eine Teilsumme der T-Entwicklung S_m, so gilt wegen Eigenschaft 3

$$\|P_m - S_n\|_\infty = \max_{x \in [-1,+1]} |P_m(x)-S_n(x)| \le \sum_{j=n+1}^{m} |b_j| = \varepsilon_1 \, .$$

Da ε_1 unabhängig von x ist, ist S_n eine gleichmäßige Approximation für P_m, für n = m-1 ist es die beste gleichmäßige Approximation.

Um für eine genügend oft differenzierbare Funktion f im Intervall [-1,+1] eine entsprechende Approximationsfunktion ϕ zu finden, geht man aus von ihrer Taylorentwicklung an der Stelle x = 0

$$f(x) = P_m(x) + R_{m+1}(x) \; ,$$

die sich aus einem Polynom P_m und dem Restglied R_{m+1} zusammensetzt. Für $x \in [-1,+1]$ gelte mit dem von x unabhängigen *Abbruchfehler* ε_2

$$|R_{m+1}(x)| \le \varepsilon_2 \; .$$

Als Approximationsfunktion für f wählt man die Teilsumme S_n der T-Entwicklung S_m für P_m ($n \le m-1$). Dann ist

$$\max_{x \in [-1,+1]} |f(x)-S_n(x)| = \|f - S_n\|_\infty = \|P_m + R_{m+1} - S_n\|_\infty$$

$$\le \|P_m - S_n\|_\infty + \|R_{m+1}\|_\infty \le \varepsilon_1 + \varepsilon_2 \quad .$$

Der maximale absolute Fehler bei der Approximation von f durch S_n setzt sich somit aus dem Fehler ε_1 bei der gleichmäßigen Approximation von P_m durch S_n und dem Abbruchfehler ε_2 zusammen. Wenn bei vorgegebener Genauigkeit ε die Ungleichung $\varepsilon_1 + \varepsilon_2 \le \varepsilon$ erfüllt ist, dann wird wegen $\|f - S_n\| \le \varepsilon$ die Funktion f durch das Polynom S_n im Intervall [-1,+1] gleichmäßig approximiert.

ALGORITHMUS 6.3 (*gleichmäßige Approximation durch Tschebyscheff-Polynome*).

Gegeben ist eine für $x \in [-1,+1]$ genügend oft differenzierbare Funktion f. Gesucht ist für f ein Approximationspolynom S_n mit $|f(x)-S_n(x)| \le \varepsilon$ für alle $x \in [-1,+1]$.

1. Schritt. Taylorentwicklung für f an der Stelle x = 0

$$f(x) = P_m(x) + R_{m+1}(x) = \sum_{i=0}^{m} a_i\, x^i + R_{m+1}(x), \quad a_i = \frac{f^{(i)}(0)}{i!} \; ,$$

wobei sich das kleinste m aus der Forderung $|R_{m+1}(x)| \leq \varepsilon_2 < \varepsilon$ für alle $x \in [-1,+1]$ ergibt.

2. Schritt. T-Entwicklung für P_m unter Verwendung der Rechenschemata 6.1:

$$P_m(x) = \sum_{j=0}^{m} b_j \, T_j(x) \equiv S_m(x) .$$

3. Schritt. Wahl des kleinstmöglichen $n \leq m-1$, so daß gilt

$$|f(x)-S_n(x)| \leq \varepsilon_2 + |b_{n+1}| + |b_{n+2}| + \ldots + |b_m| \leq \varepsilon_2 + \varepsilon_1 \leq \varepsilon .$$

S_n ist das gesuchte Approximationspolynom für f mit der für das ganze Intervall $[-1,+1]$ gültigen Genauigkeit ε. Zur Berechnung von Näherungswerten für die Funktion f mit Hilfe von S_n wird S_n mit (6.18) bzw. (6.18') nach Potenzen von x umgeordnet; man erhält

$$S_n(x) = \sum_{j=0}^{n} b_j \, T_j(x) \equiv \sum_{k=0}^{n} \tilde{a}_k \, x^k = \tilde{P}_n(x)$$

([32], I II § 2).

BEMERKUNG 6.6. Ein Intervall $[a,b] \neq [-1,+1]$ wird durch eine lineare Transformation in das Intervall $[-1,+1]$ übergeführt. Durch $x = 2x'/(b-a) - (b+a)/(b-a)$ geht das x'-Intervall $[a,b]$ in das x-Intervall $[-1,+1]$ über.

BEMERKUNG 6.7. Nach den Approximationssätzen von Weierstraß läßt sich jede Funktion $f \in C[a,b]$ für alle $x \in [a,b]$ durch ein algebraisches Polynom vom Grade $n = n(\varepsilon)$ mit vorgeschriebener Genauigkeit ε gleichmäßig approximieren und jede 2π-periodische stetige Funktion für alle $x \in (-\infty,+\infty)$ durch ein trigonometrisches Polynom (6.24) mit $n = n(\varepsilon)$ mit vorgeschriebener Genauigkeit ε gleichmäßig approximieren ([19], 5.1; [41] II, § 1). Die Sätze von Weierstraß sind Existenzsätze; sie liefern keine Konstruktionsmethode für die Approximationsfunktionen. In Abschnitt 6.3.2.4 bzw. [27] § 5 sind spezielle Methoden zur Erzeugung einer gleichmäßigen Approximation durch algebraische bzw. trigonometrische Polynome angegeben, s.a. [31] Bd.I,I; [78], § 21. Über einen Algorithmus zur gleichmäßigen Approximation durch gebrochene rationale Funktionen s. [41], II, § 5; [78], § 22; Tabellen der Koeffizienten für gleichmäßige Approximationen wichtiger transzendenter Funktionen s. [65]; [70]; [71]; [72]; [73].

LITERATUR zu 6.3: [2] Bd.1, § 4; [4], 1.10-1.12; [7], 3.8; [8], I §§ 5,11-13; [11], 5.6, 8; [14], 3; [15], 5.6; [18] Bd.2, 9.4; [19], 5.4; [20], 6.4; [26], 3; [27], I; [30] I,III, § 1.4; [31] Bd.I,I; [34], 7.2; [38], 1.5; [41], II §§ 4.6; [45], § 24; [67], 3.3; [70], 3.4; [87], 11.4.

6.4 APPROXIMATION PERIODISCHER FUNKTIONEN.

Eine 2π-periodische Funktion läßt sich unter gewissen Voraussetzungen (s. z.B.[3], 9.2,9.4) durch ihre Fouriersche Reihe darstellen:

$$f(x) = \frac{\alpha_0}{2} + \sum_{k=1}^{\infty}(\alpha_k \cos kx + \beta_k \sin kx)$$

mit

$$(6.23) \qquad \begin{cases} \alpha_k = \frac{1}{\pi} \int_{-\pi}^{+\pi} f(x)\cos kx \; dx, & k = 0(1),\ldots, \\ \beta_k = \frac{1}{\pi} \int_{-\pi}^{+\pi} f(x)\sin kx \; dx, & k = 1(1),\ldots . \end{cases}$$

Für gerade Funktionen ($f(-x) = f(x)$) gilt $\beta_k \equiv 0$, für ungerade Funktionen ($f(-x) = -f(x)$) $\alpha_k \equiv 0$ für alle k. Soweit die Integrale (6.23) elementar ausführbar sind, kann die mit einem endlichen $k = n$ abgebrochene Fouriersche Reihe zur Approximation von $f(x)$ benutzt werden. Ist aber schon f so beschaffen, daß die entsprechenden unbestimmten Integrale nicht in geschlossener Form darstellbar sind oder ist f nur in Form einer Wertetabelle gegeben, dann wird ein trigonometrisches Polynom

$$(6.24) \qquad \Phi(x) = \frac{a_0}{2} + \sum_{k=1}^{n} (a_k \cos kx + b_k \sin kx)$$

gesucht, das $f(x)$ approximiert.

6.4.1 APPROXIMATION IM QUADRATISCHEN MITTEL.

Gesucht ist eine beste Approximation $\Phi^{(0)}$ der Gestalt (6.24) für eine 2π-periodische Funktion f, von der an 2N äquidistanten diskreten Stützstellen $x_j = j\frac{\pi}{N}$, $j = 0(1)2N-1$, die Funktionswerte $f(x_j)$ gegeben sind. In der Praxis arbeitet man immer mit einer geraden Anzahl von Stützstellen. Indem man die Norm (6.12) mit $w_i = 1$ zugrundelegt, erhält man im Falle $2n+1 < 2N$ ein zu (6.14) analoges lineares Gleichungssystem für die $2n+1$ Koeffizienten $a_0^{(0)}$, $a_k^{(0)}$, $b_k^{(0)}$, $k = 1(1)n$; sie sind für $2n+1 < 2N$ nach Satz 6.3 eindeutig bestimmt. Die Approximationsfunktion (6.24) hat dann die Gestalt

$$\Phi^{(0)}(x) = \frac{a_0^{(0)}}{2} + \sum_{k=1}^{n} (a_k^{(0)} \cos kx + b_k^{(0)} \sin kx)$$

mit

$$a_0^{(0)} = \frac{1}{N} \sum_{j=1}^{2N} y_j, \quad a_k^{(0)} = \frac{1}{N} \sum_{j=1}^{2N} y_j \cos k x_j, \quad b_k^{(0)} = \frac{1}{N} \sum_{j=1}^{2N} y_j \sin k x_j, \quad k = 1(1)n.$$

Bei festem N ändern sich die schon berechneten Koeffizienten $a_0^{(0)}$, $a_k^{(0)}$, $b_k^{(0)}$ nicht, wenn n vergrößert wird.

Für n = N ergibt sich $b_N^{(0)} = 0$, so daß statt der 2n+1 Koeffizienten nur noch 2n Koeffizienten in $\phi^{(0)}$ auftreten. Jetzt ist die Anzahl 2n der Koeffizienten gleich der Anzahl 2N der Stützstellen, es liegt der Fall der trigonometrischen Interpolation vor.

6.4.2 TRIGONOMETRISCHE INTERPOLATION.

Das trigonometrische Interpolationspolynom hat die Gestalt

$$\phi(x) = \frac{a_0}{2} + \sum_{k=1}^{N-1} (a_k \cos k x + b_k \sin k x) + \frac{a_N}{2} \cos Nx .$$

Für die Koeffizienten gilt

$$(6.25) \quad \begin{cases} a_0 = \frac{1}{N} \sum_{j=1}^{2N} y_j & a_N = \frac{1}{N} \sum_{j=1}^{2N} (-1)^j \, y_j , \\ a_k = \frac{1}{N} \sum_{j=1}^{2N} y_j \cos k x_j, & b_k = \frac{1}{N} \sum_{j=1}^{2N} y_j \sin k x_j, \quad k = 1(1)N-1. \end{cases}$$

Für DVA geeignete Algorithmen, zur Berechnung der Koeffizienten nach den Vorschriften (6.25), S.432 ff.; [35], 2.3.; [41], 2.Aufl. S. 50 ff.. Hier wird ein sowohl für Handrechnung als auch für DVA geeignetes Verfahren angeführt, für das ein Algol-Programm in [45], S.368-370 angegeben ist (vgl. auch [2] Bd.1, Abschnitt 5.12). Die Anzahl 2N der Stützstellen sei durch 4 teilbar, es gelte hier 2N = 12, also $x_j = j \cdot \frac{2\pi}{12} = j \cdot \frac{\pi}{6}$. Man erhält das trigonometrische Interpolationspolynom

$$\phi(x) = \frac{a_0}{2} + \sum_{k=1}^{5} (a_k \cos k x + b_k \sin k x) + \frac{a_6}{2} \cos 6x$$

mit den Koeffizienten ([43], S.231 ff.; [45], S.364):

$$a_k = \frac{1}{6} \sum_{j=1}^{12} y_j \cos k x_j, \quad k = 0(1)6, \quad b_k = \frac{1}{6} \sum_{j=1}^{12} y_j \sin k x_j, \quad k=1(1)5.$$

Zur Berechnung der a_k, b_k dienen die folgenden Rechenschemata.

RECHENSCHEMA 6.2 (*Numerische harmonische Analyse nach Runge*).

1. Faltung	-	y_1	y_2	y_3	y_4	y_5	y_6
(der y_j):	y_{12}	y_{11}	y_{10}	y_9	y_8	y_7	-
Summe s_j	s_0	s_1	s_2	s_3	s_4	s_5	s_6
Differenz d_j	-	d_1	d_2	d_3	d_4	d_5	-

2. Faltung	s_0	s_1	s_2	s_3	2. Faltung	d_1	d_2	d_3
(der s_j):	s_6	s_5	s_4	-	(der d_j):	d_5	d_4	-
Summe S_j	S_0	S_1	S_2	S_3	Summe $\bar{S}_j$	$\bar{S}_1$	$\bar{S}_2$	$\bar{S}_3$
Differenz D_j	D_0	D_1	D_2	-	Differenz $\bar{D}_j$	$\bar{D}_1$	$\bar{D}_2$	-

Zur *Berechnung der Koeffizienten der Cosinusglieder* sind in jeder Zeile S_j, D_j mit den links davor stehenden Cosinuswerten zu multiplizieren.

$\cos 0 = 1$	$+S_0$ $+S_2$	$+S_1$ $+S_3$	$+D_0$	-	$+S_0$	$-S_3$	$+D_0$	$-D_2$
$\cos \frac{\pi}{6} = \frac{\sqrt{3}}{2}$	-	-	-	$\frac{\sqrt{3}}{2} D_1$	-	-	-	-
$\cos \frac{\pi}{3} = \frac{1}{2}$	-	-	$\frac{1}{2} D_2$	-	$-\frac{1}{2} S_2$	$\frac{1}{2} S_1$	-	-
Summen	Σ_1	Σ_2	Σ_1	Σ_2	Σ_1	Σ_2	Σ_1	Σ_2
$\Sigma_1 + \Sigma_2$	$6a_0$		$6a_1$		$6a_2$		$6a_3$	
$\Sigma_1 - \Sigma_2$	$6a_6$		$6a_5$		$6a_4$		-	

Zur *Berechnung der Koeffizienten der Sinusglieder* sind in jeder Zeile die $\bar{S}_j$, $\bar{D}_j$ mit den links davor stehenden Sinuswerten zu multiplizieren.

$\sin\frac{\pi}{6} = \frac{1}{2}$	$\frac{1}{2}\bar{S}_1$	-	-	-	-	-
$\sin\frac{\pi}{3} = \frac{\sqrt{3}}{2}$	-	$\frac{\sqrt{3}}{2}\bar{S}_2$	$\frac{\sqrt{3}}{2}\bar{D}_1$	$\frac{\sqrt{3}}{2}\bar{D}_2$	-	-
$\sin\frac{\pi}{2} = 1$	$+\bar{S}_3$	-	-	-	$+\bar{S}_1$	$-\bar{S}_3$
Summen	Σ_1	Σ_2	Σ_1	Σ_2	Σ_1	Σ_2
$\Sigma_1 + \Sigma_2$	$6b_1$		$6b_2$		$6b_3$	
$\Sigma_1 - \Sigma_2$	$6b_5$		$6b_4$		-	

LITERATUR zu 6.4: [2], § 5.11; [14], 8e; [19], 5.5; [20], 6.5; [30], III, § 3.4; [35], 2.3; [43], §§ 23,24; [45], § 23; [67], 3.4.

7. INTERPOLATION DURCH ALGEBRAISCHE POLYNOME.

7.1 AUFGABENSTELLUNG.

Gegeben sind n+1 *Wertepaare* (x_i, y_i) mit $x_i, y_i \in \mathbb{R}$, $i = 0(1)n$, in Form einer Wertetabelle:

i	0	1	2	...	n
x_i	x_0	x_1	x_2	...	x_n
y_i	y_0	y_1	y_2	...	y_n

Die *Stützstellen* x_i seien paarweise verschieden, aber nicht notwendig äquidistant oder in der natürlichen Reihenfolge angeordnet. Die Wertepaare (x_i, y_i) heißen *Interpolationsstellen.*

Gesucht ist ein algebraisches Polynom $\phi \equiv P_m$ möglichst niedrigen Grades m [1], das an den Stützstellen x_i die zugehörigen *Stützwerte* y_i annimmt. Es gilt der

SATZ 7.1 (*Existenz- und Eindeutigkeitssatz*).

Zu n+1 Interpolationssstellen (x_i, y_i) mit den paarweise verschiedenen Stützstellen x_i, $i = 0(1)n$, gibt es genau ein Polynom ϕ :

$$\phi(x) \equiv P_n(x) = \sum_{k=0}^{n} c_k x^k, \qquad c_k \in \mathbb{R} ,$$

mit der Eigenschaft

$$\phi(x_i) \equiv P_n(x_i) = \sum_{k=0}^{n} c_k x_i^k = y_i, \qquad i = 0(1)n .$$

ϕ heißt das *Interpolationspolynom* zu dem gegebenen System von Interpolationsstellen.

Sind von einer Funktion $f \in C[a,b]$ an den n+1 Stützstellen x_i die Stützwerte $f(x_i)$ bekannt, und ist $\phi \in C[a,b]$ das Interpolationspolynom zu den Interpolationsstellen $(x_i,\ y_i = f(x_i))$, d.h. es gilt $\phi(x_i) = f(x_i) = y_i$, so trifft man die Annahme, daß ϕ die Funktion f in $[a,b]$ annähert. Die Ermittlung von Werten $\phi(\bar{x})$ zu Argumenten $\bar{x} \in [a,b]$, $\bar{x} \neq x_i$, nennt man *Interpolation* ; liegt $\bar{x}$ außerhalb $[a,b]$, so spricht man von *Extrapolation.*

Im folgenden werden verschiedene Darstellungsformen (*Interpolationsformeln*) für das eindeutig bestimmte Interpolationspolynom zu n+1 Interterpolationsstellen angegeben.

[1] Über Interpolation durch gebrochene rationale Funktionen (rationale Interpolation) vgl. [32], H § 5; [35], 2.2; [41], I § 5.

BEMERKUNG. (*Hermite-Interpolation*). Ist zu jedem x_i, $i = 0(1)n$, $x_i \in [a,b]$, statt des einen Stützwertes y_i ein (m_i+1)-Tupel von Zahlen $(y_i, y_i', \ldots, y_i^{(m_i)})$ gegeben, dann heißt das Interpolationspolynom H mit

$$H^{(\nu)}(x_i) = y_i^{(\nu)} \quad \text{für } \nu = 0(1)m_i, \quad i = 0(1)n ,$$

Hermitesches Interpolationspolynom (s. [41], S.7-16).

LITERATUR zu 7.1: [2] Bd.1, 2.1; [3], 7.31; [18] Bd.2, 9.1; [20], 7.1; [25], 6.0-1; [30], III § 1; [32], H § 1; [35], 2.1.1; [38], 3.1; [41], I § 1; [45], § 11.1; [67] I, 3.1.

7.2 INTERPOLATIONSFORMELN VON LAGRANGE.

7.2.1 FORMEL FÜR BELIEBIGE STÜTZSTELLEN.

Φ wird mit von y_k unabhängigen L_k in der Form angesetzt

$$\Phi(x) \equiv L(x) = \sum_{k=0}^{n} L_k(x) y_k . \tag{7.1}$$

An den Stützstellen x_i muß wegen $\Phi(x_i) = y_i$ gelten $L(x_i) = y_i$, $i = 0(1)n$. Für die L_k gelten die Beziehungen

$$L_k(x_i) = \begin{cases} 1 & \text{für } k = i , \\ 0 & \text{für } k \neq i \end{cases}$$

und allgemein

$$\begin{cases} L_k(x) = \dfrac{(x-x_0)(x-x_1)\ldots(x-x_{k-1})(x-x_{k+1})\ldots(x-x_n)}{(x_k-x_0)(x_k-x_1)\ldots(x_k-x_{k-1})(x_k-x_{k+1})\ldots(x_k-x_n)} \\[2ex] = \prod\limits_{\substack{i=0 \\ i \neq k}}^{n} \dfrac{x-x_i}{x_k-x_i} = \prod\limits_{i=0}^{n}{}' \dfrac{x-x_i}{x_k-x_i} ; \end{cases} \tag{7.2}$$

dabei bedeutet der Strich am Produktzeichen, daß $i \neq k$ sein muß.

Die L_k sind Polynome vom Grad n, so daß $P_n \equiv L$ ein Polynom vom Höchstgrad n ist. (7.1) ist die *Interpolationsformel von Lagrange für beliebige Stützstellen.*

ALGORITHMUS 7.1 (*Interpolationsformel von Lagrange*).
Gegeben seien n+1 Interpolationsstellen (x_i, y_i), $i = 0(1)n$; die Stützstellen x_i seien paarweise verschieden. Aufzustellen ist die Interpolationsformel von Lagrange.

1. Schritt. Ermittlung der L_k nach Formel (7.2).
2. Schritt. Aufstellen der Interpolationsformel L gemäß Formel (7.1).

Lineare Interpolation.

Für die Interpolationsstellen (x_0,y_0), (x_1,y_1) wird die Interpolationsformel von Lagrange mit dem Höchstgrad n = 1 bestimmt. Mit (7.2) wird

$$L_0(x) = \frac{x-x_1}{x_0-x_1}\,, \qquad L_1(x) = \frac{x-x_0}{x_1-x_0}\,,$$

so daß die Interpolationsformel lautet

$$(7.3)\quad L(x) = \sum_{k=0}^{1} L_k(x)y_k = \frac{x-x_1}{x_0-x_1}\,y_0 + \frac{x-x_0}{x_1-x_0}\,y_1 = \frac{\begin{vmatrix} y_0 & x_0-x \\ y_1 & x_1-x \end{vmatrix}}{x_1 - x_0}\,.$$

7.2.2 FORMEL FÜR ÄQUIDISTANTE STÜTZSTELLEN.

Die Stützstellen x_i seien äquidistant mit der festen *Schrittweite* $h = x_{i+1}-x_i$, i = 0(1)n-1. Dann ist $x_i = x_0 + hi$, i = 0(1)n, es wird gesetzt

$$x = x_0 + ht, \qquad t \in [0,n]\,.$$

Damit erhält man für (7.2)

$$L_k(x) = \prod_{\substack{i=0\\ i\neq k}}^{n} \frac{t-i}{k-i} =: \tilde{L}_k(t) = \frac{t(t-1)\ldots(t-k+1)(t-k-1)\ldots(t-n)}{k!(-1)^{n-k}(n-k)!}\,.$$

Die *Interpolationsformel von Lagrange für äquidistante Stützstellen* lautet somit

$$\tilde{L}(t) = \sum_{k=0}^{n} \tilde{L}_k(t)y_k = \Bigl(\prod_{i=0}^{n}(t-i)\Bigr)\Bigl(\sum_{k=0}^{n}\frac{(-1)^{n-k}y_k}{k!\,(n-k)!\,(t-k)}\Bigr)\,.$$

LITERATUR zu 7.2: [2], 2.2-4; [3], 7.36; [4], 1.7; [7], 3.1-2; [14], 6; [18] Bd.2, 10.2; [20], 7.2; [25], 6.2; [30], III § 1; [32], H § 2.2; [34], 7.11; [35], 2.1.1; [38], 3.1.1; [43], § 8.6-9; [45], § 11.3; [67], S.89.

7.3 DAS INTERPOLATIONSSCHEMA VON AITKEN FÜR BELIEBIGE STÜTZSTELLEN.

Wenn zu n+1 gegebenen Interpolationsstellen (x_i,y_i) mit nicht notwendig äquidistanten Stützstellen x_i nicht das Interpolationspolynom ϕ selbst, sondern nur sein Wert $\phi(\bar{x})$ an einer Stelle $\bar{x}$ benötigt wird, so benutzt man zu dessen Berechnung zweckmäßig das Interpolationsschema von Aitken.

Den Wert $\Phi(\bar{x})$ des Interpolationspolynoms findet man durch fortgesetzte Anwendung der linearen Interpolation (7.3). Das zu (x_0,y_0) und (x_1,y_1) gehörige lineare Interpolationspolynom wird mit P_{01} bezeichnet. Es gilt

$$P_{01}(x) = \frac{1}{x_1-x_0} \begin{vmatrix} y_0 & x_0-x \\ y_1 & x_1-x \end{vmatrix} .$$

Sind x_0, x_i zwei verschiedene Stützstellen, so gilt für das zugehörige lineare Interpolationspolynom P_{0i}:

$$(7.4) \qquad P_{0i}(x) = \frac{1}{x_i-x_0} \begin{vmatrix} y_0 & x_0-x \\ y_i & x_i-x \end{vmatrix} = P_{i0}(x),\ i = 1(1)n,\ i \text{ fest}$$

und es sind $P_{0i}(x_0) = y_0$, $P_{0i}(x_i) = y_i$, d.h. P_{0i} löst die Interpolationsaufgabe für die beiden Wertepaare (x_0,y_0), (x_i,y_i).

Unter Verwendung zweier linearer Polynome P_{01} und P_{0i} für $i \geq 2$ werden Polynome P_{01i} vom Höchstgrad zwei erzeugt mit

$$(7.5) \qquad P_{01i}(x) = \frac{1}{x_i-x_1} \begin{vmatrix} P_{01}(x) & x_1-x \\ P_{0i}(x) & x_i-x \end{vmatrix} ,\ i = 2(1)n,\ i \text{ fest} .$$

P_{01i} ist das Interpolationspolynom, das die Interpolationsaufgabe für die drei Interpolationsstellen (x_0,y_0), (x_1,y_1), (x_i,y_i) löst. Die fortgesetzte Anwendung der linearen Interpolation führt auf Interpolationspolynome schrittweise wachsenden Grades. Das Interpolationspolynom vom Höchstgrad n zu n+1 Interpolationsstellen erhält man durch lineare Interpolation, angewandt auf zwei verschiedene Interpolationspolynome vom Höchstgrad n-1, von denen jedes für n der gegebenen n+1 Stützstellen aufgestellt ist. Allgemein berechnet man bei bekannten Funktionswerten der Polynome $P_{012\ldots(k-1)i}$ vom Grade k-1 die Funktionswerte der Polynome $P_{012\ldots ki}$ vom Grade k nach der Formel

$$(7.6) \quad P_{012\ldots(k-1)ki}(x) = \frac{1}{x_i-x_k} \begin{vmatrix} P_{012\ldots(k-1)k}(x) & x_k-x \\ P_{012\ldots(k-1)i}(x) & x_i-x \end{vmatrix} ,\ \begin{matrix} k = 0(1)n-1, \\ i = (k+1)(1)n. \end{matrix}$$

Dabei lösen die Polynome $P_{012\ldots ki}$ vom Grade k die Interpolationsaufgabe zu den Interpolationsstellen (x_0,y_0), (x_1,y_1), $\ldots$, (x_k,y_k), (x_i,y_i).

RECHENSCHEMA 7.1 (*Interpolationsschema von Aitken*).

i	x_i	y_i	$P_{0i}(\bar{x})$	$P_{01i}(\bar{x})$	$P_{012i}(\bar{x})$	...	$P_{0123...n}(\bar{x})$	$x_i-\bar{x}$
0	x_0	y_0						$x_0-\bar{x}$
1	x_1	y_1	P_{01}					$x_1-\bar{x}$
2	x_2	y_2	P_{02}	P_{012}				$x_2-\bar{x}$
3	x_3	y_3	P_{03}	P_{013}	P_{0123}			$x_3-\bar{x}$
⋮	⋮	⋮	⋮	⋮	⋮			⋮
l	x_l	y_l	P_{0l}	P_{01l}	P_{012l}			$x_l-\bar{x}$
⋮	⋮	⋮	⋮	⋮	⋮	⋱		⋮
n	x_n	y_n	P_{0n}	P_{01n}	P_{012n}	...	$P_{0123...n}$	$x_n-\bar{x}$

$P_{012...n}$ löst die Interpolationsaufgabe zu den n+1 Interpolationsstellen (x_i, y_i), $i = 0(1)n$. Im obigen Schema erhält man den Wert $P_{012...n}(\bar{x})$ an einer festen Stelle $\bar{x}$.

ALGORITHMUS 7.2 (*Interpolationsschema von Aitken*).
Gegeben sei von einer Funktion $f \in C[a,b]$ für das Stützstellensystem x_i eine Wertetabelle $(x_i,\ y_i = f(x_i))$, $i = 0(1)n$. Gesucht ist der Wert $\phi(\bar{x}) = P_{0123...n}(\bar{x})$ des zugehörigen Interpolationspolynoms an einer nichttabellierten Stelle $\bar{x} \neq x_i$, der als Näherungswert für $f(\bar{x})$ benutzt wird.

1. Schritt. In dem Rechenschema 7.1 sind zunächst für $i = 0(1)n$ die Spalte der x_i, die der y_i und die der $x_i-\bar{x}$ auszufüllen.

2. Schritt. Berechnung der $P_{0i}(\bar{x})$ nach Formel (7.4) für $i = 1(1)n$ und $x = \bar{x}$.

3. Schritt. Berechnung der $P_{01i}(\bar{x})$ nach Formel (7.5) für $i = 2(1)n$ und $x = \bar{x}$.

4. Schritt. Berechnung aller weiteren $P_{012...ki}(\bar{x})$ nach Formel (7.6) für $k = 3(1)n-1$ und $i = (k+1)(1)n$ bis zum Wert $P_{0123...n}(\bar{x}) = \phi(\bar{x})$.

Nützlich für die praktische Anwendung des Aitken-Schemas ist, daß nicht im voraus entschieden werden muß, mit wievielen Interpolationsstellen (x_i, y_i) gearbeitet wird. Es ist möglich, stufenweise neue Interpolationsstellen hinzuzunehmen, das Schema also *zeilenweise* auszufüllen. Die Stützstellen müssen nicht monoton angeordnet sein.

LITERATUR zu 7.3: [2] Bd.1, 2.2.3; [7], 3.3; [14], 8a; [18] Bd.2, 10.4.5; [19], 6.2; [20], 7.3; [25], 6.4; [29] II, 8.4; [30], III § 1.2; [32], H § 2.4; [41], S.47.

7.4 INVERSE INTERPOLATION NACH AITKEN.

Ist für eine in Form einer Wertetabelle $(x_i, y_i = f(x_i))$ vorliegende Funktion $f \in C[a,b]$ zu einem nichttabellierten Wert $\bar{y} = f(\bar{x})$ das Argument $\bar{x}$ zu bestimmen oder sind die Nullstellen einer tabellierten Funktion zu bestimmen, d.h. die zu $\bar{y} = 0$ gehörigen Argumente $\bar{x}$, so kann das Aitken-schema verwendet werden, indem man dort die Rollen von x und y vertauscht. Voraussetzung dafür ist, daß die Umkehrfunktion $x = f^{-1}(y)$ als eindeutige Funktion existiert, d.h. f in $[a,b]$ streng monoton ist. Man bestimmt dann den Wert $\bar{x} = \phi^*(\bar{y})$ des Interpolationspolynoms ϕ^* zu den Interpolationsstellen $(y_i, x_i = f^{-1}(y_i))$.

RECHENSCHEMA 7.2 (*Inverse Interpolation nach Aitken*).

i	y_i	x_i	x_{0i}	x_{01i}	$\cdots$	$x_{012\ldots n}$	$y_i-\bar{y}$
0	y_0	x_0					$y_0-\bar{y}$
1	y_1	x_1	x_{01}				$y_1-\bar{y}$
2	y_2	x_2	x_{02}	x_{012}			$y_2-\bar{y}$
$\vdots$	$\vdots$	$\vdots$	$\vdots$	$\vdots$	$\ddots$		$\vdots$
n	y_n	x_n	x_{0n}	x_{01n}	$\cdots$	$x_{012\ldots n}$	$y_n-\bar{y}$

Man geht nach Algorithmus 7.2 vor, indem dort x und y vertauscht, sowie P_{0i} durch x_{0i}, P_{01i} durch x_{01i} usw. ersetzt werden.

LITERATUR zu 7.4: [2] Bd.1, 2.15; [3], 7.38; [7], 3.4; [18] Bd.2, 10.6-7; [19], 6.2; [20], 7.4.

7.5 INTERPOLATIONSFORMELN VON NEWTON.

7.5.1 FORMEL FÜR BELIEBIGE STÜTZSTELLEN.

Sind n+1 Interpolationsstellen (x_i, y_i), $i = 0(1)n$, gegeben, so lautet der Ansatz für das Newtonsche Interpolationspolynom N:

$$(7.7)\quad \phi(x) \equiv N(x) = b_0 + b_1(x-x_0) + b_2(x-x_0)(x-x_1) + \ldots + b_n(x-x_0)(x-x_1)(x-x_2)\ldots(x-x_{n-1}) .$$

Aus den Forderungen $\phi(x_i) \equiv N(x_i) = y_i$ für $i = 0(1)n$ ergibt sich ein System von n+1 linearen Gleichungen für die n+1 Koeffizienten b_k. Mit Hilfe der fortlaufend definierten Steigungen erster und höherer Ordnung

$$[x_i x_k] \; := \frac{y_i - y_k}{x_i - x_k} \,,$$

$$[x_i x_k x_l] \; := \frac{[x_i x_k] - [x_k x_l]}{x_i - x_l} \,,$$

$$[x_i x_k x_l x_m] : = \frac{[x_i x_k x_l] - [x_k x_l x_m]}{x_i - x_m} \,, \ldots ,$$

die bei jeder Permutation der paarweise verschiedenen Stützstellen ungeändert bleiben ([43], S.65 f.; [45], § 11.4), ergeben sich für die gesuchten Koeffizienten die Beziehungen

$$(7.8) \quad \begin{cases} b_0 = y_0 \,, \\ b_1 = [x_1 x_0] = \dfrac{y_1 - y_0}{x_1 - x_0} \,, \\ b_2 = [x_2 x_1 x_0] = \dfrac{[x_2 x_1] - [x_1 x_0]}{x_2 - x_0} \,, \\ b_3 = [x_3 x_2 x_1 x_0] = \dfrac{[x_3 x_2 x_1] - [x_2 x_1 x_0]}{x_3 - x_0} \,, \\ \vdots \\ b_n = [x_n x_{n-1} \cdots x_2 x_1 x_0] = \dfrac{[x_n x_{n-1} \cdots x_2 x_1] - [x_{n-1} x_{n-2} \cdots x_1 x_0]}{x_n - x_0} \,. \end{cases}$$

Die b_k lassen sich besonders bequem nach dem folgenden Rechenschema bestimmen, dabei ist die Reihenfolge der Stützstellen x_i beliebig.

RECHENSCHEMA 7.3.

i	x_i	y_i				
0	x_0	$y_0 = \underline{b_0}$				
			$[x_1x_0] = \underline{b_1}$			
1	x_1	y_1		$[x_2x_1x_0] = \underline{b_2}$		
			$[x_2x_1]$		$[x_3x_2x_1x_0] = \underline{b_3}$	...
2	x_2	y_2		$[x_3x_2x_1]$	$\vdots$	
			$[x_3x_2]$	$\vdots$		
3	x_3	y_3	$\vdots$			
$\vdots$	$\vdots$	$\vdots$				

ALGORITHMUS 7.3 (*Interpolationsformel von Newton*).
Gegeben seien n+1 Interpolationsstellen (x_i, y_i), $i = 0(1)n$. Gesucht ist das zugehörige Interpolationspolynom in der Form von Newton.

1. Schritt. Berechnung der b_k mit dem Rechenschema 7.3 unter Verwendung von (7.8).
2. Schritt. Aufstellen der Interpolationsformel $N(x)$ gemäß (7.7).

Zur Newtonschen Interpolationsformel s. [2], Bd.1, S.81ff.; [30], S.119; [38], S.52/53; [41], S.35/36; [43] § 8; [45], § 11.4.

7.5.2 FORMEL FÜR ÄQUIDISTANTE STÜTZSTELLEN.

Die Stützstellen x_i seien äquidistant mit der festen Schrittweite $h = x_{i+1}-x_i$, $i = 0(1)n-1$. Dann ist $x_i = x_0+hi$, $i = 0(1)n$, und es wird gesetzt

$$x = x_0 + ht, \qquad t \in [0,n] .$$

Für die Koeffizienten b_i in Rechenschema 7.3 führt man mit sogenannten *Differenzen* Δ_i^k eine abkürzende Schreibweise ein. Die Differenzen sind wie folgt definiert:

$$(7.9) \quad \begin{cases} \Delta_i^0 = y_i , & \\ \Delta_{i+1/2}^{k+1} = \Delta_{i+1}^k - \Delta_i^k , & k = 0,2,4,\ldots , \\ \Delta_i^{k+1} = \Delta_{i+1/2}^k - \Delta_{i-1/2}^k , & k = 1,3,5,\ldots . \end{cases}$$

Dann ist z.B.

$$\Delta_{i+1/2}^1 = y_{i+1}-y_i ,$$

$$\Delta_i^2 = \Delta_{i+1/2}^1 - \Delta_{i-1/2}^1 = y_{i+1} - 2y_i + y_{i-1} ,$$

$$\Delta_{i+1/2}^3 = \Delta_{i+1}^2 - \Delta_i^2 = y_{i+2} - 3y_{i+1} + 3y_i - y_{i-1} .$$

Die Differenzen Δ_i^k werden nach dem folgenden Rechenschema bestimmt:

RECHENSCHEMA 7.4 (*Differenzenschema*).

i	y_i	$\Delta_{i+1/2}^1$	Δ_i^2	$\Delta_{i+1/2}^3$	$\ldots$
0	y_0				
		$y_1-y_0 = \Delta_{1/2}^1$			
1	y_1		$\Delta_{3/2}^1 - \Delta_{1/2}^1 = \Delta_1^2$		
		$y_2-y_1 = \Delta_{3/2}^1$		$\Delta_{3/2}^3$	
2	y_2		$\Delta_{5/2}^1 - \Delta_{3/2}^1 = \Delta_2^2$	$\vdots$	
		$y_3-y_2 = \Delta_{5/2}^1$	$\vdots$		
3	y_3	$\vdots$			
$\vdots$	$\vdots$				

Das Schema kann beliebig fortgesetzt werden. Für die b_i gilt dann mit $h = x_{i+1} - x_i$

$$b_i = [x_i \; x_{i-1} \ldots x_1 x_0] = \frac{1}{i!h^i} \Delta^i_{i/2} , \quad i = 1(1)n ,$$

und für (7.7) unter Verwendung der Binomialkoeffizienten $\binom{t}{k}$

$$N(x) = \tilde{N}(t) = y_0 + \binom{t}{1}\Delta^1_{1/2} + \binom{t}{2}\Delta^2_1 + \ldots + \binom{t}{n}\Delta^n_{n/2} ;$$

$N(x)$ bzw. $\tilde{N}(t)$ ist die *Newtonsche Interpolationsformel für absteigende Differenzen* , sie wird mit $N_+(x)$ bzw. $\tilde{N}_+(t)$ bezeichnet.

BEMERKUNG 7.1. Die Differenzen Δ^k_j beziehen sich hier grundsätzlich auf y-Werte, so daß statt $\Delta^k_j y$ kurz Δ^k_j geschrieben wird.

LITERATUR zu 7.5: [2] Bd.1,2.5-6;[3],7.33-34; [4],1.6; [7], 3.6; [14], 6.7; [19], 6.1; [20], 7.5; [25], 6.3; [30], III § 1.5-6; [32], H § 2.6; [35], 2.1.3; [38] 3.1.2; [41], I § 3; [43], § 9; [45], § 11.4-5; [67], 3.1.

7.6 INTERPOLATIONSFORMELN FÜR ÄQUIDISTANTE STÜTZSTELLEN MIT HILFE DES FRAZERDIAGRAMMS.

Mit Hilfe des *Frazerdiagramms* kann man eine große Anzahl verschiedener Darstellungsformen für ein und dasselbe Interpolationspolynom gewinnen. Die Begründung dafür, daß verschiedene Darstellungsformen benötigt werden, wird in Abschnitt 7.11 gegeben. Da äquidistante Stützstellen x_i mit der Schrittweite $h = x_{i+1} - x_i$ vorliegen, wird durch $x = x_0 + ht$ eine neue Veränderliche t eingeführt. Auf die Numerierung der Stützstellen kommt es nicht an, so daß der Index i nur irgendwelche ganzen Zahlen nacheinander zu durchlaufen braucht, z.B. -3,-2,-1,0,1,2,...; t durchläuft dann das durch den kleinsten und den größten Wert von i begrenzte Intervall I.

Im Frazerdiagramm werden die durch (7.9) definierten Differenzen Δ^k_j benutzt. Ferner treten Binomialkoeffizienten $\binom{t}{k}$ auf; $\binom{t}{k}$ ist ein Polynom in t vom Grad k. Es werden die folgenden *Eigenschaften der Binomialkoeffizienten* benötigt:

$$\binom{t}{k} = \frac{t(t-1)(t-2)\ldots(t-k+1)}{k!} , \quad \binom{t}{0} = 1, \quad \binom{t}{k} = 0 \text{ für } k < 0$$

und die wichtige Identität $\binom{t+1}{k} - \binom{t}{k} = \binom{t}{k-1}$.

Im folgenden wird das Frazerdiagramm bis zur Spalte mit den vierten Differenzen angegeben; es kann analog nach oben, unten und rechts beliebig weit fortgesetzt werden.

FRAZERDIAGRAMM.

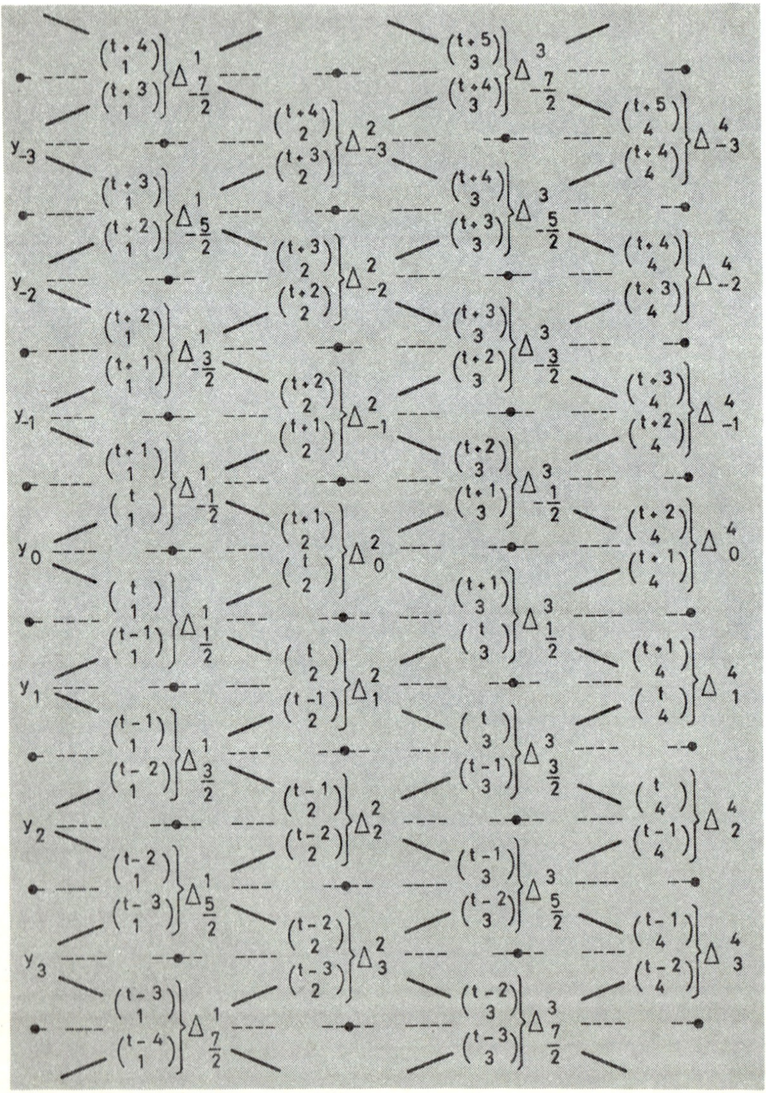

Erläuterung des Frazerdiagramms.

Das Frazerdiagramm besteht aus einem rhombischen Netz, dessen Ecken auf je einer ansteigenden und absteigenden Gerade liegen und in vertikalen Spalten angeordnet sind. In den Ecken der nullten Spalte (ganz links im Diagramm) stehen die y-Werte, in den Ecken der r-ten Spalte die r-ten Differenzen Δ^r, $r > 0$. Zur ansteigenden und zur absteigenden Gerade durch eine Ecke gehören je ein Binomialkoeffizient, der links neben der Ecke angeschrieben ist.

Eine an- oder absteigende Gerade trifft eine Ecke in einem *Term*, dem Produkt des betreffenden Binomialkoeffizienten mit der zur Ecke gehörigen Differenz.

Eine horizontale, im Diagramm gestrichelt gezeichnete Gerade trifft eine Rhombusmitte (bezeichnet mit •) in einem Term, der das arithmetische Mittel der direkt oberhalb und unterhalb angeschriebenen Terme ist (gleiche Binomialkoeffizienten).

Eine horizontale Gerade trifft eine Ecke in einem Term, der das arithmetische Mittel der dort angeschriebenen Terme ist (gleiche Differenzen).

Wählt man nun eine Ecke der nullten Spalte als Anfangspunkt und eine Ecke der r-ten Spalte ($r > 0$) als Endpunkt [1], so erhält man zu jedem Streckenzug, der diese Ecken verbindet, ein Interpolationspolynom, indem die vom Streckenzug getroffenen Terme summiert werden nach der folgenden

REGEL: Ein vom Streckenzug getroffener Term wird addiert bzw. subtrahiert, je nachdem der Term von links bzw. von rechts kommend erreicht wird oder nach rechts bzw. nach links gehend verlassen wird.

SATZ 7.2. Für das Frazerdiagramm gelten folgende Aussagen:

1. Die Summe der Terme längs eines geschlossenen Streckenzuges ist Null.
2. Zu jedem Endpunkt gibt es genau ein Interpolationspolynom, d.h. das Interpolationspolynom ist unabhängig von dem gewählten Anfangspunkt.

Die Differenzen werden nach dem folgenden Rechenschema berechnet, das nach oben, unten und rechts beliebig fortgesetzt werden kann.

---

[1] Eine Rhombusmitte darf nicht als Endpunkt gewählt werden.

RECHENSCHEMA 7.5 (*Differenzenschema*).

i	y_i	$\Delta^1_{i+1/2}$	Δ^2_i	$\Delta^3_{i+1/2}$	Δ^4_i
⋯	⋯				
-2	y_{-2}				
		$\Delta^1_{-3/2}$			
-1	y_{-1}		Δ^2_{-1}		
		$\Delta^1_{-1/2}$		$\Delta^3_{-1/2}$	
0	y_0		Δ^2_0		Δ^4_0
		$\Delta^1_{1/2}$		$\Delta^3_{1/2}$	
1	y_1		Δ^2_1		
		$\Delta^1_{3/2}$			
2	y_2				
⋯	⋯				

BEISPIELE. Im folgenden werden sechs Interpolationsformeln für das zu den Interpolationsstellen (x_i, y_i) für $i = -2(1)2$ gehörige Interpolationspolynom $\tilde{\Phi}(t)$ mit Hilfe des Frazerdiagramms aufgestellt. Wegen $i = -2(1)2$ liegt der Endpunkt aller Streckenzüge bei dem Term mit der Differenz Δ^4_0 und t durchläuft das Intervall $I_t = [-2,2]$.

1. Summe der Terme, die von der absteigenden Gerade durch y_{-2} getroffen werden:

$$\tilde{\Phi}(t) \equiv \tilde{N}_+(t) = y_{-2} + \binom{t+2}{1}\Delta^1_{-3/2} + \binom{t+2}{2}\Delta^2_{-1} + \binom{t+2}{3}\Delta^3_{-1/2} + \binom{t+2}{4}\Delta^4_0$$

(*Newtonsche Formel für absteigende Differenzen*).

2. Summe der Terme, die von der ansteigenden Gerade durch y_2 getroffen werden:

$$\tilde{\Phi}(t) \equiv \tilde{N}_-(t) = y_2 + \binom{t-2}{1}\Delta^1_{3/2} + \binom{t-1}{2}\Delta^2_1 + \binom{t}{3}\Delta^3_{1/2} + \binom{t+1}{4}\Delta^4_0$$

(*Newtonsche Formel für aufsteigende Differenzen*).

3. Summe der Terme, die von einem Streckenzug im Zickzack getroffen werden, der bei y_0 mit positiver Steigung beginnt:

$$\tilde{\Phi}(t) \equiv \tilde{G}_1(t) = y_0 + \binom{t}{1}\Delta^1_{-1/2} + \binom{t+1}{2}\Delta^2_0 + \binom{t+1}{3}\Delta^3_{-1/2} + \binom{t+2}{4}\Delta^4_0$$

(*1. Formel von Gauß*).

4. Summe der Terme, die von einem Streckenzug im Zickzack getroffen werden, der bei y_0 mit negativer Steigung beginnt:

$$\tilde{\Phi}(t) \equiv \tilde{G}_2(t) = y_0 + \binom{t}{1}\Delta^1_{1/2} + \binom{t}{2}\Delta^2_0 + \binom{t+1}{3}\Delta^3_{1/2} + \binom{t+1}{4}\Delta^4_0$$

(*2. Formel von Gauß*).

5. Die Summe der Terme, die von der horizontalen Gerade durch y_0 getroffen werden:

$$\tilde{\phi}(t) \equiv \tilde{S}(t) = y_0 + \frac{1}{2}\binom{t}{1}\left(\Delta^1_{1/2} + \Delta^1_{-1/2}\right) + \frac{1}{2}\Delta^2_0\left(\binom{t+1}{2} + \binom{t}{2}\right) + \\ + \frac{1}{2}\binom{t+1}{3}\left(\Delta^3_{1/2} + \Delta^3_{-1/2}\right) + \frac{1}{2}\Delta^4_0\left(\binom{t+2}{4} + \binom{t+1}{4}\right)$$

(*Stirlingsche Formel*). Es gilt $\tilde{S}(t) = \frac{1}{2}\left(\tilde{G}_1(t) + \tilde{G}_2(t)\right)$.

6. Es wird noch eine weitere Formel aufgestellt, die als Summe der Terme auf der horizontalen Gerade durch die Rhombusmitte zwischen y_0 und y_1 entsteht. Diese Formel bildet insofern eine Ausnahme, als sie nicht bei Δ^4_0 enden kann, sondern schon bei $\Delta^3_{1/2}$ enden muß, da die horizontale Gerade Δ^4_0 nicht trifft.

$$\tilde{\phi}^*(t) \equiv \tilde{B}(t) = \frac{1}{2}(y_0 + y_1) + \frac{1}{2}\Delta^1_{1/2}\left(\binom{t}{1} + \binom{t-1}{1}\right) + \frac{1}{2}\binom{t}{2}\left(\Delta^2_0 + \Delta^2_1\right) + \\ + \frac{1}{2}\Delta^3_{1/2}\left(\binom{t+1}{3} + \binom{t}{3}\right)$$

(*Besselsche Formel oder 3. Gaußsche Formel*). Es gilt ferner

$$\tilde{\phi}(t) = \tilde{\phi}^*(t) + \binom{t+1}{4}\Delta^4_0 .$$

Im folgenden werden die Interpolationsformeln noch in allgemeiner Form angegeben. Dazu substituiert man $x = x_j + ht$ an Stelle von $x = x_0 + ht$, benutzt die Stützstellen $x_{j+i} = x_j + ih$ und beginnt mit y_j. Dann durchläuft t wieder das durch den kleinsten und den größten Wert von i begrenzte Intervall.

1. *Newtonsche Formel für absteigende Differenzen.*
Stützstellen in der Reihenfolge: $x_j, x_{j+1}, x_{j+2}, \ldots, x_{j+n}$, also $t \in [0,n]$

$$\tilde{N}_+(t) = y_j + \binom{t}{1}\Delta^1_{j+1/2} + \binom{t}{2}\Delta^2_{j+1} + \ldots + \binom{t}{n}\Delta^n_{j+n/2} .$$

2. *Newtonsche Formel für aufsteigende Differenzen.*
Stützstellen in der Reihenfolge: $x_j, x_{j-1}, x_{j-2}, \ldots, x_{j-n}$, also $t \in [-n,0]$

$$\tilde{N}_-(t) = y_j + \binom{t}{1}\Delta^1_{j-1/2} + \binom{t+1}{2}\Delta^2_{j-1} + \ldots + \binom{t+n-1}{n}\Delta^n_{j-n/2} .$$

3. *Erste Formel von Gauß.*
Stützstellen in der Reihenfolge: $x_j, x_{j-1}, x_{j+1}, x_{j-2}, x_{j+2}, \ldots$

$$\tilde{G}_1(t) = y_j + \binom{t}{1}\Delta^1_{j-1/2} + \binom{t+1}{2}\Delta^2_j + \binom{t+1}{3}\Delta^3_{j-1/2} + \binom{t+2}{4}\Delta^4_j + \ldots .$$

4. *Zweite Formel von Gauß.*
Stützstellen in der Reihenfolge: $x_j, x_{j+1}, x_{j-1}, x_{j+2}, x_{j-2}, \ldots$

$$\tilde{G}_2(t) = y_j + \binom{t}{1}\Delta^1_{j+1/2} + \binom{t}{2}\Delta^2_j + \binom{t+1}{3}\Delta^3_{j+1/2} + \binom{t+1}{4}\Delta^4_j + \dots .$$

5. *Stirlingsche Formel.*

Die Formel von Stirling ist bei Verwendung der gleichen Stützstellen das arithmetische Mittel der beiden Formeln von Gauß.

$$\tilde{S}(t) = \frac{1}{2}(\tilde{G}_1(t) + \tilde{G}_2(t)) = y_j + \frac{1}{2}\binom{t}{1}\left(\Delta^1_{j+1/2} + \Delta^1_{j-1/2}\right) + \frac{1}{2}\Delta^2_j\left(\binom{t+1}{2} + \binom{t}{2}\right) +$$
$$+ \frac{1}{2}\binom{t+1}{3}\left(\Delta^3_{j+1/2} + \Delta^3_{j-1/2}\right) + \frac{1}{2}\Delta^4_j\left(\binom{t+2}{4} + \binom{t+1}{4}\right) + \dots .$$

6. *Besselsche Formel.*

Stützstellen in der Reihenfolge (gerade Anzahl): $x_j, x_{j+1}, x_{j-1}, x_{j+2}, \dots$

$$\tilde{B}(t) = \frac{1}{2}(y_j + y_{j+1}) + \frac{1}{2}\Delta^1_{j+1/2}\left(\binom{t}{1} + \binom{t-1}{1}\right) + \frac{1}{2}\binom{t}{2}\left(\Delta^2_j + \Delta^2_{j+1}\right)$$
$$+ \frac{1}{2}\Delta^3_{j+1/2}\left(\binom{t+1}{3} + \binom{t}{3}\right) + \dots .$$

Jetzt stellen natürlich nur diejenigen Formeln identische Interpolationspolynome dar, die gleiche Endpunkte im Frazerdiagramm besitzen, vgl. Satz 7.2.

LITERATUR zu 7.6: [2] Bd.1,2.8; [20],7.6; [30],III § 1.9; [41], S.45; [45], § 12.

7.7 RESTGLIED DER INTERPOLATION UND AUSSAGEN ZUR ABSCHÄTZUNG DES INTERPOLATIONSFEHLERS.

Das Interpolationspolynom $\phi \in C(I_x)$, gebildet zu n+1 Interpolationsstellen $(x_i, y_i = f(x_i))$, $x_i \in I_x$, nimmt an den Stützstellen x_i die Stützwerte $f(x_i)$ an, während es i.a. an allen anderen Stellen $x \in I_x$ von $f \in C(I_x)$ abweicht. Dann ist R mit

$$R(x) = f(x) - \phi(x), \quad x \in I_x ,$$

der wahre *Interpolationsfehler*, und R heißt *Restglied der Interpolation.* Während das Restglied R also an den Stützstellen verschwindet, kann man über seinen Verlauf in I_x für $x \neq x_i$ i.a. nichts aussagen, denn man kann f an den Stellen $x \neq x_i$ beliebig ändern, ohne damit ϕ zu verändern. Ist jedoch f in I_x (n+1)-mal stetig differenzierbar, so gilt im Falle beliebiger Stützstellen

$$(7.10)\quad R(x) = \frac{1}{(n+1)!} f^{(n+1)}(\xi)\, \pi(x) \text{ mit } \pi(x) = \prod_{i=m_1}^{m_2} (x-x_i),\ \xi = \xi(x) \in I_x\ ,$$

bzw. im Falle äquidistanter Stützstellen $x_i = x_0+hi$, $x=x_0+ht$, $t \in I_t$

$$(7.11)\begin{cases} R(x) = R(x_0+ht) = h^{n+1} \dfrac{1}{(n+1)!} f^{(n+1)}(\tilde{\xi})\, \pi^*(t) =: \tilde{R}(t) \text{ mit} \\ \pi^*(t) = \displaystyle\prod_{i=m_1}^{m_2} (t-i),\quad \tilde{\xi} = \tilde{\xi}(t) \in I_t\ ,\quad m_2-m_1 = n\ . \end{cases}$$

Die Untersuchung des Verlaufs von $\pi(x)$ aus (7.10) zur Abschätzung des Interpolationsfehlers ist bei beliebiger Wahl der Stützstellen in I_x recht schwierig. Im Falle äquidistanter Stützstellen erhält man für $\pi^*(t)$ aus (7.11) den in den Abbildungen 7.1 und 7.2 qualitativ angegebenen Verlauf für n = 5 und n = 6.

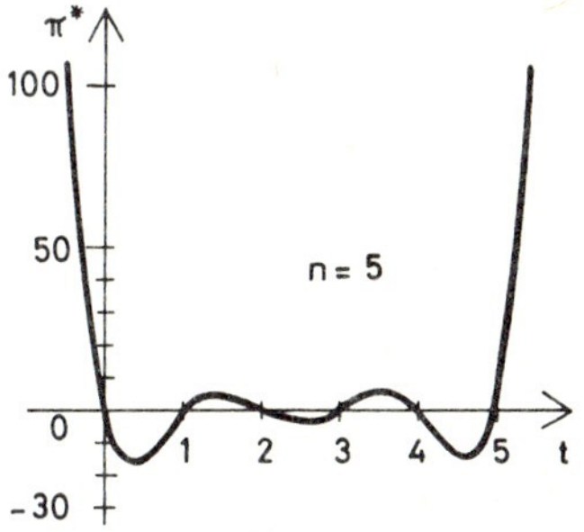

Abbildung 7.1

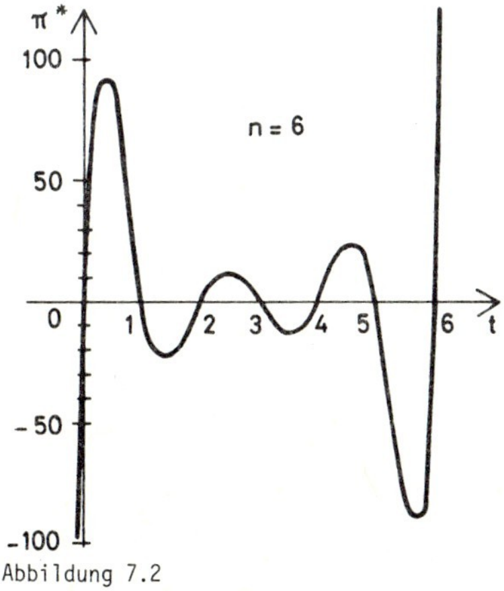

Abbildung 7.2

Die Beträge der Extremwerte von $\pi^*(t)$ nehmen bis zur Mitte des Intervalls $[0,n]$ ab und danach wieder zu, sie wachsen außerhalb dieses Intervalls stark an. Man entnimmt daraus: $\tilde{R}(t)$ wird besonders groß für Werte, die außerhalb des Interpolationsintervalls liegen (Extrapolation); das Interpolationsintervall erstreckt sich von der ersten bis zur letzten der zur Interpolation verwendeten Stützstellen. Diese Aussage ist von Bedeutung für die Auswahl der für eine bestimmte Aufgabe geeigneten Darstellungsform des Interpolationspolynoms, vgl. dazu Abschnitt 7.11.

Eine mögliche Schätzung des Restgliedes

$R(x) = R(x_0 + th) = \tilde{R}(t)$

für den Fall, daß auch außerhalb des Interpolationsintervalls Interpolationsstellen bekannt sind und somit die (n+1)-ten Differenzen Δ^{n+1} gebildet werden können, ist

$$\tilde{R}(t) \approx \frac{1}{(n+1)!}\,\Delta^{n+1}\,\pi^*(t),$$

falls sich die Differenzen Δ^{n+1} nur wenig voneinander unterscheiden; es ist dann gleichgültig, welche der (n+1)-ten Differenzen verwendet wird, vgl. [30], S.136/137; [45], S.218 .

LITERATUR zu 7.7: [2] Bd.1,2.3-2.4; [7],3.2; [19], 6.3.1-2; [20], 7.7; [29] II, 8.2; [30], III, § 1.10; [45], § 11.4-5.

7.8 INTERPOLIERENDE POLYNOM-SPLINES DRITTEN GRADES.

7.8.1 PROBLEMSTELLUNG.

Von der Funktion $f \in C[a,b]$ seien an den n+1 Stützstellen x_i, für die $a = x_0 < x_1 < \ldots < x_n = b$ gelte, die Stützwerte $f(x_i) = y_i$ gegeben.

Bei der Interpolation mittels Polynomsplines dritten Grades wird nun nicht das zu den n+1 Interpolationsstellen (x_i, y_i) gehörige Interpolationspolynom n-ten Grades bestimmt, sondern für jedes Teilintervall $[x_i, x_{i+1}]$ wird ein kubisches Polynom aufgestellt, das gewissen Bedingungen genügt.

Es werden drei Arten von Polynom-Splines dritten Grades unterschieden:

(α) natürliche Splines,
(β) periodische Splines,
(γ) parametrische Splines.

Oft bezeichnet man die Splines dritten Grades auch kurz als *kubische Splines* .

7.8.2 DEFINITION DER SPLINEFUNKTIONEN.

Eine *natürliche bzw. periodische* polynomiale Splinefunktion dritten Grades zu den Interpolationsstellen (x_i, y_i), $i = 0(1)n$, mit den monoton angeordneten Stützstellen (*Knoten*)

$$a = x_0 < x_1 < \ldots < x_n = b, \qquad n \geq 2$$

wird durch die folgenden Eigenschaften definiert:

(1) S ist in $[a,b]$ zweimal stetig differenzierbar.

(2) S ist in jedem Intervall $[x_i, x_{i+1}]$, $i = 0(1)n-1$, durch ein kubisches Polynom P_i gegeben.

(3) S erfüllt die Interpolationsbedingung $S(x_i) = y_i$, $i = 0(1)n$.

(4) (α) Für $x \in (-\infty, a]$ bzw. $x \in [b, \infty)$ reduziert sich S auf die Tangente an den Graphen von S an der Stelle $a = x_0$ bzw. $b = x_n$; es gilt $S''(x_0) = S''(x_n) = 0$. S heißt mit diesen Randbedingungen *natürliche kubische Splinefunktion.*

(β) Mit den Randbedingungen $S(x_0) = S(x_n)$, $S'(x_0) = S'(x_n)$, $S''(x_0) = S''(x_n)$ heißt S *periodische kubische Splinefunktion* mit der Periode $[a,b] = [x_0, x_n]$.

Zur Konstruktion von S gemäß Eigenschaft (2) wird angesetzt

(7.12) $$S(x) \equiv P_i(x) := a_i + b_i(x-x_i) + c_i(x-x_i)^2 + d_i(x-x_i)^3$$
$$\text{für } x \in [x_i, x_{i+1}], \quad i = 0(1)n-1 .$$

Dieser 4-parametrige Ansatz ergibt sich aus der Forderung $S \in C^2[a,b]$, vgl. Bemerkung 7.2.

Die Eigenschaften (1) und (3) von S führen zu folgenden Bedingungen für die P_i:

(a) $P_i(x_i) = y_i$, $\quad i = 0(1)n$,

(b) $P_i(x_i) = P_{i-1}(x_i)$, $\quad i = 1(1)n$,

(c) $P_i'(x_i) = P_{i-1}'(x_i)$, $\quad i = 1(1)n-1$,

(d) $P_i''(x_i) = P_{i-1}''(x_i)$, $\quad i = 1(1)n-1$,

wobei formal gesetzt wird $P_n(x_n) = a_n$.
Die Eigenschaft (1), aus der sich die Bedingungen (c) und (d) für $i = 1(1)n-1$ ergeben, stellt die stärkste Forderung an die Splinefunktion S dar. Sie bewirkt den glatten Anschluß der Polynome P_i und P_{i-1} an dem Knoten x_i, $i = 1(1)n-1$; dort haben die Graphen der benachbarten Polynome P_{i-1} und P_i die gleiche Krümmung. Diese Eigenschaft macht die Splinefunktion S besonders geeignet zur Approximation einer Funktion f, über deren Verlauf man empirisch (z.B. durch Messungen) Informationen besitzt und von der bekannt ist, daß sich ihr Verlauf zeichnerisch gut mit Hilfe eines biegsamen Kurvenlineals (Spline) beschreiben läßt.

BEMERKUNG 7.2. Die Polynom-Splines dritten Grades (zweimal stetig differenzierbar, 4-parametrig) gehören zur Klasse der Splinefunktionen von ungeradem Grad 2k-1 (k-mal stetig differenzierbar, 2k-parametrig). In besonderen Fällen benutzt man auch Splinefunktionen von geradem Grad 2k, z.B. zum flächentreuen Ausgleich von Histogrammen oder empirischen Häufigkeitsverteilungen (s. [89] u. H. Späth, ZAMM 48 (1968), S.106/7).

Parametrische polynomiale Splinefunktionen dritten Grades verwendet man dort, wo sich die Bedingung der strengen Monotonie der Knoten x_i nicht erfüllen läßt, z.B. bei der Interpolation von geschlossenen Kurven, von Kurven mit Doppelpunkt oder anderen Kurven, die sich nicht in expliziter Form: $\eta = S(x)$ näherungsweise durch Splines beschreiben lassen. Hier stellt man die ebene Kurve durch die Punkte (x_i, y_i), $i = 0(1)n$, parametrisch durch zwei Funktionen dar:

$$x = x(t), \quad y = y(t), \quad t = \text{Kurvenparameter}.$$

Dazu wählt man streng monotone Werte des Parameters

$$t_0 < t_1 < \ldots < t_n$$

und legt durch (t_i, x_i) und (t_i, y_i), $i = 0(1)n$, jeweils einen (natürlichen oder periodischen) Spline S_x bzw. S_y mit $x(t) \approx S_x(t)$ und $y(t) \approx S_y(t)$. Die Parameterwerte t_i, $i = 0(1)n$, zu den gegebenen Punkten (x_i, y_i) sind zuvor näherungsweise zu berechnen.

Diese Überlegungen lassen sich entsprechend auf beliebige im R^3 gegebene Wertetripel (x_i, y_i, z_i), $i = 0(1)n$, einer Raumkurve übertragen.

7.8.3 BERECHNUNG DER NATÜRLICHEN, PERIODISCHEN UND PARAMETRISCHEN KUBISCHEN SPLINEFUNKTIONEN.

(α) *Natürliche kubische Splinefunktion.*

Zur Bestimmung der Koeffizienten a_i, b_i, c_i, d_i der kubischen Polynome P_i gelten folgende Gleichungen

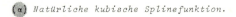

$$
(7.13)\quad\left\{
\begin{array}{ll}
1.\ a_i = y_i, & i = 0(1)n\,,\\[4pt]
2.\ c_0 = c_n = 0\,, & \\[4pt]
3.\ h_{i-1}c_{i-1}+2c_i(h_{i-1}+h_i)+h_i c_{i+1} = \frac{3}{h_i}(a_{i+1}-a_i)-\frac{3}{h_{i-1}}(a_i-a_{i-1}) & \\
\qquad\qquad \text{für } i = 1(1)n-1 \text{ mit } h_i = x_{i+1}-x_i \text{ für } i = 0(1)n-1\,, & \\[4pt]
4.\ b_i = \frac{1}{h_i}(a_{i+1}-a_i)-\frac{h_i}{3}(c_{i+1}+2c_i), & i = 0(1)n-1\,,\\[4pt]
5.\ d_i = \frac{1}{3h_i}(c_{i+1}-c_i)\,, & i = 0(1)n-1\,.
\end{array}
\right.
$$

Die Gleichungen 3. in (7.13) stellen ein lineares Gleichungssystem von n-1 Gleichungen für die n-1 Unbekannten $c_1, c_2, \ldots, c_{n-1}$ dar. In der Matrixschreibweise besitzt es die Form

$$\mathfrak{A}\,\mathfrak{c} = \mathfrak{a}$$

mit

$$
\mathfrak{A} = \begin{pmatrix}
2(h_0+h_1) & h_1 & & & & \\
h_1 & 2(h_1+h_2) & h_2 & & & \\
 & h_2 & 2(h_2+h_3) & h_3 & & \\
 & & \ddots & \ddots & \ddots & \\
 & & & h_{n-3} & 2(h_{n-3}+h_{n-2}) & h_{n-2} \\
 & & & & h_{n-2} & 2(h_{n-2}+h_{n-1})
\end{pmatrix},
$$

$$
\mathfrak{c} = \begin{pmatrix} c_1 \\ c_2 \\ \vdots \\ c_{n-1} \end{pmatrix},\quad
\mathfrak{a} = \begin{pmatrix}
\frac{3}{h_1}(a_2-a_1) - \frac{3}{h_0}(a_1-a_0) \\
\frac{3}{h_2}(a_3-a_2) - \frac{3}{h_1}(a_2-a_1) \\
\vdots \\
\frac{3}{h_{n-1}}(a_n-a_{n-1}) - \frac{3}{h_{n-2}}(a_{n-1}-a_{n-2})
\end{pmatrix}.
$$

Eigenschaften der Matrix $\mathfrak{A}$.

Die Matrix $\mathfrak{A}$ ist tridiagonal, symmetrisch, stark diagonaldominant, positiv definit und besitzt nur positive Elemente.

Da eine tridiagonale, diagonal dominante Matrix stets invertierbar ist ($\det \mathfrak{A} \neq 0$), sind Gleichungssysteme mit solchen Matrizen stets eindeutig lösbar. Bei der numerischen Lösung sollte man den Gaußschen Algorithmus für tridiagonale Matrizen (s. Abschnitt 3.7) verwenden. Das

System ist gut konditioniert; Pivotsuche und Nachiteration sind nicht erforderlich, s. dazu Bemerkung 3.4.

(β) *Periodische kubische Splinefunktion.*

Zur Bestimmung der Koeffizienten a_i, b_i, c_i, d_i der kubischen Polynome (7.12) der periodischen kubischen Splinefunktion S mit $S(x) = S(x+p)$ und der Periode $p = b - a$ gelten folgende Gleichungen:

(7.14)

1. $a_i = y_i$, $\quad i = 0(1)n-1$,
2. $a_0 = a_n$, $\quad b_0 = b_n$, $\quad c_0 = c_n$,
3. Gleichungssystem zur Bestimmung der c_i, $i = 1(1)n$:

$\mathfrak{A}\mathfrak{c} = \mathfrak{a}$ mit

$$\mathfrak{A} = \begin{pmatrix} 2(h_0+h_1) & h_1 & & & & h_0 \\ h_1 & 2(h_1+h_2) & h_2 & & & \\ & h_2 & 2(h_2+h_3) & h_3 & & \\ & & \ddots & \ddots & \ddots & \\ & & & h_{n-2} & 2(h_{n-2}+h_{n-1}) & h_{n-1} \\ h_0 & & & & h_{n-1} & 2(h_{n-1}+h_n) \end{pmatrix},$$

$$\mathfrak{c} = \begin{pmatrix} c_1 \\ c_2 \\ \vdots \\ c_n \end{pmatrix}, \quad \mathfrak{a} = \begin{pmatrix} \frac{3}{h_1}(a_2-a_1) - \frac{3}{h_0}(a_1-a_0) \\ \frac{3}{h_2}(a_3-a_2) - \frac{3}{h_1}(a_2-a_1) \\ \vdots \\ \frac{3}{h_n}(a_{n+1}-a_n) - \frac{3}{h_{n-1}}(a_n-a_{n-1}) \end{pmatrix}$$

mit $a_{n+1} = a_1$, $a_n = a_0$, $c_n = c_0$, $h_n = h_0$, $h_i = x_{i+1}-x_i$,

4. $b_i = \frac{1}{h_i}(a_{i+1}-a_i) - \frac{h_i}{3}(c_{i+1}+2c_i)$, $\quad i = 0(1)n-1$,
5. $d_i = \frac{1}{3h_i}(c_{i+1}-c_i)$, $\quad i = 0(1)n-1$.

Eigenschaften der Matrix $\mathfrak{A}$.

Die Matrix $\mathfrak{A}$ ist zyklisch tridiagonal, symmetrisch, diagonal dominant, positiv definit und besitzt nur positive Elemente, d.h. $\mathfrak{A}$ ist gut konditioniert. Ein Algorithmus zur Lösung von Gleichungssystemen mit zyklisch tridiagonalen Matrizen ist in Abschnitt 3.8 angegeben.

(γ) *Parametrische kubische Splinefunktion.*

Es sind die Koeffizienten der Splinefunktionen

$$S_x:\quad S_x(t) \equiv P_{ix}(t) = a_{ix}+b_{ix}(t-t_i)+c_{ix}(t-t_i)^2+d_{ix}(t-t_i)^3 \text{ für } t\in[t_i,t_{i+1}]$$

$$S_y:\quad S_y(t) \equiv P_{iy}(t) = a_{iy}+b_{iy}(t-t_i)+c_{iy}(t-t_i)^2+d_{iy}(t-t_i)^3 \text{ für } t\in[t_i,t_{i+1}]$$

zu bestimmen. Dazu werden zunächst näherungsweise die zu den (x_i,y_i) gehörigen Parameterwerte t_i nach den folgenden Formeln berechnet:

$$t_0 = 0,\quad t_{i+1} = t_i + \sqrt{(x_{i+1}-x_i)^2 + (y_{i+1}-y_i)^2}\;,\quad i = 0(1)n-1\;.$$

Weitere Möglichkeiten zur Bestimmung der t_i sind in [89], S. 48 angegeben. Anschließend werden im Falle natürlicher bzw. periodischer parametrischer Splines die Koeffizienten von S_x nach den Formeln (7.13) (bzw. (7.14)) bestimmt, indem die x_i durch t_i, die y_i durch x_i ersetzt werden. Zur Bestimmung der Koeffizienten von S_y sind nur die x_i durch t_i zu ersetzen.

Sind im R^3 Wertetripel x_i,y_i,z_i als Koordinaten der Punkte einer Raumkurve gegeben, so sind drei Splinefunktionen S_x,S_y,S_z analog zum vorher beschriebenen ebenen Fall zu bestimmen, wobei für die t_i zu setzen ist

$$t_0 = 0,\quad t_{i+1} = t_i + \sqrt{(x_{i+1}-x_i)^2+(y_{i+1}-y_i)^2+(z_{i+1}-z_i)^2}\;,\quad i = 0(1)n-1\quad .$$

Die periodischen parametrischen Splines sind besonders zweckmäßig für die Darstellung von geschlossenen glatten Kurven, z.B. von Höhenlinien einer nur punktweise gegebenen konvexen Fläche.

Konvergenz interpolierender Splines.

Im Gegensatz zur Interpolation ist die Konvergenz interpolierender Splines gegen die anzunähernde Funktion immer gewährleistet, s. [1], S.27; [35], 2.43; [41], S.168/169.

Fehlerabschätzungen.

Über Fehlerabschätzungen s. [35], I, S.86; [41], II, S.169.

BEMERKUNG 7.3. Die Splinefunktionen lassen sich neben der dargestellten Verwendung zur Interpolation auch zur Approximation benutzen. Will man nämlich vorgegebene Punkte nicht durch glatte Kurven *verbinden*, sondern durch glatte Kurven möglichst gut *ausgleichen* (sinnvoll z.B. bei Meßwerten, die mit Fehlern behaftet sind), so arbeitet man mit Ausgleichsfunktionen. Hat man Anhaltspunkte für ein mögliches Modell der anzunähernden Kurve, so sollte man die Fehlerquadratmethode benutzen (s. Abschnitt 6.2.2). Existiert jedoch keine Modellvorstellung, so verwendet man zweckmäßig *Ausgleichssplines*. Literatur: [79], 6; [89], S.74/85; [90]; [20], S.235 ff., [115]. Weitere Literatur über Splines höheren Grades, rationale Splines, verallgemeinerte kubische Splines (4-parametrige Splines mit nichtpolynomialen Ansatzfunktionen) s. [1]; [12]; [31], II.; [79]; [80]; [89].

LITERATUR zu 7.8: [1]; [12]; [14], 9; [31], Bd.II, 8; [32], H § 4; [35], 2.4; [38], III; [41], III; [47]; [78]; [79]; [80]; [89]; [90], 1.7.

7.9 HERMITE-SPLINES FÜNFTEN GRADES.

Gegeben sind n+1 Wertetripel (x_i, y_i, y_i') für $i = 0(1)n$; d.h. neben den Punkten (x_i, y_i) sind auch die Steigungen y_i' in x_i vorgegeben. Damit läßt sich eine besonders gute Anpassung erreichen. Die Stützstellen x_i seien monoton angeordnet

$$a = x_0 < x_1 < \ldots < x_n = b .$$

Gesucht ist in $[a,b]$ eine Splinefunktion S mit den Eigenschaften:

(1) S ist in $[a,b]$ dreimal stetig differenzierbar.

(2) S ist in jedem Intervall $[x_i, x_{i+1}]$, $i = 0(1)n-1$, durch ein Polynom P_i fünften Grades gegeben.

(3) S erfüllt die Interpolationsbedingungen $S(x_i) = y_i$, $S'(x_i) = y_i'$, $i = 0(1)n$.

(4) Es gilt $S''(x_0) = S''(x_n) = 0$ (natürliche Splines).

Zur Konstruktion von S gemäß Eigenschaft (2) wird angesetzt

$$S(x) \equiv P_i(x) := a_i + b_i(x-x_i) + c_i(x-x_i)^2 + d_i(x-x_i)^3 + e_i(x-x_i)^4 + f_i(x-x_i)^5 ,$$

$$x \in [x_i, x_{i+1}] , \qquad i = 0(1)n-1 . \tag{7.15}$$

Der 6-parametrige Ansatz ergibt sich aus der Forderung $S \in C^3[a,b]$. Die Eigenschaften (1) und (3) von S führen zu folgenden Bedingungen für die P_i:

(a) $P_i(x_i) = y_i$, $i=0(1)n$, (d) $P'_i(x_i) = P'_{i-1}(x_i)$, $i=1(1)n-1$,

(b) $P'_i(x_i) = y'_i$, $i=0(1)n$, (e) $P''_i(x_i) = P''_{i-1}(x_i)$, $i=1(1)n-1$,

(c) $P_i(x_i) = P_{i-1}(x_i)$, $i=1(1)n$, (f) $P'''_i(x_i) = P'''_{i-1}(x_i)$, $i=1(1)n-1$,

wobei formal $P_n(x_n) = a_n$, $P'_n(x_n) = b_n$ gesetzt wird.

Zur Bestimmung der Koeffizienten a_i, b_i, c_i, d_i, e_i, f_i der Polynome P_i fünften Grades (7.15) gelten folgende Gleichungen:

(7.16)

1. $a_i = y_i$, $\quad i = 0(1)n$,
2. $b_i = y'_i$, $\quad i = 0(1)n$,
3. $c_0 = c_n = 0$,
4. Mit $h_i = x_{i+1}-x_i$

$$-\frac{1}{h_{i-1}}c_{i-1} + 3\left(\frac{1}{h_{i-1}}+\frac{1}{h_i}\right)c_i - \frac{1}{h_i}c_{i+1} =$$

$$= 10\left(\frac{a_{i+1}-a_i}{h_i^3} - \frac{a_i-a_{i-1}}{h_{i-1}^3}\right) + 4\left(\frac{b_{i-1}}{h_{i-1}^2} - \frac{3}{2}\left(\frac{1}{h_i^2}-\frac{1}{h_{i-1}^2}\right)b_i - \frac{b_{i+1}}{h_i^2}\right) ,$$

$i = 1(1)n-1$,

5. $d_i = \frac{10}{h_i^3}(a_{i+1}-a_i) - \frac{4}{h_i^2}b_{i+1} - \frac{6}{h_i^2}b_i + \frac{1}{h_i}c_{i+1} - \frac{3}{h_i}c_i$, $i=0(1)n-1$,

$$d_n = d_{n-1} - \frac{2}{h_{n-1}^2}(b_n-b_{n-1}) + \frac{2}{h_{n-1}}(c_n+c_{n-1}),$$

6. $e_i = \frac{1}{2h_i^3}(b_{i+1}-b_i) - \frac{1}{h_i^2}c_i - \frac{1}{4h_i}d_{i+1} - \frac{5}{4h_i}d_i$, $i = 0(1)n-1$,
7. $f_i = \frac{1}{10h_i^3}(c_{i+1} - c_i - 3d_ih_i - 6e_ih_i^2)$, $i = 0(1)n-1$.

Das System 4. in (7.16) ist ein lineares Gleichungssystem für n-1 Koeffizienten $c_1,c_2,\ldots,c_{n-1}$; es hat die Form $\mathfrak{A}\mathfrak{c} = \mathfrak{a}$

mit

$$\mathfrak{A} = \begin{pmatrix} 3\left(\frac{1}{h_0}+\frac{1}{h_1}\right) & -\frac{1}{h_1} & & & \\ -\frac{1}{h_1} & 3\left(\frac{1}{h_1}+\frac{1}{h_2}\right) & -\frac{1}{h_2} & & \\ & \ddots & \ddots & \ddots & \\ & & -\frac{1}{h_{n-3}} & 3\left(\frac{1}{h_{n-3}}+\frac{1}{h_{n-2}}\right) & -\frac{1}{h_{n-2}} \\ & & & -\frac{1}{h_{n-2}} & 3\left(\frac{1}{h_{n-2}}+\frac{1}{h_{n-1}}\right) \end{pmatrix}$$

$$\mathfrak{r} = \begin{pmatrix} c_1 \\ c_2 \\ \vdots \\ c_{n-1} \end{pmatrix} \mathfrak{A} = \begin{pmatrix} 10\left[\frac{a_2-a_1}{h_1^3} - \frac{a_1-a_0}{h_0^3}\right] + 4\left[\frac{b_0}{h_0^2} - \frac{3}{2}\left(\frac{1}{h_1^2} - \frac{1}{h_0^2}\right)\cdot b_1 - \frac{b_2}{h_1^2}\right] \\ 10\left[\frac{a_3-a_2}{h_2^3} - \frac{a_2-a_1}{h_1^3}\right] + 4\left[\frac{b_1}{h_1^2} - \frac{3}{2}\left(\frac{1}{h_2^2} - \frac{1}{h_1^2}\right)\cdot b_2 - \frac{b_3}{h_2^2}\right] \\ \vdots \\ 10\left[\frac{a_n-a_{n-1}}{h_{n-1}^3} - \frac{a_{n-1}-a_{n-2}}{h_{n-2}^3}\right] + 4\left[\frac{b_{n-2}}{h_{n-2}^2} - \frac{3}{2}\left(\frac{1}{h_{n-1}^2} - \frac{1}{h_{n-2}^2}\right)\cdot b_{n-1} - \frac{b_n}{h_{n-1}^2}\right] \end{pmatrix}$$

Eigenschaften der Matrix $\mathfrak{A}$.

Die Matrix $\mathfrak{A}$ ist tridiagonal, symmetrisch, stark diagonal dominant, besitzt positive Diagonalelemente und negative, von Null verschiedene Nebendiagonalelemente; sie ist also positiv definit. Das Gleichungssystem ist folglich eindeutig lösbar nach der in Abschnitt 3.7 beschriebenen Methode. Pivotisierung und Nachiteration sind überflüssig.

PARAMETRISCHE NATÜRLICHE HERMITE-SPLINES.

Sind Wertetripel (x_i, y_i, y_i'), $i = 0(1)n$ einer Kurve C gegeben, die x_i aber nicht streng monoton angeordnet, so wird näherungsweise eine Parameterdarstellung $\{x(t), y(t)\} \approx \{S_x(t), S_y(t)\}$ von C ermittelt, indem Hermite-Splines S_x, S_y zu Wertetripeln $(t_i, x_i, \dot{x}_i)$ bzw. $(t_i, y_i, \dot{y}_i)$ berechnet werden. Dabei werden die $\dot{x}_i$, $\dot{y}_i$ mit $\dot{x}_i^2 + \dot{y}_i^2 = 1$ wie folgt gewonnen:

$\dot{x}_i^2 = 1/(1+y_i'^2)$, $\dot{y}_i = \dot{x}_i\, y_i'$, $\operatorname{sgn} \dot{x}_i = \operatorname{sgn}(x_{i+1}-x_i)$, $\operatorname{sgn} \dot{y}_i = \operatorname{sgn}(y_{i+1}-y_i)$.

Im Falle einer horizontalen Tangente in (x_i, y_i) wird gesetzt: $\dot{y}_i = 0$, $\dot{x}_i = 1$; im Falle einer vertikalen Tangente: $\dot{x}_i = 0$, $\dot{y}_i = 1$.

Sind Wertepaare (x_i, y_i) gegeben und die zugehörigen Tangentenvektoren $\vec{t}_i^T = (\dot{x}_i, \dot{y}_i)$ mit $\dot{x}_i^2 + \dot{y}_i^2 = 1$, so wird S_x zu $(t_i, x_i, \dot{x}_i)$ mit $\operatorname{sgn} \dot{x}_i = \operatorname{sgn}(x_{i+1}-x_i)$, S_y zu $(t_i, y_i, \dot{y}_i)$ mit $\operatorname{sgn} \dot{y}_i = \operatorname{sgn}(y_{i+1}-y_i)$ berechnet.

Als Parameter t wird näherungsweise die Bogenlänge verwendet; zur Berechnungsvorschrift für die t_i s. S. 145.

BEMERKUNG 7.4. Bei der Vorgabe von Wertequadrupeln (x_i, y_i, y_i', y_i'') s. [89], S.55ff..

LITERATUR zu 7.9: [1], IV; [79], 5.2; [89], S. 52ff..

7.10 INTERPOLATION BEI FUNKTIONEN MEHRERER VERÄNDERLICHEN.

7.10.1 INTERPOLATIONSFORMEL VON LAGRANGE.

Hier wird nur der Fall zweier unabhängiger Veränderlichen x und y betrachtet mit Funktionen $z = f(x,y)$, $(x,y,z) \in R^3$. Gegeben seien N+1 Interpolationsstellen, die o.B.d.A. mit $(x_j, y_j,\ z_j = f(x_j,y_j))$ bezeichnet werden, mit den paarweise verschiedenen Stützstellen (x_j,y_j), $j = 0(1)N$. Gesucht ist ein algebraisches Polynom möglichst niedrigen Grades $r = \max\{p+q\}$

$$P_r(x,y) = \sum_{p,q} a_{pq}\, x^p y^q \quad \text{mit} \quad P_r(x_j,y_j) = f(x_j,y_j),\quad j = 0(1)N.$$

Hier sind Existenz und Eindeutigkeit der Lösung i.a. nicht gesichert ([2] Bd.1, S.130; [19], Abschnitt 6.6; [32] Bd.III, S.292).

Sind speziell die Stützstellen Eckpunkte (Gitterpunkte) eines rechtwinkligen Netzes, so daß alle Punkte mit x_i = const. auf einer Parallelen zur y-Achse, alle Punkte mit y_k = const. auf einer Parallelen zur x-Achse liegen, und bezeichnet man die Stützstellen mit (x_i,y_k), $i = 0(1)m$, $k = 0(1)n$, die Funktionswerte $f(x_i,y_k)$ mit f_{ik}, so ist die Anordnung der Interpolationsstellen wie folgt gegeben:

(7.17)

	y_0	y_1	$\cdots$	y_n
x_0	f_{00}	f_{01}	$\cdots$	f_{0n}
x_1	f_{10}	f_{11}	$\cdots$	f_{1n}
$\vdots$	$\vdots$	$\vdots$		$\vdots$
x_m	f_{m0}	f_{m1}	$\cdots$	f_{mn}

Diese spezielle Interpolationsaufgabe ist eindeutig lösbar durch

$$\phi(x,y) = \sum_{i=0}^{m} \sum_{k=0}^{n} a_{ik}\, x^i\, y^k$$

([32] Bd.III, S.292). Die Interpolationsformel von Lagrange für die Stützstellenverteilung (7.17) erhält mit

$$(7.18)\quad \begin{cases} L_i^{(1)}(x) = \dfrac{(x-x_0)\cdots(x-x_{i-1})(x-x_{i+1})\cdots(x-x_m)}{(x_i-x_0)\cdots(x_i-x_{i-1})(x_i-x_{i+1})\cdots(x_i-x_m)}, \\[2ex] L_k^{(2)}(y) = \dfrac{(y-y_0)\cdots(y-y_{k-1})(y-y_{k+1})\cdots(y-y_n)}{(y_k-y_0)\cdots(y_k-y_{k-1})(y_k-y_{k+1})\cdots(y_k-y_n)} \end{cases}$$

die Form

$$\Phi(x,y) \equiv L(x,y) = \sum_{i=0}^{m} \sum_{k=0}^{n} L_i^{(1)}(x)\, L_k^{(2)}(y) f_{ik} \,.$$

In (7.18) müssen die Stützstellen zwar nicht äquidistant sein, jedoch ist $x_{i+1}-x_i = h_i^{(1)}$ = const. für alle y_k und festes i,

$y_{k+1}-y_k = h_k^{(2)}$ = const. für alle x_i und festes k.

Über die Lagrangesche Interpolationsformel für äquidistante Stützstellen $h_i^{(1)}$ = const., $h_k^{(2)}$ = const., über die Formeln von Newton, Bessel, Gauß und Stirling für die Stützstellenverteilung (7.17) und äquidistante Stützstellen s. [2] Bd.1, S.134/135; [43], S.110ff..

BEMERKUNG 7.5. Zur Approximation von Funktionen mehrerer Veränderlichen vgl. noch [6], § 25; [32] Bd.III, S.348-350; die Verfahren sind weniger weit entwickelt als bei Funktionen einer Veränderlichen. Es empfiehlt sich die Verwendung mehrdimensionaler Splines.

LITERATUR zu. 7.10.1: [2] Bd.1, 2.12; [19], 6.6; [20], 7.11; [32], H § 6; [43], § 13.

7.10.2 ZWEIDIMENSIONALE POLYNOM-SPLINES DRITTEN GRADES.

Gegeben seien in der x,y-Ebene ein Rechteckgitter

$$R = \left\{ (x_i,y_i) \;\middle|\; \begin{array}{l} a = x_0 < x_1 < \ldots < x_n = b \\ c = y_0 < y_1 < \ldots < y_m = d \end{array} \right\}$$

und den Punkten (x_i,y_j) zugeordnete Höhen über der x,y-Ebene

$$u_{ij} := u(x_i,y_j)\,, \quad i = 1(1)n, \quad j = 1(1)m\,.$$

Gesucht ist eine die Ordinaten u_{ij} interpolierende möglichst glatte Fläche über der x,y-Ebene, die durch eine zweidimensionale Splinefunktion $S = S(x,y)$, $(x,y) \in R$, beschrieben wird. Dazu wird für jedes Rechteck

$$\text{(7.19)} \qquad R_{ij} = \left\{(x,y) \;|\; x_i \le x \le x_{i+1} \;;\; y_j \le y \le y_{j+1}\right\}$$

eine Funktion f_{ij} mit

$$f_{ij}(x,y) = \sum_{k,l=0}^{3} a_{ijkl}\,\varphi_{ik}(x)\,\varphi_{jl}(y)\,, \quad i = 0(1)n-1, \quad j = 0(1)m-1$$

angesetzt. Die Funktionen φ_{ik}, φ_{jl} sind zunächst beliebig, müssen aber zweimal stetig differenzierbar sein; sie sind intervallabhängig (charakterisiert durch i,j); es gilt dann

$$S(x,y) \equiv f_{ij}(x,y) \quad \text{für } (x,y) \in R_{ij}\,, \quad i = 0(1)n-1, \quad j = 0(1)m-1 .$$

Die 16 n·m Koeffizienten a_{ijkl} werden so bestimmt, daß S auf ganz R zweimal stetig differenzierbar ist und

$$S(x_i,y_j) = u_{ij}$$

gilt.

Wählt man speziell

$$\begin{cases} \varphi_{ik}(x) = (x-x_i)^k\,, & k = 0(1)3\,, \quad i = 0(1)n-1\,, \\ \varphi_{jl}(y) = (y-y_j)^l\,, & l = 0(1)3\,, \quad j = 0(1)m-1\,, \end{cases}$$

so ergeben sich die zweidimensionalen Polynom-Splines dritten Grades der Darstellung

$$S(x,y) \equiv f_{ij}(x,y) = \sum_{k=0}^{3}\sum_{l=0}^{3} a_{ijkl}(x-x_i)^k(y-y_j)^l$$

$$\text{für } (x,y) \in R_{ij}\,, \quad i = 0(1)n-1, \quad j = 0(1)m-1 .$$

Wie bei den eindimensionalen kubischen Polynom-Splines in den Randpunkten des Definitionsintervalls, muß man sich hier gewisse Bedingungen auf dem Rand des Rechtecks R vorgeben. Eine Möglichkeit dafür ist die Vorgabe der partiellen Ableitungen u_x, u_y, u_{xy} auf dem Rand von R. Ein mit diesen Randbedingungen arbeitender Algorithmus ist in [89], S.111ff. bzw. in [115] angegeben. In seinem Verlaufe werden die partiellen Ableitungen u_x, u_y, u_{xy} in den Gitterpunkten (x_i,y_j) im Innern von R mit Hilfe linearer Gleichungssysteme berechnet. Davon abweichend verwendet das in P 7.10.2 angegebene Unterprogramm KUZEDI zur Berechnung der Koeffizienten a_{ijkl} von S vorgegebene Werte dieser Ableitungen. Diese Werte müssen vor Benutzung des Unterprogramms z.B. mit Hilfe eines Verfahrens der numerischen Differentiation (s. Kapitel 8) näherungsweise ermittelt werden.

BEMERKUNG 7.6. Gegenüber der zweidimensionalen Interpolation durch ein einziges algebraisches Polynom bietet die zweidimensionale Spline-Interpolation einen wesentlichen Vorteil, denn die Existenz und Eindeutigkeit der Lösung für ein Rechteckgitter ist gesichert.

LITERATUR zu 7.10.2: [12], VII; [55]; [61]; [78]; [89], 8; [90]; [115].

7.11 ENTSCHEIDUNGSHILFEN BEI DER AUSWAHL DES ZWECKMÄSSIGSTEN VERFAHRENS ZUR ANGENÄHERTEN DARSTELLUNG EINER STETIGEN FUNKTION.

A. Ein *algebraisches Interpolationspolynom* (Abschnitt 7.1 bis 7.7) dient zur angenäherten Darstellung einer als stetig vorausgesetzten Funktion f, von der nur ihre Werte $f(x_i)$ an den Stützstellen x_i, $i = 0(1)n$, bekannt sind. Zu n+1 Interpolationsstellen $(x_i, y_i = f(x_i))$ mit paarweise verschiedenen Stützstellen $x_i \in I_x$ existiert genau ein Interpolationspolynom $\Phi = \Phi(x)$ vom Höchstgrad n bzw. $\tilde{\Phi} = \tilde{\Phi}(t)$ bei äquidistanten Stützstellen.
Das Interpolationspolynom Φ bzw. $\tilde{\Phi}$ kann durch verschiedene Interpolationsformeln dargestellt werden. Welche Interpolationsformeln verwendet man zweckmäßig, wenn eine bestimmte Aufgabe vorliegt? Zunächst erscheint die Frage überflüssig, da alle Interpolationsformeln zu einem System von Interpolationsstellen ein und dasselbe Interpolationspolynom Φ bzw. $\tilde{\Phi}$ darstellen. Die Frage gewinnt aber dann an Bedeutung, wenn bei der Berechnung eines Wertes $\Phi(\bar{x})$ bzw. $\tilde{\Phi}(\bar{t})$ mit $\bar{x} = x_0 + \bar{t}h$ nicht alle n+1 Glieder des Interpolationspolynoms Φ bzw. $\tilde{\Phi}$ verwendet werden sollen, sondern z.B. nur die ersten j Glieder mit $j < n+1$ oder wenn man sich nicht im voraus entscheiden möchte, mit wievielen Interpolationsstellen man arbeiten will. In dem genannten Fall sind die Formeln von Lagrange ungünstig, weil dort jedes Glied von sämtlichen verwendeten Stützstellen abhängt und somit alle Glieder neu berechnet werden müssen, wenn sich die Anzahl der Interpolationsstellen ändert.

Interessiert nicht das Interpolationspolynom Φ in allgemeiner Gestalt, sondern nur sein Wert $\Phi(\bar{x})$ an einer (oder wenigen) Stelle(n) $\bar{x}$, so benutzt man zu dessen Berechnung zweckmäßig das Interpolationsschema von Aitken (Abschnitt 7.3). Das Verfahren erlaubt, stufenweise neue Interpolationsstellen hinzuzunehmen; dabei müssen die Stützstellen nicht monoton angeordnet sein.

Bei allen *Interpolationsformeln für äquidistante Stützstellen*, die man mit Hilfe des Frazerdiagramms aufstellen kann, hängt ein beliebiges k-tes Glied nur von jeweils k bzgl. des Index benachbarten Interpolationsstellen ab, d.h. die aus den ersten k Gliedern gebildete Formel stellt ein Polynom vom Höchstgrad k-1 dar. Das Hinzunehmen neuer Interpolationsstellen hat zur Folge, daß *ohne* Veränderung der ersten k Glieder neue Glieder hinzugefügt werden. Mit jeder neuen Interpolationsstelle kommt ein Glied hinzu und der Höchstgrad des Polynoms wächst um eins.
Mit wachsender Zahl von Interpolationsstellen werden i.a. die Binomialkoeffizienten bei den Differenzen höherer Ordnung rasch kleiner. Zusammen mit den Aussagen über das Verhalten des Restgliedes $\tilde{R}(t)$ in Abschnitt 7.7 ergeben sich folgende Richtlinien über eine zweckmäßige Auswahl von Interpolationsformeln für äquidistante Stützstellen, wenn ϕ bzw. $\tilde{\phi}$ an einer festen Stelle $\bar{x}$ bzw. $\bar{t}$ nur näherungsweise berechnet werden soll, indem *nicht* alle n+1 Glieder verwendet werden, sondern nur die ersten p. Die Anzahl p richtet sich danach, wie schnell die Differenzen höherer Ordnung abnehmen. Für solche Argumente $\bar{x}$ bzw. $\bar{t}$, die

1. am Anfang des Intervalls liegen, ist die Newtonsche Formel $\tilde{N}_+$ für absteigende Differenzen besonders geeignet;
2. am Ende des Intervalls liegen, ist die Newtonsche Formel $\tilde{N}_-$ für aufsteigende Differenzen besonders geeignet;
3. in der Nähe der mittleren Stützstellen liegen, ist die Stirlingsche Formel $\tilde{S}(t) = \frac{1}{2}\left(\tilde{G}_1(t) + \tilde{G}_2(t)\right)$ besonders geeignet (Wahl einer ungeraden Anzahl von Stützstellen, etwa $x_{j-3}, x_{j-2}, x_{j-1}, x_j, x_{j+1}, x_{j+2}, x_{j+3}$, so daß $\bar{x}$ in der Nähe von x_j liegt); ebenso sind die beiden Gaußschen Formeln $\tilde{G}_1$ und $\tilde{G}_2$ geeignet;
4. genau oder annähernd in der Mitte zwischen zwei Stützstellen liegen (etwa zwischen x_j und x_{j+1}, wenn eine gerade Anzahl von Stützstellen $x_{j-3}, x_{j-2}, x_{j-1}, x_j, x_{j+1}, x_{j+2}, x_{j+3}, x_{j+4}$ vorliegt), ist die Besselsche Formel $\tilde{B}$ besonders geeignet.

Sind x_i die n+1 Stützstellen des Interpolationsintervalls I_x und verwendet man zur näherungsweisen Bestimmung von $\phi(\bar{x})$ bzw. $\tilde{\phi}(\bar{t})$ nur $p < n+1$, dann ergibt sich ein Polynom ϕ^* bzw. $\tilde{\phi}^*$ vom Grade $\leq p-1$ mit $\phi^*(\bar{x}) \approx \phi(\bar{x})$ bzw. $\tilde{\phi}^*(\bar{t}) \approx \tilde{\phi}(\bar{t})$. Mit den angegebenen Regeln 1. bis 4. will man erreichen, daß $\bar{x}$ dann etwa in der Mitte der p verwendeten Stützstellen $x_i \in I_p \subset I_x$ liegt. Legt man vor Beginn der Rechnung bereits den Höchstgrad p von ϕ^* bzw. $\tilde{\phi}^*$ fest, so kann man direkt unter den gegebenen n+1 Interpolationsstellen p+1 benachbarte zur Aufstellung von ϕ^* so auswählen, daß $\bar{x}$ etwa in der Mitte von I_p liegt, vgl. Abschnitt

7.7. In diesem Fall braucht man die Regeln 1. bis 4. nicht zu beachten, denn dann liefert jede Interpolationsformel zu den gewählten p+1 Stellen ein und denselben Wert $\phi^*(\bar{x})$.

Grundsätzlich soll noch bemerkt werden, daß es sich in der *Praxis* kaum lohnt, mit Interpolationspolynomen vom Grad $n > 5$ zu arbeiten, da solche Polynome in ihrem Verlauf zu einer starken Welligkeit neigen.

Überhaupt sind Polynome zur Interpolation glatter Funktionen nicht besonders gut geeignet. Besser eignen sich hier rationale Funktionen; damit ist außerdem Interpolation auch noch in der Nähe von Polstellen möglich. Die Bestimmung der Koeffizienten von ϕ ist bei *rationaler Interpolation* jedoch weitaus komplizierter als bei der Polynominterpolation, sie führt auf nichtlineare Gleichungssysteme, s. deshalb unter B. Literatur zur rationalen Interpolation: [41], S.58ff.

B. Die *Interpolation mittels Polynom-Splines* (Abschnitte 7.8, 7.9, 7.10.2) empfiehlt sich wegen der besonders guten Approximationseigenschaften überall dort, wo man eine möglichst *glatte Kurve* bzw. *Fläche* konstruieren möchte (z.B. in der Karosseriekonstruktion, im Schiffsbau, im Flugzeugbau usw.). Hat man neben den Stützwerten y_i auch noch Ableitungen an den Stützstellen gegeben, so sollte man mit *Hermite-Splines* arbeiten, um eine besonders gute Anpassung zu erreichen.
Im Falle periodischer Funktionen f arbeitet man mit *periodischen Splines*, sofern neben den Funktionswerten auch die Werte der ersten und zweiten Ableitungen im Anfangs- und Endpunkt des Periodenintervalls übereinstimmen. Stimmen nur die Funktionswerte überein, aber nicht die Ableitungswerte, so arbeitet man mit *natürlichen Splines*, die für ein Periodenintervall konstruiert werden. Zur Konstruktion möglichst glatter Kurven, die sich nicht in expliziter Form $\eta = S(x)$ durch eine Splinefunktion näherungsweise beschreiben lassen (z.B. Kurven mit Doppelpunkt oder geschlossene Kurven), verwendet man *natürliche bzw. periodische parametrische Splines*. Für die Darstellung geschlossener überall glatter Kurven verwendet man *periodische parametrische Splines*.

C. Sind die Stützwerte y_i durch *Messungen* ermittelt, so können sie mit erheblichen Fehlern behaftet sein, stark streuen und zudem unterschiedlich genau sein (s. Bemerkung 6.4). Dann empfiehlt sich Approximation nach der diskreten Gaußschen *Fehlerquadratmethode* (Abschnitt 6.2.2), wenn man eine ziemlich genaue Vorstellung von der Gestalt der Approximationsfunktion ϕ hat.
Existiert jedoch keine Modellvorstellung, so sollte man *Ausgleichssplines* verwenden, s. dazu Bemerkung 7.3 in Abschnitt 7.8.3. Bei der *Approximation periodischer Funktionen* ist gemäß Abschnitt 6.4 zu verfahren.

D. Ist, wie z.B. bei der Bestimmung von Funktionswerten transzendenter Funktionen in DVA, eine gleichmäßige Fehlerschranke für alle Argumentwerte $x \in [a,b]$ vorgeschrieben, so wendet man die gleichmäßige Approximation durch Tschebyscheff-Polynome (Abschnitt 6.3) an.

LITERATUR zu 7.11: [1], VII; [2] Bd.1, 2.6, 2.7; [3], 7.35; [14], 8d; [19], 6.3.3; [20], 7.8; [29] II, 8.7; [31] Bd.II, 8; [35], 2.4; [38], 3; [41], I § 3; [87], 6.6.

8. NUMERISCHE DIFFERENTIATION.

8.1 DIFFERENTIATION MIT HILFE EINES INTERPOLATIONSPOLYNOMS.

8.1.1 BERECHNUNG DER ERSTEN ABLEITUNG AN EINER BELIEBIGEN STELLE.

Durch Ableitung der in Abschnitt 7.6 angegebenen Interpolationsformeln 1.-6. in ihrer allgemeinen Form (Stützstellen $x_j,\ldots,x_{j+n}$) zu äquidistanten Stützstellen kann man näherungsweise die erste Ableitung einer Funktion f an einer beliebigen Stelle bestimmen. Mit $t=(x-x_j)/h$ gilt

1. $$N'_+(x) = \frac{1}{h}\tilde{N}'_+(t) = \frac{1}{h}\Big(\Delta^1_{j+1/2} + \frac{2t-1}{2!}\Delta^2_{j+1} + \frac{3t^2-6t+2}{3!}\Delta^3_{j+3/2} + \frac{4t^3-18t^2+22t-6}{4!}\Delta^4_{j+2} + \ldots + \frac{1}{n!}\sum_{k=0}^{n-1}\frac{\prod\limits_{i=0}^{n-1}(t-i)}{t-k}\Delta^n_{j+n/2}\Big),$$

2. $$N'_-(x) = \frac{1}{h}\tilde{N}'_-(t) = \frac{1}{h}\Big(\Delta_{j-1/2} + \frac{2t+1}{2!}\Delta^2_{j-1} + \frac{3t^2+6t+2}{3!}\Delta^3_{j-3/2} + \frac{4t^3+18t^2+22t+6}{4!}\Delta^4_{j-2} + \ldots + \frac{1}{n!}\sum_{k=0}^{n-1}\frac{\prod\limits_{i=0}^{n-1}(t+i)}{t+k}\Delta^n_{j-n/2}\Big),$$

3. $$G'_1(x) = \frac{1}{h}\tilde{G}'_1(t) = \frac{1}{h}\Big(\Delta^1_{j-1/2} + \frac{2t+1}{2!}\Delta^2_j + \frac{3t^2-1}{3!}\Delta^3_{j-1/2} + \frac{4t^3+6t^2-2t-2}{4!}\Delta^4_j + \ldots\Big),$$

4. $$G'_2(x) = \frac{1}{h}\tilde{G}'_2(t) = \frac{1}{h}\Big(\Delta^1_{j+1/2} + \frac{2t-1}{2!}\Delta^2_j + \frac{3t^2-1}{3!}\Delta^3_{j+1/2} + \frac{4t^3-6t^2-2t+2}{4!}\Delta^4_j + \ldots\Big),$$

5. $$S'(x) = \frac{1}{h}\tilde{S}'(t) = \frac{1}{h}\Big(\frac{1}{2}(\Delta^1_{j-1/2} + \Delta^1_{j+1/2}) + t\Delta^2_j + \frac{1}{2}\frac{3t^2-1}{3!}(\Delta^3_{j-1/2} + \Delta^3_{j+1/2}) + \frac{4t^3-2t}{4!}\Delta^4_j + \ldots\Big),$$

6. $$B'(x) = \frac{1}{h}\tilde{B}(t) = \frac{1}{h}\Big(\Delta^1_{j+1/2} + \frac{1}{2}\frac{2t-1}{2!}(\Delta^2_j + \Delta^2_{j+1}) + \frac{3t^2-3t+1/2}{3!}\Delta^3_{j+1/2} + \ldots\Big).$$

Das Restglied folgt durch Differentiation des Restgliedes der Interpolationsformel. Rechnungsfehler wirken sich infolge Auslöschung sicherer Stellen stark aus. Sogar an den Stützstellen, wo f und das zugehörige Interpolationspolynom ϕ übereinstimmen, kann ϕ' von f' stark abweichen (aufrauhende Wirkung der Differentiation).

Formeln zur näherungsweisen Differentiation mit Hilfe von Interpolationspolynomen für beliebig verteilte Stützstellen finden sich in [2] Bd.1, S.157-162.

8.1.2 TABELLE ZUR BERECHNUNG DER ERSTEN UND ZWEITEN ABLEITUNGEN AN STÜTZSTELLEN.

Gegeben seien Wertepaare $(x_i, y_i = f(x_i))$, $i = 0(1)n$. Gesucht sind Näherungswerte Y'_i, Y''_i für die Ableitungen $y'_i = f'(x_i)$, $y''_i = f''(x_i)$. Es gilt

$$y'_i = Y'_i + \text{Restglied}, \quad y''_i = Y''_i + \text{Restglied}.$$

Die folgende Tabelle gibt die gesuchten Näherungswerte Y'_i bzw. Y''_i, $i = 0(1)n$, $n = 2(1)6$ bzw. $n = 2,3,4$, an. Sie werden über Interpolationspolynome gewonnen. Die Anzahl $n+1$ der verwendeten Stützstellen ist jeweils in der Tabelle angegeben. Die Restgliedkoeffizienten sind jeweils in den mittleren Stützstellen des Interpolationsintervalls $[x_0,x_n]$ am kleinsten. Es empfiehlt sich daher, wenn genügend Interpolationsstellen vorliegen, diese von Schritt zu Schritt durch Erhöhung des Index i um 1 so umzunumerieren, daß zur Ermittlung von Y'_i bzw. Y''_i jeweils die Formeln für die mittleren Stützstellen verwendet werden. Doch auch hier wirken sich Rechnungsfehler infolge Auslöschung sicherer Stellen stark aus.

Anzahl der Interpolationsstellen	Näherungswerte Y'_i, Y''_i	Restglied ($\xi, \xi_1, \xi_2 \in [x_0,x_n]$)
3	$Y'_0 = \frac{1}{2h}(-3y_0 + 4y_1 - y_2)$	$\frac{h^2}{3} f'''(\xi)$
	$Y'_1 = \frac{1}{2h}(-y_0 + y_2)$	$-\frac{h^2}{6} f'''(\xi)$
	$Y'_2 = \frac{1}{2h}(y_0 - 4y_1 + 3y_2)$	$\frac{h^2}{3} f'''(\xi)$
	$Y''_0 = \frac{1}{h^2}(y_0 - 2y_1 + y_2)$	$-hf'''(\xi_1) + \frac{h^2}{6} f^{(4)}(\xi_2)$
	$Y''_1 = \frac{1}{h^2}(y_0 - 2y_1 + y_2)$	$-\frac{h^2}{12} f^{(4)}(\xi)$
	$Y''_2 = \frac{1}{h^2}(y_0 - 2y_1 + y_2)$	$hf'''(\xi_1) + \frac{h^2}{6} f^{(4)}(\xi_2)$

Anzahl der Interpolationsstellen	Näherungswerte Y'_i, Y''_i	Restglied ($\xi, \xi_1, \xi_2 \in [x_0, x_n]$)
4	$Y'_0 = \frac{1}{6h}(-11y_0 + 18y_1 - 9y_2 + 2y_3)$	$-\frac{h^3}{4} f^{(4)}(\xi)$
	$Y'_1 = \frac{1}{6h}(-2y_0 - 3y_1 + 6y_2 - y_3)$	$\frac{h^3}{12} f^{(4)}(\xi)$
	$Y'_2 = \frac{1}{6h}(y_0 - 6y_1 + 3y_2 + 2y_3)$	$-\frac{h^3}{12} f^{(4)}(\xi)$
	$Y'_3 = \frac{1}{6h}(-2y_0 + 9y_1 - 18y_2 + 11y_3)$	$\frac{h^3}{4} f^{(4)}(\xi)$
	$Y''_0 = \frac{1}{6h^2}(12y_0 - 30y_1 + 24y_2 - 6y_3)$	$\frac{11}{12} h^2 f^{(4)}(\xi_1) - \frac{h^3}{10} f^{(5)}(\xi_2)$
	$Y''_1 = \frac{1}{6h^2}(6y_0 - 12y_1 + 6y_2)$	$-\frac{h^2}{12} f^{(4)}(\xi_1) + \frac{h^3}{30} f^{(5)}(\xi_2)$
	$Y''_2 = \frac{1}{6h^2}(6y_1 - 12y_2 + 6y_3)$	$-\frac{h^2}{12} f^{(4)}(\xi_1) - \frac{h^3}{30} f^{(5)}(\xi_2)$
	$Y''_3 = \frac{1}{6h^2}(-6y_0 + 24y_1 - 30y_2 + 12y_3)$	$\frac{11}{12} h^2 f^{(4)}(\xi_1) + \frac{h^3}{10} f^{(5)}(\xi_2)$
5	$Y'_0 = \frac{1}{12h}(-25y_0 + 48y_1 - 36y_2 + 16y_3 - 3y_4)$	$\frac{h^4}{5} f^{(5)}(\xi)$
	$Y'_1 = \frac{1}{12h}(-3y_0 - 10y_1 + 18y_2 - 6y_3 + y_4)$	$-\frac{h^4}{20} f^{(5)}(\xi)$
	$Y'_2 = \frac{1}{12h}(y_0 - 8y_1 + 8y_3 - y_4)$	$\frac{h^4}{30} f^{(5)}(\xi)$
	$Y'_3 = \frac{1}{12h}(-y_0 + 6y_1 - 18y_2 + 10y_3 + 3y_4)$	$-\frac{h^4}{20} f^{(5)}(\xi)$
	$Y'_4 = \frac{1}{12h}(3y_0 - 16y_1 + 36y_2 - 48y_3 + 25y_4)$	$\frac{h^4}{5} f^{(5)}(\xi)$
	$Y''_0 = \frac{1}{24h^2}(70y_0 - 208y_1 + 228y_2 - 112y_3 + 22y_4)$	$-\frac{5}{6} h^3 f^{(5)}(\xi_1) + \frac{h^4}{15} f^{(6)}(\xi_2)$
	$Y''_1 = \frac{1}{24h^2}(22y_0 - 40y_1 + 12y_2 + 8y_3 - 2y_4)$	$\frac{h^3}{12} f^{(5)}(\xi_1) - \frac{h^4}{60} f^{(6)}(\xi_2)$
	$Y''_2 = \frac{1}{24h^2}(-2y_0 + 32y_1 - 60y_2 + 32y_3 - 2y_4)$	$\frac{h^4}{90} f^{(6)}(\xi)$
	$Y''_3 = \frac{1}{24h^2}(-2y_0 + 8y_1 + 12y_2 - 40y_3 + 22y_4)$	$-\frac{h^3}{12} f^{(5)}(\xi_1) - \frac{h^4}{60} f^{(6)}(\xi_2)$
	$Y''_4 = \frac{1}{24h^2}(22y_0 - 112y_1 + 228y_2 - 208y_3 + 70y_4)$	$\frac{5}{6} h^3 f^{(5)}(\xi_1) + \frac{h^4}{15} f^{(6)}(\xi_2)$

Anzahl der Interpolationsstellen	Näherungswerte Y'_i	Restglied $(\xi,\xi_1,\xi_2 \in [x_0,x_n])$
6	$Y'_0 = \frac{1}{60h}(-137y_0+300y_1-300y_2+200y_3-75y_4+12y_5)$	$-\frac{h^5}{6}f^{(6)}(\xi)$
	$Y'_1 = \frac{1}{60h}(-12y_0-65y_1+120y_2-60y_3+20y_4-3y_5)$	$\frac{h^5}{30}f^{(6)}(\xi)$
	$Y'_2 = \frac{1}{60h}(3y_0-30y_1-20y_2+60y_3-15y_4+2y_5)$	$-\frac{h^5}{60}f^{(6)}(\xi)$
	$Y'_3 = \frac{1}{60h}(-2y_0+15y_1-60y_2+20y_3+30y_4-3y_5)$	$\frac{h^5}{60}f^{(6)}(\xi)$
	$Y'_4 = \frac{1}{60h}(3y_0-20y_1+60y_2-120y_3+65y_4+12y_5)$	$-\frac{h^5}{30}f^{(6)}(\xi)$
	$Y'_5 = \frac{1}{60h}(-12y_0+75y_1-200y_2+300y_3-300y_4+137y_5)$	$\frac{h^5}{6}f^{(6)}(\xi)$
7	$Y'_0 = \frac{1}{60h}(-147y_0+360y_1-450y_2+400y_3-225y_4+72y_5-10y_6)$	$\frac{h^6}{7}f^{(7)}(\xi)$
	$Y'_1 = \frac{1}{60h}(-10y_0-77y_1+150y_2-100y_3+50y_4-15y_5+2y_6)$	$-\frac{h^6}{42}f^{(7)}(\xi)$
	$Y'_2 = \frac{1}{60h}(2y_0-24y_1-35y_2+80y_3-30y_4+8y_5-y_6)$	$\frac{h^6}{105}f^{(7)}(\xi)$
	$Y'_3 = \frac{1}{60h}(-y_0+9y_1-45y_2+45y_4-9y_5+y_6)$	$-\frac{h^6}{140}f^{(7)}(\xi)$
	$Y'_4 = \frac{1}{60h}(y_0-8y_1+30y_2-80y_3+35y_4+24y_5-2y_6)$	$\frac{h^6}{105}f^{(7)}(\xi)$
	$Y'_5 = \frac{1}{60h}(-2y_0+15y_1-50y_2+100y_3-150y_4+77y_5+10y_6)$	$-\frac{h^6}{42}f^{(7)}(\xi)$
	$Y'_6 = \frac{1}{60h}(10y_0-72y_1+225y_2-400y_3+450y_4-360y_5+147y_6)$	$\frac{h^6}{7}f^{(7)}(\xi)$

LITERATUR zu 8.1: [2] Bd.1,3.2.1-2; [4],2.11; [7], 4.1; [14], 13; [18] Bd.2, 12.1,2; [19], 6.5; [20], 8.1; [30], IV, § 1.3; [34], 6.1; [38], 3.3-4; [43]; [87], 7.

8.2 DIFFERENTIATION MIT HILFE INTERPOLIERENDER KUBISCHER POLYNOM-SPLINES.

Die Grundlage für die Verwendung der Splinefunktionen zur näherungsweisen Differentiation bildet die folgende Aussage ([1], S.27; [32] III, S.269): Es sei f für $x \in [a,b]$ zweimal stetig differenzierbar; S sei die interpolierende kubische Splinefunktion zu den Knoten x_i, $i = 0(1)n$, $n \geq 2$, $a = x_0 < x_1 < x_2 < \ldots < x_n = b$. Für $n \to \infty$ und $h_i = x_{i+1}-x_i \to 0$

streben für $x \in [a,b]$ S gegen f, S' gegen f' und S" gegen f".
Diese Aussage gilt auch für periodische Splines. Durch Differentiation der Splinefunktion (7.12) folgen für $x \in [x_i, x_{i+1}]$

$$(8.1)\quad S'(x) \equiv P_i'(x) = b_i + 2c_i(x-x_i) + 3d_i(x-x_i)^2, \quad i = 0(1)n-1,$$

$$(8.2)\quad S''(x) \equiv P_i''(x) = 2c_i + 6d_i(x-x_i), \quad i = 0(1)n-1,$$

so daß P_i' bzw. P_i'' Näherungsfunktionen für f' bzw. f", $x \in [x_i, x_{i+1}]$, sind.

Die Genauigkeit der Annäherung für f" läßt sich erhöhen, wenn man mit den erhaltenen Werten für $f'(x_i)$ als Funktionswerte noch einmal eine Spline-Interpolation durchführt und die zugehörige Splinefunktion erneut ableitet ("spline-on-spline", [1], S.43 und 49).
Die numerische Differentiation mit Hilfe kubischer Splines läßt i.a. eine bessere Übereinstimmung von S' und f' erwarten, als sie durch die Differentiation eines Interpolationspolynoms erreicht werden kann (siehe Abschnitt 8.1).

LITERATUR zu 8.2: [1], 2.3; 2.5; [12], S.10-15; [20], 8.2; [31] Bd.II, 8.2; [32] Bd.III, S.265; [35], 2.4.3; [41], III § 5.

8.3 DIFFERENTIATION NACH DEM ROMBERG-VERFAHREN.

Gegeben seien eine Funktion $f \in C^{2n}[a,b]$ und eine Schrittweite $h = h_0$.
Gesucht ist ein Näherungswert für $f'(x)$ an der Stelle $x = x_0 \in [a,b]$.

Das Verfahren von Romberg erzeugt nun durch fortgesetzte Halbierung der Schrittweite h und geeignete Linearkombination zugehöriger Approximationen für $f'(x_0)$ Näherungswerte höherer Fehlerordnung für $f'(x_0)$.
Mit $h_j = h/2^j$ für j = 0,1,2,..., d.h. $h_{j+1} = h_j/2$ werden sogenannte zentrale Differenzenquotienten

$$(8.3)\quad D_j^{(0)}(f) := \frac{f(x_0+h_j) - f(x_0-h_j)}{2h_j}$$

gebildet und mit ihnen Linearkombinationen

$$(8.4)\quad D_j^{(k)}(f) := \frac{1}{2^{2k}-1}\left(2^{2k}D_{j+1}^{(k-1)}(f) - D_j^{(k-1)}(f)\right)$$

für j = 0,1,2,..., k = 0(1)n-1, wobei sich das größtmögliche n aus der Voraussetzung $f \in C^{2n}[a,b]$ ergibt. Dann gilt

(8.5) $$f'(x_0) = D_j^k(f) + O(h_j^{2k+2}) ,$$

so daß $D_j^k(f)$ ein Näherungswert der Fehlerordnung h_j^{2k+2} für $f'(x_0)$ ist. Die Rechnung wird zeilenweise nach dem folgenden Schema durchgeführt:

RECHENSCHEMA 8.1 (*Romberg-Verfahren zur numerischen Differentiation*).

$D_j^{(0)}$ s.Gl.(8.3)	$D_j^{(1)} = \frac{4D_{j+1}^{(0)}-D_j^{(0)}}{3}$	$D_j^{(2)} = \frac{16D_{j+1}^{(1)}-D_j^{(1)}}{15}$	...	$D_j^{(m-1)}$ s.Gl.(8.4)	$D_j^{(m)}$ s.Gl.(8.4)
$D_0^{(0)}$					
$D_1^{(0)}$	$D_0^{(1)}$				
$D_2^{(0)}$	$D_1^{(1)}$	$D_0^{(2)}$			
$\vdots$	$\vdots$	$\vdots$	$\ddots$		
$D_{m-1}^{(0)}$	$D_{m-2}^{(1)}$	$D_{m-3}^{(2)}$	...	$D_0^{(m-1)}$	
$D_m^{(0)}$	$D_{m-1}^{(1)}$	$D_{m-2}^{(2)}$	...	$D_1^{(m-1)}$	$D_0^{(m)}$

Das Schema ist solange fortzusetzen ($j = m$),bis zu vorgegebenen $\varepsilon > 0$ die Ungleichung
$$|D_0^{(m)} - D_1^{(m-1)}| < \varepsilon$$
erfüllt ist, sofern $m \leq n$ ist. Dann ist $D_0^{(m)}$ der gesuchte Näherungswert für $f'(x_0)$ mit
$$f'(x_0) = D_0^{(m)}(f) + O(h^{2m+2}) .$$

BEMERKUNG 8.1. Bei zu kleinen Werten von h wird das Resultat durch Rechnungsfehler infolge Auslöschung sicherer Stellen bei der Bildung der $D_j^{(k)}$ verfälscht. Solange die Werte $D_j^{(k)}$ mit wachsendem j sich monoton verhalten, kann man die Rechnung fortsetzen; wenn sie beginnen zu oszillieren, ist die Rechnung abzubrechen, auch wenn die geforderte Genauigkeit noch nicht erreicht ist. Benötigt man eine größere Genauigkeit, so müssen die Funktionswerte genauer angegeben werden. Ein wesentlicher Vorzug des Verfahrens liegt darin, daß sich durch die fortgesetzte Halbierung der Schrittweite schließlich einmal der Wert h_j einstellt, für den Verfahrensfehler und Rundungsfehler etwa gleich groß werden. Wenn die Oszillation beginnt, ist dieser Wert bereits überschritten, und es überwiegen die Rundungsfehler.

LITERATUR zu 8.3: [3], 7.22; [7], 4.2; [14], 13; [18], Bd.2, 12.3; [20], 8.3; [41], III § 8.

9. NUMERISCHE QUADRATUR.

9.1 VORBEMERKUNGEN UND MOTIVATION.

Jede auf einem Intervall I_x stetige Funktion f besitzt dort Stammfunktionen F, die sich nur durch eine additive Konstante unterscheiden, mit

$$\frac{dF(x)}{dx} = F'(x) = f(x), \qquad x \in I_x .$$

Die Zahl $I(f; \alpha,\beta)$ heißt das *bestimmte Integral* der Funktion f über $[\alpha,\beta]$; es gilt der *Hauptsatz der Integralrechnung*

$$(9.1) \qquad I(f; \alpha,\beta) := \int_{\alpha}^{\beta} f(x)dx = F(\beta)-F(\alpha), \qquad [\alpha,\beta] \subset I_x ,$$

f heißt *integrierbar* auf $[\alpha,\beta]$.

In der Praxis ist man in den meisten Fällen auf eine näherungsweise Berechnung bestimmter Integrale $I(f; \alpha,\beta)$ mit Hilfe sogenannter *Quadraturformeln* angewiesen. Die Ursachen dafür können sein:

1. f hat eine Stammfunktion F, die nicht in geschlossener (integralfreier) Form darstellbar ist (z.B. $f(x) = (\sin x)/x$, $f(x) = e^{-x^2}$).
2. f ist nur an diskreten Stellen $x_k \in [\alpha,\beta]$ bekannt.
3. F ist in geschlossener Form darstellbar, jedoch ist die Ermittlung von F oder auch die Berechnung von $F(\alpha)$ und $F(\beta)$ mit Aufwand verbunden.

Ein mögliches Ersatzproblem für die Integration ist z.B. eine Summe

$$I(f; \alpha,\beta) \approx Q(f; \alpha,\beta) = \sum_k A_k f(x_k), \qquad x_k \in [\alpha,\beta],$$

in welche diskrete Stützwerte $f(x_k)$, versehen mit Gewichten A_k, eingehen.

LITERATUR zu 9.1: [20], 9.1; [26], 6.1; [38], S.70; [66], III; [69].

9.2 INTERPOLATIONSQUADRATURFORMELN.

9.2.1 KONSTRUKTIONSMETHODEN.

Von dem Integranden f eines bestimmten Integrals $I(f; a,b)$ seien an n+1 paarweise verschiedenen und nicht notwendig äquidistanten Stützstellen $x_k \in [a,b] \subset [\alpha,\beta]$, $k = 0(1)n$, die Stützwerte $y_k = f(x_k)$ bekannt. Dann liegt es nahe, durch die n+1 Stützpunkte $(x_k, y_k = f(x_k))$ das zugehörige Interpolationspolynom Φ vom Höchstgrad n zu legen und das bestimmte Integral von Φ über $[a,b]$: $I(\Phi ; a,b)$ als Näherungswert für das gesuchte

Integral $I(f; a,b)$ zu benutzen. Mit dem Restglied $R(x)$ der Interpolation gilt

$$f(x) = \phi(x) + R(x), \quad x \in [a,b] .$$

Für das Integral $I(f; a,b)$ erhält man somit

$$(9.2)\quad \begin{cases} I(f; a,b) = \int_a^b f(x)dx = Q(f; a,b) + E(f; a,b) \quad \text{mit} \\ Q(f; a,b) = I(\phi; a,b) = \int_a^b \phi(x)dx, \\ E(f; a,b) = I(R; a,b) = \int_a^b R(x)dx . \end{cases}$$

Nach Ausführung der Integration über ϕ bzw. R liefert $Q(f, a,b)$ die *Quadraturformel* und $E(f; a,b)$ das zugehörige *Restglied der Quadratur*. Die Quadraturformel ϕ dient als Näherungswert für $I(f; a,b)$; es gilt $Q(f; a,b) \approx I(f; a,b)$. Die Summe aus Q und E wird als *Integrationsregel* bezeichnet. Für die Quadraturformel erhält man die Darstellung

$$(9.3)\quad Q(f; a,b) = \sum_{k=0}^{n} A_k f(x_k) .$$

Dabei ergeben sich bei gegebenen Stützstellen x_k und Integrationsgrenzen a,b die *Gewichte* A_k als Lösungen des linearen Gleichungssystems

$$(9.4)\quad \frac{1}{m+1}(b^{m+1} - a^{m+1}) = \sum_{k=0}^{n} A_k x_k^m , \quad m = 0(1)n ,$$

bzw. ausführlich

$$(9.4')\quad \begin{pmatrix} 1 & 1 & 1 & \dots & 1 \\ x_0 & x_1 & x_2 & \dots & x_n \\ x_0^2 & x_1^2 & x_2^2 & \dots & x_n^2 \\ \vdots & \vdots & \vdots & & \vdots \\ x_0^n & x_1^n & x_2^n & \dots & x_n^n \end{pmatrix} \begin{pmatrix} A_0 \\ A_1 \\ A_2 \\ \vdots \\ A_n \end{pmatrix} = \begin{pmatrix} b - a \\ \frac{1}{2}(b^2 - a^2) \\ \frac{1}{3}(b^3 - a^3) \\ \vdots \\ \frac{1}{n+1}(b^{n+1} - a^{n+1}) \end{pmatrix} .$$

Das System (9.4) ist eindeutig lösbar.

Mit dieser Methode kann also zu einem gegebenen Intervall $[a,b]$ und n+1 gegebenen paarweise verschiedenen und nicht notwendig äquidistanten Stützstellen $x_k \in [a,b]$ jeweils eine Interpolationsquadraturformel hergeleitet werden. Sind dann an diesen Stützstellen $x_k \in [a,b]$ Funktionswerte $f(x_k)$ einer über $[a,b]$ zu integrierenden Funktion f bekannt, so liefert die Quadraturformel (9.3) einen Näherungswert für das Integral $I(f;\ a,b)$.

Für das Restglied $E(f;\ a,b)$ der Quadratur gilt mit (9.2)

$$E(f;\ a,b) = \int_a^b R(x)dx = \int_a^b (f(x) - \phi(x))dx\ .$$

Falls also $f - \phi$ in $[a,b]$ das Vorzeichen mehrfach wechselt, heben sich positive und negative Fehler teilweise auf, so daß der resultierende Fehler selbst dann sehr klein werden kann, wenn ϕ keine gute Approximation von f darstellt, d.h. zwischen den Stützstellen stark von f abweicht. Durch Integration werden also Fehler geglättet. Mit (7.10) und $f \in C^{n+1}[a,b]$ erhält man für $E(f;\ a,b)$ die Darstellung

$$(9.5)\ \begin{cases} E(f;\ a,b) = \frac{1}{(n+1)!} \int_a^b f^{(n+1)}(\xi)\ \pi(x)dx \quad \text{mit} \\ \xi = \xi(x,x_0,x_1,\ldots,x_n) \in [a,b], \quad \pi(x) = (x-x_0)(x-x_1)\ldots(x-x_n) \end{cases}$$

bzw.

$$(9.5')\quad E(f;\ a,b) = \frac{1}{(n+1)!} f^{(n+1)}(\xi^*) \int_a^b \pi(x)dx, \qquad \xi^* \in [a,b]\ ,$$

falls überall in $[a,b]$ gilt $\pi(x) \geq 0$ oder $\pi(x) \leq 0$. Allgemein besitzt das Restglied für Funktionen $f \in C^{2n}[a,b]$ die folgende Darstellung:

(1) Unter Verwendung von 2n-1 Stützstellen $x_k \in [a,b]$ gilt

$$E(f;\ a,b) = c_{2n-1} \frac{(b-a)^{2n+1}}{(2n)!} f^{(2n)}(\xi), \quad \xi \in [a,b]\ ,$$

(2) unter Verwendung von 2n Stützstellen $x_k \in [a,b]$ gilt

$$E(f;\ a,b) = c_{2n} \frac{(b-a)^{2n+1}}{(2n)!} f^{(2n)}(\xi), \quad \xi \in [a,b].$$

Die Koeffizienten c_{2n-1} bzw. c_{2n} hängen nur von den Stützstellen ab. In [2], Bd.1, S.186 ff. ist eine Tabelle der c_{2n}, c_{2n-1} für zwei bis elf Stützstellen angegeben. Zur Darstellung des Restgliedes vgl. man auch [14], III, § 10; [19], 7.1; [24], 6; [25], 8.2; [43], S.143-145.

9.2.2 NEWTON-COTES-FORMELN.

Mit Hilfe des linearen Gleichungssystems (9.4) lassen sich spezielle *Quadraturformeln für äquidistante Stützstellen* aufstellen. Die Randpunkte des Integrationsintervalls $[a,b]$ fallen dabei jeweils mit

Stützstellen des zu integrierenden Interpolationspolynoms zusammen. So konstruierte Formeln gehören zur Klasse der Newton-Cotes-Formeln.

Es wird unterschieden zwischen Quadraturformeln vom *geschlossenen* Typ und vom *offenen* Typ. Eine Quadraturformel heißt vom geschlossenen Typ, wenn die Randpunkte des Integrationsintervalls zu den Stützstellen gehören, andernfalls vcm offenen Typ.

Mit einem oberen Index an Q und E wird im folgenden der Name der Quadraturformel gekennzeichnet, mit dem unteren Index die gewählte Schrittweite. Auf die Angabe von f in Q(f; a,b) bzw. E(f; a,b) wird verzichtet.

9.2.2.1 DIE SEHNENTRAPEZFORMEL.

Betrachtet man das Integral von f über $[a,b] = [0,h]$ und wählt die Randpunkte $x_0 = 0$, $x_1 = h$ als Stützstellen, so ergeben sich aus (9.4) wegen $n = 1$, $a = 0$, $b = h$ die Gewichte $A_0 = A_1 = \frac{h}{2}$, so daß die Quadraturformel (9.3) lautet

$$Q^{ST}(0,h) = A_0 f(x_0) + A_1 f(x_1) = \frac{h}{2}(f(0) + f(h)).$$

$Q^{ST}(0,h)$ heißt *Sehnentrapezformel* (ST-Formel). Für das zugehörige Restglied folgt mit (9.5') die Darstellung

$$E^{ST}(0,h) = \frac{1}{2} f''(\xi^*) \int_0^h x(x-h)dx = -\frac{h^3}{12} f''(\xi^*), \quad \xi^* \in [0,h], \; f'' \in C[0,h].$$

Die ST-Formel besitzt somit die *lokale Fehlerordnung* $O(h^3)$. Geometrisch bedeutet $Q^{ST}(0,h)$ die Fläche des der Kurve $y = f(x)$ für $x \in [0,h]$ einbeschriebenen Sehnentrapezes. Zusammengefaßt folgt die *Sehnentrapezregel*

$$\int_0^h f(x)dx = Q^{ST}(0,h) + E^{ST}(0,h) = \frac{h}{2}(f(0)+f(h)) - \frac{h^3}{12} f''(\xi^*), \quad \xi^* \in [0,h].$$

Ist die Integration über ein ausgedehntes Intervall $[\alpha,\beta]$ auszuführen, so zerlegt man $[\alpha,\beta]$ in N Teilintervalle der Länge $h = \frac{\beta-\alpha}{N}$; h heißt *Schrittweite*. Für das Integral von f über $[\alpha,\beta]$ gilt dann die *summierte Sehnentrapezregel*

$$\begin{cases} \int_\alpha^\beta f(x)dx = Q_h^{ST}(\alpha,\beta) + E_h^{ST}(\alpha,\beta) \quad \text{mit} \\ Q_h^{ST}(\alpha,\beta) = \frac{h}{2}\left(f(\alpha) + f(\beta) + 2\sum_{k=1}^{N-1} f(\alpha + kh)\right) \\ E_h^{ST}(\alpha,\beta) = -\frac{\beta-\alpha}{12} h^2 f''(\eta), \quad \eta \in [\alpha,\beta], \; f'' \in C[\alpha,\beta]. \end{cases}$$

Dabei sind $Q_h^{ST}(\alpha,\beta)$ die *summierte ST-Formel* und $E_h^{ST}(\alpha,\beta)$ das *Restglied der summierten ST-Formel*; die globale Fehlerordnung ist $O(h^2)$. Im Falle periodischer Funktionen f sollte grundsätzlich die ST-Formel angewandt werden, vgl. [20], S.287.

9.2.2.2 DIE SIMPSONSCHE FORMEL.

Betrachtet man das Integral von f über $[a,b] = [0,2h]$ und wählt $x_0 = 0$, $x_1 = h$, $x_2 = 2h$ als Stützstellen, so ergeben sich aus (9.4) wegen $n = 2$, $a = 0$, $b = 2h$ die Gewichte $A_0 = A_2 = \frac{1}{3}h$, $A_1 = \frac{4}{3}h$, so daß die Quadraturformel (9.3) lautet

$$Q^S(0,2h) = A_0 f(x_0) + A_1 f(x_1) + A_2 f(x_2) = \frac{h}{3}\left(f(0) + 4f(h) + f(2h)\right) .$$

$Q^S(0,2h)$ heißt *Simpsonsche Formel* (S-Formel). Für das Restglied der S-Formel gilt

$$E^S(0,2h) = -\frac{h^5}{90} f^{(4)}(\xi^*), \quad \xi^* \in [0,2h], \quad f^{(4)} \in C[0,2h] .$$

Die S-Formel besitzt somit die lokale Fehlerordnung $O(h^5)$. Zusammengefaßt folgt die *Simpsonsche Regel*

$$\int_0^{2h} f(x)dx = Q^S(0,2h) + E^S(0,2h) = \frac{h}{3}\left(f(0) + 4f(h) + f(2h)\right) - \frac{h^5}{90} f^{(4)}(\xi^*),$$
$$\xi^* \in [0,2h].$$

Zur Bestimmung des Integrals von f über ein ausgedehntes Intervall $[\alpha,\beta]$ zerlegt man $[\alpha,\beta]$ in 2N Teilintervalle der Länge $h = \frac{\beta-\alpha}{2N}$, so daß die *summierte Simpsonsche Regel* lautet

$$\begin{cases} \int_\alpha^\beta f(x)dx = Q_h^S(\alpha,\beta) + E_h^S(\alpha,\beta) \quad \text{mit} \\ Q_h^S(\alpha,\beta) = \frac{h}{3}\left(f(\alpha) + f(\beta) + 4\sum_{k=0}^{N-1} f(\alpha+(2k+1)h) + 2\sum_{k=1}^{N-1} f(\alpha+2kh)\right), \\ E_h^S(\alpha,\beta) = -\frac{\beta-\alpha}{180} h^4 f^{(4)}(\eta), \quad \eta \in [\alpha,\beta], \quad f^{(4)} \in C[\alpha,\beta] . \end{cases}$$

Dabei ist $Q_h^S(\alpha,\beta)$ die *summierte S-Formel* und $E_h^S(\alpha,\beta)$ das *Restglied der summierten S-Formel*. Die summierte S-Formel besitzt die globale Fehlerordnung $O(h^4)$.

BEMERKUNG 9.1. Ein Nachteil der S-Formel ist, daß immer eine gerade Anzahl von Teilintervallen der Länge h erforderlich ist, um die Formel anwenden zu können. Dieser Nachteil läßt sich aber durch Kombination der S-Formel mit der 3/8-Formel im Falle einer ungeraden Zahl von Teilintervallen immer vermeiden, vgl. dazu Bemerkung 9.2 in Abschnitt 9.2.2.3.

9.2.2.3 DIE 3/8-FORMEL.

Betrachtet man das Integral von f über $[a,b] = [0,3h]$ und wählt $x_0 = 0$, $x_1 = h$, $x_2 = 2h$, $x_3 = 3h$ als Stützstellen, so ergeben sich aus (9.4) wegen $n = 3$, $a = 0$, $b = 3h$ die Gewichte $A_0 = \frac{3}{8}h$, $A_1 = \frac{9}{8}h$, $A_2 = \frac{9}{8}h$, $A_3 = \frac{3}{8}h$. Die Quadraturformel (9.3) lautet damit

$$Q^{3/8}(0,3h) = A_0 f(x_0)+A_1 f(x_1)+A_2 f(x_2)+A_3 f(x_3) = \frac{3h}{8}\big(f(0)+3f(h)+3f(2h)+f(3h)\big).$$

$Q^{3/8}(0,3h)$ heißt 3/8-Formel. Für das Restglied der 3/8-Formel gilt

$$E^{3/8}(0,3h) = -\frac{3}{80}h^5 f^{(4)}(\xi^*), \quad \xi^* \in [0,3h], \quad f^{(4)} \in C[0,3h] .$$

Die lokale Fehlerordnung ist somit $O(h^5)$. Zusammengefaßt folgt die *3/8-Regel*

$$\begin{aligned}\int_0^{3h} f(x)dx &= Q^{3/8}(0,3h) + E^{3/8}(0,3h)\\ &= \frac{3h}{8}\big(f(0)+3f(h)+3f(2h)+f(3h)\big) - \frac{3}{80}h^5 f^{(4)}(\xi^*),\ \xi^* \in [0,3h].\end{aligned}$$

Zur Bestimmung des Integrals von f über ein ausgedehntes Intervall $[\alpha,\beta]$ zerlegt man $[\alpha,\beta]$ in 3N Teilintervalle der Länge $h = \frac{\beta-\alpha}{3N}$, so daß die *summierte 3/8-Regel* lautet

$$\begin{cases}\int_\alpha^\beta f(x)dx = Q_h^{3/8}(\alpha,\beta) + E_h^{3/8}(\alpha,\beta) \quad \text{mit}\\ Q_h^{3/8}(\alpha,\beta) = \frac{3h}{8}\Big(f(\alpha)+f(\beta)+3\sum_{k=1}^{N} f(\alpha+(3k-2)h) +\\ \qquad +3\sum_{k=1}^{N} f(\alpha+(3k-1)h)+2\sum_{k=1}^{N-1} f(\alpha+3kh)\Big),\\ E_h^{3/8}(\alpha,\beta) = -\frac{\beta-\alpha}{80}h^4 f^{(4)}(\eta), \quad \eta \in [\alpha,\beta], \quad f^{(4)} \in C[\alpha,\beta].\end{cases}$$

Dabei ist $Q_h^{3/8}(\alpha,\beta)$ die *summierte 3/8-Formel* und $E_h^{3/8}(\alpha,\beta)$ das *Restglied der summierten 3/8-Formel*. Die summierte 3/8-Formel besitzt die globale Fehlerordnung $O(h^4)$.

BEMERKUNG 9.2 Soll das Integral $I(f;\alpha,\beta)$ von f über $[\alpha,\beta]$ mit der globalen Fehlerordnung $O(h^4)$ berechnet werden bei vorgegebenem h, und ist es nicht möglich, das Intervall $[\alpha,\beta]$ in 2N oder 3N Teilintervalle der Länge h zu zerlegen, so empfiehlt es sich, die Simpsonsche Formel mit der 3/8-Formel zu kombinieren, da beide die Fehlerordnung $O(h^4)$ besitzen.

9.2.2.4 WEITERE NEWTON-COTES-FORMELN.

Bisher wurden drei Newton-Cotes-Formeln angegeben, die sich jeweils durch Integration des Interpolationspolynoms für f zu 2 bzw. 3 bzw. 4 Stützstellen ergaben. Hier werden vier weitere Formeln angegeben zu 5,6,7 und 8 Stützstellen. Diese Formeln werden sofort zusammen mit den Restgliedern aufgeschrieben, so daß sich folgende Regeln ergeben:

4/90-Regel (5 Stützstellen).

$$\int_0^{4h} f(x)dx = \frac{4h}{90}\Big(7f(0)+32f(h)+12f(2h)+32f(3h)+7f(4h)\Big) - \frac{8h^7}{945} f^{(6)}(\xi^*),$$
$$\xi^* \in [0,4h], \quad f^{(6)} \in C[0,4h].$$

Summierte 4/90-Regel. Mit $h = \frac{\beta-\alpha}{4N}$ ist

$$\int_\alpha^\beta f(x)dx = \frac{4h}{90}\Big(7f(\alpha)+7f(\beta)+32\sum_{k=1}^{N} f(\alpha+(4k-3)h)+12\sum_{k=1}^{N} f(\alpha+(4k-2)h) +$$
$$+32\sum_{k=1}^{N} f(\alpha+(4k-1)h)+14\sum_{k=1}^{N-1} f(\alpha+4kh)\Big) - \frac{2(\beta-\alpha)}{945} h^6 f^{(6)}(\eta), \quad \eta \in [\alpha,\beta], \quad f^{(6)} \in C[\alpha,\beta].$$

5/288-Regel (6 Stützstellen).

$$\int_0^{5h} f(x)dx = \frac{5h}{288}\Big(19f(0)+75f(h)+50f(2h)+50f(3h)+75f(4h)+19f(5h)\Big)+$$
$$- \frac{275}{12096} h^7 f^{(6)}(\xi^*), \quad \xi^* \in [0,5h], \quad f^{(6)} \in C[0,5h].$$

Summierte 5/288-Regel. Mit $h = \frac{\beta-\alpha}{5N}$ ist

$$\int_\alpha^\beta f(x)dx = \frac{5h}{288}\Big(19f(\alpha)+19f(\beta)+75\sum_{k=1}^{N} f(\alpha+(5k-4)h) +$$
$$+50\sum_{k=1}^{N} f(\alpha+(5k-3)h)+50\sum_{k=1}^{N} f(\alpha+(5k-2)h) +$$
$$+75\sum_{k=1}^{N} f(\alpha+(5k-1)h)+38\sum_{k=1}^{N-1} f(\alpha+5kh)\Big) - \frac{55(\beta-\alpha)}{12096} h^6 f^{(6)}(\eta),$$
$$\eta \in [\alpha,\beta], \quad f^{(6)} \in C[\alpha,\beta].$$

6/840-Regel (7 Stützstellen).

$$\int_0^{6h} f(x)dx = \frac{6h}{840}\Big(41f(0)+216f(h)+27f(2h)+272f(3h)+27f(4h)+216f(5h)+ + 41f(6h)\Big) - \frac{9}{1400}h^9 f^{(8)}(\xi^*),\quad \xi^* \in [0,6h],\quad f^{(8)} \in C[0,6h].$$

Summierte 6/840-Regel. Mit $\frac{\beta-\alpha}{6N}$ ist

$$\int_\alpha^\beta f(x)dx = \frac{6h}{840}\Big(41f(\alpha)+41f(\beta)+216\sum_{k=1}^{N} f(\alpha+(6k-5)h) + 27\sum_{k=1}^{N} f(\alpha+(6k-4)h)+272\sum_{k=1}^{N} f(\alpha+(6k-3)h) + 27\sum_{k=1}^{N} f(\alpha+(6k-2)h)+216\sum_{k=1}^{N} f(\alpha+(6k-1)h + 82\sum_{k=1}^{N-1} f(\alpha+6kh)\Big) - \frac{3(\beta-\alpha)}{2800}h^8 f^{(8)}(\eta),\quad \eta\in[\alpha,\beta],\quad f^{(8)} \in C[\alpha,\beta].$$

7/17280-Regel. (8 Stützstellen).

$$\int_0^{7h} f(x)dx = \frac{7h}{17280}\Big(751f(0)+3577f(h)+1323f(2h)+2989f(3h)+2989f(4h)+ +1323f(5h)+3577f(6h)+751f(7h)\Big) - \frac{8163}{518400}h^9 f^{(8)}(\xi^*),$$

$$\xi^* \in [0,7h],\quad f^{(8)} \in C[0,7h].$$

Summierte 7/17280-Regel. Mit $h = \frac{\beta-\alpha}{7N}$ ist

$$\int_\alpha^\beta f(x)dx = \frac{7h}{17280}\Big(751f(\alpha)+751f(\beta)+3577\sum_{k=1}^{N} f(\alpha+(7k-6)h) + 1323\sum_{k=1}^{N} f(\alpha+(7k-5)h) + 2989\sum_{k=1}^{N} f(\alpha+(7k-4)h) + 2989\sum_{k=1}^{N} f(\alpha+(7k-3)h) + 1323\sum_{k=1}^{N} f(\alpha+(7k-2)h) + 3577\sum_{k=1}^{N} f(\alpha+(7k-1)h) + 1502\sum_{k=1}^{N-1} f(\alpha+7kh)\Big) - \frac{8163(\beta-\alpha)}{3628800}h^8 f^{(8)}(\eta),$$

$$\eta \in [\alpha,\beta],\quad f^{(8)} \in C[\alpha,\beta].$$

Eine Herleitung der Restglieder aller Newton-Cotes-Formeln ist in [10] Bd. 1, 3.4.2; [19], S.323/4; [24], 6.1 und [43], S.144-146 zu finden.

Ist n+1 die Anzahl der verwendeten Stützstellen und bezeichnen wir mit $O(h^q)$ die lokale Fehlerordnung, so gilt für

1) gerades n+1: $q = n+2$,
2) ungerades n+1: $q = n+3$.

Die globale Fehlerordnung ist jeweils $O(h^{q-1})$.

Die genannten Newton-Cotes-Formeln sind Formeln vom geschlossenen Typ; Newton-Cotes-Formeln vom offenen Typ sind in [4], S.75 zu finden. Bei wachsendem Grad des integrierten Interpolationspolynoms, d.h. bei wachsender Anzahl (> 8) verwendeter Stützstellen, treten negative Gewichte auf, so daß die Quadraturkonvergenz nicht mehr gesichert ist (s. Abschnitt 9.6). Außerdem differieren die Koeffizienten bei zunehmendem Grad immer stärker voneinander, was zum unerwünschten Anwachsen von Rundungsfehlern führen kann. Deshalb werden zur Integration über große Intervalle anstelle von Formeln höherer Ordnung besser summierte Formeln niedrigerer Fehlerordnung mit hinreichend kleiner Schrittweite h oder das Romberg-Verfahren (Abschnitt 9.5) verwendet.

9.2.3 QUADRATURFORMELN VON MACLAURIN.

Bei den Formeln von Maclaurin liegen die Stützstellen jeweils in der Mitte eines Teilintervalls der Länge h, es sind also Formeln vom offenen Typ. Gewichte und Restglieder können z.B. mittels Taylorabgleich bestimmt werden.

9.2.3.1 DIE TANGENTENTRAPEZFORMEL.

Betrachtet man das Integral von f über $[a,b] = [0,h]$, wählt nur eine Stützstelle x_0 in $[0,h]$ und fordert, daß diese möglichst günstig liegt, so daß sich Polynome vom Grad 0 und 1 exakt integrieren lassen,so ergeben sich aus (9.4) mit n = 1 die Lösungen $A_0 = h$, $x_0 = \frac{h}{2}$. Die Quadraturformel (9.3) lautet

$$Q^{TT}(0,h) = A_0 f(x_0) = h\, f(\tfrac{h}{2}) .$$

$Q^{TT}(0,h)$ heißt Tangententrapezformel (TT-Formel), da sie geometrisch den Flächeninhalt des Trapezes bedeutet, dessen vierte Seite von der Tangente

an f(x) im Punkt $(\frac{h}{2}, f(\frac{h}{2}))$ gebildet wird.
Für das zugehörige Restglied folgt

$$E^{TT}(0,h) = \frac{h^3}{24} f''(\xi^*), \qquad \xi^* \in [0,h], \quad f'' \in C[0,h].$$

Die lokale Fehlerordnung ist $O(h^3)$.
Zusammengefaßt folgt die *Tangententrapezregel*

$$\begin{cases} \int_0^h f(x)dx = Q^{TT}(0,h) + E^{TT}(0,h) \quad \text{mit} \\ Q^{TT}(0,h) = h\, f(\frac{h}{2}) , \\ E^{TT}(0,h) = \frac{h^3}{24} f''(\xi^*), \quad \xi^* \in [0,h] , \quad f'' \in C[0,h] . \end{cases}$$

Zur Bestimmung des Integrals von f über ein ausgedehntes Intervall $[\alpha,\beta]$ zerlegen wir $[\alpha,\beta]$ in N Teilintervalle der Länge $h = \frac{\beta-\alpha}{N}$, so daß die *summierte Tangententrapezregel* lautet

$$\begin{cases} \int_\alpha^\beta f(x)dx = Q_h^{TT}(\alpha,\beta) + E_h^{TT}(\alpha,\beta) \quad \text{mit} \\ Q_h^{TT}(\alpha,\beta) = h \sum_{k=0}^{N-1} f(\alpha+(2k+1)\frac{h}{2}) , \\ E_h^{TT}(\alpha,\beta) = \frac{h^2}{24} (\beta-\alpha)\, f''(\eta), \quad \eta \in [\alpha,\beta], \quad f'' \in C[\alpha,\beta] . \end{cases}$$

BEMERKUNG 9.3. Die beiden Trapezformeln (ST und TT) sind von derselben Fehlerordnung. Der Restgliedkoeffizient der TT-Formel ist nur halb so groß wie der der ST-Formel. Außerdem ist bei der Integration nach der TT-Formel stets ein Funktionswert weniger zu berechnen, da als Stützstellen die Intervallmitten genommen werden.

9.2.3.2 WEITERE MACLAURIN-FORMELN.

Im folgenden werden noch die Formeln für 2,3,4 und 5 Stützstellen angegeben und zusammen mit den zugehörigen Restgliedern als Integrationsregeln aufgeschrieben.

Regel zu 2 Stützstellen.

$$\int_0^{2h} f(x)dx = h\left(f(\frac{h}{2}) + f(\frac{3h}{2})\right) + \frac{h^3}{12} f''(\xi^*), \; \xi^* \in [0,2h] \;, \; f'' \in C[0,2h] \;.$$

Summierte Regel. Mit $h = \frac{\beta-\alpha}{2N}$ ist

$$\int_\alpha^\beta f(x)dx = h \sum_{k=1}^{2N} f\left(\alpha+(2k-1)\frac{h}{2}\right) + \frac{\beta-\alpha}{24} h^2 f''(\eta), \quad \eta \in [\alpha,\beta], \quad f'' \in C[\alpha,\beta].$$

Regel zu 3 Stützstellen.

$$\int_0^{3h} f(x)dx = \frac{3h}{8}\left(3f(\tfrac{h}{2})+2f(\tfrac{3h}{2})+3f(\tfrac{5h}{2})\right)+\frac{5103}{20480}h^5f^{(4)}(\xi^*),\ \xi^*\in[0,3h], f^{(4)}\in C[0,3h].$$

Summierte Regel. Mit $h = \frac{\beta-\alpha}{3N}$ ist

$$\int_\alpha^\beta f(x)dx = \frac{3h}{8}\sum_{k=1}^{N-1}\left(3f(\alpha+(6k+1)\tfrac{h}{2}) + 2f(\alpha+(6k+3)\tfrac{h}{2}) + 3f(\alpha+(6k+5)\tfrac{h}{2})\right) + \frac{1701}{20480}(\beta-\alpha)h^4f^{(4)}(\eta),\quad \eta\in[\alpha,\beta],\quad f^{(4)}\in C[\alpha,\beta].$$

Regel zu 4 Stützstellen.

$$\int_0^{4h} f(x)dx = \frac{h}{12}\left(13f(\tfrac{h}{2}) + 11f(\tfrac{3h}{2}) + 11f(\tfrac{5h}{2}) + 13f(\tfrac{7h}{2})\right) + \frac{103}{1440}h^5f^{(4)}(\xi^*),$$
$$\xi^*\in[0,4h],\quad f^{(4)}\in C[0,4h].$$

Summierte Regel. Mit $h = \frac{\beta-\alpha}{4N}$ ist

$$\int_\alpha^\beta f(x)dx = \frac{h}{12}\sum_{k=0}^{N-1}\left(13f(\alpha+(8k+1)\tfrac{h}{2})+11f(\alpha+(8k+3)\tfrac{h}{2})+11f(\alpha+(8k+5)\tfrac{h}{2}) + 13f(\alpha+(8k+7)\tfrac{h}{2})\right)+\frac{103}{5760}(\beta-\alpha)h^4f^{(4)}(\eta),\ \eta\in[\alpha,\beta],\ f^{(4)}\in C[\alpha,\beta].$$

Regel zu 5 Stützstellen.

$$\int_0^{5h} f(x)dx = \frac{5h}{1152}\left(275f(\tfrac{h}{2})+100f(\tfrac{3h}{2})+402f(\tfrac{5h}{2})+100f(\tfrac{7h}{2})+275f(\tfrac{9h}{2})\right) + \frac{435\,546\,875}{3170\,893\,824}h^7f^{(6)}(\xi^*),\quad \xi^*\in[0,5h],\ f^{(6)}\in C[0,5h].$$

Summierte Regel. Mit $h = \frac{\beta-\alpha}{5N}$ ist

$$\int_\alpha^\beta f(x)dx = \frac{5h}{1152}\sum_{k=0}^{N-1}\left(275f(\alpha+(10k+1)\tfrac{h}{2}) + 100f(\alpha+(10k+3)\tfrac{h}{2}) + 402f(\alpha+(10k+5)\tfrac{h}{2}) + 100f(\alpha+(10k+7)\tfrac{h}{2}) + 275f(\alpha+(10k+9)\tfrac{h}{2})\right)+\frac{87\,109\,375}{3170\,893\,824}(\beta-\alpha)h^6f^{(6)}(\eta),$$
$$\eta\in[\alpha,\beta],\quad f^{(6)}\in C[\alpha,\beta].$$

Aus der Aufstellung ist erkennbar, daß die Formeln mit ungerader Stützstellenzahl ebenso wie bei den Newton-Cotes-Formeln die günstigeren Formeln sind. Die Formel für $n = 6$ wird nicht mehr angegeben, da sie dieselbe Fehlerordnung hat wie die für $n = 5$. In der Formel für $n = 7$ ist bereits ein negatives Gewicht, nämlich A_0, so daß die Quadraturkonvergenz nicht mehr gesichert ist.

9.2.4 DIE EULER-MACLAURIN-FORMELN.

Die Euler-Maclaurin-Formeln entstehen durch Integration der Newtonschen Interpolationsformel $\tilde{N}_+(t)$ für absteigende Differenzen. Es sei f 2n-mal stetig differenzierbar auf $[0,h]$. Betrachtet man das Integral von f über $[0,h]$ und wählt als Stützstellen $x_0 = 0$, $x_1 = h$, so ergibt sich für jedes $n \in \mathbb{N}$ mit $f \in C^{2n}[0,h]$ eine *Euler-Maclaurin-Formel* (EM_n-Formel)

$$(9.6) \quad Q^{EM_n}(0,h) = \frac{h}{2}\left(f(0)+f(h)\right) + \sum_{j=1}^{n-1} \frac{B_{2j}}{(2j)!} h^{2j}\left(f^{(2j-1)}(0)-f^{(2j-1)}(h)\right)$$

mit den Bernoullischen Zahlen

$$B_0 = 1,\ B_1 = -\frac{1}{2},\ B_2 = \frac{1}{6},\ B_4 = -\frac{1}{30},\ B_6 = \frac{1}{42},\ldots;\ B_{2j+1} = 0 \text{ für } j = 1,2,\ldots\ .$$

Das zugehörige Restglied lautet

$$(9.7) \qquad E^{EM_n}(0,h) = -\frac{B_{2n}}{(2n)!} h^{2n+1} f^{(2n)}(\xi^*)\ , \quad \xi^* \in [0,h]\ .$$

Zusammengefaßt folgt mit (9.6) und (9.7) für jedes n eine *Euler-Maclaurin-Regel*

$$\int_0^h f(x)dx = Q^{EM_n}(0,h) + E^{EM_n}(0,h)\ .$$

Ist die Integration über ein ausgedehntes Intervall $[\alpha,\beta]$ zu erstrecken, so zerlegt man $[\alpha,\beta]$ in N Teilintervalle der Länge $h = \frac{\beta-\alpha}{N}$ und wendet eine EM_n-Formel und das zugehörige Restglied auf jedes Teilintervall an. Man erhält so die *summierte Euler-Maclaurin-Regel*

$$\int_\alpha^\beta f(x)dx = Q_h^{EM_n}(\alpha,\beta) + E_h^{EM_n}(\alpha,\beta),$$

mit der *summierten Euler-Maclaurin-Formel*

$$Q_h^{EM_n}(\alpha,\beta) = \frac{h}{2}\left(f(\alpha) + 2\sum_{\nu=1}^{N-1} f(\alpha+\nu h) + f(\beta)\right) + \sum_{j=1}^{n-1} \frac{B_{2j}}{(2j)!} h^{2j}\left(f^{(2j-1)}(\alpha)-f^{(2j-1)}(\beta)\right)$$

(9.8)

und dem *Restglied der summierten Euler-Maclaurin-Formel*

$$E_h^{EM_n}(\alpha,\beta) = -\frac{\beta-\alpha}{(2n)!} B_{2n}\, h^{2n} f^{(2n)}(\eta), \quad \eta \in [\alpha,\beta]\ .$$

BEMERKUNG 9.4. Mit der Sehnentrapezformel kann man für (9.6) auch schreiben

$$Q^{EM_n}(0,h) = Q^{ST}(0,h) + \sum_{k=1}^{n-1} \tilde{c}_{2k}\, h^{2k}$$

und mit der summierten Sehnentrapezformel für (9.8)

$$Q_h^{EM_n}(\alpha,\beta) = Q_h^{ST}(\alpha,\beta) + \sum_{k=1}^{n-1} c_{2k}\, h^{2k} ,$$

wobei die $\tilde{c}_{2k}$ und c_{2k} unabhängig von h sind. Die einfache bzw. summierte Euler-Maclaurin-Formel setzt sich also aus der einfachen bzw. summierten Sehnentrapezformel und einem Korrekturglied zusammen. Für n = 1 sind die ST-Formel und die EM_n-Formel identisch.

9.2.5 FEHLERSCHÄTZUNGSFORMELN UND RECHNUNGSFEHLER.

Da in der Regel die Ableitungen $f^{(n+1)}(x)$ entweder nicht bekannt sind oder nur mit erheblichem Aufwand abgeschätzt werden können, ist die genaue Kenntnis des Restgliedkoeffizienten von geringem praktischen Nutzen. Wesentlich ist die Kenntnis der *globalen* Fehlerordnung $O(h^q)$ des Restgliedes; sie reicht aus, um unter Verwendung von zwei mit den Schrittweiten h_1 und h_2 berechneten Näherungswerten für das Integral einen Schätzwert für den wahren Fehler angeben zu können.

Wurde etwa das Integral $I(f;\, \alpha,\beta)$ näherungsweise mit der Schrittweite h_i nach einer Quadraturformel der globalen Fehlerordnung $O(h_i^q)$ berechnet, so gilt

$$I(f;\, \alpha,\beta) = Q_{h_i}(\alpha,\beta) + E_{h_i}(\alpha,\beta)$$

mit $$E_{h_i}(\alpha,\beta) = O(h_i^q) .$$

Für i = 1 und i = 2, q fest,erhält man die folgende Fehlerschätzungsformel für den Fehler $E_{h_1}(\alpha,\beta)$ des mit der Schrittweite h_1 berechneten Näherungswertes $Q_{h_1}(\alpha,\beta)$ für $I(f;\, \alpha,\beta)$:

(9.9) $$E_{h_1}(\alpha,\beta) \approx \frac{Q_{h_1}(\alpha,\beta) - Q_{h_2}(\alpha,\beta)}{\left(\frac{h_2}{h_1}\right)^q - 1} = E^*_{h_1}(\alpha,\beta) .$$

Mit (9.9) läßt sich ein gegenüber $Q_{h_1}(\alpha,\beta)$ verbesserter Näherungswert $Q^*_{h_1}(\alpha,\beta)$ für $I(f;\, \alpha,\beta)$ angeben; es gilt

$$Q^*_{h_1}(\alpha,\beta) = Q_{h_1}(\alpha,\beta) + E^*_{h_1}(\alpha,\beta)$$

(9.10) $$= \frac{1}{\left(\frac{h_2}{h_1}\right)^q - 1}\left(\left(\frac{h_2}{h_1}\right)^q Q_{h_1}(\alpha,\beta) - Q_{h_2}(\alpha,\beta)\right) .$$

Wählt man speziell $h_2 = 2h_1$ und setzt $h_1 = h$, so erhält (9.9) die Form

$$(9.9') \qquad E_h(\alpha,\beta) \approx \frac{Q_h(\alpha,\beta) - Q_{2h}(\alpha,\beta)}{2^q - 1}$$

und für $Q_h^*(\alpha,\beta)$ ergibt sich aus (9.10) die Beziehung

$$(9.10') \qquad Q_h^*(\alpha,\beta) = \frac{1}{2^q - 1}\left(2^q\, Q_h(\alpha,\beta) - Q_{2h}(\alpha,\beta)\right) .$$

Dabei sind $Q_h(\alpha,\beta)$ der mit der Schrittweite h berechnete Näherungswert, $Q_{2h}(\alpha,\beta)$ der mit der doppelten Schrittweite berechnete Näherungswert und $Q_h^*(\alpha,\beta)$ der gegenüber $Q_h(\alpha,\beta)$ verbesserte Näherungswert für $I(f;\ \alpha,\beta)$.

Für die Trapezformeln, die Simpsonsche Formel und die 3/8-Formel lauten die (9.9') entsprechenden Fehlerschätzungsformeln und die (9.10') entsprechenden verbesserten Näherungswerte Q_h^*

Sehnen- und Tangententrapezformel $(q = 2)$:

$$E_h^{ST} \approx \frac{1}{3}\,(Q_h^{ST} - Q_{2h}^{ST}) \quad , \qquad E_h^{TT} \approx \frac{1}{3}\,(Q_h^{TT} - Q_{2h}^{TT}) \quad ,$$

$$Q_h^{*ST} = \frac{1}{3}\,(4\,Q_h^{ST} - Q_{2h}^{ST}) \quad , \qquad Q_h^{*TT} = \frac{1}{3}\,(4\,Q_h^{TT} - Q_{2h}^{TT}) \ ;$$

Simpsonsche Formel und 3/8-Formel $(q = 4)$:

$$E_h^{S} \approx \frac{1}{15}\,(Q_h^{S} - Q_{2h}^{S}) \quad , \qquad E_h^{3/8} \approx \frac{1}{15}\,(Q_h^{3/8} - Q_{2h}^{3/8}) \ ,$$

$$Q_h^{*S} = \frac{1}{15}\,(16\,Q_h^{S} - Q_{2h}^{S}) \ , \qquad Q_h^{*3/8} = \frac{1}{15}\,(16\,Q_h^{3/8} - Q_{2h}^{3/8}) \ .$$

Mit Hilfe der Euler-Maclaurin-Formeln läßt sich zeigen, daß bei Verwendung der gegenüber Q_h^{ST} und Q_h^{S} verbesserten Näherungswerte Q_h^{*ST} und Q_h^{*S} für I sogar zwei h-Potenzen in der Fehlerordnung gewonnen werden; es gilt

$$I(f;\ \alpha,\beta) = Q_h^{*ST}(\alpha,\beta) + O(h^4)$$

bzw.

$$I(f;\ \alpha,\beta) = Q_h^{*S}(\alpha,\beta) + O(h^6) \ ,$$

vgl. auch Abschnitt 9.5.

RECHNUNGSFEHLER. Während der globale Verfahrensfehler z.B. im Falle der ST-Regel bzw. S-Regel von zweiter bzw. von vierter Ordnung mit $h \to 0$ abnimmt, wächst der Rechnungsfehler in beiden Fällen von der Ordnung $O(\frac{1}{h})$, so daß der Gesamtfehler (Verfahrensfehler plus Rechnungsfehler) nicht beliebig klein gehalten werden kann. Diese Aussage gilt auch für andere Quadraturformeln. Es ist empfehlenswert, die Schrittweite h so zu wählen, daß Verfahrensfehler und Rechnungsfehler von gleicher Größenordnung sind. Im Falle der ST-Regel ergibt sich nach [26], S.173 für den globalen Rechnungsfehler die Beziehung

$$r_h(\alpha,\beta) = \frac{1}{2h}(\beta-\alpha)^2\,\varepsilon,$$

wobei ε der maximale absolute Rechnungsfehler pro Rechenschritt ist.

LITERATUR zu 9.2: [2] Bd.1, 3.4; [4], 2.; [7], 4.3-4.5; [14], 10; [18], 13.2,3,5 ; [19], 7.1; [20], 9.1; [24], 6; [25], 8.2; [26], 6.2-6.6; [28], § 2; [30], IV § 2.1-2; [32] H § 7.1-3; [34], 6.2; [35], 3.1; [38], 4.1, 4.2; [41], III § 6; [43] § 16 A; [45], § 13.1-5; [67] I, 3.2.1; [87], 8.

9.3 TSCHEBYSCHEFFSCHE QUADRATURFORMELN.

Bei der Konstruktion aller bisher behandelten Quadraturformeln vom Typ (9.3) wurden die n+1 Stützstellen $x_k \in [a,b]$ vorgegeben und die Gewichte A_k als Lösungen des für sie linearen Gleichungssystems (9.4) erhalten. Sind die Funktionswerte f(x) des Integranden empirisch bestimmt und alle mit gleichen Fehlern behaftet, so wird der dadurch bedingte Fehler des Integralwertes am kleinsten, wenn alle Gewichte der Quadraturformel gleich sind.
Die Tschebyscheffschen Formeln haben die Form (9.3) mit gleichen Gewichten.

Man betrachtet das Integral von f über $[-h,h]$ und setzt die *Tschebyscheffschen Regeln* in der Form an

$$I(f;\,-h,h) = \int_{-h}^{h} f(x)dx = Q^{Ch_{n+1}}(-h,h) + E^{Ch_{n+1}}(-h,h)\ ,$$

wobei n+1 die Anzahl der Stützstellen $x_k \in [-h,h]$ ist. $Q^{Ch_{n+1}}(-h,h)$ heißt *Tschebyscheffsche Formel* (Ch_{n+1}-Formel) zu n+1 Stützstellen und $E^{Ch_{n+1}}(-h,h)$ ist das *Restglied der Ch_{n+1}-Formel*.

Die Gewichte A_k werden gleich groß vorgegeben

$$A_k = \frac{2h}{n+1}, \quad k = 0(1)n .$$

Es wird gefordert, daß die Quadraturformel $Q^{Ch_{n+1}}(-h,h)$ Polynome bis zum Grad m = n+1 exakt integriert. So erhält man aus (9.4) mit m = 1(1)n+1 für die n+1 Stützstellen x_k n+1 nichtlineare Gleichungen. Es muß also vorausgesetzt werden, daß sich die Funktionswerte f(x) an den Stützstellen x_k berechnen oder aus einer Tabelle ablesen lassen; ist von f nur eine Wertetabelle bekannt, so sind die Tschebyscheffschen Formeln i.a. nicht anwendbar.

Für n = 1 sind in (9.4) $a=-h$, $b=h$, $m=1,2$, $A_0=A_1=h$ zu setzen. Man erhält die Lösungen $x_0=-h/\sqrt{3}$, $x_1=h/\sqrt{3}$, so daß die zugehörige *Tschebyscheffsche Regel für 2 Stützstellen* lautet:

$$\begin{cases} \int_{-h}^{h} f(x)dx = Q^{Ch_2}(-h,h) + E^{Ch_2}(-h,h) \quad \text{mit} \\ Q^{Ch_2}(-h,h) = h(f(-h/\sqrt{3}) + f(h/\sqrt{3})) , \\ E^{Ch_2}(-h,h) = O(h^5) . \end{cases}$$

Allgemein haben die Tschebyscheffschen Formeln mit 2ν und $2\nu+1$ Stützstellen die lokale Fehlerordnung $O(h^{2\nu+3})$. Die Restgliedkoeffizienten sind in [2], Bd.1, S.219 zu finden.

Tabelle der Stützstellenwerte ([30], S.206):

n	x_k	k = 0(1)n	
1	$x_{0,1} = \pm\ 0,577350\ h$		
2	$x_{0,2} = \pm\ 0,707107\ h$	$x_1 = 0$	
3	$x_{0,3} = \pm\ 0,794654\ h$	$x_{1,2} = \pm\ 0,187592\ h$	
4	$x_{0,4} = \pm\ 0,832498\ h$	$x_{1,3} = \pm\ 0,374541\ h$	$x_2 = 0$
5	$x_{0,5} = \pm\ 0,866247\ h$	$x_{1,4} = \pm\ 0,422519\ h$	
	$x_{2,3} = \pm\ 0,266635\ h$		
6	$x_{0,6} = \pm\ 0,883862\ h$	$x_{1,5} = \pm\ 0,529657\ h$	
	$x_{2,4} = \pm\ 0,323912\ h$	$x_3 = 0$	

Reelle Werte x_k ergeben sich nur für n = 0(1)6 und n = 8.

Ist die Integration über ein ausgedehntes Intervall $[\alpha,\beta]$ zu erstrecken, so zerlegt man $[\alpha,\beta]$ in N Teilintervalle der Länge 2h mit $h = \frac{\beta-\alpha}{2N}$ und wendet auf jedes Teilintervall die entsprechende Ch_{n+1}-Formel an. Die Stützstellen sind dabei wie folgt zu transformieren:

$$x_k \to \alpha + (2j+1)h + x_k, \quad j = 0(1)N-1, \quad k = 0(1)n.$$

Man erhält so für n = 1 folgende *summierte Tschebyscheffsche Regel*

$$\begin{cases} \int_\alpha^\beta f(x)dx = Q_h^{Ch_2}(\alpha,\beta) + E_h^{Ch_2}(\alpha,\beta) \quad \text{mit} \\ Q_h^{Ch_2}(\alpha,\beta) = h \sum_{j=0}^{N-1} \left(f(\alpha+(2j+1)h - \frac{h}{\sqrt{3}}) + f(\alpha+(2j+1)h + \frac{h}{\sqrt{3}}) \right), \\ E_h^{Ch_2}(\alpha,\beta) = O(h^4). \end{cases}$$

Dabei ist $Q_h^{Ch_2}(\alpha,\beta)$ die *summierte Tschebyscheffsche Formel zu zwei Stützstellen* und $E_h^{Ch_2}(\alpha,\beta)$ das *Restglied der summierten* Ch_2*-Formel.*

Die Tschebyscheffschen Formeln haben für eine gerade Anzahl von Stützstellen eine günstigere Fehlerordnung als die Newton-Cotes-Formeln.

LITERATUR zu 9.3: [2] Bd.1,3.6; [20],9.4; [24], 10; [43], § 16B.

9.4 QUADRATURFORMELN VON GAUSS.

Um die Gaußschen Formeln optimaler Genauigkeit zu erhalten, werden weder die Stützstellen noch die Gewichte vorgeschrieben, so daß in (9.4) insgesamt 2(n+1) = 2n+2 freie Parameter enthalten sind. Die Forderung, daß die Quadraturformel Polynome bis zum Grad 2n+1 exakt integriert, führt hier auf ein System von 2n+2 Gleichungen für die n+1 Gewichte A_k und die n+1 Stützstellen x_k, $k = 0(1)n$; es lautet

$$\frac{1}{m+1}\left(b^{m+1} - a^{m+1}\right) = \sum_{k=0}^{n} A_k x_k^m, \qquad m = 0(1)2n+1;$$

und ist linear bzgl. der Gewichte A_k und nichtlinear bzgl. der Stützstellen x_k. Man muß hier also voraussetzen, daß sich die Funktionswerte f(x) an den sogenannten *Gaußschen Stützstellen* $x_k \in [a,b]$ berechnen oder aus einer Tabelle ablesen lassen. Ist von der Funktion f nur eine Wertetabelle bekannt, in der die Gaußschen Stützstellen im allgemeinen nicht auftreten werden, so berechnet man das Integral bei äquidistanten Stützstellen mittels einer Newton-Cotes-Formel oder einer Maclaurin-Formel und bei beliebigen Stützstellen mittels einer mit Hilfe des Systems (9.4) konstruierten Quadraturformel.

Für das Integral von f über $[a,b] = [-1,+1]$ läßt sich zeigen, daß die n+1 Gaußschen Stützstellen x_k gerade die Nullstellen der *Legendreschen Polynome* $P_{n+1}(x)$ in $[-1,+1]$ sind (s. hierzu z.B. [30], S.209; [37], 1.2; [38], S.86/87 sowie [20], S.277).

Betrachtet man nun das Integral von f über $[-h,+h]$ und setzt

$$\int_{-h}^{+h} f(x)dx = Q^{G_{n+1}}(-h,h) + E^{G_{n+1}}(-h,h) = \sum_{k=0}^{n} A_k\, f(x_k) + O(h^q) ,$$

so bezeichnet man diese Beziehung als *Gaußsche Regel*, $Q^{G_{n+1}}(-h,h)$ als *Gaußsche Formel* (G_{n+1}-Formel) und $E^{G_{n+1}}(-h,h)$ als *Restglied der G_{n+1}-Formel* zu n+1 Gaußschen Stützstellen.

Das Intervall $[-1,+1]$ muß zunächst immer auf $[-h,+h]$ transformiert werden. Dann ergeben sich für einige spezielle Gaußsche Quadraturformeln die folgenden Gewichte A_k und Stützstellen x_k, k = 0(1)n.

Tabelle der Gaußschen Stützstellenwerte und Gewichte:

n	x_k, k = 0(1)n	A_k, k = 0(1)n
0	$x_0 = 0$	$A_0 = 2h$
1	$x_{0,1} = \pm \frac{h}{\sqrt{3}}$ $(\frac{1}{\sqrt{3}} = 0{,}577350269)$	$A_0 = A_1 = h$
2	$x_{0,2} = \pm \sqrt{0{,}6}\, h$ $x_1 = 0$ $(\sqrt{0{,}6} = 0{,}774596669)$	$A_0 = A_2 = \frac{5}{9} h = 0{,}\bar{5}\, h$ $A_1 = \frac{8}{9} h = 0{,}\bar{8}\, h$
3	$x_{0,3} = \pm 0{,}86113631\, h$ $x_{1,2} = \pm 0{,}33998104\, h$	$A_0 = A_3 = 0{,}34785485\, h$ $A_1 = A_2 = 0{,}65214515\, h$
4	$x_{0,4} = \pm 0{,}90617985\, h$ $x_{1,3} = \pm 0{,}53846931\, h$ $x_2 = 0$	$A_0 = A_4 = 0{,}23692689\, h$ $A_1 = A_3 = 0{,}47862867\, h$ $A_2 = \frac{128}{225} h = 0{,}56\bar{8}\, h$
5	$x_{0,5} = \pm 0{,}93246951\, h$ $x_{1,4} = \pm 0{,}66120939\, h$ $x_{2,3} = \pm 0{,}23861919\, h$	$A_0 = A_5 = 0{,}17132449\, h$ $A_1 = A_4 = 0{,}36076157\, h$ $A_2 = A_3 = 0{,}46791393\, h$

Weitere Werte sind in [65], Table 25.4 angegeben.

Das Restglied besitzt die allgemeine Form

$$E^{G_{n+1}}(-h,h) = \frac{2^{2n+3}((n+1)!)^4}{(2n+3)((2n+2)!)^3} h^{2n+3} f^{(2n+2)}(\xi^*),\ \xi^* \in [-h,h],\ f^{(2n+2)} \in C[-h,h],$$

d.h. die *lokale Fehlerordnung* bei n+1 Stützstellen in $[-h,+h]$ ist $O(h^{2n+3})$.

Im folgenden werden zwei der Gaußschen Regeln explizit aufgeschrieben und zwar die für 2 und 3 Stützstellen $x_k \in [-h,+h]$:

1. n = 1 (2 Stützstellen):

$$\begin{cases} \int_{-h}^{+h} f(x)dx = Q^{G_2}(-h,h) + E^{G_2}(-h,h) \quad \text{mit} \\ Q^{G_2}(-h,h) = h\left(f(-\frac{h}{\sqrt{3}}) + f(\frac{h}{\sqrt{3}})\right), \\ E^{G_2}(-h,h) = \frac{h^5}{135} f^{(4)}(\xi^*),\ \xi^* \in [-h,+h],\ f^{(4)} \in C[-h,+h]. \end{cases}$$

2. n = 2 (3 Stützstellen):

$$\begin{cases} \int_{-h}^{+h} f(x)dx = Q^{G_3}(-h,h) + E^{G_3}(-h,h) \quad \text{mit} \\ Q^{G_3}(-h,h) = \frac{h}{9}\left(5f(-\sqrt{0,6}\,h) + 8f(0) + 5f(\sqrt{0,6}\,h)\right), \\ E^{G_3}(-h,h) = \frac{h^7}{15750} f^{(6)}(\xi^*),\quad \xi^* \in [-h,+h],\ f^{(6)} \in C[-h,+h]. \end{cases}$$

Mit zwei Stützstellen erhält man eine Formel der lokalen Fehlerordnung $O(h^5)$, mit drei Stützstellen eine Formel der lokalen Fehlerordnung $O(h^7)$. Die Newton-Cotes-Formeln der lokalen Fehlerordnungen $O(h^5)$ und $O(h^7)$ erfordern dagegen drei bzw. fünf Stützstellen.

Für n = 4 und n = 5 lassen sich die Formeln an Hand der Tabelle der x_k, A_k leicht bilden. Dabei ist

$$E^{G_4} = \frac{h^9}{3472875} f^{(8)}(\xi^*), \qquad E^{G_5} = \frac{h^{11}}{1237732650} f^{(10)}(\xi^*), \qquad \xi^* \in [-h,+h].$$

Zur Bestimmung des Integrals von f über ein Intervall $[\alpha,\beta]$ teilt man $[\alpha,\beta]$ in N Teilintervalle der Länge 2h: $h = \frac{\beta-\alpha}{2N}$. Die Stützstellen sind dabei wie folgt zu transformieren:

$$x_k \to \alpha+(2j+1)h + x_k, \quad j = 0(1)N-1, \quad k = 0(1)n.$$

Man erhält für n = 1 und n = 2 die folgenden summierten Gaußschen Regeln:

$$\begin{cases} \int\limits_\alpha^\beta f(x)dx = Q_h^{G_2}(\alpha,\beta) + E_h^{G_2}(\alpha,\beta) \quad \text{mit} \\ Q_h^{G_2}(\alpha,\beta) = h \sum\limits_{j=0}^{N-1} \left(f(\alpha+(2j+1)h - \frac{h}{\sqrt{3}}) + f(\alpha+(2j+1)h + \frac{h}{\sqrt{3}}) \right), \\ E_h^{G_2}(\alpha,\beta) = \frac{\beta-\alpha}{270} h^4 f^{(4)}(\eta), \quad \eta \in [\alpha,\beta], \quad f^{(4)} \in C[\alpha,\beta]. \end{cases}$$

$$\begin{cases} \int\limits_\alpha^\beta f(x)dx = Q_h^{G_3}(\alpha,\beta) + E_h^{G_3}(\alpha,\beta) \quad \text{mit} \\ Q_h^{G_3}(\alpha,\beta) = \frac{h}{9} \sum\limits_{j=0}^{N-1} \left(5f(\alpha+(2j+1)h - \sqrt{\frac{3}{5}}h) + 8f(\alpha+(2j+1)h) + \right. \\ \qquad\qquad \left. +5f(\alpha+(2j+1)h + \sqrt{\frac{3}{5}}h) \right), \\ E_h^{G_3}(\alpha,\beta) = \frac{\beta-\alpha}{31500} h^6 f^{(6)}(\eta), \quad \eta \in [\alpha,\beta], \quad f^{(6)} \in C[\alpha,\beta]. \end{cases}$$

Die Gaußschen Formeln $Q^{G_{n+1}}$ sind trotz ihrer optimalen Eigenschaften in bezug auf die Fehlerordnung für das Rechnen ohne elektronische Rechenhilfsmittel ungeeignet, da die Nullstellen der Legendreschen Polynome als Stützstellen und auch die Gewichte unglatte Zahlen sind. Da bei Verwendung einer Gaußschen Formel gegenüber einer Newton-Cotes-Formel gleicher Fehlerordnung nur etwa die Hälfte an Ordinaten benötigt werden, spart man etwa die Hälfte an Rechenzeit ein.

LITERATUR zu 9.4: [2] Bd.1,3.5; [4] 2.10; [7],4.6;[14], 12; [19], 7.3; [20], 9.4; [29] II,9.5; [32], H § 7,9; [35], 3.5; [37]; [38], 4.3; [41], III § 6 V; [43], § 16.6; [45], § 13.6; [67] I, 3.2.3.

9.5 DAS VERFAHREN VON ROMBERG.

Das Verfahren von Romberg beruht auf der Approximation des Integrals $I(f; \alpha,\beta)$ durch die Sehnentrapezformel. Durch fortgesetzte Halbierung der Schrittweite und geeignete Linearkombination zugehöriger Approximationen für das Integral werden Quadraturformeln von höherer Fehlerordnung erzeugt (s. [20], S.281 ff.).

Man zerlegt $[\alpha,\beta]$ zunächst in N_0 Teilintervalle der Länge $h_0 = \frac{\beta-\alpha}{N_0}$ und setzt

$$N_j = 2^j N_0, \quad h_j = \frac{\beta-\alpha}{2^j N_0} = \frac{h_0}{2^j}, \quad j = 0,1,2\ldots$$

was der fortgesetzten Halbierung der Schrittweiten entspricht.

Das Integral von f über $[\alpha,\beta]$ erhält man in der Darstellung

$$I(f;\, \alpha,\beta) = \int_\alpha^\beta f(x)dx = L_j^{(k)}(f) + O(h_j^{2(k+1)}) \;,$$

dabei ist $L_j^{(k)}(f)$ die Quadraturformel der Fehlerordnung $O(h_j^{2(k+1)})$.

Die Rechnung wird *zeilenweise* nach dem folgenden Schema durchgeführt:

RECHENSCHEMA 9.1 (*Verfahren von Romberg*).

$L_j^{(0)}=Q_{h_j}^{ST}(\alpha,\beta)$	$L_j^{(1)}=\frac{4L_{j+1}^{(0)}-L_j^{(0)}}{3}$	$L_j^{(2)}=\frac{16L_{j+1}^{(1)}-L_j^{(1)}}{15}$	$\cdots$	$L_j^{(m-1)}$	$L_j^{(m)}$
$L_0^{(0)}$					
$L_1^{(0)}$	$L_0^{(1)}$				
$L_2^{(0)}$	$L_1^{(1)}$	$L_0^{(2)}$			
$\vdots$	$\vdots$	$\vdots$			
$L_{m-1}^{(0)}$	$L_{m-2}^{(1)}$	$L_{m-3}^{(2)}$	$\cdots$	$L_0^{(m-1)}$	
$L_m^{(0)}$	$L_{m-1}^{(1)}$	$L_{m-2}^{(2)}$	$\cdots$	$L_1^{(m-1)}$	$L_0^{(m)}$

Dabei können die $L_j^{(0)}$ nach der Formel

$$L_j^{(0)}(f) := Q_{h_j}^{ST}(\alpha,\beta) = \frac{h_j}{2}\left(f(\alpha) + f(\beta) + 2\sum_{\nu=1}^{N_j-1} f(\alpha+\nu h_j)\right)$$

berechnet werden. Besser und schneller ist es, diese Formel nur für $j = 0$ zu verwenden und für $j = 1,2,3,\ldots$ die sich daraus ergebende Formel

$$L_j^{(0)}(f) = \frac{1}{2}L_{j-1}^{(0)} + h_j\{f(\alpha+h_j)+f(\alpha+3h_j)+\ldots+f(\beta-h_j)\} = \frac{1}{2}L_{j-1}^{(0)} + h_j\sum_{k=0}^{N_{j-1}-1} f(\alpha+(2k+1)h_j)$$

Die $L_j^{(k)}$ für $k \geq 1$ und $j=0,1,2,\ldots$ werden nach der Formel

$$L_j^{(k)}(f) = \frac{1}{4^k-1}\left(4^k\, L_{j+1}^{(k-1)}(f) - L_j^{(k-1)}(f)\right)$$

berechnet. Das Schema wird solange fortgesetzt, bis zu vorgegebenem $\varepsilon > 0$ gilt: $|L_0^{(m)} - L_1^{(m-1)}| < \varepsilon$. Dann wird $L_0^{(m)}(f)$ als bester erreichter Näherungswert für $I(f;\, \alpha,\beta)$ verwendet; es gilt mit $m \leq n-1$ die Romberg-Regel

$$I(f;\, \alpha,\beta) = \int_\alpha^\beta f(x)dx = L_0^{(m)}(f) + E^{R_m}(f;\, \alpha,\beta) \quad \text{mit}$$

$$E^{R_m}(f;\, \alpha,\beta) = (-1)^{m+1}\,\frac{\beta-\alpha}{2^{m(m+1)}}\,\frac{B_{2m+2}}{(2m+2)!}\,h_0^{2m+2}\,f^{(2m+2)}(\xi), \quad \xi\in[\alpha,\beta] \;.$$

Unter der Voraussetzung $f \in C^{2n}[\alpha,\beta]$ konvergieren die Spalten $L_j^{(k)}$ des Schemas für jedes feste k und $j \to \infty$ linear gegen $I(f; \alpha,\beta)$. Ist f analytisch, so konvergieren die absteigenden Diagonalen des Schemas $L_j^{(k)}$ für festes j und $k \to \infty$ superlinear gegen $I(f; \alpha,\beta)$. Es läßt sich zeigen, daß sowohl die Spalten als auch die absteigenden Diagonalen $L_j^{(k)}$ gegen $I(f; \alpha,\beta)$ konvergieren, wenn nur die Stetigkeit von f vorausgesetzt wird.

BEMEKRUNG 9.5. Das Verfahren von Romberg ist besonders für DVA geeignet. Es ist sicher günstiger in der Fortpflanzung von Rundungsfehlern als Quadraturformeln, die bezüglich der Fehlerordnung einer k-ten Linearkombination $L_j^{(k)}$ des Romberg-Verfahrens entsprechen würden, da dem Romberg-Verfahren die Sehnentrapezformel zugrunde liegt, die mit gleichen Gewichten arbeitet. Die Ausführungen in Bemerkung 8.1 gelten auch hier.

LITERATUR zu 9.5: [4], 2.7; [7], 4.4; [14], 11; [18], 13.7; [20], 9.5; [25], 8.4; [26], 6.5; [32], H § 7.2; [34], 6.2.2; [35], 3.2-4; [38], 4.2.2; [41], III § 8; [87], 8.3.

9.6 KONVERGENZ DER QUADRATURFORMELN.

SATZ 9.1. Eine Quadraturformel der Form

$$(9.11) \quad Q^{(n)}(f; \alpha,\beta) = \sum_{k=0}^{n} A_k^{(n)} f(x_k^{(n)}), \qquad x_k^{(n)} \in [\alpha,\beta] ,$$

konvergiert für $n \to \infty$ und für jede in $[\alpha,\beta]$ stetige Funktion f genau dann gegen $I(f; \alpha,\beta)$, d.h.

$$(9.12) \quad \lim_{n \to \infty} Q^{(n)}(f; \alpha,\beta) = \lim_{n \to \infty} \sum_{k=0}^{n} A_k^{(n)} f(x_k^{(n)}) = I(f; \alpha,\beta),$$

wenn

1. (9.12) für jedes Polynom $f \equiv P$ der Form (6.9) erfüllt ist und
2. eine Konstante K existiert, so daß $\sum_{k=0}^{n} |A_k^{(n)}| < K$ für jedes n gilt.

Wendet man (9.11) auf $f(x) = 1$ an, so erhält man mit 1.

$$Q^{(n)}(1; \alpha,\beta) = \sum_{k=0}^{n} A_k^{(n)} = \int_\alpha^\beta dx = \beta-\alpha .$$

Sind alle Gewichte $A_k^{(n)} > 0$, so ist 2. sicher erfüllt; treten dagegen negative Gewichte auf, so kann $|A_0^{(n)}| + |A_1^{(n)}| + \ldots + |A_n^{(n)}|$ bei genügend großem n beliebig groß werden.

LITERATUR zu 9.6: [2] Bd.I,3.7; [19],7.5.2; [20],9.6; [41], III § 7.

10. NUMERISCHE VERFAHREN FÜR ANFANGSWERTPROBLEME BEI GEWÖHNLICHEN DIFFERENTIALGLEICHUNGEN ERSTER ORDNUNG.

Im folgenden werden numerische Verfahren zur Lösung von Anfangswertproblemen(AWPen) bei gewöhnlichen Differentialgleichungen (DGLen) erster Ordnung angegeben. Dabei wird angenommen, daß die DGLen in der expliziten Form $y' = f(x,y)$ gegeben sind und den Voraussetzungen des Existenz- und Eindeutigkeitssatzes von Picard-Lindelöf ([9], S.51ff.) genügen.

Betrachtet wird ein AWP der Gestalt

$$(10.1)\begin{cases} y' = f(x,y) = f(x,y(x)) & \text{mit der Anfangsbedingung (AB)} \\ y(x_0) = y_0, & (x_0,y_0) \in G, \end{cases}$$

für welches die folgenden Voraussetzungen erfüllt sein müssen:

(1) f sei *stetig* [1]) in einem Gebiet G der x,y-Ebene,

(2) für je zwei Punkte (x,y_1) und (x,y_2) von G gelte mit einer Lipschitzkonstanten $L: |f(x,y_1) - f(x,y_2)| \le L|y_1 - y_2|$.

Dann existiert in einem Gebiet $G_1 \subset G$ genau eine Lösung $y = y(x)$ des AWPs (10.1), d.h. durch den Punkt $(x_0,y_0) \in G_1$ geht genau eine Integralkurve der Differentialgleichung $y' = f(x,y)$.

Die Forderung (2) ist insbesondere dann erfüllt, wenn f(x,y) in G eine beschränkte partielle Ableitung nach y besitzt; dann kann man setzen

$$L = \max_{(x,y)\in G} |f_y(x,y)| .$$

Ist die Lösung y(x) mit der AB $y(x_0) = y_0$ für $x \in I = [x_0,\beta] \subset G_1$ gesucht, so heißt I das *Integrationsintervall* des AWPs.

10.1 PRINZIP UND EINTEILUNG DER NUMERISCHEN VERFAHREN.

Im Integrationsintervall I des AWPs (10.1) werden durch

$$x_i = x_0 + ih, \quad i = 0(1)n, \quad x_n = \beta, \quad h = x_{i+1} - x_i > 0 ,$$

äquidistante Stützstellen x_i mit der *Schrittweite* h erklärt.

---

1) Wenn an einer Stelle $(\tilde{x},\tilde{y})$ gilt $f(\tilde{x},\tilde{y}) = \frac{0}{0}$, dann heißt $(\tilde{x},\tilde{y})$ *isolierte Singularität* der DGL ([9], S.129ff.). In der Umgebung isolierter Singularitäten versagen auch numerische Verfahren, da schon ein kleiner Rundungsfehler zu einer starken Verfälschung des Ergebnisses führen kann.

Das Prinzip aller numerischen Verfahren besteht darin, an den Stützstellen x_i für die Werte $y(x_i)$ der gesuchten Lösung $y(x)$ Näherungswerte $Y(x_i)$ so zu bestimmen, daß gilt

$$Y_i := Y(x_i) \approx y(x_i) =: y_i \quad .$$

Aus (10.1) folgt durch formale Integration über $[x_i, x_{i+1}]$ mit $x_{i+1} = x_i + h$

$$(10.2) \qquad y(x_{i+1}) = y(x_i) + \int_{x_i}^{x_{i+1}} f(x,y(x))dx, \qquad i = 0(1)n-1.$$

Die numerischen Verfahren zur Lösung des AWPs (10.1) unterscheiden sich im wesentlichen dadurch, welche Methode bei der näherungsweisen Berechnung des Integrals in (10.2) benutzt wird. Sie lassen sich einteilen in:

1. Einschrittverfahren (one-step methods),
2. Mehrschrittverfahren (multi-step methods),
3. Extrapolationsverfahren (extrapolation algorithms).

Die *Einschrittverfahren* verwenden zur Berechnung eines weiteren Näherungswertes Y_{i+1} nur *einen* vorangehenden Wert Y_i.
Die *Mehrschrittverfahren* verwenden s+1, $s \geq 1$, vorangehende Werte $Y_{i-s}, Y_{i-s+1}, \ldots, Y_{i-1}, Y_i$ zur Berechnung von Y_{i+1}.
Das *Extrapolationsverfahren* stellt einen zum Verfahren von Romberg analogen Algorithmus für die numerische Lösung von AWPen bei DGLen dar.

Unter den Ein- und Mehrschrittverfahren bilden außerdem die sogenannten *Praediktor-Korrektor-Verfahren* eine spezielle Klasse. Es sind Verfahren, die einen Näherungswert $Y_{i+1}^{(0)}$ zunächst nach einem Einschrittverfahren oder Mehrschrittverfahren bestimmen; die Vorschrift zur Bestimmung von $Y_{i+1}^{(0)}$ heißt *Praediktor*. Dieser Wert $Y_{i+1}^{(0)}$ wird dann mit einem sogenannten *Korrektor* verbessert. Die Verbesserungen heißen $Y_{i+1}^{(1)}, Y_{i+1}^{(2)}, \ldots$.

LITERATUR zu 10.1: [13],1.1; [17],0,3; [20], 10.2; [25], 9; [26], 10.1; [32] II, D § 9; [36], 7.2; [38],S.232; [41], S.266,289; [83], 1; [86],1; [91], 1.

10.2 EINSCHRITTVERFAHREN.

10.2.1 DAS POLYGONZUGVERFAHREN VON EULER-CAUCHY.

Man berechnet das Integral in (10.2) nach der *Rechteckregel*

$$\int_{x_i}^{x_{i+1}} f(x)dx = h\, f(x_i) + \frac{h^2}{2} f'(\xi_i), \; \xi_i \in [x_i, x_{i+1}], \; x_{i+1} = x_i + h \;;$$

sie folgt für n = 0 aus (9.4). Man erhält so für y_{i+1} die Darstellung

$$(10.3)\quad \begin{cases} y_{i+1} = Y_{i+1} + \varepsilon_{i+1}^{EC} \quad \text{mit} \\ Y_{i+1} = Y_i + h\, f_i, \quad f_i := f(x_i, Y_i), \quad i = 0(1)n-1, \\ \varepsilon_{i+1}^{EC} = \frac{h^2}{2}\, y''(\xi_i) = O(h^2), \quad \xi_i \in [x_i, x_{i+1}]. \end{cases}$$

Y_{i+1} ist der Näherungswert für y_{i+1}, und ε_{i+1}^{EC} ist der *lokale Verfahrensfehler*; er bezieht sich auf einen einzelnen Euler-Cauchy (E-C)-Schritt von x_i nach x_{i+1} unter der Annahme, daß Y_i exakt ist. Die Fehler vorhergehender Schritte werden erst durch den *globalen Verfahrensfehler*

$$e_{i+1} := y_{i+1} - Y_{i+1} = O(h), \quad i = 0(1)n-1,$$

berücksichtigt ([20],S.294/6). Für die Fehlerfortpflanzung ist der Wert

$$K := hL \quad \text{mit} \quad L = \max_{(x,y)\in G} |f_y(x,y)|$$

verantwortlich, K heißt *Schrittkennzahl*. In der Praxis wird h so gewählt, daß $K = hL \le 0{,}20$ gilt (vgl. dazu [45], S.391). Über Rundungsfehler siehe Abschnitt 10.4.2; s.a. [20], S. 295/296.

10.2.2 DAS VERFAHREN VON HEUN (PRAEDIKTOR-KORREKTOR-VERFAHREN).

Berechnet man das Integral in (10.2) mit der Sehnentrapezregel, so ergibt sich für den Näherungswert Y_{i+1} für y_{i+1} eine implizite Gleichung, die iterativ gelöst werden muß. Eine erste Näherung (Startwert für die Iteration) $Y_{i+1}^{(0)}$ für Y_{i+1} wird nach (10.3) (Euler-Cauchy) mit dem sogenannten *Praediktor* (explizite Formel) berechnet

$$(10.4)\quad Y_{i+1}^{(0)} = Y_i + h\, f(x_i, Y_i).$$

Diese erste Näherung verbessert man dann iterativ mit dem sogenannten *Korrektor* (implizite Formel)

$$(10.5)\quad Y_{i+1}^{(\nu+1)} = Y_i + \frac{h}{2}\left(f(x_i, Y_i) + f(x_{i+1}, Y_{i+1}^{(\nu)})\right), \quad \nu = 0,1,2,\ldots.$$

Die Korrektorformel konvergiert unter der Voraussetzung $\frac{h}{2}|f_y| \le \frac{h}{2} L = \varkappa < 1$. Dabei ist $\varkappa$ die Lipschitzkonstante des Korrektors, während L die Lipschitzkonstante der Funktion f ist.

Für den *lokalen Verfahrensfehler* ε_{i+1}^H von Y_{i+1}, der bei einem einzelnen Integrationsschritt von x_i nach x_{i+1} unter der Annahme entsteht, daß Y_i exakt ist, gilt

$$\varepsilon_{i+1}^H := y_{i+1} - Y_{i+1} = -\frac{h^3}{12} y'''(\xi_i) = O(h^3), \quad \xi_i \in [x_i, x_{i+1}] .$$

Da die implizite Gleichung (10.5) iterativ gelöst werden muß, sich also nicht Y_{i+1}, sondern nur $Y_{i+1}^{(\nu+1)}$ ergibt, entsteht zusätzlich ein *Iterationsfehler*

$$\delta_{i+1}^H := Y_{i+1} - Y_{i+1}^{(\nu+1)} .$$

Damit folgt für den *eigentlichen lokalen Verfahrensfehler*

$$E_{i+1}^H := y_{i+1} - Y_{i+1}^{(\nu+1)} = \varepsilon_{i+1}^H + \delta_{i+1}^H .$$

Für $|E_{i+1}^H|$ gilt unter der Voraussetzung $hL < 1$ die Abschätzung

$$|E_{i+1}^H| \le \frac{1-hL+(\frac{hL}{2})^{\nu+1}}{1-hL} \frac{h^3}{12} |y'''(\xi_1)| + \frac{(\frac{hL}{2})^{\nu+1}}{1-hL} \frac{h^2}{2} |y''(\xi_2)|, \xi_1, \xi_2 \in [x_i, x_{i+1}],$$

so daß bereits für $\nu = 0$ gilt

$$E_{i+1}^H = O(h^3) .$$

Die lokale Fehlerordnung des Korrektors wird schon nach einem Iterationsschritt erreicht. Die Iteration muß nicht zum Stehen kommen. Die Erfahrung zeigt, daß bei hinreichend kleiner Schrittweite i.a. ein bis höchstens zwei Iterationsschritte ausreichen, damit auch $|E_{i+1}^H|$ im wesentlichen gleich $|\varepsilon_{i+1}^H|$ ist. Um sicher zu gehen, wählt man deshalb die Schrittweite h so, daß gilt

(10.6) $\qquad K = hL \le 0,20$.

Für den *globalen Verfahrensfehler* e_{i+1}^H, der die Fehler vorangehender Schritte berücksichtigt, gilt

$$e_{i+1}^H := y_{i+1} - Y_{i+1} = O(h^2) .$$

ALGORITHMUS 10.1 (*Praediktor-Korrektor-Verfahren von Heun*).
Zur Lösung des AWPs (10.1) sind bei geeignet gewählter Schrittweite h und $x_i = x_0 + ih$, $i = 0(1)n$, für jedes $i = 0(1)n-1$ die folgenden Schritte durchzuführen:

1. Schritt: Berechnung von $Y_{i+1}^{(0)}$ nach Formel (10.4).
2. Schritt: Berechnung von $Y_{i+1}^{(\nu+1)}$ für $\nu = 0$ und $\nu = 1$ nach (10.5).

Die Schrittweite h ist so zu wählen, daß $K = hL \le 0,20$ gilt. Gilt dies von einer Stelle x_j an nicht mehr, so sind die weiteren Schritte mit kleinerer Schrittweite durchzuführen, z.B. mit der halben bisherigen Schrittweite. Man iteriere ein bis höchstens zweimal und setze dann für $\nu = 0$ bzw. $\nu = 1$

(10.7) $$Y_{i+1}^{(\nu+1)} = Y_{i+1} \approx y_{i+1} .$$

Über Fehlerschätzung und Rechnungsfehler s. Abschnitt 10.4.

10.2.3 RUNGE-KUTTA-VERFAHREN.

10.2.3.1 ALLGEMEINER ANSATZ.

Sind $x_i = x_0+ih$, $i = 0(1)n$, die Stützstellen im Integrationsintervall des AWPs, so lautet der allgemeine Ansatz für ein *Runge-Kutta-Verfahren* (R-K-Verfahren) *der Ordnung m* für einen Integrationsschritt von x_i nach x_{i+1}

(10.8) $$\begin{cases} Y_{i+1} = Y_i + \sum\limits_{j=1}^{m} A_j\, k_j^{(i)} \quad \text{mit} \\ k_j^{(i)} = h\, f(x_i+\alpha_j h,\, Y_i + \sum\limits_{l=1}^{m} \beta_{jl}\, k_l^{(i)}) , \quad j = 1(1)m . \end{cases}$$

Im Fall $\beta_{jl} = 0$ für $l \geq j$ erhält man eine *explizite R-K-Formel*, andernfalls heißt die Formel *implizit*. Implizite R-K-Formeln müssen iterativ gelöst werden; sie können zusammen mit einer expliziten Formel als Praediktor-Korrektor-Verfahren verwendet werden. Für explizite R-K-Formeln der Ordnung m, $m \leq 4$, gilt für den lokalen Verfahrensfehler

$$y_1 - Y_1 = O(h^{q_l}) \quad \text{mit} \quad q_l = m+1, \quad q_l := \text{lokale Fehlerordnung.}$$

Das Verfahren von Euler-Cauchy ist in diesem Sinne eine explizite R-K-Formel der Ordnung m = 1.

Im R-K-Schritt zur Berechnung von Y_{i+1} werden m Werte $k_j^{(i)}$ verwendet, d.h. es sind m Funktionswerte f(x,y) zu berechnen.
Zur Herleitung der R-K-Formeln s. [8], S.163 f., [23], S.511 oder [31], Bd.I, S.198.

10.2.3.2 DAS KLASSISCHE RUNGE-KUTTA-VERFAHREN.

Das klassische Runge-Kutta-Verfahren ist ein Verfahren der Ordnung $m = 4$, so daß wegen (10.8) unter der Annahme, daß Y_i exakt ist, gilt

$$(10.9)\quad \begin{cases} y_{i+1} = Y_{i+1} + O(h^5) \quad \text{mit} \\ Y_{i+1} = Y_i + \sum_{j=1}^{4} A_j\, k_j^{(i)} . \end{cases}$$

Die lokale Fehlerordnung der klassischen R-K-Formel ist somit $O(h^5)$; die globale Fehlerordnung ist $O(h^4)$.

Für die A_j ergeben sich folgende Werte:

$$A_1 = \frac{1}{6}, \qquad A_2 = A_3 = \frac{1}{3}, \qquad A_4 = \frac{1}{6} .$$

An jeder Stützstelle x_i für $i = 0(1)n-1$ sind die Werte von $k_j^{(i)}$ zu berechnen:

$$(10.10)\quad \begin{cases} k_1^{(i)} = h\, f(x_i, Y_i) , \\ k_2^{(i)} = h\, f(x_i + \frac{h}{2},\ Y_i + \frac{k_1^{(i)}}{2}) , \\ k_3^{(i)} = h\, f(x_i + \frac{h}{2},\ Y_i + \frac{k_2^{(i)}}{2}) , \\ k_4^{(i)} = h\, f(x_i + h,\ Y_i + k_3^{(i)}) . \end{cases}$$

Die *klassische R-K-Formel* lautet dann:

$$(10.11)\quad \begin{cases} Y_{i+1} = Y_i + k^{(i)} \quad \text{mit} \\ k^{(i)} = \frac{1}{6}\,(k_1^{(i)} + 2k_2^{(i)} + 2k_3^{(i)} + k_4^{(i)}) . \end{cases}$$

Bei der Durchführung des Verfahrens wird zweckmäßig das folgende Rechenschema verwendet.

RECHENSCHEMA 10.1 (*Klassisches R-K-Verfahren*).

i	x	y	$f(x,y)$	$k_j^{(i)}$	
0	x_0	y_0	$f(x_0,y_0)$	$k_1^{(0)}$	$k_1^{(0)}$
	$x_0+\frac{h}{2}$	$y_0+\frac{k_1^{(0)}}{2}$	$f(x_0+\frac{h}{2},\ y_0+\frac{k_1^{(0)}}{2})$	$k_2^{(0)}$	$2k_2^{(0)}$
	$x_0+\frac{h}{2}$	$y_0+\frac{k_2^{(0)}}{2}$	$f(x_0+\frac{h}{2},\ y_0+\frac{k_2^{(0)}}{2})$	$k_3^{(0)}$	$2k_3^{(0)}$
	x_0+h	$y_0+k_3^{(0)}$	$f(x_0+h,\ y_0+k_3^{(0)})$	$k_4^{(0)}$	$k_4^{(0)}$
	$x_1=x_0+h$	$Y_1=y_0+k^{(0)}$			$k^{(0)}=\frac{1}{6}\Sigma$
1	x_1	Y_1	$f(x_1,Y_1)$	$k_1^{(1)}$	$k_1^{(1)}$
	$x_1+\frac{h}{2}$	$Y_1+\frac{k_1^{(1)}}{2}$	$f(x_1+\frac{h}{2},\ Y_1+\frac{k_1^{(1)}}{2})$	$k_2^{(1)}$	$2k_2^{(1)}$
	$x_1+\frac{h}{2}$	$Y_1+\frac{k_2^{(1)}}{2}$	$f(x_1+\frac{h}{2},\ Y_1+\frac{k_2^{(1)}}{2})$	$k_3^{(1)}$	$2k_3^{(1)}$
	x_1+h	$Y_1+k_3^{(1)}$	$f(x_1+h,\ Y_1+k_3^{(1)})$	$k_4^{(1)}$	$k_4^{(1)}$
	$x_2=x_1+h$	$Y_2=Y_1+k^{(1)}$			$k^{(1)}=\frac{1}{6}\Sigma$
2	x_2	Y_2	$f(x_2,Y_2)$	$k_1^{(2)}$	$k_1^{(2)}$
	$\vdots$	$\vdots$	$\vdots$	$\vdots$	$\vdots$

NACHTEILE DES R-K-VERFAHRENS:

1. Je R-K-Schritt sind vier Funktionswerte $f(x,y)$ zu berechnen.
2. Das R-K-Verfahren zeigt an Hand der Werte Y_i nicht unmittelbar an, ob h sinnvoll gewählt wurde oder nicht. Da die lokale Fehlerordnung $O(h^5)$ ist, nimmt der Fehler zwar stark ab, wenn die Schrittweite verkleinert wird, er nimmt aber auch stark zu bei einer Schrittweitenvergrößerung, so daß bei zu großer Schrittweite das Ergebnis genauso unbrauchbar werden kann wie bei einem "groben" Verfahren.

Dieser zweite Nachteil läßt sich mit Hilfe der Schrittkennzahl $K = hL$ beheben, indem man h so wählt, daß (10.6) gilt.
Damit erreicht man auch hier mittlere Genauigkeitsverhältnisse. K wird näherungsweise direkt mit den Zwischenergebnissen eines R-K-Schrittes nach der folgenden Formel bestimmt:

$$K = hL \approx 2 \left| \frac{k_2^{(i)} - k_3^{(i)}}{k_1^{(i)} - k_2^{(i)}} \right| . \tag{10.12}$$

Daraus ergibt sich die Möglichkeit, die Schrittweite im Verlaufe der Rechnung so zu verändern, daß $K = hL \leq 0,20$ stets erfüllt ist (automatische Schrittweitensteuerung). S. a. Abschnitt 10.4.

10.2.3.3 ZUSAMMENSTELLUNG EXPLIZITER RUNGE-KUTTA-VERFAHREN.

Im folgenden wird eine Koeffiziententabelle für explizite R-K-Verfahren (10.8) der Ordnungen m = 2,3,4,6,7,8 angegeben einschließlich des bereits ausführlich angegebenen klassischen R-K-Verfahrens. Da es sich um explizite Verfahren handelt, muß jeweils $\beta_{jl} = 0$ für $l \geq j$ gelten. Mit der lokalen Fehlerordnung $O(h^{q_l})$ gilt für die globale Fehlerordnung $O(h^{q_g})$ grundsätzlich $q_g = q_l - 1$.

TABELLE 10.1 (Koeffizienten zu expliziten R-K-Verfahren).

m	A_j		(β_{jl})	q_l	Bezeichnung d.Verfahrens
1	$A_1 = 1$	$\alpha_1 = 0$	$\beta_{11} = 0$	2	Euler-Cauchy
2	$A_1 = 0$, $A_2 = 1$	$\alpha_1 = 0$, $\alpha_2 = \frac{1}{2}$	$\begin{pmatrix} 0 & 0 \\ \frac{1}{2} & 0 \end{pmatrix}$	3	
2	$A_1 = \frac{1}{2}$, $A_2 = \frac{1}{2}$	$\alpha_1 = 0$, $\alpha_2 = 1$	$\begin{pmatrix} 0 & 0 \\ 1 & 0 \end{pmatrix}$	3	
3	$A_1 = \frac{1}{6}$, $A_2 = \frac{2}{3}$, $A_3 = \frac{1}{6}$	$\alpha_1 = 0$, $\alpha_2 = \frac{1}{2}$, $\alpha_3 = 1$	$\begin{pmatrix} 0 & 0 & 0 \\ \frac{1}{2} & 0 & 0 \\ -1 & 2 & 0 \end{pmatrix}$	4	

m	A_j	j	(β_{jl})	q_l	Bezeichnung d. Verfahrens
3	$A_1=\frac{1}{4}$ $A_2=0$ $A_3=\frac{3}{4}$	$\alpha_1=0$ $\alpha_2=\frac{1}{3}$ $\alpha_3=\frac{2}{3}$	$\begin{pmatrix} 0 & 0 & 0 \\ \frac{1}{3} & 0 & 0 \\ 0 & \frac{2}{3} & 0 \end{pmatrix}$	4	
4	$A_1=\frac{1}{8}$ $A_2=\frac{3}{8}$ $A_3=\frac{3}{8}$ $A_4=\frac{1}{8}$	$\alpha_1=0$ $\alpha_2=\frac{1}{3}$ $\alpha_3=\frac{2}{3}$ $\alpha_4=1$	$\begin{pmatrix} 0 & 0 & 0 & 0 \\ \frac{1}{3} & 0 & 0 & 0 \\ -\frac{1}{3} & 1 & 0 & 0 \\ 1 & -1 & 1 & 0 \end{pmatrix}$	5	3/8-Regel
4	$A_1=\frac{1}{6}$ $A_2=\frac{1}{3}$ $A_3=\frac{1}{3}$ $A_4=\frac{1}{6}$	$\alpha_1=0$ $\alpha_2=\frac{1}{2}$ $\alpha_3=\frac{1}{2}$ $\alpha_4=1$	$\begin{pmatrix} 0 & 0 & 0 & 0 \\ \frac{1}{2} & 0 & 0 & 0 \\ 0 & \frac{1}{2} & 0 & 0 \\ 0 & 0 & 1 & 0 \end{pmatrix}$	5	Klassisches R-K-Verfahren
4	$A_1=1/6$ $A_2=\frac{2-\sqrt{2}}{6}$ $A_3=\frac{2+\sqrt{2}}{6}$ $A_4=1/6$	$\alpha_1=0$ $\alpha_2=\frac{1}{2}$ $\alpha_3=\frac{1}{2}$ $\alpha_4=1$	$\begin{pmatrix} 0 & 0 & 0 & 0 \\ \frac{1}{2} & 0 & 0 & 0 \\ -\frac{1}{2}+\frac{1}{2}\sqrt{2} & 1-\frac{1}{2}\sqrt{2} & 0 & 0 \\ 0 & -\frac{1}{2}\sqrt{2} & 1+\frac{1}{2}\sqrt{2} & 0 \end{pmatrix}$	5	R-K-Gill
6	$A_1=\frac{23}{192}$ $A_2=0$ $A_3=\frac{125}{192}$ $A_4=0$ $A_5=-\frac{81}{192}$ $A_6=\frac{125}{192}$	$\alpha_1=0$ $\alpha_2=\frac{1}{3}$ $\alpha_3=\frac{2}{5}$ $\alpha_4=1$ $\alpha_5=\frac{2}{3}$ $\alpha_6=\frac{4}{5}$	$\begin{pmatrix} 0 & 0 & 0 & 0 & 0 & 0 \\ \frac{1}{3} & 0 & 0 & 0 & 0 & 0 \\ \frac{4}{25} & \frac{6}{25} & 0 & 0 & 0 & 0 \\ \frac{1}{4} & -\frac{12}{4} & \frac{15}{4} & 0 & 0 & 0 \\ \frac{6}{81} & \frac{90}{81} & -\frac{50}{81} & \frac{8}{81} & 0 & 0 \\ \frac{6}{75} & \frac{36}{75} & \frac{10}{75} & \frac{8}{75} & 0 & 0 \end{pmatrix}$	6	Kutta-Nyström
6	$A_1=\frac{31}{384}$ $A_2=0$ $A_3=\frac{1125}{2816}$ $A_4=\frac{9}{32}$ $A_5=\frac{125}{768}$ $A_6=\frac{5}{66}$	$\alpha_1=0$ $\alpha_2=\frac{1}{6}$ $\alpha_3=\frac{4}{15}$ $\alpha_4=\frac{2}{3}$ $\alpha_5=\frac{4}{5}$ $\alpha_6=1$	$\begin{pmatrix} 0 & 0 & 0 & 0 & 0 & 0 \\ \frac{1}{6} & 0 & 0 & 0 & 0 & 0 \\ \frac{4}{75} & \frac{16}{75} & 0 & 0 & 0 & 0 \\ \frac{5}{6} & -\frac{8}{3} & \frac{5}{2} & 0 & 0 & 0 \\ -\frac{8}{5} & \frac{144}{25} & -4 & \frac{16}{25} & 0 & 0 \\ \frac{361}{320} & -\frac{18}{5} & \frac{407}{128} & -\frac{11}{80} & \frac{55}{128} & 0 \end{pmatrix}$	6	Fehlberg I (F I)

m	A_j	j	(β_{jl})							q_l	Bezeichnung d. Verfahrens
	$A_1 = \frac{11}{120}$	$\alpha_1 = 0$	0	0	0	0	0	0			
	$A_2 = 0$	$\alpha_2 = \frac{1}{3}$	$\frac{1}{3}$	0	0	0	0	0			
	$A_3 = \frac{27}{40}$	$\alpha_3 = \frac{2}{3}$	0	$\frac{2}{3}$	0	0	0	0			
7	$A_4 = \frac{27}{40}$	$\alpha_4 = \frac{1}{3}$	$\frac{1}{12}$	$\frac{1}{3}$	$-\frac{1}{12}$	0	0	0		7	Butcher
	$A_5 = -\frac{4}{15}$	$\alpha_5 = \frac{1}{2}$	$-\frac{1}{16}$	$\frac{9}{8}$	$-\frac{3}{16}$	$-\frac{3}{8}$	0	0			
	$A_6 = -\frac{4}{15}$	$\alpha_6 = \frac{1}{2}$	0	$\frac{9}{8}$	$-\frac{3}{8}$	$-\frac{3}{4}$	$\frac{1}{2}$	0			
	$A_7 = \frac{11}{120}$	$\alpha_7 = 1$	$\frac{9}{44}$	$-\frac{9}{11}$	$\frac{63}{44}$	$\frac{18}{11}$	0	$-\frac{16}{11}$			
	$A_1 = \frac{7}{1408}$	$\alpha_1 = 0$	0	0	0	0	0	0	0		
	$A_2 = 0$	$\alpha_2 = \frac{1}{6}$	$\frac{1}{6}$	0	0	0	0	0	0		
	$A_3 = \frac{1125}{2816}$	$\alpha_3 = \frac{4}{15}$	$\frac{4}{75}$	$\frac{16}{75}$	0	0	0	0	0		
8	$A_4 = \frac{9}{32}$	$\alpha_4 = \frac{2}{3}$	$\frac{5}{6}$	$-\frac{8}{3}$	$\frac{5}{2}$	0	0	0	0	7	Fehlberg II (F II)
	$A_5 = \frac{125}{768}$	$\alpha_5 = \frac{4}{5}$	$-\frac{8}{5}$	$\frac{144}{25}$	-4	$\frac{16}{25}$	0	0	0		
	$A_6 = 0$	$\alpha_6 = 1$	$\frac{361}{320}$	$-\frac{18}{5}$	$\frac{407}{128}$	$-\frac{11}{80}$	$\frac{55}{128}$	0	0		
	$A_7 = \frac{5}{66}$	$\alpha_7 = 0$	$-\frac{11}{640}$	0	$\frac{11}{256}$	$-\frac{11}{160}$	$\frac{11}{256}$	0	0		
	$A_8 = \frac{5}{66}$	$\alpha_8 = 1$	$\frac{93}{640}$	$-\frac{18}{5}$	$\frac{803}{256}$	$-\frac{11}{160}$	$\frac{99}{256}$	0	1		

Für m = 4 gibt es kein explizites R-K-Verfahren mit $q_l > 5$, und für m = 5 gibt es überhaupt kein explizites R-K-Verfahren.

BEMERKUNG 10.1 (*Schrittweitensteuerung*).
Die Werte $k_j^{(i)}$ für j = 1(1)6 in Fehlberg I und Fehlberg II sind identisch. Daraus ergibt sich die Möglichkeit einer bequemen Schrittweitensteuerung für Fehlberg I unter Verwendung von Fehlberg II, indem der lokale Verfahrensfehler näherungsweise aus den $k_j^{(i)}$ von Fehlberg I und Fehlberg II berechnet wird. Es gilt

$$\varepsilon_{i+1}^{F\,I} \approx \frac{5}{66}\,(k_1^{(i)} + k_6^{(i)} - k_7^{(i)} - k_8^{(i)}) = O(h^6) \quad .$$

Wächst $\varepsilon_{i+1}^{F\,I}$ über eine vorgegebene Schranke, so wird die Schrittweite für den letzten durchgeführten und die folgenden Schritte verkleinert, z.B. halbiert (s. [52]. Dort findet sich auch eine analoge Formel mit $q_l = 7$).

Für das klassische R-K-Verfahren erfolgt die Schrittweitensteuerung nach (10.6); für alle übrigen in der Tabelle angegebenen Verfahren erfolgt sie mit Hilfe der Fehlerschätzungsformel (10.21), die in Abschnitt 10.4.1 angegeben wird. (S. a. [36], 7.2.5.)

BEMERKUNG 10.2 (R-K-Gill).
Das R-K-Gill-Verfahren (m = 4) ist besonders gut zur Verwendung auf schnellen DVA geeignet. Es ist bei diesem Verfahren möglich, das Anwachsen der Rundungsfehler unter Kontrolle zu halten, indem man aus den Größen $k_j^{(i)}$ folgende Größen berechnet:

$$q_1^{(i)} = q_0^{(i)} + 3\left(\tfrac{1}{2}(k_1^{(i)} - 2q_0^{(i)})\right) - \tfrac{1}{2}k_1^{(i)}, \quad q_0^{(0)} = 0\,, \quad q_0^{(i)} = q_4^{(i-1)}\,,$$

$$q_2^{(i)} = q_1^{(i)} + 3(1 - \tfrac{1}{2}\sqrt{2})(\tfrac{2}{3}k_2^{(i)} - q_1^{(i)}), \quad q_3^{(i)} = q_2^{(i)} + 3(1 + \tfrac{1}{2}\sqrt{2})(\tfrac{2}{3}k_3^{(i)} - q_2^{(i)}),$$

$$q_4^{(i)} = q_3^{(i)} + 3\left(\tfrac{1}{6}(k_4^{(i)} - 2q_3^{(i)})\right) - \tfrac{1}{2}k_4^{(i)}\,.$$

Es wird mit $Y_{i1} := Y_i$

$$Y_{i2} := Y_{i1} + \tfrac{1}{2}(k_1^{(i)} - 2q_0^{(i)})\,,$$

$$Y_{i3} := Y_{i2} + (1 - \tfrac{1}{2}\sqrt{2})(k_2^{(i)} - q_1^{(i)})\,,$$

$$Y_{i4} := Y_{i3} + (1 + \tfrac{1}{2}\sqrt{2})(k_3^{(i)} - q_2^{(i)})\,,$$

$$Y_{i+1} = Y_{i4} + \tfrac{1}{6}(k_4^{(i)} - 2q_3^{(i)})\,.$$

$q_4^{(i)}$ ist angenähert gleich dem dreifachen Rundungsfehler für den Integrationsschritt von x_i nach x_{i+1}; zu seiner Kompensation wird $q_0^{(i+1)} = q_4^{(i)}$ für den nächsten Integrationsschritt gesetzt ([31] I, S.205).

10.2.4 IMPLIZITE RUNGE-KUTTA-VERFAHREN.

Mit einem expliziten R-K-Verfahren erreicht man unter Verwendung von m Funktionswerten f_j, $j = 1(1)m$, pro R-K-Schritt mit der Schrittweite h von x_i nach x_{i+1} die lokale Fehlerordnung $O(h^{m+1})$ für $m \le 4$, für $m > 4$ höchstens $O(h^m)$. Mit einem impliziten R-K-Verfahren läßt sich unter Verwendung von m Funktionswerten pro R-K-Schritt maximal $O(h^{2m+1})$ erreichen, falls die Argumente $x_i+\alpha_j h$ mit den Stützstellen der Gaußschen Quadraturformeln, bezogen auf das Intervall $[x_i, x_{i+1}]$, identisch sind (*Verfahren vom Gauß-Typ*). Im folgenden werden implizite R-K-Formeln vom Gauß-Typ für m = 1,2,3 angegeben:

$m = 1$ ($q_l = 3$):

$$Y_{i+1} = Y_i + k_1^{(i)} \quad \text{mit} \quad k_1^{(i)} = h\, f(x_i + \tfrac{h}{2}\,,\, Y_i + \tfrac{k_1^{(i)}}{2})\,.$$

m = 2 ($q_l = 5$):

$$\begin{cases} Y_{i+1} = Y_i + \frac{1}{2} k_1^{(i)} + \frac{1}{2} k_2^{(i)} \quad \text{mit} \\ k_1^{(i)} = h\, f\Big(x_i + \frac{1}{2}(1 - \frac{1}{\sqrt{3}})h,\ Y_i + \frac{1}{4} k_1^{(i)} + \frac{1}{2}(\frac{1}{2} - \frac{1}{\sqrt{3}})k_2^{(i)}\Big)\ , \\ k_2^{(i)} = h\, f\Big(x_i + \frac{1}{2}(1 + \frac{1}{\sqrt{3}})h,\ Y_i + \frac{1}{2}(\frac{1}{2} + \frac{1}{\sqrt{3}})k_1^{(i)} + \frac{1}{4} k_2^{(i)}\Big)\ . \end{cases}$$

m = 3 ($q_l = 7$):

$$\begin{cases} Y_{i+1} = Y_i + \frac{5}{18} k_1^{(i)} + \frac{4}{9} k_2^{(i)} + \frac{5}{18} k_3^{(i)} \quad \text{mit} \\ k_1^{(i)} = h\, f\Big(x_i + \frac{1}{2}(1 - \sqrt{\frac{3}{5}})h,\ Y_i + \frac{5}{36} k_1^{(i)} + (\frac{2}{9} - \frac{1}{\sqrt{15}})k_2^{(i)} + (\frac{5}{36} - \frac{1}{2\sqrt{15}})k_3^{(i)}\Big)\ , \\ k_2^{(i)} = h\, f\Big(x_i + \frac{h}{2},\ Y_i + (\frac{5}{36} + \frac{\sqrt{15}}{24})k_1^{(i)} + \frac{2}{9} k_2^{(i)} + (\frac{5}{36} - \frac{\sqrt{15}}{24})k_3^{(i)}\Big)\ , \\ k_3^{(i)} = h\, f\Big(x_i + \frac{1}{2}(1 + \sqrt{\frac{3}{5}})h,\ Y_i + (\frac{5}{36} + \frac{1}{2\sqrt{15}})k_1^{(i)} + (\frac{2}{9} + \frac{1}{\sqrt{15}})k_2^{(i)} + \frac{5}{36} k_3^{(i)}\Big)\ . \end{cases}$$

Für $2 \leq m \leq 20$ sind Tabellen der Koeffizienten A_j, α_j, β_{jl} in [68] angegeben.

Die o.g. Gleichungen bzw. die Gleichungssysteme für die $k_j^{(i)}$ sind nichtlinear und müssen iterativ gelöst werden. Entsprechende Systeme ergeben sich auch für $m > 3$.

Die iterative Auflösung wird hier am Beispiel m = 2 erläutert. Dazu wird an den $k_j^{(i)}$ ein zweiter oberer Index als Iterationsindex angebracht. Als Startwerte verwendet man

$$k_1^{(i,0)} = k_2^{(i,0)} = h\, f(x_i, Y_i)\ .$$

Die *Iterationsvorschrift* lautet:

$$\begin{cases} k_1^{(i,\nu+1)} = h\, f\Big(x_i + \frac{1}{2}(1 - \frac{1}{\sqrt{3}})h,\ Y_i + \frac{1}{4} k_1^{(i,\nu)} + \frac{1}{2}(\frac{1}{2} - \frac{1}{\sqrt{3}})k_2^{(i,\nu)}\Big)\ , \\ k_2^{(i,\nu+1)} = h\, f\Big(x_i + \frac{1}{2}(1 + \frac{1}{\sqrt{3}})h,\ Y_i + \frac{1}{2}(\frac{1}{2} + \frac{1}{\sqrt{3}})k_1^{(i,\nu)} + \frac{1}{4} k_2^{(i,\nu)}\Big)\ ,\ \nu = 1,2,\ldots\ . \end{cases}$$

Die Konvergenz ist für beliebige Startwerte $k_1^{(i,0)}$, $k_2^{(i,0)}$ gesichert ([13], S.40, s.a. [62], S.31), sofern h entsprechend der Bedingung

$$(10.13) \qquad \max_{1 \leq j \leq m} hL \sum_{l=1}^{m} |\beta_{jl}| < 1 \quad \text{mit} \quad L = \max_{(x,y) \in G} |f_y(x,y)|$$

gewählt ist. Zum Erreichen der lokalen Fehlerordnung $O(h^{2m+1})$ sind 2m-1 Iterationsschritte erforderlich. Es sind also die Schrittweite h (gemäß 10.13) und die Anzahl m der Funktionswerte pro Integrationsschritt wählbar. Wie in [53] und [62] gezeigt wird, läßt sich aber der zur Erzielung einer gewünschten Genauigkeit ε erforderliche Rechenaufwand AW (ε,m) in Abhängigkeit von m minimalisieren. Zu dem auf diese Weise ermittelten optimalen m läßt sich dann die Schrittweite $h = x_{i+1}-x_i = h(\varepsilon,m)$ für jeden Integrationsschritt berechnen. Von D. Sommer wurde für das gesamte Verfahren ein Rechenprogramm mit automatischer Schrittweitensteuerung entwickelt, das im Anhang angegeben wird. Seine Anwendung empfiehlt sich, wenn eine Genauigkeit von $10^{-10} \le \varepsilon \le 10^{-20}$ gefordert wird und ein großes Integrationsintervall vorliegt. Es ist auch für AWPe bei Systemen von $n \le 20$ DGLen 1. Ordnung angelegt.

Entsprechende Formeln bzw. Koeffizienten für implizite R-K-Verfahren, bei denen die m Argumente $x_i + \alpha_j h$ mit den Stützstellen anderer Quadraturformeln (Newton - Cotes, Maclaurin u.a.) zusammenfallen, finden sich in [53] bzw. [62]. Eine spezielle Form der Schrittweitensteuerung, die auf der Verwendung von zwei verschiedenen Quadraturformeln beruht, findet sich in [13], S.69/70.

LITERATUR zu 10.2: [3],8.1-3; [4],6.; [5], II § 1; [7], 6.1-6.5; [8], III §§ 4-7; [13], 1; [17], part I 1,2; [18], 14.5; [19], 8.1, 8.3; [20], 10.3; [22]; [25],9.1; [26], 10.3.4; [29] II,10.2-10.5; [30], V §§ 2.3; [31], Bd.I, 9; [32] Bd.II, D § 9.2, 9.5; [34], 6.31-33; [36], 7.2.1-2.5; [38], 11; [39]; [41], IV §§ 6.7; [43], § 35A; [45], §§ 25.3-5, 27.1-2; [83], 2; [86], 2; [87], 9; [91], 3 .

10.3 MEHRSCHRITTVERFAHREN.

10.3.1 PRINZIP DER MEHRSCHRITTVERFAHREN.

Die Mehrschrittverfahren verwenden zur Berechnung eines Näherungswertes Y_{i+1} für $y(x_{i+1})$ s+1, $s \in \mathbb{N}$, vorangehende Werte $Y_{i-s}, Y_{i-s+1}, \ldots, Y_{i-1}, Y_i$.

Man betrachtet das AWP

$$(10.14)\quad \begin{cases} y' = f(x,y) = f(x,y(x)), & x \in [x_{-s},\beta] \\ \text{mit der AB } y(x_{-s}) = y_{-s}\,. \end{cases}$$

Im Integrationsintervall $[x_{-s},\beta]$ der DGL werden durch

$$x_i = x_0+ih, \quad i = -s(1)n-s, \quad x_{n-s} = \beta, \quad h = \frac{\beta-x_{-s}}{n} = x_{i+1}-x_i > 0, \quad n > s,$$

n+1 äquidistante Stützstellen x_i erklärt.

Man nimmt an, daß die Werte von y und damit auch von $f(x,y)$ bereits an den Stellen $x_{-s}, x_{-s+1},\ldots,x_{-1},x_0$ bekannt sind. Die Wertepaare $(x_i, f(x_i,y_i))$ für $i = -s(1)0$ bilden das *Anlaufstück* zur Berechnung der Näherungswerte $Y_i = Y(x_i)$ für $y_i = y(x_i)$, $i = 1(1)n-s$, an den restlichen $n-s$ Stützstellen $x_1, x_2,\ldots,x_{n-s}$. Die Werte von y für das Anlaufstück sind entweder vorgegeben (exakt oder näherungsweise) oder sie werden mit Hilfe eines Einschrittverfahrens, z.B. mit Hilfe des klassischen R-K-Verfahrens, näherungsweise berechnet; es sind also y-Werte bzw. Y-Werte. Im folgenden werden die Werte des Anlaufstücks mit $(x_i, f(x_i,Y_i)) = (x_i,f_i)$ bezeichnet.

Man geht aus von der der DGL (10.14) für $[x_i,x_{i+1}]$ zugeordneten Integralgleichung (10.2). Bei einer Klasse von Mehrschrittverfahren wird nun die Funktion f in (10.2) durch das Interpolationspolynom ϕ_s vom Höchstgrad s zu den $s+1$ Interpolationsstellen (x_j,f_j), $j = (i-s)(1)i$, ersetzt und ϕ_s über $[x_i,x_{i+1}]$ integriert. Diese $s+1$ Interpolationsstellen werden auch als Startwerte bezeichnet. Man erhält so einen Näherungswert Y_{i+1} für y_{i+1}. Im Falle $i = 0$ sind die Interpolationsstellen mit dem Anlaufstück identisch, für $i > 0$ kommen dann zu Werten des Anlaufstücks noch Wertepaare (x_j,f_j), $j = 1(1)i$, hinzu, die sich nacheinander mit den errechneten Näherungswerten $Y_1,Y_2,\ldots,Y_i$ ergeben unter der Annahme, daß die Startwerte exakt seien. Da auf der rechten Seite von (10.2) dann nur Ordinaten von Y_{i-s} bis Y_i auftreten, erhält man eine *explizite* Formel zur Berechnung des Näherungswertes Y_{i+1}. Der zugehörige Integrationsschritt ist ein Extrapolationsschritt.

In analoger Weise erhält man eine implizite Formel, wenn man zur Konstruktion des Interpolationspolynoms für f außer $x_{i-s}, x_{i-s+1},\ldots,x_i$ auch die Stützstelle x_{i+1} verwendet. Dann tritt auf der rechten Seite von (10.2) neben den Ordinaten $Y_{i-s},Y_{i-s+1},\ldots,Y_i$ auch Y_{i+1} auf. Eine Formel dieser Art ist z.B. die Korrektorformel (10.5) des Verfahrens von Heun.

Wenn man eine explizite und eine implizite Formel als Paar benutzt, so heißen wieder die explizite Formel Praediktor, die implizite Formel Korrektor und das Verfahren Praediktor-Korrektor-Verfahren.

10.3.2 DAS EXPLIZITE VERFAHREN VON ADAMS-BASHFORTH.

Bei der Herleitung des Verfahrens von Adams-Bashforth (A-B) wird in (10.2) $f(x,y(x))$ durch sein Interpolationspolynom $\phi_s(x)$ zu den $s+1$ Interpolationsstellen (x_j,f_j), $j=(i-s)(1)i$, und das zugehörige Restglied $R_{s+1}(x)$ ersetzt. Die Integration über $[x_i,x_{i+1}]$ liefert

$$(10.15)\quad \begin{cases} y_{i+1} = Y_{i+1} + \varepsilon_{i+1}^{AB} \quad \text{mit} \quad Y_{i+1} = Y_i + \displaystyle\int_{x_i}^{x_{i+1}} \phi_s(x)dx\,, \\ \varepsilon_{i+1}^{AB} := y_{i+1} - Y_{i+1} = \displaystyle\int_{x_i}^{x_{i+1}} R_{s+1}(x)dx\,; \end{cases}$$

ε_{i+1}^{AB} ist der lokale Verfahrensfehler, der bei der Integration über $[x_i,x_{i+1}]$ unter der Annahme entsteht, daß die Startwerte exakt sind.

Man erhält so für jedes feste s mit den Startwerten (x_j,f_j), $j=(i-s)(1)i$, für den Integrationsschritt von x_i nach x_{i+1} eine A-B-Formel zur Berechnung von Y_{i+1} und den zugehörigen lokalen Verfahrensfehler $\varepsilon_{i+1}^{AB} = O(h^{q_l})$.

Im folgenden werden die A-B-Formeln für s = 3(1)6 angegeben:

$s=3\ (q_l=5)$: $Y_{i+1} = Y_i + \frac{h}{24}(55f_i - 59f_{i-1} + 37f_{i-2} - 9f_{i-3})$, $i = 0(1)n-4$,

$$\varepsilon_{i+1}^{AB} = \frac{251}{720} h^5 y^{(5)}(\eta_i) = O(h^5),\quad \eta_i \in [x_i,x_{i+1}]\,;$$

$s=4\ (q_l=6)$: $Y_{i+1} = Y_i + \frac{h}{720}(1901f_i - 2774f_{i-1} + 2616f_{i-2} - 1274f_{i-3} + 251f_{i-4})$,

$$\varepsilon_{i+1}^{AB} = \frac{95}{288} h^6 y^{(6)}(\eta_i) = O(h^6),\quad \eta_i \in [x_i,x_{i+1}],\quad i = 0(1)n-5\,;$$

$s=5\ (q_l=7)$: $Y_{i+1} = Y_i + \frac{h}{1440}(4277f_i - 7923f_{i-1} + 9982f_{i-2} - 7298f_{i-3} + 2877f_{i-4} - 475f_{i-5})$,

$$\varepsilon_{i+1}^{AB} = \frac{19087}{60480} h^7 y^{(7)}(\eta_i) = O(h^7),\quad \eta_i \in [x_i,x_{i-1}],\quad i = 0(1)n-6\,;$$

$s=6\ (q_l=8)$: $Y_{i+1} = Y_i + \frac{h}{60480}(198721f_i - 447288f_{i-1} + 705549f_{i-2} - 688256f_{i-3} + 407139f_{i-4} - 134472f_{i-5} + 19087f_{i-6})$,

$$\varepsilon_{i+1}^{AB} = \frac{5257}{17280} h^8 y^{(8)}(\eta_i) = O(h^8),\quad \eta_i \in [x_i,x_{i+1}],\quad i = 0(1)n-7.$$

Für die globale Fehlerordnung $O(h^{q_g})$ gilt $q_g = q_l - 1$. Man legt zweckmäßig ein Rechenschema der folgenden Form an.

RECHENSCHEMA 10.2 (*A-B-Verfahren*).

	i	x_i	$Y_i = Y(x_i)$	$f_i = f(x_i, Y_i)$
Anlauf-stück	-s	x_{-s}	$Y_{-s} = y_{-s}$	f_{-s}
	-s+1	x_{-s+1}	Y_{-s+1}	f_{-s+1}
	-s+2	x_{-s+2}	Y_{-s+2}	f_{-s+2}
	⋮	⋮	⋮	⋮
	0	x_0	Y_0	f_0
	1	x_1	Y_1	f_1
	2	x_2	Y_2	f_2
	⋮	⋮	⋮	⋮
	n-s-1	x_{n-s-1}	Y_{n-s-1}	f_{n-s-1}
	n-s	x_{n-s}	Y_{n-s}	

● NACHTEIL DER A-B-FORMELN: Es ist jeweils ein Anlaufstück mit s+1 Wertepaaren (x_j, f_j) erforderlich, das mit Hilfe eines anderen Verfahrens bestimmt werden muß. Dieses Verfahren sollte aber von der gleichen lokalen Fehlerordnung sein, was z.B. durch ein entsprechendes R-K-Verfahren gewährleistet wäre. Dieser Sachverhalt würde dafür sprechen, das entsprechende R-K-Verfahren für das ganze Intervall $[x_{-s}, \beta]$ anzuwenden und nicht die A-B-Formel mit der R-K-Formel zu kombinieren.

● VORTEIL DER A-B-FORMELN: Da bei einem A-B-Schritt von x_i nach x_{i+1} jedoch nur ein neuer Funktionswert f_i zu berechnen ist gegenüber m Funktionswerten bei einem R-K-Schritt der Ordnung m, ist die A-B-Formel im Vergleich zur R-K-Formel beträchtlich schneller, weil sie weniger Rechenzeit erfordert. Diese Tatsache spricht wiederum für eine Kombination von R-K- und A-B-Formel.

Trotzdem sollte die A-B-Formel nicht allein verwendet werden, sondern als Prädiktor zusammen mit einer impliziten Formel als Korrektor (s. Abschnitt 10.3.3). Denn bei der Konstruktion der A-B-Formel ist $[x_{i-s}, x_i]$ das Interpolationsintervall für ϕ_s, jedoch $[x_i, x_{i+1}]$ das Integrationsintervall von ϕ_s, so daß der Integrationsschritt einem Extrapolationsschritt (Abschnitt 7.1) entspricht. Bekanntlich wächst jedoch das Restglied R_{s+1} der Interpolation stark an für Werte, die außerhalb des Interpolationsintervalls liegen (s.Abschnitt 7.7). Es ist also zu erwarten, daß auch der lokale Verfahrensfehler ε_{i+1}^{AB} bei zunehmendem h stark anwächst und größer als der lokale Verfahrensfehler eines R-K-Verfahrens gleicher Fehlerordnung wird. Zur Fehlerschätzung vergleiche man Abschnitt 10.4.1.

BEMERKUNG 10.3. Weitere Mehrschrittformeln können konstruiert werden, indem man wieder $f(x,y(x))$ in (10.2) durch das Interpolationspolynom ϕ_s zu den s+1 Interpolationsstellen (x_j, f_j), $j=(i-s)(1)i$, ersetzt und über

$[x_{i-r},x_{i+1}]$ mit ganzzahligem $r \geq 0$ und $r \leq s$ integriert. Der Fall r = 0 liefert die angegebenen A-B-Formeln. Weitere Verfahren s. [5], S.86-88; [17], S.199-201, 241; [38], S.273-276; [41], S.290-294. Der Fall r = 1 führt auf die Formel von *Nyström*, die für s = 3 lautet

$$(10.16)\quad \begin{cases} y_{i+1} = Y_{i+1} + \varepsilon_{i+1}^{N} \quad \text{mit} \\ Y_{i+1} = Y_{i-1} + \frac{h}{3}(8f_i - 5f_{i-1} + 4f_{i-2} - f_{i-3}), \quad i = 0(1)n-4, \\ \varepsilon_{i+1}^{N} = \frac{29}{90} h^5 y^{(5)}(\eta_i), \qquad \eta_i \in [x_{i-1},x_{i+1}] \; . \end{cases}$$

Die Nyström-Formeln verhalten sich aber hinsichtlich der Fortpflanzung von Rundungsfehlern ungünstiger als die A-B-Formeln.

10.3.3 DAS PRAEDIKTOR-KORREKTOR-VERFAHREN VON ADAMS-MOULTON.

Kombiniert man eine A-B-Extrapolationsformel mit einer impliziten Korrektorformel von mindestens gleicher Fehlerordnung (es empfiehlt sich, eine Korrektorformel zu wählen, deren Fehlerordnung um eins höher ist als die der Praediktorformel), so erhält man ein Praediktor-Korrektor-Verfahren. Einen Korrektor höherer Ordnung erhält man, indem man f(x,y(x)) in (10.2) durch sein Interpolationspolynom zu den s+2 Interpolationsstellen (x_j,f_j), j=(i-s)(1)i+1,ersetzt und analog zu Abschnitt 10.3.2 vorgeht.
Im Falle s = 3 erhält man für einen Integrationsschritt von x_i nach x_{i+1}

$$(10.17)\quad \begin{cases} y_{i+1} = Y_{i+1} + \varepsilon_{i+1}^{AM_3} \quad \text{mit} \\ Y_{i+1} = Y_i + \frac{h}{720}(251f_{i+1} + 646f_i - 264f_{i-1} + 106f_{i-2} - 19f_{i-3}), \\ \varepsilon_{i+1}^{AM_3} = -\frac{3}{160} h^6 y^{(6)}(\eta_i) = O(h^6), \; \eta_i \in [x_i,x_{i+1}]. \end{cases}$$

Wegen $f_{i+1} = f(x_{i+1},Y_{i+1})$ ist die Formel für Y_{i+1} implizit, so daß Y_{i+1} iterativ bestimmt werden muß. Die Iterationsstufe kennzeichnet ein oberer Index ν. Es ergibt sich die *A-M-Formel* für s = 3:

$$(10.18)\quad Y_{i+1}^{(\nu+1)} = Y_i + \frac{h}{720}(251f(x_{i+1},Y_{i+1}^{(\nu)}) + 646f_i - 264f_{i-1} + 106f_{i-2} - 19f_{i-3}).$$

Sie wird als Korrektorformel benutzt zusammen mit der A-B-Formel für s = 3 als Praediktor. Die Konvergenzbedingung für die Korrektorformel lautet

$$\frac{251}{720} h \, |f_y| \leq \frac{251}{720} hL = \varkappa < 1 \; .$$

Bei hinreichend kleiner Schrittweite h reichen i.a. ein bis höchstens zwei Iterationsschritte aus.

ALGORITHMUS 10.3 (Praediktor-Korrektor-Verfahren nach *Adams-Moulton* für $s = 3$). Gegeben sind die DGL $y' = f(x,y)$, $x \in [x_{-3}, \beta = x_{n-3}]$, mit der AB $y(x_{-3}) = y_{-3}$, der Schrittweite $h > 0$, den Stützstellen $x_i = x_0 + ih$, $i = -3(1)n-3$, und dem Anlaufstück (x_i, f_i), $i = -3(1)0$. Dabei ist h möglichst so zu wählen, daß (10.6) gilt. Gesucht sind Näherungen Y_i für $y(x_i)$, $i = 1(1)n-3$. Es sind für einen Integrationsschritt von x_i nach x_{i+1} folgende Schritte durchzuführen:

1. Schritt: Berechnung von $Y_{i+1}^{(0)}$ nach der A-B-Formel (Praediktorformel mit $q_l = 5$)
$$Y_{i+1}^{(0)} = Y_i + \frac{h}{24}(55f_i - 59f_{i-1} + 37f_{i-2} - 9f_{i-3}) .$$
2. Schritt: Berechnung von $f(x_{i+1}, Y_{i+1}^{(0)})$.
3. Schritt: Berechnung von $Y_{i+1}^{(\nu+1)}$ für $\nu=0$ und $\nu=1$ nach der A-M-Formel (10.18) (Korrektorformel mit $q_l = 6$).

Um sicher mit höchstens zwei Iterationsschritten auszukommen, sollte h so gewählt werden, daß $K = hL \leq 0{,}20$ gilt. Man setzt dann für $\nu = 0$ bzw. $\nu = 1$

(10.19) $$Y_{i+1}^{(\nu+1)} = Y_{i+1} \approx y_{i+1} .$$

Ist im Verlaufe der Rechnung vor einem x_j eine Verkleinerung der Schrittweite erforderlich, so empfiehlt es sich i.a., h zu halbieren. Dann ist natürlich das für die weitere Rechnung benötigte Anlaufstück mit $i = j-2$, $j-3/2$, $j-1$, $j-1/2$ neu zu berechnen.

RECHENSCHEMA 10.3 (*A-M-Verfahren für $s = 3$*).

	i	x_i	$Y_i = Y(x_i)$	$f_i = f(x_i, Y_i)$
Anlaufstück	-3	x_{-3}	$Y_{-3} = y_{-3}$	f_{-3}
	-2	x_{-2}	Y_{-2}	f_{-2}
	-1	x_{-1}	Y_{-1}	f_{-1}
	0	x_0	Y_0	f_0
Extrapolation nach A-B	1	x_1	$Y_1^{(0)}$	$f(x_1, Y_1^{(0)})$
Interpolation nach A-M	1	x_1	$Y_1^{(1)}$	$f(x_1, Y_1^{(1)})$
	1	x_1	$Y_1^{(2)} = Y_1$	$f(x_1, Y_1)$
Extrapolation nach A-B	2	x_2	$Y_2^{(0)}$	$f(x_2, Y_2^{(0)})$
Interpolation nach A-M	2	x_2	$Y_2^{(1)}$	$f(x_2, Y_2^{(1)})$
	2	x_2	$Y_2^{(2)} = Y_2$	

Im folgenden werden weitere A-M-Verfahren angegeben, bei denen jeweils die Fehlerordnung des Praediktors um eins niedriger ist als die des Korrektors mit der Abkürzung $f_{i+1}^{(\nu)} := f(x_{i+1}, Y_{i+1}^{(\nu)})$

s = 4:

$$Y_{i+1}^{(0)} = Y_i + \frac{h}{720}(1901f_i - 2774f_{i-1} + 2616f_{i-2} - 1274f_{i-3} + 251f_{i-4}) ,$$

$$Y_{i+1}^{(\nu+1)} = Y_i + \frac{h}{1440}(475f_{i+1}^{(\nu)} + 1427f_i - 798f_{i-1} + 482f_{i-2} - 173f_{i-3} + 27f_{i-4}),$$

$$\varepsilon_{i+1}^{AM_4} = -\frac{863}{60480} h^7 y^{(7)}(\eta_i) = O(h^7), \quad \eta_i \in [x_i, x_{i+1}] , \quad i = 0(1)n-4;$$

s = 5:

$$Y_{i+1}^{(0)} = Y_i + \frac{h}{1440}(4277f_i - 7923f_{i-1} + 9982f_{i-2} - 7298f_{i-3} + 2877f_{i-4} - 475f_{i-5}),$$

$$Y_{i+1}^{(\nu+1)} = Y_i + \frac{h}{60480}(19087f_{i+1}^{(\nu)} + 65112f_i - 46461f_{i-1} + 37504f_{i-2} - 20211f_{i-3} + 6312f_{i-4} - 863f_{i-5}) ,$$

$$\varepsilon_{i+1}^{AM_5} = -\frac{275}{24192} h^8 y^{(8)}(\eta_i) = O(h^8), \quad \eta_i \in [x_i, x_{i+1}], \quad i = 0(1)n-5;$$

s = 6:

$$Y_{i+1}^{(0)} = Y_i + \frac{h}{60480}(198721f_i - 447288f_{i-1} + 705549f_{i-2} - 688256f_{i-3} + 407139f_{i-4} - 134472f_{i-5} + 19087f_{i-6}) ,$$

$$Y_{i+1}^{(\nu+1)} = Y_i + \frac{h}{120960}(36799f_{i+1}^{(\nu)} + 139849f_i - 121797f_{i-1} + 123133f_{i-2} - 88536f_{i-3} + 41499f_{i-4} - 11351f_{i-5} + 1375f_{i-6}) ,$$

$$\varepsilon_{i+1}^{AM_6} = -\frac{33953}{3628800} h^9 y^{(9)}(\eta_i) = O(h^9), \quad \eta_i \in [x_i, x_{i+1}], \quad i = 0(1)n-6.$$

Da jeweils die Fehlerordnung des Korrektors um eins höher als die des Praediktors ist, kommt man meistens mit ein bis höchstens zwei Iterationsschritten aus. Allgemein gilt sogar für ein Praediktor-Korrektor-Verfahren, dessen Praediktor die Fehlerordnung r_1, dessen Korrektor die Fehlerordnung r_2 besitzt, für den eigentlichen lokalen Verfahrensfehler E_{i+1}^{PK} nach $\nu+1$ Iterationsschritten

$$E_{i+1}^{PK} := y_{i+1} - Y_{i+1}^{(\nu+1)} = O(h^{\min(r_2, r_1+\nu+1)}) .$$

Es ist also mit $r_1 = r_2-1$ bereits nach einem Iterationsschritt die Fehlerordnung des Korrektors erreicht. Für beliebige $r_1 < r_2$ erreicht man die Fehlerordnung $O(h^{r_2})$ nach $\nu = r_2-r_1-1$ Iterationsschritten. Da jedoch der Fehlerkoeffizient des Praediktors den des Korrektors für $s \geq 3$ um einen Faktor >10 übertrifft, können eine oder mehrere weitere Iterationen erforderlich werden, um den Gesamtfehler auf den Fehler des Korrektors herabzudrücken. Begnügt man sich damit, die Fehlerordnung des Korrektors zu erreichen, so ist im Falle $r_1 = r_2-1$ nur eine Iteration erforderlich. Im Falle $r_1=r_2$ wird man sich stets mit einem Iterationsschritt begnügen (s. auch [17], S.196; [38], S.271; [41], S.299). Benötigt man mehr Iterationen, so ist es besser, die Schrittweite zu verkleinern, als die Iterationen fortzusetzen.

Im folgenden wird noch ein A-M-Verfahren angegeben, dessen Praediktor-Formel (A-B-Formel für s = 3) und Korrektor-Formel (A-M-Formel für s = 2) die gleiche lokale Fehlerordnung $O(h^5)$ besitzen:

Praediktor: (A-B für s = 3) $Y_{i+1}^{(0)} = Y_i + \frac{h}{24}(55f_i - 59f_{i-1} + 37f_{i-2} - 9f_{i-3})$,

Korrektor: (A-M für s = 2) $Y_{i+1}^{(\nu+1)} = Y_i + \frac{h}{24}(9f_{i+1}^{(\nu)} + 19f_i - 5f_{i-1} + f_{i-2})$.

Das Verfahren erfordert nur jeweils einen Iterationsschritt und erspart damit Rechenzeit.
Für dieses Praediktor-Korrektor-Paar kann eine besonders einfache Fehlerschätzung angegeben werden, vgl. dazu Abschnitt 10.4.1, so daß ohne großen Rechenaufwand und ohne zusätzliche Rechnung mit anderer Schrittweite jeder Wert Y_i sofort verbessert werden kann.

10.3.4 WEITERE PRAEDIKTOR-KORREKTOR-FORMELN.

In Verbindung mit (10.18) oder der nachstehend jeweils für $Y_{i+1}^{(0)}$ angegebenen Formel als Praediktor wendet man die nach dem *Verfahren von Milne-Simpson* gebildeten Formeln als Korrektoren an. Für s = 3 für den Praediktor erhält man für den Korrektor für s = 3 (q_l = 5) bzw. s = 4 (q_l = 6)

s = 3: $Y_{i+1}^{(0)} = Y_{i-3} + \frac{4h}{3}(2f_i - f_{i-1} + 2f_{i-2}) + \frac{28}{90}h^5 y^{(5)}(\xi_i),\ \xi_i \in [x_{i-3}, x_{i+1}]$,

s = 3: $Y_{i+1}^{(\nu+1)} = Y_{i-1} + \frac{h}{3}(f_{i+1}^{(\nu)} + 4f_i + f_{i-1})$,

$\varepsilon_{i+1}^{M} = -\frac{h^5}{90} y^5(\eta_i) = O(h^5),\ \eta_i \in [x_{i-1}, x_{i+1}],\ i = 0(1)n-4$,

s = 3: $Y_{i+1}^{(0)} = Y_{i-3} + \frac{4h}{3}(2f_i - f_{i-1} + 2f_{i-2}) + \frac{28}{90}h^5 y^{(5)}(\xi_i),\ \xi_i \in [x_{i-3}, x_{i+1}]$,

s = 4: $Y_{i+1}^{(\nu+1)} = Y_{i-1} + \frac{h}{90}(29f_{i+1}^{(\nu)} + 124f_i + 24f_{i-1} + 4f_{i-2} - f_{i-3})$,

$\varepsilon_{i+1}^{M} = -\frac{h^6}{90} y^{(6)}(\eta_i) = O(h^6),\ \eta_i \in [x_{i-1}, x_{i+1}]$, $i = 0(1)n-5$.

Die kleineren Fehlerkoeffizienten bewirken zwar, daß die Verwendung dieser Formeln bei einer kleineren Anzahl von Integrationsschritten zu einem genaueren Resultat führt als eine A-M-Formel gleicher Fehlerordnung bei gleicher Schrittweite. Da jedoch die Fortpflanzung der Rundungsfehler wesentlich stärker ist als bei den A-M-Formeln, führen die Formeln von Milne bei einer größeren Anzahl von Integrationsschritten bald zu ungenaueren Ergebnissen als sie die A-M-Formeln liefern. Diese sind daher i.a. vorzuziehen.

Anstelle der A-M-Formeln als Korrektor kann man Formeln besonders günstiger Fehlerfortpflanzung verwenden. Man setzt dazu den Korrektor mit $q_l = m+3$ allgemein in der Form

$$(10.20) \qquad Y_{i+1} = \sum_{k=0}^{m} a_{i-k} Y_{i-k} + h \sum_{k=-1}^{m} b_{i-k} f(x_{i-k}, Y_{i-k})$$

an. Es bezeichnet e_{i+1}^{F} den globalen Verfahrensfehler einer Formel (10.20), e_{i+1}^{AM} den entsprechenden Wert für die A-M-Formel gleicher Fehlerordnung. Dann stellt e_{i+1}^{F}/e_{i+1}^{AM} ein Maß für die Güte des Korrektors (10.20) hinsichtlich der Fehlerfortpflanzung dar. Nach [49] ist durch

$$Y_{i+1}^{(\nu+1)} = \frac{243}{1000} Y_i + \frac{1}{8} Y_{i-2} + \frac{79}{125} Y_{i-5} + \frac{h}{400} \big(120 f(x_{i+1}, Y_{i+1}^{(\nu)}) +$$

$$+ 567 f(x_i, Y_i) + 600 f(x_{i-2}, Y_{i-2}) + 405 f(x_{i-4}, Y_{i-4}) + 72 f(x_{i-5}, Y_{i-5})\big)$$

ein Korrektor mit $q_l = 7$ gegeben, bei dem sich für e_{i+1}^{F}/e_{i+1}^{AM} ca. 8% des globalen Verfahrensfehlers der A-M-Formel gleicher Fehlerordnung ergibt. Als Praediktor benötigt man eine Extrapolationsformel mit $q_l = 6$. Hierfür kann die A-B-Formel für $s = 4$ dienen. Wegen des sehr kleinen Fehlerkoeffizienten in (10.20) empfiehlt es sich, mehr als zwei Iterationsschritte durchzuführen.

10.3.5 DAS MEHRSCHRITTVERFAHREN VON GEAR.

Alle hier behandelten numerischen Verfahren stellen bei beschränkten Integrationsintervallen und hinreichend kleiner Schrittkennzahl $K = hL$ sicher stabile Algorithmen dar im Sinne von Definition 1.8, und zwar sind sie i.a. stark stabil ([20], 10.6). Nur die Verfahren nach Nyström und Milne sind lediglich schwach stabil ([7], 6.9; [13], 2; [17], S. 218, 242, 284; [18], 14.8; [19], 8.5; [34], 6.44; [38], 11.4; [42] §§ 9.11).

In der Praxis treten auch Probleme auf, bei denen das Integrationsintervall I nicht beschränkt ist. Dann läßt sich jeweils nur für Teilintervalle $\tilde{I} \subset I$ ein Wert $L = \max_{x \in \tilde{I}} |f_y|$ angeben. Es interessiert nur der Fall $f_y < 0$ für alle $x \in (\xi, \infty) \subset I$, $\xi \in \mathbb{R}$. Für $f_y > 0$ in einem Intervall (ξ, ∞) würde sich, wie man am Beispiel $y' = f(x,y) = cy$, $c > 0$, $y(0) = 1$ mit der Lösung $y = e^{cx}$ erkennt, ein unbeschränktes Anwachsen der Lösung ergeben. Schließlich kann auch $|f_y|$ für $x \in I$ zwar beschränkt bleiben, aber sehr große Werte annehmen, z.B. $y' = f(x,y) = cy$, $c < 0$, $|c|$ sehr groß.

Da h schon wegen der beschränkten Stellenzahl des Computers nicht beliebig klein gemacht werden kann, wird dann auch hL sehr groß. Damit wäre eine gewünschte Genauigkeit nicht mehr erreichbar. Noch wesentlicher ist, daß von den hier behandelten Verfahren dann nur die impliziten R-K-Verfahren vom Gauß-Typ und das Verfahren von Heun ($q_g = 2$) stabile Algorithmen darstellen. (Sie besitzen die Eigenschaft der "A-Stabilität", s. [13], S. 100; [83], 2.) Das in 10.5 behandelte Extrapolationsverfahren läßt sich geeignet modifizieren. (s. [13], S. 159.)

Von Gear ([83], 11.1; [100]) wurden besondere implizite Mehrschrittverfahren mit $q_g \leq 6$ angegeben, die für große Werte $|hc|$, Re $c < 0$, stabil sind:

$q_g = 3$: $$Y_{i+1} = \frac{1}{11}\left(18Y_i - 9Y_{i-1} + 2Y_{i-2} + 6hf(x_{i+1}, Y_{i+1})\right) ,$$

$q_g = 4$: $$Y_{i+1} = \frac{1}{25}\left(48Y_i - 36Y_{i-1} + 16Y_{i-2} - 3Y_{i-3} + 12hf(x_{i+1}, Y_{i+1})\right) ,$$

$q_g = 5$: $$Y_{i+1} = \frac{1}{137}\left(300Y_i - 300Y_{i-1} + 200Y_{i-2} - 75Y_{i-3} + 12Y_{i-4} + 60hf(x_{i+1}, Y_{i+1})\right) ,$$

$q_g = 6$: $$Y_{i+1} = \frac{1}{147}\left(360Y_i - 450Y_{i-1} + 400Y_{i-2} - 225Y_{i-3} + 72Y_{i-4} - 10Y_{i-5} + 60hf(x_{i+1}, Y_{i+1})\right) .$$

Es wird ein Anlaufstück mit $s+1 = q_g$ Wertepaaren (x_i, Y_i) benötigt. Die impliziten Verfahrensgleichungen werden iterativ gelöst. Als Praediktor (Startwert) kann $Y_{i+1}^{(0)} = Y_i$ verwendet werden. Die Erfahrung zeigt, daß hier i.a. drei Iterationsschritte sinnvoll sind. Das Anlaufstück kann mit der AB $y(-2) = y_{-2}$ durch die Schritte (E-C, Heun)

$$Y_{-1} = y_{-2} + hf(x_{-2}, y_{-2}), \quad Y_0^{(\nu+1)} = Y_{-1} + \frac{h}{2}\left(f(x_{-1}, Y_{-1}) + f(x_0, Y_0^{(\nu)})\right) ,$$

danach $Y_1^{(\nu+1)} = Y_0$ nach der Formel für $q_g = 3$ usw. ermittelt werden (s. auch Abschnitt 11.3).

In Verbindung mit einem A-M-Verfahren lassen sich die Formeln von Gear zur Integration sogenannter steifer Systeme von DGLen verwenden (s. Abschnitt 11.3).

LITERATUR zu 10.3: [4], 6.8-6.12; [5], II §§ 3.4; [7], 6.6-6.8; [8], III §§ 8-10; [17], Part II 5; [18], 14.6-7; [19], 8.2; [20], 10.4; [23], 7.3; [25], 9.2; [26], 10.5-6; [30], V § 4; [31] Bd.I, 8; [32] Bd.II, D § 9.4; [34], 6.34; [36],7.2.6-7,10-11; [38], 12; [41] IV , §§ 8-10; [43], § 35; [45], § 26; [67] II, 4.2; [83], 6,11; [86], 4,7; [87], 9; [91], 4.

10.4 FEHLERSCHÄTZUNGSFORMELN UND RECHNUNGSFEHLER.

10.4.1 FEHLERSCHÄTZUNGSFORMELN.

Sind $Y_{h_j}(x_i)$ die mit der Schrittweite h_j für $j = 1, 2$ nach einem Verfahren der globalen Fehlerordnung $O(h_j^{q_g})$ berechneten Näherungswerte für $y(x_i)$, so gilt für den globalen Verfahrensfehler die Schätzungsformel

$$(10.21)\quad e_{i,h_1} := y(x_i) - Y_{h_1}(x_i) \approx \frac{1}{\left(\frac{h_2}{h_1}\right)^{q_g} - 1}\left(Y_{h_1}(x_i) - Y_{h_2}(x_i)\right) = e^*_{i,h_1}.$$

Dann ist

$$Y^*_{h_1}(x_i) = Y_{h_1}(x_i) + e^*_{i,h_1} = \frac{1}{\left(\frac{h_2}{h_1}\right)^{q_g} - 1}\left(\left(\frac{h_2}{h_1}\right)^{q_g} Y_{h_1}(x_i) - Y_{h_2}(x_i)\right) ,$$

ein gegenüber $Y_{h_1}(x_i)$ verbesserter Näherungswert für $y(x_i)$; es gilt:

$$y(x_i) = Y^*_{h_1}(x_i) + O(h_1^{q_g+1}) ,$$

womit die Fehlerordnung i.a. von q_g auf q_g+1 erhöht worden ist (s. dazu [38], S. 253); es kann auch Erhöhung auf q_g+2 eintreten (s. Beispiel 2 sowie Abschnitt 10.5).

Für $h_2 = 2h_1$, $h_1 = h$ gelten die Beziehungen

$$e_{i,h} \approx \frac{1}{2^{q_g}-1}\left(Y_h(x_i) - Y_{2h}(x_i)\right),$$

$$Y_h^*(x_i) = \frac{1}{2^{q_g}-1}\left(2^{q_g}Y_h(x_i) - Y_{2h}(x_i)\right).$$

Dabei sind Y_h der mit der Schrittweite h, Y_{2h} der mit der doppelten Schrittweite h berechnete und Y_h^* der gegenüber Y_h verbesserte Näherungswert für $y(x_i)$.

BEISPIELE.

1. Euler-Cauchy:

$$e_{i,h}^{EC} \approx Y_h(x_i) - Y_{2h}(x_i),$$

$$Y_h^*(x_i) = 2Y_h(x_i) - Y_{2h}(x_i);$$

2. Heun:

$$e_{i,h}^{H} \approx \frac{1}{3}\left(Y_h(x_i) - Y_{2h}(x_i)\right),$$

$$Y_h^*(x_i) = \frac{1}{3}\left(4Y_h(x_i) - Y_{2h}(x_i)\right);$$

3. Klassischer Runge-Kutta:

$$e_{i,h}^{RK} \approx \frac{1}{15}\left(Y_h(x_i) - Y_{2h}(x_i)\right),$$

$$Y_h^*(x_i) = \frac{1}{15}\left(16Y_h(x_i) - Y_{2h}(x_i)\right);$$

4. Adams-Bashforth für s = 3:

$$e_{i,h}^{AB} \approx \frac{1}{15}\left(Y_h(x_i) - Y_{2h}(x_i)\right),$$

$$Y_h^*(x_i) = \frac{1}{15}\left(16Y_h(x_i) - Y_{2h}(x_i)\right);$$

5. Adams-Moulton für s = 3:

$$e_{i,h}^{AM} \approx \frac{1}{31}\left(Y_h(x_i) - Y_{2h}(x_i)\right),$$

$$Y_h^*(x_i) = \frac{1}{31}\left(32Y_h(x_i) - Y_{2h}(x_i)\right).$$

Bei Anwendung des Verfahrens von Heun wird durch die Bildung von Y_h^* die Konvergenzordnung sogar von $q_g = 2$ auf $q_g+2 = 4$ erhöht, vgl. dazu Abschnitt 9.2.5.

Für den Fall, daß die A-B-Formel für s = 3 (lokale Fehlerordnung $O(h^5)$) als Praediktor mit der A-M-Formel für s = 2 (lokale Fehlerordnung $O(h^5)$)

als Korrektor kombiniert wird (s.S. 203), gilt die folgende Schätzungsformel für den globalen Verfahrensfehler (vgl. [7], S.237) [1]

$$e_{i,h}^{AM} := y(x_i) - Y_i^{(1)} \approx -\frac{1}{14}\,(Y_i^{(1)} - Y_i^{(0)}) .$$

Diese Schätzungsformel ist sehr einfach zu handhaben, da sie keine Rechnung mit doppelter Schrittweite erfordert. Sie dient auch dazu, zu beurteilen, ob die gewählte Schrittweite für die gewünschte Genauigkeit ausreicht. Ein gegenüber $Y_i^{(1)}$ verbesserter Näherungswert für $y(x_i)$ ist hier

$$Y^*(x_i) = Y_i^{(1)} - \frac{1}{14}\,(Y_i^{(1)} - Y_i^{(0)}) = \frac{1}{14}\,(13Y_i^{(1)} + Y_i^{(0)}) .$$

Analog kann man eine A-B-Formel mit einer A-M-Formel von jeweils gleicher Fehlerordnung $q_l = 6,7,8$ zu einem Praediktor-Korrektor-Paar verbinden, wobei jeweils nur eine Iteration erforderlich ist und erhält folgende Schätzungsformeln für den globalen Verfahrensfehler:

$q_l = 6$: $$e_{i,h}^{AM} := y(x_i) - Y_i^{(1)} \approx -\frac{1}{18}\,(Y_i^{(1)} - Y_i^{(0)}) ,$$

$q_l = 7$: $$e_{i,h}^{AM} := y(x_i) - Y_i^{(1)} \approx -\frac{1}{22}\,(Y_i^{(1)} - Y_i^{(0)}) ,$$

$q_l = 8$: $$e_{i,h}^{AM} := y(x_i) - Y_i^{(1)} \approx -\frac{1}{26}\,(Y_i^{(1)} - Y_i^{(0)}) .$$

BEMERKUNG 10.4. Es ist empfehlenswert, bei den Einschrittverfahren nicht erst nach Durchführung der Rechnung über das gesamte Integrationsintervall der DGL eine Fehlerschätzung durchzuführen, sondern bereits im Verlaufe der Rechnung an mehreren Stellen. Man kann z.B. nach je zwei Schritten mit der Schrittweite h parallel einen Schritt mit der doppelten Schrittweite durchführen, dann Y_h^* bestimmen und mit diesem verbesserten Näherungswert weiterrechnen. So erreicht man sehr viel genauere Ergebnisse.

10.4.2 RECHNUNGSFEHLER.

Während der globale Verfahrensfehler der behandelten Ein- und Mehrschrittverfahren mit $h \to 0$ von der Ordnung q_g abnimmt, wächst der globale Rechnungsfehler mit abnehmender Schrittweite an. Der Gesamtfehler, die Summe aus Verfahrensfehler und Rechnungsfehler, kann also nicht beliebig klein gemacht werden. Man sollte deshalb die Schrittweite h so wählen, daß Verfahrensfehler und Rechnungsfehler von gleicher Größenordnung sind.

---

[1] Für das Verfahren von Milne mit $q_l = 5$ gilt $e_{i,h}^{M} \approx -\frac{1}{29}\,(Y_i^{(1)} - Y_i^{(0)})$.

Bezeichnet man mit $r_{i,h} = r_h(x_i)$ den globalen Rechnungsfehler an der Stelle x_i, so gilt für Einschrittverfahren die grobe Abschätzung

$$|r_{i,h}| \leq \begin{cases} \frac{\varepsilon}{h}(x_i - x_0) & \text{für } C = 0 \\ \frac{\varepsilon}{h}\left(e^{C(x_i-x_0)} - 1\right) & \text{sonst.} \end{cases}$$

Dabei ist ε der maximale absolute Rechnungsfehler pro Rechenschritt und z.B. $C = L$ für Euler-Cauchy und $C \sim L$ für das klassische R-K-Verfahren.

Für Mehrschrittverfahren (auch Praediktor-Korrektor-Verfahren) gilt

$$|r_{i,h}| \leq \frac{\varepsilon}{h}\frac{(x_i-x_0)}{1-C_2hL}\, e^{\frac{C_1(x-x_0)}{1-C_2hL}} ,$$

wo C_1 und C_2 von den Koeffizienten der einzelnen Formeln abhängen, s. [17], 5.3, 5.4. Der globale Rechnungsfehler ist also bei Ein- und Mehrschrittverfahren von der Ordnung $O(\frac{1}{h})$.

BEMERKUNG 10.5. Will man den globalen Verfahrensfehler verkleinern, so muß gleichzeitig der Rechnungsfehler verkleinert werden. Das läßt sich nur durch Rechnen mit größerer Stellenzahl, d.h. Verkleinerung von ε erreichen.

LITERATUR zu 10.4: [5], II 1.3; [13], 1.4; [17], 1.4, 2.3, 3.4, 5.4; [20], S.295, 308, 323; [29] Bd.II, 10.3; [38], 11.4.2; [41], S.274ff.; [45], § 27.2; s.a. [7], 6.10.

10.5. EXTRAPOLATIONSVERFAHREN.

Gegeben sei das AWP (10.1).
Zunächst berechnet man mit $h = \frac{x_1-x_0}{N}$, $\bar{x}_l = x_0 + lh$, N gerade, die Hilfsgrößen

$$z_1 = y_0 + hf(x_0,y_0)$$

$$z_{l+1} = z_{l-1} + 2hf(\bar{x}_l, z_l), \quad l = 1,2,\dots,N-1$$

Dabei ist $x_1 = x_0 + Nh = \bar{x}_N$.
Weiter bildet man mit $h_j = h/2^j$, $N_j = 2^jN$, $j = 0,1,2,\dots$

$$S(x_1, h) = \frac{1}{2}(z_N + z_{N-1} + hf(\bar{x}_N, z_N)) ,$$

$$S(x_1, h_j) = \frac{1}{2}(z_{N_j} + z_{N_j-1} + h_jf(\bar{x}_{N_j}, z_{N_j}))$$

und setzt

$$L_j^{(0)} = S(x_1, h_j).$$

Dann berechnet man nacheinander

$$L_j^{(k)} = \frac{1}{2^{2k}-1}\left(2^{2k}L_{j+1}^{(k-1)} - L_j^{(k-1)}\right), \qquad k = 1,2,\dots;\ j \geq k$$

und stellt mit diesen Größen das Rombergschema formal genau wie das Rechenschema 9.1 auf. Die Spalten des Schemas konvergieren gegen $y(x_1)$:

(10.22) $$\lim_{j\to\infty} L_j^{(k)} = y(x_1), \quad k \text{ fest} \quad .$$

Ist $y \in C^{2p+1}[a,b]$, also $f(x,y) \in C^{2p}[a,b]$, so gilt (10.22) für $k \leq p$. Ist y analytisch, so konvergieren die absteigenden Diagonalen des Schemas für festes j und $k \to \infty$ superlinear gegen $y(x_N)$. Die globale Fehlerordnung für $L_0^{(0)}$ ist $O(h^2)$. Von Spalte zu Spalte erhöht sie sich um den Faktor h^2.

Bemerkung 8.1 gilt auch hier: Die Anzahl der Spalten sollte nur so groß gewählt werden, daß keine Oszillation auftritt. Oszillation kann durch den beginnenden Einfluß der Rundefehler bedingt sein wie auch dadurch, daß p nicht groß genug ist (d.h. f ist nicht genügend "glatt").

Anstelle der Folge $h_j = h/2^j$ (Romberg-Folge) empfiehlt sich bei der praktischen Durchführung die Folge

$$h_j = \begin{cases} \dfrac{h_0}{2^{(j+1)/2}} & \text{für } j \text{ ungerade}, \\[2ex] \dfrac{1}{3}\,\dfrac{h_0}{2^{(j-2)/2}} & \text{für } j \text{ gerade}, \end{cases} \qquad j > 0,$$

d.h. $h_1=h_0/2$, $h_2=h_0/3$, $h_3=h_0/4$, $h_4=h_0/6$, $h_5=h_0/8$, $h_6=h_0/12$, $h_7=h_0/16$, $h_8=h_0/24, \dots$. Damit wird die Rechenarbeit bei der Aufstellung des Schemas verringert ([13], S. 156).

Zur Schrittweitensteuerung läßt sich (10.21) benutzen mit $q_g = 2k+2$, $Y_{h_1}(x_1) = L_0^{(0)}$ u.s.f. . Ist ein hinreichend genauer Wert Y_1 bestimmt, so berechnet man $Y_2,\dots,Y_{i+1}$, indem man das AWP (10.1) mit der AB $Y(x_i) = Y_i$, $i = 1,2,\dots$ nach dem Extrapolationsverfahren löst. Die Schrittweite kann für jeden Integrationsschritt neu gewählt werden.

Programme für das Extrapolationsverfahren:

1. Algol-Procedur nach Bulirsch-Stoer [98]
2. Fortran-IV Modifikation von 1: Subroutine DREBS in [77] Bd. I.

Bemerkung zu den Programmen:
Statt des vorstehend beschriebenen Algorithmus, der wie auch die Algorithmen in Abschnitt 8.3 und 9.3 auf polynomialer Extrapolation beruht (Prinzip von Richardson, s. z.B. [3], 7.22; [38], S. 253; [40] III, § 8), ist hier ein auf rationaler Extrapolation beruhender Algorithmus zu Grunde gelegt. Damit haben sich bei Testbeispielen noch günstigere numerische Resultate ergeben ([96], [102]).

LITERATUR zu 10.5: [13], 5; [36], 7.2.13; [74], 9; [83], 6; [86], 5; [91], 6.3.

10.6 ENTSCHEIDUNGSHILFEN BEI DER WAHL DES VERFAHRENS.

Als Kriterium für die Brauchbarkeit eines Verfahrens im Einzelfall läßt sich der unter den vorgegebenen Bedingungen (Problemklasse, geforderte Genauigkeit) entstehende Rechenaufwand ansehen. Er läßt sich aufgliedern in

a) Aufwand für die Berechnung der Werte $f(x,y)$,
b) Aufwand für während der Rechnung erforderliche Änderungen der Schrittweite,
c) Aufwand für die übrigen Operationen.

Bei einfach gebautem f ist der Aufwand für a) nicht so groß; bei Forderung hoher Genauigkeit ($\varepsilon \leq 10^{-6}$) empfiehlt sich das Extrapolationsverfahren; bei Forderung geringerer Genauigkeit etwa bis $\varepsilon \leq 10^{-4}$ das klassische R-K-Verfahren ($q_g = 4$) oder für $\varepsilon > 10^{-4}$ auch eines der Einschrittverfahren mit $q_g < 4$.

Ist dagegen der Aufwand für a) groß, so sind i.a. Mehrschrittverfahren günstiger, obwohl der Aufwand zu b) hier groß ist (Berechnung von jeweils einem neuen Anlaufstück). Zur Schrittweitensteuerung bei Mehrschrittverfahren siehe auch Abschnitt 11.3.

Diese groben Kriterien beruhen auf in [103] mitgeteilten Testrechnungen. Dabei wurden z.B. implizite R-K-Verfahren nicht einbezogen. Ihre in Abschnitt 10.2.4 angegebenen Vorteile lassen erkennen, daß diese Verfahren für Probleme, die besonders große Genauigkeit ($10^{-10} \leq \varepsilon \leq 10^{-20}$) erfordern, durchaus in Frage kommen.

LITERATUR zu 10.6: [36], 7.2.1.4; [83], 12; [103]; [107]; [108].

11. NUMERISCHE VERFAHREN FÜR ANFANGSWERTPROBLEME BEI SYSTEMEN VON GEWÖHNLICHEN DIFFERENTIALGLEICHUNGEN ERSTER ORDNUNG UND BEI DIFFERENTIALGLEICHUNGEN HÖHERER ORDNUNG.

Betrachtet wird ein Anfangswertproblem (AWP) aus n gewöhnlichen DGLen erster Ordnung für n Funktionen y_r, $r = 1(1)n$, und n Anfangsbedingungen (ABen) der Gestalt

$$(11.1)\quad \begin{cases} y_r' = f_r(x, y_1, y_2, \ldots, y_n)\,, \\ y_r(x_0) = y_{r0}, \quad r = 1(1)n. \end{cases}$$

Für das AWP (11.1) müssen die folgenden Voraussetzungen erfüllt sein:

(1) Die Funktionen f_r seien stetig in einem Gebiet G des $(x, y_1, \ldots, y_n)$-Raumes.

(2) Für die Funktionen f_r gelte mit einer Lipschitzkonstanten L

$$|f_r(x, y_1, \ldots, y_n) - f_r(x, y_1^*, \ldots, y_n^*)| \le L \sum_{\nu=1}^{n} |y_\nu - y_\nu^*|\,, \quad r = 1(1)n.$$

Dann existiert in einem Gebiet $G_1 \subset G$ genau eine Lösung des AWPs bestehend aus n Funktionen y_r, $r = 1(1)n$, mit $y_r(x_0) = y_{r0}$. Die Voraussetzung (2) ist insbesondere dann erfüllt, wenn die f_r in G beschränkte partielle Ableitungen besitzen. Dann kann gesetzt werden

$$(11.1')\quad L = \max_{\substack{1 \le k, r \le n \\ (x, y_1, y_2, \ldots, y_n) \in G}} \left|\frac{\partial f_r}{\partial y_k}\right|.$$

In vektorieller Form erhält (11.1) die Form

$$(11.1'')\quad \begin{cases} \mathfrak{y}' = \vec{f}(x, \mathfrak{y})\,, \\ \mathfrak{y}(x_0) = \mathfrak{y}_0\,. \end{cases}$$

mit

$$\mathfrak{y} = \begin{pmatrix} y_1(x) \\ y_2(x) \\ \vdots \\ y_n(x) \end{pmatrix}, \quad \mathfrak{y}' = \begin{pmatrix} y_1'(x) \\ y_2'(x) \\ \vdots \\ y_n'(x) \end{pmatrix}, \quad \vec{f}(x, \mathfrak{y}) = \begin{pmatrix} f_1(x, \mathfrak{y}) \\ f_2(x, \mathfrak{y}) \\ \vdots \\ f_n(x, \mathfrak{y}) \end{pmatrix}.$$

Jedes AWP aus einer DGL n-ter Ordnung für eine Funktion y mit n ABen

$$(11.2)\quad \begin{cases} y^{(n)}(x) = f(x, y, y', \ldots, y^{(n-1)}), \\ y(x_0) = y_0,\ y'(x_0) = y_0', \ldots, y^{(n-1)}(x_0) = y_0^{(n-1)}, \end{cases}$$

wobei $y^{(k)}(x) := d^k y/dx^k$ ist, läßt sich durch die Substitution

$$y^{(k)}(x) = y_{k+1}(x), \quad k = 0(1)n-1$$

auf (11.1) zurückführen; dann lauten die zugehörigen ABen

$$y_0^{(k)} = y^{(k)}(x_0) = y_{k+1}(x_0) = y_{k+1,0} \quad \text{für} \quad k = 0(1)n-1 \ .$$

Alle in Kap. 10 behandelten Verfahren bzw. Algorithmen gelten auch für Systeme, indem man die skalaren Funktionen y,f durch die Vektorfunktionen $\mathfrak{y}, \vec{f}$ ersetzt. Das gilt auch für die Kriterien in Abschnitt 10.6.

11.1 RUNGE-KUTTA-VERFAHREN.

11.1.1 ALLGEMEINER ANSATZ.

Sind $x_i = x_0 + ih$, $i = 0(1)N$, die Stützstellen im Integrationsintervall des AWPs (11.1) bzw. (11.1"), so lautet der Ansatz für ein Runge-Kutta-Verfahren (R-K-Verfahren) der Ordnung m für einen Integrationsschritt von x_i nach x_{i+1} mit $\mathfrak{Y}_i := \mathfrak{Y}(x_i) \approx \mathfrak{y}(x_i)$

$$(11.3) \quad \begin{cases} \mathfrak{Y}_{i+1} = \mathfrak{Y}_i + \sum\limits_{j=1}^{m} A_j \vec{k}_j^{(i)} \quad \text{mit} \\ \vec{k}_j^{(i)} = h\, \vec{f}(x_i + \alpha_j h, \mathfrak{Y}_i + \sum\limits_{l=1}^{m} \beta_{jl} \vec{k}_l^{(i)}), \quad j = 1(1)m \ . \end{cases}$$

Die in Kapitel 10 angegebenen expliziten und impliziten R-K-Verfahren der Ordnung m gelten auch für AWPe (11.1), wenn man die R-K-Formeln für jede Vektorkomponente getrennt benutzt. Ausführlich werden hier nur das klassische R-K-Verfahren und eine Modifikation für den Fall von AWPen bei gewöhnlichen DGLen zweiter Ordnung sowie das R-K-Fehlberg-Verfahren angegeben.

11.1.2 DAS KLASSISCHE RUNGE-KUTTA-VERFAHREN.

Das klassische R-K-Verfahren ist ein Verfahren der Ordnung m = 4. Unter der Annahme, daß die Näherungswerte $Y_{ri} := Y_r(x_i)$ für $y_{ri} := y_r(x_i)$ exakt sind, gilt

$$(11.4) \quad \begin{cases} y_{r,i+1} = Y_{r,i+1} + O(h^5) \quad \text{mit} \\ Y_{r,i+1} = Y_{ri} + \sum\limits_{j=1}^{4} A_j k_{rj}^{(i)} = Y_{ri} + k_r^{(i)} \ , \quad r = 1(1)n, \end{cases}$$

d.h. die Ordnung des lokalen Verfahrensfehlers ist $O(h^5)$.
Die Werte A_j ergeben sich für alle r, r = 1(1)n, bei geeigneter Wahl von zwei freien Parametern zu

$$A_1 = \frac{1}{6}, \quad A_2 = A_3 = \frac{1}{3}, \quad A_4 = \frac{1}{6},$$

die Werte $k_{rj}^{(i)}$ sind in Algorithmus 11.1 angegeben.

ALGORITHMUS 11.1 (*Klassisches R-K-Verfahren*).
Gegeben sei das AWP (11.1). Sind $x_i = x_0 + ih$, $i = 0(1)N$, die Stützstellen im Integrationsintervall des AWPs, so sind zur Berechnung der Näherungswerte $Y_{r,i+1}$ für $y_{r,i+1}$ für jedes feste i folgende Schritte auszuführen:

1\. Schritt. Berechnung der Werte von $k_{rj}^{(i)}$ bzw. $k_r^{(i)}$ für r = 1(1)n nach den folgenden Formeln

$$k_{r1}^{(i)} = hf_r(x_i, Y_{1i}, \ldots, Y_{ri}, \ldots, Y_{ni}),$$

$$k_{r2}^{(i)} = hf_r\left(x_i + \frac{h}{2}, Y_{1i} + \frac{k_{11}^{(i)}}{2}, \ldots, Y_{ri} + \frac{k_{r1}^{(i)}}{2}, \ldots, Y_{ni} + \frac{k_{n1}^{(i)}}{2}\right),$$

$$k_{r3}^{(i)} = hf_r\left(x_i + \frac{h}{2}, Y_{1i} + \frac{k_{12}^{(i)}}{2}, \ldots, Y_{ri} + \frac{k_{r2}^{(i)}}{2}, \ldots, Y_{ni} + \frac{k_{n2}^{(i)}}{2}\right),$$

$$k_{r4}^{(i)} = hf_r(x_i + h, Y_{1i} + k_{13}^{(i)}, \ldots, Y_{ri} + k_{r3}^{(i)}, \ldots, Y_{ni} + k_{n3}^{(i)}),$$

$$k_r^{(i)} = \frac{1}{6}(k_{r1}^{(i)} + 2k_{r2}^{(i)} + 2k_{r3}^{(i)} + k_{r4}^{(i)}).$$

2\. Schritt. Berechnung der Werte Y_{ri+1} für r = 1(1)n gemäß (11.4) nach der Vorschrift

$$Y_{r,i+1} = Y_{ri} + k_r^{(i)}.$$

Zur Durchführung des Verfahrens wird zweckmäßig das folgende Rechenschema verwendet:

RECHENSCHEMA 11.1 (*Klassisches R-K-Verfahren*)

i				$k_{rj}^{(i)}$	
0	x_0	y_{r0}	$f_r(x_0, y_{10}, \ldots, y_{r0}, \ldots, y_{n0})$	$k_{r1}^{(0)}$	$k_{r1}^{(0)}$
	$x_0 + \frac{h}{2}$	$y_{r0} + \frac{k_{r1}^{(0)}}{2}$	$f_r(x_0 + \frac{h}{2}, y_{10} + \frac{k_{11}^{(0)}}{2}, \ldots, y_{r0} + \frac{k_{r1}^{(0)}}{2}, \ldots, y_{n0} + \frac{k_{n1}^{(0)}}{2})$	$k_{r2}^{(0)}$	$2k_{r2}^{(0)}$
	$x_0 + \frac{h}{2}$	$y_{r0} + \frac{k_{r2}^{(0)}}{2}$	$f_r(x_0 + \frac{h}{2}, y_{10} + \frac{k_{12}^{(0)}}{2}, \ldots, y_{r0} + \frac{k_{r2}^{(0)}}{2}, \ldots, y_{n0} + \frac{k_{n2}^{(0)}}{2})$	$k_{r3}^{(0)}$	$2k_{r3}^{(0)}$
	$x_0 + h$	$y_{r0} + k_{r3}^{(0)}$	$f_r(x_0 + h, y_{10} + k_{13}^{(0)}, \ldots, y_{r0} + k_{r3}^{(0)}, \ldots, y_{n0} + k_{n3}^{(0)})$	$k_{r4}^{(0)}$	$k_{r4}^{(0)}$
	$x_1 = x_0 + h$	$Y_{r1} = y_{r0} + k_r^{(0)}$			$k_r^{(0)} = \frac{1}{6}\sum$
1	x_1	Y_{r1}	$f_r(x_1, Y_{11}, \ldots, Y_{r1}, \ldots, Y_{n1})$	$k_{r1}^{(1)}$	$k_{r1}^{(1)}$
	$x_1 + \frac{h}{2}$	$Y_{r1} + \frac{k_{r1}^{(1)}}{2}$	$f_r(x_1 + \frac{h}{2}, Y_{11} + \frac{k_{11}^{(1)}}{2}, \ldots, Y_{r1} + \frac{k_{r1}^{(1)}}{2}, \ldots, Y_{n1} + \frac{k_{n1}^{(1)}}{2})$	$k_{r2}^{(1)}$	$2k_{r2}^{(1)}$
	$x_1 + \frac{h}{2}$	$Y_{r1} + \frac{k_{r2}^{(1)}}{2}$	$f_r(x_1 + \frac{h}{2}, Y_{11} + \frac{k_{12}^{(1)}}{2}, \ldots, Y_{r1} + \frac{k_{r2}^{(1)}}{2}, \ldots, Y_{n1} + \frac{k_{n2}^{(1)}}{2})$	$k_{r3}^{(1)}$	$2k_{r3}^{(1)}$
	$x_1 + h$	$Y_{r1} + k_{r3}^{(1)}$	$f_r(x_1 + h, Y_{11} + k_{13}^{(1)}, \ldots, Y_{r1} + k_{r3}^{(1)}, \ldots, Y_{n1} + k_{n3}^{(1)})$	$k_{r4}^{(1)}$	$k_{r4}^{(1)}$
	$x_2 = x_1 + h$	$Y_{r2} = Y_{r1} + k_r^{(1)}$			$k_r^{(1)} = \frac{1}{6}\sum$
2	x_2	Y_{r2}	$f_r(x_2, Y_{12}, \ldots, Y_{r2}, \ldots, Y_{n2})$	$k_{r1}^{(2)}$	$k_{r1}^{(2)}$
	$\vdots$	$\vdots$	$\vdots$	$\vdots$	$\vdots$

n mal nebeneinanderzusetzen für r = 1(1)n

Analog zu Abschnitt 10.2.4 kann auch hier eine *Fehlerschätzung* angegeben werden: Sind $Y_{rh}(x_i)$, $r = 1(1)n$, die mit der Schrittweite h berechneten Näherungswerte für $y_r(x_i)$ und $Y_{r2h}(x_i)$ die mit der doppelten Schrittweite berechneten Näherungswerte, so gelten für die globalen Verfahrensfehler

$$e_{ri,h} := y_r(x_i) - Y_{rh}(x_i), \quad r = 1(1)n,$$

die Fehlerschätzungsformeln

$$e_{ri,h} \approx \frac{1}{15}\left(Y_{rh}(x_i) - Y_{r2h}(x_i)\right) = e_{ri,h}^{*} .$$

Ein gegenüber $Y_{rh}(x_i)$ verbesserter Näherungswert ist

$$Y_{rh}^{*}(x_i) = Y_{rh}(x_i) + e_{ri,h}^{*} \approx y_r(x_i) .$$

ALGORITHMUS 11.2 (*Klassisches R-K-Verfahren für n = 2*).

Gegeben sei das AWP: $y' = f(x,y,z)$, $z' = g(x,y,z)$, $y(x_0) = y_0$, $z(x_0) = z_0$. Sind $x_i = x_0 + ih$, $i = 0(1)N$, die Stützstellen im Integrationsintervall des AWP, so sind zur Berechnung der Näherungswerte $Y_{i+1} = Y(x_{i+1})$ und $Z_{i+1} = Z(x_{i+1})$ für $y_{i+1} = y(x_{i+1})$ und $z_{i+1} = z(x_{i+1})$ für jedes feste i $(i = 0(1)N-1)$ folgende Schritte durchzuführen:

1. Schritt. Berechnung der Werte von $k_j^{(i)}$, $l_j^{(i)}$ bzw. $k^{(i)}$, $l^{(i)}$ nach den folgenden Formeln mit $Y_0 := y_0$, $Z_0 := z_0$:

$k_1^{(i)} = hf(x_i, Y_i, Z_i)$	$l_1^{(i)} = hg(x_i, Y_i, Z_i)$
$k_2^{(i)} = hf(x_i + \frac{h}{2}, Y_i + \frac{k_1^{(i)}}{2}, Z_i + \frac{l_1^{(i)}}{2})$	$l_2^{(i)} = hg(x_i + \frac{h}{2}, Y_i + \frac{k_1^{(i)}}{2}, Z_i + \frac{l_1^{(i)}}{2})$
$k_3^{(i)} = hf(x_i + \frac{h}{2}, Y_i + \frac{k_2^{(i)}}{2}, Z_i + \frac{l_2^{(i)}}{2})$	$l_3^{(i)} = hg(x_i + \frac{h}{2}, Y_i + \frac{k_2^{(i)}}{2}, Z_i + \frac{l_2^{(i)}}{2})$
$k_4^{(i)} = hf(x_i + h, Y_i + k_3^{(i)}, Z_i + l_3^{(i)})$	$l_4^{(i)} = hg(x_i + h, Y_i + k_3^{(i)}, Z_i + l_3^{(i)})$
$k^{(i)} = \frac{1}{6}(k_1^{(i)} + 2k_2^{(i)} + 2k_3^{(i)} + k_4^{(i)})$	$l^{(i)} = \frac{1}{6}(l_1^{(i)} + 2l_2^{(i)} + 2l_3^{(i)} + l_4^{(i)})$

2. Schritt. Berechnung der Näherungswerte Y_{i+1}, Z_{i+1} nach den Vorschriften

$$Y_{i+1} = Y_i + k^{(i)}; \qquad Z_{i+1} = Z_i + l^{(i)} .$$

11.1.3 RUNGE-KUTTA-VERFAHREN FÜR ANFANGSWERTPROBLEME BEI GEWÖHNLICHEN DIFFERENTIALGLEICHUNGEN ZWEITER ORDNUNG.

Eine *Modifikation des klassischen R-K-Verfahrens* ergibt sich für AWPe bei gewöhnlichen DGLen zweiter Ordnung der Form

$$(11.5)\quad \begin{cases} y'' = g(x,y,y') , \\ y(x_0) = y_0,\ \ y'(x_0) = y_0' , \end{cases}$$

die den folgenden AWPen äquivalent sind

$$(11.6)\quad \begin{cases} y' = z , \\ z' = g(x,y,z) , \\ y(x_0) = y_0,\ \ z(x_0) = z_0 . \end{cases}$$

Ein AWP (11.6) läßt sich nun gemäß Algorithmus 11.2 lösen. Die dort angegebenen Formeln für die Werte von $k_j^{(i)}$ vereinfachen sich dabei wie folgt mit $Y_0 := y_0$, $Z_0 := z_0$:

$$k_1^{(i)} = hZ_i,\quad k_2^{(i)} = h(Z_i + \frac{l_1^{(i)}}{2}),\quad k_3^{(i)} = h(Z_i + \frac{l_2^{(i)}}{2}),\quad k_4^{(i)} = h(Z_i + l_3^{(i)}) .$$

Damit läßt sich aber das AWP (11.5) auch unmittelbar behandeln.

ALGORITHMUS 11.3 (*Modifiziertes klassisches R-K-Verfahren*).
Gegeben sei das AWP (11.5). Sind $x_i = x_0 + ih$, $i = 0(1)N$, die Stützstellen im Integrationsintervall, so sind zur Berechnung der Näherungswerte Y_{i+1} für y_{i+1} für jedes feste $i = 0(1)N-1$ folgende Schritte durchzuführen:

1. Schritt. Berechnung der Werte $l_j^{(i)}$, $j = 1(1)4$, nach den Formeln

$$l_1^{(i)} = hg(x_i, Y_i, Y_i'),$$

$$l_2^{(i)} = hg(x_i + \frac{h}{2},\ \ Y_i + \frac{h}{2} Y_i', Y_i' + \frac{l_1^{(i)}}{2}) ,$$

$$l_3^{(i)} = hg(x_i + \frac{h}{2},\ \ Y_i + \frac{h}{2} Y_i' + \frac{h^2}{4} Y_i'',\ Y_i' + \frac{l_2^{(i)}}{2}) ,$$

$$l_4^{(i)} = hg(x_i + h,\ \ Y_i + hY_i' + \frac{h}{2} l_2^{(i)},\ Y_i' + l_3^{(i)}) .$$

2. Schritt. Berechnung von Y_{i+1} und Y_{i+1}' nach den Formeln

$$Y_{i+1} = Y_i + hY_i' + \frac{h}{6} (l_1^{(i)} + l_2^{(i)} + l_3^{(i)}) ,$$

$$Y_{i+1}' = Y_i' + \frac{1}{6} (l_1^{(i)} + 2l_2^{(i)} + 2l_3^{(i)} + l_4^{(i)}) .$$

Dabei ist Y_{i+1}' nur für $i = 0(1)N-2$ zu berechnen.

Das Verfahren von *Runge-Kutta-Nyström* wendet den R-K-Ansatz direkt auf das AWP (11.5) an.

ALGORITHMUS 11.4 (*Verfahren von R-K-Nyström*).
Gegeben sei das AWP (11.5). Sind $x_i = x_0 + ih$, $i = 0(1)N$, die Stützstellen im Integrationsintervall des AWPs, so sind zur Berechnung von Y_{i+1} für jedes feste $i = 0(1)N-1$ folgende Schritte durchzuführen:

1. Schritt. Berechnung der Werte $l_j^{(i)}$, $j = 1(1)4$, nach den Formeln

$$l_1^{(i)} = hg(x_i, Y_i, Y_i') ,$$

$$l_2^{(i)} = hg(x_i + \frac{h}{2},\ Y_i + \frac{h}{2} Y_i' + \frac{h^2}{8} Y_i'',\ Y_i' + \frac{l_1^{(i)}}{2}) ,$$

$$l_3^{(i)} = hg(x_i + \frac{h}{2},\ Y_i + \frac{h}{2} Y_i' + \frac{h^2}{8} Y_i'',\ Y_i' + \frac{l_2^{(i)}}{2}) ,$$

$$l_4^{(i)} = hg(x_i + h,\ Y_i + hY_i' + \frac{h}{2} l_3^{(i)},\ Y_i' + l_3^{(i)}) \text{ mit } Y_0 := y_0,\ Y_0' := y_0' .$$

2. Schritt. Berechnung von Y_{i+1} und Y_{i+1}' nach den Formeln

$$Y_{i+1} = Y_i + hY_i' + \frac{h}{6}(l_1^{(i)} + l_2^{(i)} + l_3^{(i)}) ,$$

$$Y_{i+1}' = Y_i' + \frac{1}{6}(l_1^{(i)} + 2l_2^{(i)} + 2l_3^{(i)} + l_4^{(i)}) .$$

Dabei ist Y_{i+1}' nur für $i = 0(1)N-2$ zu berechnen.

BEMERKUNG 11.1. Die lokale Fehlerordnung der durch die Algorithmen 11.3 und 11.4 beschriebenen Verfahren ist $O(h^5)$, jedoch ergibt sich im Falle des Verfahrens von R-K-Nyström ein kleinerer Fehlerkoeffizient (vgl. Zurmühl, ZAMM 28 (1948)). Dieser Vorteil kann jedoch durch stärkeres Anwachsen von Rundungsfehlern wieder zunichte gemacht werden. Siehe hierzu Bemerkung 11.3. - Über Rechenzeit sparende direkte R-K-Verfahren für Systeme von DGLen zweiter Ordnung s. [52]

11.1.4 SCHRITTWEITENSTEUERUNG.

Eine der Schrittkennzahl $K = hL$ im Falle $n = 1$ entsprechende Größe läßt sich für AWPe bei Systemen von DGLen erster Ordnung nur mit erheblichem Aufwand gewinnen. Man benutzt deshalb in der Praxis die Größe

$$\delta_{i+1,h} := \max_{1 \le r \le n} |e^*_{ri+1,h}|$$

zur Schrittweitensteuerung. Ist $\varepsilon > 0$ eine vorgegebene Fehlerschranke, etwa eine Einheit der letzten als sicher vorgeschriebenen Stelle, so wird

(1) h beibehalten, falls $0{,}15\varepsilon < \delta_{i+1,h} < 10\varepsilon$ gilt;

(2) h halbiert, falls $\delta_{i+1,h} \geq 10\varepsilon$ ist oder

(3) h verdoppelt, falls $\delta_{i+1,h} \leq 0{,}15\varepsilon$ ist.

11.1.5 RUNGE-KUTTA-FEHLBERG-VERFAHREN.

11.1.5.1 BESCHREIBUNG DES VERFAHRENS.

Dieses Verfahren ([50], s.a. [48]) beruht auf einer Approximation der Funktionen $\bar{y}_r$ durch ihre mit der (q+1)ten Potenz abgebrochenen Taylorentwicklung $\bar{T}_{r,q+1}$ und anschließender Anwendung eines R-K-Verfahrens zur Bestimmung von Näherungswerten für $y_r = \bar{y}_r - \bar{T}_{r,q+1}$.

Gegeben sei das AWP

$$(11.7)\quad \begin{cases} \bar{y}_r' = \bar{f}_r(x,\bar{y}_1,\bar{y}_2,\ldots,\bar{y}_n), \quad \bar{y}_r \in C^{n+1}[x_0,x_N], \\ \bar{y}_r(x_0) = \bar{y}_{r0}, \quad r = 1(1)n. \end{cases}$$

Mit dem Ansatz

$$(11.8)\quad \begin{cases} y_r = \bar{y}_r - \sum\limits_{k=1}^{q+1} \dfrac{\bar{y}_r^{(k)}(x_0)}{k!}(x-x_0)^k , \\ \bar{y}_r^{(k)} = \dfrac{d^k\bar{y}_r}{dx^k} \end{cases}$$

ergibt sich für ein fest gewähltes q, wobei hier q = 3(1)8 sein kann, das transformierte AWP

$$(11.9)\quad \begin{cases} y_r' = \bar{f}_r - \sum\limits_{k=0}^{q} \dfrac{\bar{y}_r^{(k+1)}(x_0)}{k!}(x-x_0)^k = f_r(x,y_1,\ldots,y_n) \\ y_r(x_0) = y_{r0} , \quad r = 1(1)n . \end{cases}$$

Die Werte $\bar{y}_r^{(k)}(x_0)$ werden aus (11.7) berechnet.
Für die folgenden Integrationsschritte ist in (11.9) x_0 durch x_i, y_{r0} durch Y_{ri}, $\bar{y}_{r0}$ durch $\bar{Y}_{ri}$, i = 1(1)N-1, r = 1(1)n, zu ersetzen.
Zur Lösung des transformierten AWP (11.9) wird der folgende R-K-Ansatz für m = 4 gemacht:

$$(11.10)\quad Y_{r,i+1} = Y_{ri} + \sum_{j=1}^{4} c_j\, k_{rj}^{(i)}, \quad i = 0(1)N-1, \quad \text{mit}$$

$$(11.11)\begin{cases} k_{r1}^{(i)} = h\, f_r(x_i+\alpha_1 h,\ Y_{1i},\dots,Y_{ni})\ , \\ k_{r2}^{(i)} = h\, f_r(x_i+\alpha_2 h,\ Y_{1i}+\beta_{21}k_{11}^{(i)},\dots,Y_{ni}+\beta_{21}k_{n1}^{(i)})\ , \\ k_{r3}^{(i)} = h\, f_r(x_i+\alpha_3 h,\ Y_{1i}+\beta_{31}k_{11}^{(i)}+\beta_{32}k_{12}^{(i)},\dots,Y_{ni}+\beta_{31}k_{n1}^{(i)}+\beta_{32}k_{n2}^{(i)})\ , \\ k_{r4}^{(i)} = h\, f_r(x_i+\alpha_4 h,\ Y_{1i}+\beta_{41}k_{11}^{(i)}+\beta_{42}k_{12}^{(i)}+\beta_{43}k_{13}^{(i)},\dots,Y_{ni}+\beta_{41}k_{n1}^{(i)}+ \\ \qquad +\beta_{42}k_{n2}^{(i)}+\beta_{43}k_{n3}^{(i)})\ . \end{cases}$$

Für die Koeffizienten $\alpha_i, \beta_{ik}, c_i$ ergeben sich für $q = 3(1)8$ unter Vorgabe von $\alpha_1 = 1$, $\alpha_4 = 1$, $c_1 = 0$ für alle q die in Tabelle 11.1 ([51], S.10) angegebenen Werte. Der lokale Verfahrensfehler ist nahezu von der Ordnung $O(h^{q+5})$. Die Rücktransformation der Näherungswerte $Y_r(x_i)$ für die Lösungen $y_r(x_i)$ des AWP (11.9) in die gesuchten Näherungswerte $\bar{Y}_r(x_i)$ für die Lösungen $\bar{y}_r(x_i)$ des gegebenen AWP (11.7) erfolgt nach (11.8). Bei jedem Integrationsschritt von x_i nach x_{i+1} sind 4n Funktionswerte f_r und die benötigten Ableitungen zu berechnen.

ALGORITHMUS 11.5 (*R-K-Fehlberg-Verfahren der lokalen Ordnung $O(h^{q+5})$*).

Gegeben sei das AWP (11.7). Sind $x_i = x_0+ih$, $i = 0(1)N$, die Stützstellen des Integrationsintervalls, so sind zur Berechnung der Näherungswerte $\bar{Y}_r(x_{i+1})$ für $\bar{y}_r(x_{i+1})$, $r = 1(1)n$, für jedes feste $i = 0(1)N-1$ die folgenden Schritte durchzuführen:

1. Schritt. Transformation des gegebenen AWP (11.7) auf ein AWP (11.9) mit Hilfe der Transformationsgleichungen (11.8) für ein vorgegebenes q, wobei $q = 3(1)8$ sein kann.

2. Schritt. Berechnung der Werte $k_{rj}^{(i)}$, $j = 1(1)4$, nach den Formeln (11.11) mit $\alpha_1 = \alpha_4 = 1$, $c_1 = 0$. Alle weiteren Koeffizienten werden Tabelle 11.1 entnommen.

3. Schritt. Berechnung der $Y_{r,i+1}$ nach den Formeln (11.10) für $r = 1(1)n$ mit den entsprechenden c_j aus Tabelle 11.1. Zur Fehlerschätzung und Schrittweitensteuerung siehe Abschnitt 11.1.5.2.

4. Schritt. Rücktransformation der $Y_{r,i+1}$ in die gesuchten Näherungswerte $\bar{Y}_{r,i+1}$ nach (11.8)[1]; Erhöhung von i auf i+1 und Rücksprung zum 1. Schritt, falls $i+1 < N$ ist.

---

1) Dabei ist in (11.8) x_0 durch x_i, y_{r0} durch Y_{ri}, $\bar{y}_{r0}$ durch $\bar{Y}_{ri}$, $r = 1(1)n$, $i = 1(1)N-1$ zu ersetzen.

BEMERKUNG 11.2. In [51], S.9-15 sind entsprechende Formeln und Koeffiziententabellen für Systeme von DGLen zweiter Ordnung angegeben. DGLen n-ter Ordnung lassen sich nach R-K-Fehlberg-Verfahren sowohl unmittelbar als auch durch Zurückführung auf Systeme von DGLen erster Orndung behandeln (s. [49]).

11.1.5.2 FEHLERSCHÄTZUNG UND SCHRITTWEITENSTEUERUNG.

Für die lokalen Verfahrensfehler der mit der Schrittweite h nach dem R-K-Fehlberg-Verfahren berechneten Näherungswerte $Y_{r,i+1;h}$ für die Lösungen $y_{r,i+1}$ des transformierten AWPs(11.9) gelten mit

$$\varepsilon^{RKF}_{r,i+1;h} := y_{r,i+1} - Y_{r,i+1;h}, \quad r = 1(1)n ,$$

die Fehlerschätzungsformeln

$$\varepsilon^{RKF}_{r,i+1;h} \approx \sum_{j=1}^{4} (c_j-\tilde{c}_j)k^{(i)}_{rj} - \tilde{c}_5\, k^{(i)}_{r5} = \varepsilon^{RKF*}_{r,i+1;h}$$

mit $k^{(i)}_{rj}$, $j = 1(1)4$, nach (11.11) und

$$k^{(i)}_{r5} = h\, f_r(x_i+\alpha_5 h,\ Y_{1i}+\beta_{51}k^{(i)}_{11}+\beta_{52}k^{(i)}_{12}+\beta_{53}k^{(i)}_{13}+\beta_{54}k^{(i)}_{14},\ldots,Y_{ni}+$$
$$+\beta_{51}k^{(i)}_{n1}+\beta_{52}k^{(i)}_{n2}+\beta_{53}k^{(i)}_{n3}+\beta_{54}k^{(i)}_{n4}) .$$

Dabei sind die Koeffizienten α_2, α_3, β_{jk} für $j = 2(1)4$, $k = 1(1)j-1$ Tabelle 11.1 zu entnehmen und die β_{5k} für $k = 1(1)4$, die Differenzen $(c_j-\tilde{c}_j)$ für $j = 2(1)4$ und der Koeffizient $-\tilde{c}_5$ Tabelle 11.2. Außerdem sind $\alpha_1 = \alpha_4 = 1$, $\alpha_5 = 0{,}5$ und $\tilde{c}_1 = 0$ zu setzen.

Zur *Schrittweitensteuerung* gelten mit

$$\delta_{i+1,h} := \max_{1 \le r \le n} |\varepsilon^{RKF*}_{r,i+1;h}|$$

die in Abschnitt 11.1.4 angegebenen Regeln.

LITERATUR zu 11.1: [4], 6.7; [5], II § 2; [7], 6.11; [8], S.169f.; [13], 1; [17], Part.I,3.2-4;[19], 8.6; [20], 11.2; [30], V § 3; [38], S.236, 260; [43], § 36; [45], § 27,3-5; [83],2; [86],2; [91],3 .

TABELLE 11.1 (*Runge-Kutta-Fehlberg-Verfahren*).

	q = 3	q = 4	q = 5
α_2	+0.6139 3750 0000 0000 0000 0000	+0.6580 0000 0000 0000 0000 0000	+0.6930 0000 0000 0000 0000 0000
α_3	+0.9801 5050 0547 7836 9392 5710	+0.9856 6737 7705 3423 7710 6152	+0.9891 0980 1178 9389 5494 0554
β_{21}	+0.1744 4189 7713 8241 6790 5807·10^{-1}	+0.1352 7081 6452 4289 0666 6667·10^{-1}	+0.1096 5655 6115 9094 6651 0000·10^{-1}
β_{31}	-0.3586 7882 6756 8388 1495 8871	-0.3038 1856 9858 4579 1160 1689	-0.2634 4291 4691 8761 1167 4762
β_{32}	+0.3798 1908 2995 3616 2546 7712·10^{+1}	+0.3702 2022 6715 6111 9999 3050·10^{+1}	+0.3572 9889 8915 9524 9052 2315·10^{+1}
β_{41}	-0.5300 8840 5854 0960 3987 1844	-0.4197 0281 4687 8125 4464 9236	-0.3476 1846 2402 7809 4769 9222
β_{42}	+0.5338 1485 6708 6758 0896 6692·10^{+1}	+0.4908 7358 9347 7264 7005 6613·10^{+1}	+0.4553 4917 5901 4395 7783 0851·10^{+1}
β_{43}	-0.3065 4758 8791 9469 0170 5081·10^{-1}	-0.2053 9950 5905 4351 0613 9922·10^{-1}	-0.1483 1352 0098 3537 6898 8742·10^{-1}
c_2	+0.4412 1629 3834 8949 9911 1935	+0.4059 3958 1212 7163 5357 9224	+0.3747 8889 8549 3438 8205 6346
c_3	+0.4985 7903 4701 8867 9726 8737	+0.5013 3469 3481 5489 3333 6528	+0.5013 4695 0961 6097 1006 8595
c_4	-0.3228 3875 7766 8535 1845 2534	-0.3498 2756 0353 8761 4334 9828	-0.3681 2341 6576 1853 0582 7000
	q = 6	q = 7	q = 8
α_2	+0.7214 5454 5454 5454 5454 5455	+0.7451 2500 0000 0000 0000 0000	+0.7650 7692 3076 9230 7692 3077
α_3	+0.9913 6552 6063 3194 7553 5657	+0.9930 3848 5363 9271 1487 3363	+0.9942 5209 1308 2094 3135 5780
β_{21}	+0.9174 4873 2298 7773 7437 2069·10^{-2}	+0.7867 1911 8081 0505 2679 0379·10^{-2}	+0.6871 4916 9432 2800 8190 4018·10^{-2}
β_{31}	-0.2324 2352 1590 2518 6628 9856	-0.2080 9902 6390 8751 8489 3098	-0.1883 6775 1756 9469 1960 3647
β_{32}	+0.3430 9884 9579 7474 6855 3161·10^{+1}	+0.3288 0064 2317 7861 9379 5921·10^{+1}	+0.3148 3402 7039 6575 4803 4483·10^{+1}
β_{41}	-0.2970 4867 7654 2736 6807 2058	-0.2588 8052 5432 3570 2347 4581	-0.2294 6108 7127 8466 9249 3536
β_{42}	+0.4253 5614 4171 7345 1690 0241·10^{+1}	+0.3982 0247 2771 3378 7142 6364·10^{+1}	+0.3743 9454 1800 3716 7067 2200·10^{+1}
β_{43}	-0.1134 8240 2019 3090 5374 7640·10^{-1}	-0.8878 6718 2244 0774 1154 8778·10^{-2}	-0.7161 1356 7189 8768 9738 6891·10^{-2}
c_2	+0.3474 9756 0763 7592 4747 3558	+0.3235 7817 2873 2113 1314 4579	+0.3025 3444 2117 6066 6026 2503
c_3	+0.4973 8815 2949 6480 4794 2216	+0.4973 7701 6367 3372 8048 6192	+0.4961 4054 7084 6260 0259 9734
c_4	-0.3784 4502 4659 1238 7583 4059	-0.3899 7920 5035 6052 3177 9827	-0.3982 2881 3640 2958 4942 0495

TABELLE 11.2 (*Runge-Kutta-Fehlberg-Verfahren*).

	q = 3	q = 4	q = 5
β_{51}	-0.3313 0525 3658 8100 2491 9902·10^-1	-0.2623 1425 9179 8828 4040 5772·10^-1	-0.1765 2500 0438 9122 0000 3511·10^-1
β_{52}	+0.4511 6616 0526 0473 6265 6023	+0.3963 0802 8083 2513 3017 8456	+0.2980 0559 3905 6503 4350 6017
β_{53}	-0.2685 0139 3191 2422 6283 8984	-0.2844 6169 5901 5902 3494 9272	-0.2507 7267 9139 7008 9123 8618
β_{54}	+0.2230 9349 9181 5848 6465 4107	+0.2446 0441 0535 1170 5685 6187	+0.2205 8680 0159 8780 7429 1008
$c_2-\tilde{c}_2$	-0.1702 4867 2027 9884 4180 5841·10^-1	-0.9245 5807 4622 9991 9759 1641·10^-2	-0.5810 2290 7734 6807 9145 7034·10^-2
$c_3-\tilde{c}_3$	+0.1209 5022 3048 5433 0029 8960·10^-1	+0.9515 4723 6805 5692 6259 3456·10^-2	+0.7645 0290 7083 6666 5339 1321·10^-2
$c_4-\tilde{c}_4$	-0.1016 8602 2110 0330 5056 6952·10^-1	-0.8238 6925 4456 5923 6658 4739·10^-2	-0.6754 5581 0231 5326 7124 2201·10^-2
$-\tilde{c}_5$	+0.2279 0001 1616 3552 2386 7149·10^-1	+0.1684 0850 3480 0123 0066 7260·10^-1	+0.1531 0431 3073 5774 3447 1414·10^-1
	q = 6	q = 7	q = 8
β_{51}	-0.1102 3290 7723 2656 1901 1115·10^-1	-0.6573 1383 4105 5940 0491 5929·10^-2	-0.3809 4125 7927 0892 3558 4971·10^-2
β_{52}	+0.2058 3474 6791 6321 0914 6499	+0.1342 7980 9003 6828 7977 1680	+0.8430 6698 4359 4067 7552 9290·10^-1
β_{53}	-0.1978 1229 4303 8330 1520 9214	-0.1469 9487 0668 5765 2618 4050	-0.1036 5677 2374 4576 5329 5936
β_{54}	+0.1767 3288 1400 4931 8247 7517	+0.1330 3548 1838 5397 4001 1095	+0.9475 1247 9766 3253 6138 5626·10^-1
$c_2-\tilde{c}_2$	-0.3980 4937 3494 1333 9860 1421·10^-2	-0.2851 9738 2318 2204 1843 2590.10^-2	-0.2127 5650 8672 6681 6358 8885·10^-2
$c_3-\tilde{c}_3$	+0.6256 0928 0855 0610 4883 9350·10^-2	+0.5216 5125 7105 2907 6922 9573·10^-2	+0.4411 6330 8392 7609 9354 3373·10^-2
$c_4-\tilde{c}_4$	-0.5606 5929 5791 2946 3086 5272·10^-2	-0.4731 4322 5894 8080 2735 7700·10^-2	-0.4039 1352 2475 1310 2683 5212·10^-2
$-\tilde{c}_5$	+0.1586 1770 9208 5055 7732 4097·10^-1	+0.1778 2595 2654 1364 8004 2193·10^-1	+0.2131 4417 0182 7208 6543 6848·10^-1

11.2 MEHRSCHRITTVERFAHREN.

Gegeben sei ein AWP der Form

$$(11.12)\quad \begin{cases} y_r' = f_r(x,y_1,y_2,\ldots,y_n)\,, \\ y_r(x_{-s}) = y_{r,-s}, \qquad r = 1(1)n, \qquad x \in [x_{-s},\beta]\,. \end{cases}$$

Durch $x_i = x_0+ih$, $i = -s(1)N-s$, $x_{N-s} = \beta$, $h = (\beta-x_{-s})/N$, $N > s$, seien N+1 äquidistante Stützstellen erklärt. Man nimmt an, daß die Werte der Funktionen y_r, $r = 1(1)n$, bereits an den s+1 Stützstellen x_i für $i = -s(1)0$ bekannt sind.

Die (n+1)-Tupel $(x_i,\ f_1(x_i,y_{1i},y_{2i},\ldots,y_{ni}),\ldots,\ f_n(x_i,y_{1i},y_{2i},\ldots,y_{ni}))$ für $i = -s(1)0$ bilden das Anlaufstück. Gesucht sind nun die Näherungswerte $Y_{ri} := Y_r(x_i)$ für $y_{ri} := y_r(x_i)$ an den restlichen Stützstellen x_i mit $i = 1(1)N-s$. Die Funktionswerte y_{ri} für das Anlaufstück werden i.a. mit einem R-K-Verfahren näherungsweise berechnet und mit Y_{ri}, $i = -s(1)0$, bezeichnet.

Die in Abschnitt 10.3 angegebenen Verfahren gelten für jede Funktion y_r einzeln. An Stelle von $f_i = f(x_i,Y_i)$ tritt $f_{ri} = f(x_i,Y_{1i},\ldots,Y_{ni})$. Es werden daher hier nur der für die Praxis wichtigste Fall des Praediktor-Korrektorverfahrens nach Adams-Moulton für s = 3 ausführlich angegeben und das Verfahren nach Adams-Störmer zur unmittelbaren Behandlung eines AWPs (11.5).

ALGORITHMUS 11.6 (*Praediktor-Korrektor-Verfahren nach Adams-Moulton für s = 3*).

Gegeben sei das AWP (11.12). Sind $x_i = x_0+ih$, $i = -3(1)N-3$, die Stützstellen im Integrationsintervall $[x_{-3},\beta = x_{N-3}]$ des AWPs, so sind zur Berechnung der Näherungswerte Y_{ri} für $y_r(x_i)$, $r = 1(1)n$, für jedes $i = 1(1)N-3$ die folgenden Schritte auszuführen, nachdem das Anlaufstück $(i = -3(1)0)$ z.B. nach einem R-K-Verfahren berechnet wurde.

1. Schritt. Berechnung der Werte $Y_{r,i+1}^{(0)}$ für $r = 1(1)n$ nach der A-B-Formel (Praediktorformel der lokalen Fehlerordnung $O(h^5)$)

$$Y_{r,i+1}^{(0)} = Y_{ri} + \frac{h}{24}\,(55f_{ri} - 59f_{r,i-1} + 37f_{r,i-2} - 9f_{r,i-3})$$

mit $f_{ri} := f_r(x_i,Y_{1i},Y_{2i},\ldots,Y_{ni})$.

2. Schritt. Berechnung von $f_r(x_{i+1},Y_{1,i+1}^{(0)},\ldots,Y_{n,i+1}^{(0)})$.

3. Schritt. Berechnung von $Y_{r,i+1}^{(\nu+1)}$ für $\nu = 0$ und $\nu = 1$ nach der A-M-Formel (Korrektorformel der lokalen Fehlerordnung $O(h^6)$)

$$Y_{r,i+1}^{(\nu+1)} = Y_{ri} + \frac{h}{720}\left(251 f_r(x_{i+1}, Y_{1,i+1}^{(\nu)}, \ldots, Y_{n,i+1}^{(\nu)}) + 646 f_{ri} - 264 f_{r,i-1} + \right.$$

$$\left. + 106 f_{r,i-2} - 19 f_{r,i-3}\right) .$$

Bei hinreichend kleinem h reichen ein oder höchstens zwei Iterationsschritte aus. Um sicher mit höchstens zwei Iterationsschritten auszukommen, sollte h so gewählt werden, daß $K = hL \leq 0{,}20$ mit L gemäß (11.1') gilt. Man setzt dann

$$Y_{r,i+1}^{(\nu+1)} = Y_{r,i+1} \quad \text{mit } \nu = 0 \text{ bzw. } \nu = 1 \text{ für } r = 1(1)n .$$

Ist im Verlaufe der Rechnung von einem x_j an die Bedingung $hL \leq 0{,}2$ nicht mehr erfüllt, so ist eine Verkleinerung der Schrittweite erforderlich. Es empfiehlt sich dann i.a., h zu halbieren. Dann benötigt man allerdings ein neues Anlaufstück und dazu die Werte $Y_{r,j-2}, Y_{r,j-3/2}, Y_{r,j-1}, Y_{r,j-1/2}$, die man für $r = 1(1)n$ nach einem R-K-Verfahren berechnet.

RECHENSCHEMA 11.2 (*Praediktor-Korrektor-Verfahren nach Adams-Moulton*).

	i	x_i	$Y_{ri} = Y_r(x_i)$	$f_r(x_i, Y_{1i}, Y_{2i}, \ldots, Y_{ni})$
Anlaufstück	-3	x_{-3}	$Y_{r,-3} = y_{r,-3}$	$f_{r,-3}$
	-2	x_{-2}	$Y_{r,-2}$	$f_{r,-2}$
	-1	x_{-1}	$Y_{r,-1}$	$f_{r,-1}$
	0	x_0	Y_{r0}	f_{r0}
Extrapolation nach A-B	1	x_1	$Y_{r1}^{(0)}$	$f_r(x_1, Y_{11}^{(0)}, Y_{21}^{(0)}, \ldots, Y_{n1}^{(0)})$
Interpolation nach A-M	1	x_1	$Y_{r1}^{(1)}$	$f_r(x_1, Y_{11}^{(1)}, Y_{21}^{(1)}, \ldots, Y_{n1}^{(1)})$
	1	x_1	$Y_{r1}^{(2)} = Y_{r1}$	$f_r(x_1, Y_{11}, Y_{21}, \ldots, Y_{n1})$
Extrapolation nach A-B	2	x_2	$Y_{r2}^{(0)}$	$f_r(x_2, Y_{12}^{(0)}, Y_{22}^{(0)}, \ldots, Y_{n2}^{(0)})$
Interpolation nach A-M	2	x_2	$Y_{r2}^{(1)}$	$f_r(x_2, Y_{12}^{(1)}, Y_{22}^{(1)}, \ldots, Y_{n2}^{(1)})$
	2	x_2	$Y_{r2}^{(2)} = Y_{r2}$	

(Spalten Y_{ri} und f_r:) n mal nebeneinanderzusetzen für $r = 1(1)n$

Im folgenden wird ein Mehrschrittverfahren zur unmittelbaren Behandlung eines AWPs (11.5) ohne Zurückführung auf ein AWP (11.6) angegeben.

ALGORITHMUS 11.7 (*Verfahren von Adams-Störmer*).
Gegeben sei das AWP $y'' = g(x,y,y')$, $y(x_{-3}) = y_{-3}$, $y'(x_{-3}) = y'_{-3}$. Sind $x_i = x_0+ih$, $i = -3(1)N-3$ die Stützstellen im Integrationsintervall $[x_{-3}, x_{N-3} = \beta]$, so sind zur Berechnung des Näherungswertes Y_{i+1} für y_{i+1} für jedes $i = 1(1)N-2$ die folgenden Schritte auszuführen, nachdem das Anlaufstück aus den Wertetripeln (x_i, Y_i, Y'_i), $i = -3(1)0$, z.B. nach dem R-K-Verfahren (Algorithmus 11.3 oder 11.4) berechnet wurde.

1. Schritt. Berechnung der Werte $Y_{i+1}^{(0)}$, $Y_{i+1}^{\prime(0)}$ nach den Praediktorformeln der lokalen Fehlerordnung $O(h^5)$

$$Y_{i+1}^{(0)} = Y_i + h\,Y'_i + \frac{h^2}{360}\,(323g_i - 264g_{i-1} + 159g_{i-2} - 38g_{i-3})\,,$$

$$Y_{i+1}^{\prime(0)} = Y'_i + \frac{h}{24}\,(55g_i - 59g_{i-1} + 37g_{i-2} - 9g_{i-3})\,,$$

mit $g_i := g(x_i, Y_i, Y'_i)$.

2. Schritt. Berechnung von $g(x_{i+1}, Y_{i+1}^{(0)}, Y_{i+1}^{\prime(0)})$.

3. Schritt. Berechnung von $Y_{i+1}^{(\nu+1)}$ und $Y_{i+1}^{\prime(\nu+1)}$ für $\nu = 0$ und $\nu = 1$ nach den Korrektorformeln $(q_L = 6)$

$$Y_{i+1}^{(\nu+1)} = Y_i + h\,Y'_i + \frac{h^2}{1440}\,(135g(x_{i+1}, Y_{i+1}^{(\nu)}, Y_{i+1}^{\prime(\nu)}) + 752g_i - 246g_{i-1} + 96g_{i-2} - 17g_{i-3})\,,$$

$$Y_{i+1}^{\prime(\nu+1)} = Y'_i + \frac{h}{720}\,(251g(x_{i+1}, Y_{i+1}^{(\nu)}, Y_{i+1}^{\prime(\nu)}) + 646g_i - 264g_{i-1} + 106g_{i-2} - 19g_{i-3}).$$

Zu einer Genauigkeitsabfrage s. Algorithmus 11.6.

Die *Fehlerschätzungsformeln* in Abschnitt 10.4 für den globalen Verfahrensfehler gelten entsprechend auch für die hier gewonnenen Näherungen $Y_{rh}(x_i)$, $r = 1(1)n$.

BEMERKUNG 11.3. Ob es vorteilhafter ist, das AWP einer DGL zweiter bzw. höherer Ordnung

(1) unmittelbar nach dem Verfahren von R-K-Nyström oder Adams-Störmer (direktes Verfahren) bzw. einem entsprechenden direkten Verfahren für DGLen höherer Ordnung oder
(2) durch Zurückführung auf ein AWP eines Systems von DGLen erster Ordnung (indirektes Verfahren)

zu behandeln, läßt sich nicht allgemein entscheiden. Nach [58] kann die erstere Vorgehensweise bei Problemen mit zahlreichen Integrationsschritten zu einer wesentlich stärkeren Anhäufung von Rundungsfehlern führen (s.a. [20], 11.4); nach den Untersuchungen in [58] ist daher (2) i.a. vorzuziehen. Nur wenn die DGL die Form $y^{(n)} = f(x,y)$ hat, ist (1) vorzuziehen.

Für DGLen höherer Ordnung wurde in [104] allgemein nachgewiesen, daß die dem klassischen R-K-Verfahren und dem A-M-Verfahren entsprechenden direkten Lösungsverfahren nur dann den geringeren globalen Gesamtfehler ergeben, wenn in f die Ableitung $y^{(n-1)}$ nicht vorkommt; für $y^{(n)} = f(\ldots,y^{(n-1)})$ besitzen die indirekten Lösungsverfahren den geringeren globalen Gesamtfehler.

LITERATUR zu 11.2: [5], II § 4.6, 5; [7], 6.11; [8], S.176, 192f, § 12; [17], Part II,6; [19], 8.6; [20], 11.3; [30] V § 4; [38], S.276ff.; [43], § 36; [45], § 26.5-6; [83], 7; [86], 3.4 ; [91], 4.

11.3 EIN MEHRSCHRITTVERFAHREN FÜR STEIFE SYSTEME.

Ein System von DGLen (11.1) heißt für $x \in \tilde{I}$, $\tilde{I}$ echtes oder unechtes Teilintervall des Integrationsintervalls I, steif, wenn unter den Lösungsfunktionen y_r sowohl solche sind, die mit wachsenden Werten x sehr stark abnehmen als auch solche, für die für große Werte x auch einige $y_r(x)$ noch groß sind. Das tritt dann ein, wenn

(11.12) $$\max_{x \in \tilde{I}} \left|\frac{\partial f_r}{\partial y_k}\right| \Big/ \min_{x \in \tilde{I}} \left|\frac{\partial f_r}{\partial y_k}\right| \gg 1$$

gilt. Sind λ_i die (i.a. noch von der Stelle x abhängenden) EWe der Matrix $\left(\frac{\partial f_r}{\partial y_k}\right)$, so gibt es in diesem Falle EWe mit $\operatorname{Re}\lambda_i < 0$ und

(11.12') $$\max_{j,x \in \tilde{I}} |\lambda_j| \Big/ \min_{j,x \in \tilde{I}} |\lambda_j| \gg 1 \quad .$$

Die Matrix $\left(\frac{\partial f_r}{\partial y_k}\right)$ kann über das Integrationsintervall I stark variieren.

Wird die numerische Integration des AWPs für ein solches System für $x \in \tilde{I}$ ausgeführt, so treffen die Voraussetzungen für die Anwendung des Mehrschrittverfahrens nach Gear (das auch als "steif-stabiles" Verfahren bezeichnet wird) in Abschnitt 10.3.5 zu. Außerhalb des Teilintervalls $\tilde{I} \subset I$, wo (10.12), (10.12') nicht zutrifft, ist dagegen das A-M-Verfahren günstiger. Das gilt auch, wenn für die rasch abnehmenden Komponentenfunktionen y_s, $s \in \{1(1)n\}$, $|\lambda_s|$ groß für $x \in \tilde{I}$, die Werte $|y_s| < \varepsilon$ geworden sind, ε vorgegebene Rechengenauigkeit. Testrechnungen ([100], [108]) zeigten, daß für $x \in \tilde{I}$ das Verfahren von Gear eine wesentlich größere Schrittweite zuläßt als das A-M-Verfahren (damit weniger Rundungsfehler, geringere Rechenzeit). Dagegen ist für $x \notin \tilde{I}$ das A-M-Verfahren günstiger.

Von Gear wurde ein Computer-Programm angegeben, welches entsprechend dem Verhalten der EWe der Matrix $\left(\frac{\partial f_r}{\partial y_k}\right)$ im Verlaufe der Rechnung automatisch vom Verfahren von Gear auf das A-M-Verfahren umschaltet bzw. umgekehrt. Zugleich besorgt das Programm die automatische Bestimmung der Fehlerordnung auf Grund der vorgegebenen Fehlerschranke ε, wobei auch die Fehlerordnung im Verlaufe der Rechnung verändert, d.h. wie auch die Schrittweite automatisch gesteuert wird und zwar sowohl gemäß der Genauigkeitsforderung als auch zur Erfüllung der Konvergenzbedingung für die Korrektoriteration. Schließlich bestimmt das Programm das Anlaufstück zu Beginn der Rechnung ausgehend von $s = 0$ iterativ sowie bei Schrittweitenverkleinerung (Halbierung) das neue Anlaufstück durch Interpolation. Zum Programm s. CAC Algorithm 407 [101] und Subroutine DVOGER in [77] Bd. I.

Die Iterationsvorschrift für die Korrektoriteration

$$(11.13) \qquad Y_{r,i+1}^{(\nu+1)} = \varphi(Y_{1,i+1}^{(\nu)}, \ldots, Y_{n,i+1}^{(\nu)})$$

konvergiert bei großen Werten der $|\lambda_j| = \left|EW_j\left(\frac{\partial f_r}{\partial y_k}\right)\right|$ nur für sehr kleine Werte $h = \tilde{h}$. U.U. ist $\tilde{h}$ kleiner, als es der Stabilitätsbedingung des Verfahrens von Gear entspricht. Dann kann sich durch Anwendung des Newton-Verfahrens (Abschnitt 4.2.1, s.a. Bemerkung 4.4) ein brauchbarer Wert für h ergeben.

LITERATUR zu 11.3: [74], 5.14; [83], 11; [86], 6.

12. RANDWERTPROBLEME BEI GEWÖHNLICHEN DIFFERENTIALGLEICHUNGEN.

Gegeben sei die DGL

(12.1) $$y'' = g(x,y,y')$$

mit den Randbedingungen (Zwei-Punkt-Randwertproblem)

(12.2) $$\begin{cases} \alpha_1 y(a) + \alpha_2 y'(a) = A\,, \\ \beta_1 y(b) + \beta_2 y'(b) = B \end{cases} \qquad |\alpha_1| + |\beta_1| > 0$$

mit $\alpha_i \neq 0$ und $\beta_j \neq 0$ für mindestens ein i bzw. j. Die Bedingungen (12.2) heißen lineare Randbedingungen (RBen), die DGL (12.1) zusammen mit den RBen (12.2) stellt ein Randwertproblem (RWP) zweiter Ordnung dar. An Stelle von (12.2) können auch nichtlineare RBen $r_1(y(a), y'(a)) = 0$ und $r_2(y(b), y'(b)) = 0$ treten. Dieser Fall wird jedoch hier nicht behandelt. Ein RWP n-ter Ordnung ist gegeben durch eine DGL

(12.3) $$y^{(n)} = f(x,y,y',\dots,y^{(n-1)})$$

und n RBen, in die die Werte von $y,y',\dots,y^{(n-1)}$ an mindestens zwei Stellen eingehen. In den Anwendungen treten besonders RWPe zweiter und vierter Ordnung auf (s.z.B. [23]).

12.1 ZURÜCKFÜHRUNG DES RANDWERTPROBLEMS AUF EIN ANFANGSWERTPROBLEM.

12.1.1 RANDWERTPROBLEME FÜR NICHTLINEARE DIFFERENTIALGLEICHUNGEN ZWEITER ORDNUNG.

Für die Existenz und Eindeutigkeit der Lösung des RWPs (12.1), (12.2) gilt folgende Aussage: Gegeben sei die DGL (12.1) mit den RBen (12.2). Die Funktion g habe stetige partielle erste Ableitungen für $a \le x \le b$, $y^2 + y'^2 < \infty$, und es gelten für $x \in [a,b]$ mit den Konstanten $0 < L,M < \infty$ folgende Ungleichungen

$$0 < \frac{\partial g}{\partial y} \le L, \quad \left|\frac{\partial g}{\partial y'}\right| \le M, \quad \alpha_1\alpha_2 \le 0, \quad \beta_1\beta_2 \ge 0.$$

Dann besitzt das RWP (12.1), (12.2) für $x \in [a,b]$ eine eindeutig bestimmte Lösung ([21], S.9 und S. 50).

Die Lösung des RWPs wird folgendermaßen konstruiert: Man geht aus von einem AWP, das aus der DGL (12.1) und den ABen

$$(12.4)\qquad \begin{cases} \alpha_1 y(a) + \alpha_2 y'(a) = A\,, \\ \gamma_1 y(a) + \gamma_2 y'(a) = s \end{cases}$$

besteht. Dabei sind für (12.4) die Konstanten γ_1, γ_2 so zu wählen, daß $\alpha_2\gamma_1 - \alpha_1\gamma_2 = 1$ gilt. Der Parameter s muß der Gleichung

$$(12.5)\qquad f(s) = \beta_1 y(b,s) + \beta_2 y'(b,s) - B = 0$$

genügen. O.B.d.A. wird $\alpha_1 \geq 0$, $\alpha_2 \leq 0$, $\beta_i \geq 0$, $i = 1,2$, $\alpha_1 + \beta_1 > 0$ angenommen. Die Lösung des AWPs (12.1), (12.4) hängt von s ab, es gilt $y = y(x,s)$. Aus (12.4) lassen sich $y(a)$, $y'(a)$ wie folgt berechnen

$$(12.6)\qquad y(a) = -\alpha_2 s - \gamma_2 A, \quad y'(a) = \gamma_1 A + \alpha_1 s.$$

Das AWP (12.1), (12.6) ist zu dem AWP (12.1), (12.4) äquivalent; es kann für jeden Wert von s nach einem der in Kapitel 11 angegebenen Verfahren behandelt werden, so daß man für jedes s Näherungswerte $Y(x_i,s)$, $Y'(x_i,s)$ für $y(x_i,s)$ bzw. $y'(x_i,s)$ erhält mit $x_i = a + i(b-a)/N$, $x_i \in [a,b]$, $i = 1(1)N$, und damit $Y(b,s) \approx y(b,s)$ bzw. $Y'(b,s) \approx y'(b,s)$ berechnen kann.

Zur Bestimmung von s muß die Gleichung (12.5) iterativ gelöst werden. Dazu benötigt man die Werte von $y(b,s)$ und $y'(b,s)$, die sich nur numerisch berechnen lassen, so daß sich im Gegensatz zu den in Kapitel 2 behandelten Gleichungen (12.5) nicht als echte Beziehung in s ergibt.

Man beginnt mit einem beliebigen Startwert $s^{(0)}$ und löst dazu das AWP (12.1), (12.6). Die erhaltenen Werte $Y(b,s^{(0)})$, $Y'(b,s^{(0)})$ benutzt man zur Berechnung einer verbesserten Näherung $s^{(1)}$ für s nach der folgenden Vorschrift

$$(12.7)\qquad \begin{cases} s^{(\nu+1)} = s^{(\nu)} - m\,F(s^{(\nu)}), \quad \nu = 0,1,2,\ldots \quad \text{mit} \\ F(s) = \beta_1\,Y(b,s) + \beta_2 Y'(b,s) - B, \quad m = 2/(\Gamma+\gamma)\,, \\ \gamma = \beta_1\left(\alpha_1 \dfrac{1-e^{-M(b-a)}}{M} - \alpha_2\right) + \alpha_1\beta_2 e^{-M(b-a)}\,, \\ \Gamma = \dfrac{e^{(M/2)(b-a)}}{2\sigma}\Big\{\big(\alpha_1-\alpha_2(\sigma-M/2)\big)\ \big(\beta_1+\beta_2(\sigma+M/2)\big)\,e^{\sigma(b-a)} + \\ \qquad -\big(\alpha_1+\alpha_2(\sigma+M/2)\big)\ \big(\beta_1-\beta_2(\sigma-M/2)\big)\,e^{-\sigma(b-a)}\Big\}\,, \\ \sigma = \dfrac{1}{2}\sqrt{4L+M^2}\,, \text{ mit } \dfrac{\partial g}{\partial y} \leq L\,,\ L>0\,,\ M>0\,. \end{cases}$$

Mit $s^{(1)}$ löst man erneut das AWP (12.1), (12.6) und bestimmt anschließend

$s^{(2)}$ nach der Vorschrift (12.7) usw.. Es muß also zu jedem Wert $s^{(\nu)}$ das AWP (12.1), (12.6) erneut gelöst werden. Das Verfahren wird abgebrochen, wenn sich zwei aufeinanderfolgende Näherungen $s^{(\nu)}$, $s^{(\nu+1)}$ innerhalb einer vorgegebenen Stellenzahl nicht mehr ändern. Unter den genannten hinreichenden Bedingungen für Existenz und Eindeutigkeit der Lösung des RWPs gibt es unabhängig von der Wahl des Startwertes $s^{(0)}$ genau eine Lösung $\bar{s} = \lim\limits_{\nu \to \infty} s^{(\nu)}$ der Gleichung $F(s) = 0$.

Bei Anwendung eines Verfahrens der globalen Fehlerordnung $O(h^q)$ zur Lösung des AWPs (12.1), (12.6) gilt (s. [21], § 2.2) mit $\lambda = (\Gamma-\gamma)/(\Gamma+\gamma) < 1$, also $0 \le \lambda < 1$ und $i \in [0,N]$

$$\text{(12.8)} \quad \begin{cases} |\bar{s} - s^{(\nu)}| \le \lambda^{\nu} |F(s^{(0)})|/\gamma, & \nu = 1,2,3,\ldots, \\ |Y(x_i, s^{(\nu)}) - y(x_i)| \le O(h^q) + O(\lambda^{\nu}) , \\ |Y'(x_i, s^{(\nu)}) - y'(x_i)| \le O(h^q) + O(\lambda^{\nu}) . \end{cases}$$

BEMERKUNG 12.1. Die Anwendung des Newtonschen Verfahrens zur iterativen Lösung von (12.5) nach der Vorschrift $s^{(\nu+1)} = s^{(\nu)} - F(s^{(\nu)})/F'(s^{(\nu)})$ erfordert die Kenntnis von $F'(s^{(\nu)})$. Eine näherungsweise Bestimmung von $F'(s^{(\nu)})$ ist in [21], S.53 angegeben.

SONDERFALL. Für den Fall $\alpha_2 = \beta_2 = 0$ läßt sich o.B.d.A. $\alpha_1 = \beta_1 = 1$ setzen. Damit läßt sich das RWP (12.1), (12.2) auf das AWP der DGL (12.1) mit den ABen $y(a) = A$, $y'(a) = s$ zurückführen. Man wähle einen Startwert $s^{(0)}$. Durch numerische Lösung dieses AWPs ergibt sich $Y(b,s^{(0)})$; mit einem zweiten Startwert $s^{(1)}$ ergibt sich $Y(b,s^{(1)})$. Einen verbesserten Wert $s^{(2)}$ liefert die Regula falsi (Abschnitt 2.1.6.3) mit

$$s^{(2)} = s^{(0)} + (s^{(1)} - s^{(0)}) \cdot \frac{B - Y(b,s^{(0)})}{Y(b,s^{(1)}) - Y(b,s^{(0)})} .$$

Man wähle dabei $s^{(0)}$, $s^{(1)}$ möglichst so, daß $Y(b,s^{(0)}) - B < 0$, $Y(b,s^{(1)}) - B > 0$ oder umgekehrt ist. Das Verfahren ist solange fortzusetzen, bis $|Y(b,s^{(\nu)}) - B| < \varepsilon$ für vorgegebenes $\varepsilon > 0$ gilt.

12.1.2 RANDWERTPROBLEME FÜR SYSTEME VON DIFFERENTIALGLEICHUNGEN ERSTER ORDNUNG.

RWPe für DGLen (12.3) lassen sich durch die Substitutionen $y_{k+1} := y^{(k)}$, $k = 0(1)n-1$, auf RWPe für Systeme von DGLen erster Ordnung der Form

$$(12.9)\qquad \begin{cases} \mathfrak{y}' = \vec{f}(x,\mathfrak{y}), \quad x \in [a,b], \\ \mathfrak{A}\,\mathfrak{y}(a) + \mathfrak{B}\,\mathfrak{y}(b) = \mathfrak{a}, \end{cases} \quad \mathfrak{y} = \begin{pmatrix} y_1 \\ \vdots \\ y_n \end{pmatrix}, \quad \mathfrak{a} = \begin{pmatrix} a_1 \\ \vdots \\ a_n \end{pmatrix}$$

zurückführen, wobei $\mathfrak{A} = (a_{kl})$, $\mathfrak{B} = (b_{kl})$ (n,n)-Matrizen mit konstanten Elementen sind und $\mathfrak{a}$ ein konstanter Vektor ist.

Für die Existenz und Eindeutigkeit der Lösung eines RWPs (12.9) gilt eine den für das RWP (12.1), (12.2) genannten hinreichenden Bedingungen analoge Aussage ([21], S.16). Sie ist jedoch für umfangreiche Systeme nur mit erheblichem Aufwand nachprüfbar und außerdem in praktisch wichtigen Fällen nicht immer erfüllt. Man versucht auch dann durch Anwendung des nachstehend beschriebenen Verfahrens oder aber des Mehrzielverfahrens (Abschnitt 12.1.3) zum Ziel zu kommen.

Zur Konstruktion der Lösung des RWPs (12.9) geht man aus von dem AWP

$$(12.10)\qquad \mathfrak{y}' = \vec{f}(x,\mathfrak{y}), \quad \mathfrak{y}(a) = \mathfrak{s} = \begin{pmatrix} s_1 \\ \vdots \\ s_n \end{pmatrix};$$

seine Lösung sei $\mathfrak{y} = \mathfrak{y}(x,\mathfrak{s})$. Der Vektor $\mathfrak{s}$ ist so zu bestimmen, daß

$$(12.11)\qquad \vec{f}(\mathfrak{s}) = \mathfrak{A}\,\mathfrak{s} + \mathfrak{B}\,\mathfrak{y}(b,\mathfrak{s}) - \mathfrak{a} = \mathfrak{o}.$$

(12.11) ist ein System von n i.a. nichtlinearen Gleichungen für die n Komponenten s_k von $\mathfrak{s}$. Das AWP (12.10) kann für jeden Vektor $\mathfrak{s}$ nach einem der in Kapitel 11 angegebenen Verfahren gelöst werden, so daß man für jedes $\mathfrak{s}$ Näherungen $\mathfrak{Y}(x_i,\mathfrak{s})$ für die Lösungsvektoren $\mathfrak{y}(x_i,\mathfrak{s})$ des AWPs erhält mit $x_i = a+i(b-a)/N$, $i = 0(1)N$. Damit läßt sich $\mathfrak{Y}(b,\mathfrak{s}) \approx \mathfrak{y}(b,\mathfrak{s})$ ermitteln. Das System (12.11) muß iterativ gelöst werden. Man beginnt mit einem Startvektor $\mathfrak{s}^{(0)}$ und löst zu $\mathfrak{s}^{(0)}$ das AWP (12.10). Der Lösungsvektor $\mathfrak{Y}(b,\mathfrak{s}^{(0)})$, wird zur Berechnung eines verbesserten Näherungsvektors $\mathfrak{s}^{(1)}$ für $\mathfrak{s}$ nach der Vorschrift

$$(12.12)\qquad \mathfrak{s}^{(\nu+1)} = \mathfrak{s}^{(\nu)} - (\mathfrak{A}+\mathfrak{B})^{-1}(\mathfrak{A}\,\mathfrak{s}^{(\nu)} + \mathfrak{B}\,\mathfrak{Y}(b,\mathfrak{s}^{(\nu)}) - \mathfrak{a}), \quad \nu=0,1,2,\ldots$$

benutzt. Dabei ist vorausgesetzt, daß $\det(\mathfrak{A}+\mathfrak{B}) \neq 0$. Dies ist sicher der Fall, wenn z.B. für die Elemente von $\mathfrak{A}+\mathfrak{B}$ das Zeilensummenkriterium (3.26) erfüllt ist. Mit $\mathfrak{s}^{(1)}$ löst man erneut das AWP (12.10), bestimmt anschließend $\mathfrak{s}^{(2)}$ nach der Vorschrift (12.12) usw.. Das Verfahren wird abgebrochen, wenn z.B. die Abfrage $\max\limits_{1 \le j \le n} |s_j^{(\nu+1)} - s_j^{(\nu)}| < \varepsilon$ erfüllt ist. Zur Fehlerabschätzung s.[21],S.56.

BEMERKUNG 12.2. Zur Anwendung des Newtonschen Verfahrens s.[21], S.57/58.

12.1.3 MEHRZIELVERFAHREN.

Die in 12.1.1 und 12.1.2 angeführten Verfahren sind zur angenäherten Lösung von RWPen nur brauchbar, wenn die Gleichung (12.5) bzw. das Gleichungssystem (12.11) gut konditioniert sind [1]. Andernfalls, oder wenn nicht alle hinreichenden Bedingungen für Existenz und Eindeutigkeit erfüllt sind, können die Näherungslösungen der AWPe (12.1), (12.6) bzw. (12.10) bei Integration über $[a,b]$ stark anwachsen oder gar für bestimmte Werte der Iterationsfolge $\mathfrak{s}^{(\nu)}$ Singularitäten für gewisse $x \in [a,b]$ aufweisen. Dann empfiehlt sich entweder die Anwendung eines *Differenzenverfahrens* (Abschnitt 12.3) oder des sogenannten *Mehrzielverfahrens* (Parallel shooting,s. [21], S.61 ff.), das mit einer Aufteilung des Integrationsintervalls $[a,b]$ in Teilintervalle $[\bar{x}_k,\bar{x}_{k+1}]$ arbeitet, wobei gelten muß

(12.13) $$a = \bar{x}_0 < \bar{x}_1 < \ldots < \bar{x}_m < \bar{x}_{m+1} = b \ .$$

Jedes $\bar{x}_k$, $k = 0(1)m+1$, fällt mit einer der Stützstellen x_i, $i = 0(1)N$, zusammen. Es gilt $m+1 \le N$. Je kleiner die Länge der Intervalle $[\bar{x}_k,\bar{x}_{k+1}]$ ist, desto geringer wirken sich durch schlechte Kondition von (12.5) bzw. (12.11) hervorgerufene Ungenauigkeiten aus.

ALGORITHMUS 12.1 (*Mehrzielverfahren*).
Gegeben sei das RWP (12.9). Sind $x_i = a+ih$, $h = (b-a)/N$, $i = 0(1)N$, die Stützstellen im Integrationsintervall $[a,b]$ des RWPs, so sind zur Berechnung der Näherungswerte $\mathfrak{Y}(x_i)$ für die Lösungen $\mathfrak{y}(x_i)$ folgende Schritte durchzuführen:

1. Festlegung der Stützstellen $\bar{x}_k$, $k = 0(1)m+1$.

1. Schritt. An den Stützstellen x_i, beginnend mit x_1, bestimme man Näherungen $\tilde{\mathfrak{Y}}_1(x_i)$ für die Lösungen des AWPs

$$\mathfrak{y}' = \vec{f}(x,\mathfrak{y}), \qquad \mathfrak{y}(a) = \tilde{\mathfrak{s}},$$

wobei $\tilde{\mathfrak{s}}$ ein willkürlich gewählter Vektor ist. Man prüfe dabei für jedes i, ob zu vorgegebenem R mit $2 \le R \le 10^3$ die Ungleichung

(12.14) $$\|\tilde{\mathfrak{Y}}_1(x_i)\| > R\|\tilde{\mathfrak{Y}}_1(a)\| \ ,$$

wobei $\|\tilde{\mathfrak{Y}}_1(x_i)\|$ eine der Vektornormen (3.23) bedeutet, erfüllt ist. Man breche die Rechnung dort ab, wo (12.14) für ein $i = j_1$ zum ersten Mal erfüllt ist.

---

[1] S. Abschnitt 3.10.1. (Gilt auch für nichtlineare Systeme.)

2. Schritt. Man setze $x_{j_1} = \bar{x}_1$ und bestimme an den Stützstellen x_i für $i > j_1$ Näherungen $\tilde{\mathfrak{y}}_2(x_i)$ für die Lösungen des AWPs

$$\mathfrak{y}' = \vec{f}(x,\mathfrak{y}), \qquad \mathfrak{y}(\bar{x}_1) = \tilde{\mathfrak{y}}_1(\bar{x}_1) .$$

Man prüfe dabei für jedes i, ob zu dem im 1. Schritt festgelegten R die Ungleichung

$$\|\tilde{\mathfrak{y}}_2(x_i)\| > R\|\tilde{\mathfrak{y}}_2(\bar{x}_1)\|$$

erfüllt ist. Ist dies erstmals für ein $i = j_2$ der Fall, so breche man dort die Rechnung ab.

3. Schritt. Man setze $x_{j_2} = \bar{x}_2$ und bestimme an den Stützstellen x_i für $i > j_2$ Näherungen $\tilde{\mathfrak{y}}_3(x_i)$ für die Lösungen des AWPs

$$\mathfrak{y}' = \vec{f}(x,\mathfrak{y}), \qquad \mathfrak{y}(\bar{x}_2) = \tilde{\mathfrak{y}}_2(\bar{x}_2) .$$

Man fahre analog zu den Schritten 1 und 2 fort, bis für einen Index j_k gilt $x_{j_k} = \bar{x}_k = x_{N-1}$. Dann setze man $m = j_k$, so daß sämtliche Teilpunkte (12.13) festliegen. Sind die Funktion $\vec{f}(x,\mathfrak{y})$ oder deren Ableitungen nur stückweise stetig, so sind die Unstetigkeitsstellen zu den Teilpunkten $\bar{x}_k$ hinzuzunehmen und diese entsprechend (12.13) umzuordnen.

II. Berechnung der $\mathfrak{Y}(x_i) \approx \mathfrak{y}(x_i)$.

4. Schritt. In jedem der Teilintervalle $[\bar{x}_k, \bar{x}_{k+1}]$ wird durch die Substitution

(12.15) $$t = \frac{x-\bar{x}_k}{\bar{h}_k} \quad \text{mit} \quad \bar{h}_k = \bar{x}_{k+1} - \bar{x}_k , \quad k = 0(1)m ,$$

eine neue Veränderliche t eingeführt. Man setzt für $x \in [\bar{x}_k,\bar{x}_{k+1}]$

(12.16) $$\mathfrak{y}(x) = \mathfrak{y}(\bar{x}_k+t\bar{h}_k) =: \mathfrak{y}_k(t), \quad \vec{f}_k(t,\mathfrak{y}_k(t)) := \bar{h}_k\vec{f}(\bar{x}_k+t\bar{h}_k,\mathfrak{y}_k(t)),$$

so daß dort gilt

(12.17) $$\frac{d\mathfrak{y}_k(t)}{dt} = \vec{f}_k(t,\mathfrak{y}_k(t)), \quad 0 \le t \le 1, \quad k = 0(1)m$$

mit den Anschlußbedingungen

(12.18) $$\mathfrak{y}_{k+1}(0) - \mathfrak{y}_k(1) = \mathfrak{o} , \qquad k = 0(1)m-1 ,$$

und der RB

(12.18') $$\mathfrak{A}\mathfrak{y}_0(0) + \mathfrak{B}\mathfrak{y}_m(1) - \mathfrak{a} = \mathfrak{o} .$$

5. Schritt. Die m+1 Systeme von DGLen erster Ordnung (12.17) werden als ein System von (m+1)·n DGLen erster Ordnung geschrieben

$$(12.17')\quad \begin{cases} \dfrac{d}{dt}\hat{\mathfrak{y}}(t) = \vec{F}(t,\hat{\mathfrak{y}}(t)), \quad 0 \le t \le 1, \quad \text{mit} \\[2ex] \hat{\mathfrak{y}}(t) = \begin{pmatrix} \mathfrak{y}_0(t) \\ \mathfrak{y}_1(t) \\ \vdots \\ \mathfrak{y}_m(t) \end{pmatrix}, \quad \vec{F}(t,\hat{\mathfrak{y}}) = \begin{pmatrix} \vec{f}_0(t,\mathfrak{y}_0) \\ \vec{f}_1(t,\mathfrak{y}_1) \\ \vdots \\ \vec{f}_m(t,\mathfrak{y}_m) \end{pmatrix} \end{cases}$$

Die Bedingungen (12.18) und (12.18') lassen sich zu den RBen

$$(12.19)\qquad \hat{\mathfrak{A}}\hat{\mathfrak{y}}(0) + \hat{\mathfrak{B}}\hat{\mathfrak{y}}(1) = \hat{\mathfrak{a}}$$

zusammenfassen mit

$$\hat{\mathfrak{A}} = \begin{pmatrix} \mathfrak{A} & \mathfrak{O} & \mathfrak{O} & \cdots & \mathfrak{O} \\ \mathfrak{O} & \mathfrak{E} & \mathfrak{O} & \cdots & \mathfrak{O} \\ \mathfrak{O} & \mathfrak{O} & \mathfrak{E} & \cdots & \mathfrak{O} \\ \vdots & \vdots & \vdots & \ddots & \vdots \\ \mathfrak{O} & \mathfrak{O} & \mathfrak{O} & \cdots & \mathfrak{E} \end{pmatrix}, \quad \hat{\mathfrak{B}} = \begin{pmatrix} \mathfrak{O} & \mathfrak{O} & \mathfrak{O} & \cdots & \mathfrak{O} & \mathfrak{B} \\ -\mathfrak{E} & \mathfrak{O} & \mathfrak{O} & \cdots & \mathfrak{O} & \mathfrak{O} \\ \mathfrak{O} & -\mathfrak{E} & \mathfrak{O} & \cdots & \mathfrak{O} & \mathfrak{O} \\ \vdots & \vdots & \vdots & \ddots & \vdots & \vdots \\ \mathfrak{O} & \mathfrak{O} & \mathfrak{O} & \cdots & -\mathfrak{E} & \mathfrak{O} \end{pmatrix}, \quad \hat{\mathfrak{a}} = \begin{pmatrix} \mathfrak{a} \\ \mathfrak{O} \\ \mathfrak{O} \\ \vdots \\ \mathfrak{O} \end{pmatrix}$$

wobei $\mathfrak{O}$ die Nullmatrix bezeichnet. Die Vektoren $\hat{\mathfrak{a}}$ besitzen (m+1)n Komponenten, $\hat{\mathfrak{A}}, \hat{\mathfrak{B}}$ sind (m+1,m+1)-Matrizen, wobei jedes Element selbst eine (n,n)-Matrix ist.
Das RWP (12.17'), (12.19) für $\hat{\mathfrak{y}}(t)$, $t \in [0,1]$ ist dem RWP (12.9) für $\mathfrak{y}(x)$, $x \in [a,b]$, äquivalent, wobei zwischen $\mathfrak{y}$ und $\hat{\mathfrak{y}}$ die Beziehungen gemäß (12.16) und (12.17') bestehen.

6. Schritt. Das RWP (12.17'), (12.19) ist durch Zurückführung auf das AWP

$$\frac{d\hat{\mathfrak{y}}(t)}{dt} = \vec{F}(t,\hat{\mathfrak{y}}), \quad \hat{\mathfrak{y}}(0) = \hat{\mathfrak{s}} = \begin{pmatrix} \mathfrak{s}_0 \\ \mathfrak{s}_1 \\ \vdots \\ \mathfrak{s}_m \end{pmatrix},$$

nach dem in Abschnitt 12.1.2 beschriebenen Verfahren iterativ zu lösen.

BEMERKUNG 12.3 (zum 1. Schritt von Algorithmus 12.1). Es ist besser, statt des willkürlich gewählten Vektors $\tilde{\mathfrak{s}}$ für das RWP (12.9) nach dem in Abschnitt 12.1.2 beschriebenen Verfahren Näherungen $\overline{\mathfrak{y}}(x_i)$ für $\mathfrak{y}(x_i)$ zu bestimmen und $\tilde{\mathfrak{s}} = \overline{\mathfrak{y}}(a)$ zu setzen.

BEMERKUNG 12.4. Eine Modifikation des oben beschriebenen Mehrzielverfahrens, welche die Transformation (12.15) vermeidet, ist in [36], S.171ff. skizziert. Dort finden sich auch Literaturangaben zu einer ausführlichen Darstellung des beschriebenen Verfahrens und über Algol- und Fortranprogramme dazu.

LITERATUR zu 12.1: [4], 6.14; [5], III § 4.3; [7], 7.3; [8], IV § 3; [19], 8.7.1; [21], 2; [30], V § 5; [32] Bd.III, E § 4.6; [36], 7.3; [45], § 29; [87], 9.6.1.

12.2 DIFFERENZENVERFAHREN.

12.2.1 DAS GEWÖHNLICHE DIFFERENZENVERFAHREN.

Dieses Verfahren wird in erster Linie bei linearen RWPen angewandt, d.h. an Stelle der DGLen (12.1), (12.3) treten lineare DGLen der Form

$$L(y) \equiv y^{(n)} + p_{n-1}(x)y^{(n-1)} + \ldots + p_1(x)y' + p_0(x)y = q(x).$$

Ein *lineares RWP zweiter Ordnung* hat die Form

$$(12.20)\quad \begin{cases} L(y) \equiv y'' + p_1(x)y' + p_0(x)y = q(x) \quad , \\ \alpha_1 y(a) + \alpha_2 y'(a) = A \quad , \\ \beta_1 y(b) + \beta_2 y'(b) = B \quad . \end{cases}$$

Für $q(x) = 0$ ist die DGL homogen, für $A = B = 0$ sind die RBen homogen. Sind die DGL oder die RBen homogen, so liegt ein halbhomogenes RWP vor. Sind gleichzeitig $q(x) \equiv 0$, $A = B = 0$, so liegt ein vollhomogenes Problem vor.Die Lösbarkeitsaussagen für inhomogene bzw. homogene RWPe, wie sie aus der Theorie der linearen DGLen bekannt sind, setzen die Kenntnis eines Fundamentalsystems von Lösungen der homogenen DGL und einer Partikulärlösung der inhomogenen DGL voraus. Bei der numerischen Lösung ergeben sich entsprechende Aussagen aufgrund der Lösbarkeitsbedingungen für das lineare Gleichungssystem, das durch die Diskretisierung dem gegebenen RWP zugeordnet wird. Die Konstruktion der numerischen Lösung erfolgt nach dem

ALGORITHMUS 12.2(*Gewöhnliches Differenzenverfahren für lineare RWPe zweiter Ordnung*).
Gesucht sind Näherungswerte Y_i für die Lösungen $y(x_i)$ des RWPs (12.20) an den Stützstellen $x_i = x_0+ih$, $h = (b-a)/N$, $i = 0(1)N$ des Integrationsintervalls $[a,b]$.

1. Schritt. Die Ableitungen an den Stellen x_i, $y_i' := y'(x_i)$, $y_i'' := y''(x_i)$ werden durch mit den Näherungswerten $Y_j \approx y(x_j)$, $j = i-1, i, i+1$ gebildete Differenzenquotienten (Fehlerordnung $O(h^2)$) ersetzt (Diskretisierung des RWPs):

$$y_i' = \frac{1}{2h}(-Y_{i-1} + Y_{i+1}) + O(h^2), \quad i \neq 0, \quad i \neq N,$$

$$y_i'' = \frac{1}{h^2}(Y_{i-1} - 2Y_i + Y_{i+1}) + O(h^2).$$

2. Schritt. Es ist ein dem RWP (12.20) zugeordnetes lineares Gleichungssystem aufzustellen. Dazu schreibt man die diskretisierte DGL an den Stellen x_i, $i = 1(1)N-1$, an und multipliziert mit h^2 und ordnet nach Y_i. Mit $p_{ki} := p_k(x_i)$, $k = 0$ und 1, $q_i = q(x_i)$ erhält man N-1 lineare Gleichungen für N+1 unbekannte Werte Y_i, $i = 0(1)N$:

$$(12.21)\quad (1 - \tfrac{h}{2}p_{1i})Y_{i-1} + (-2+h^2p_{0i})Y_i + (1 + \tfrac{h}{2}p_{1i})Y_{i+1} = h^2q_i, \quad i = 1(1)N-1 \; ,$$

Eine Gleichung der Form (12.21) heißt *Differenzengleichung*.
Die Diskretisierung der RBen ergibt

$$\alpha_1 Y_0 + \alpha_2 \frac{Y_1 - Y_{-1}}{2h} = A \; ,$$

$$\beta_1 Y_N + \beta_2 \frac{Y_{N+1} - Y_{N-1}}{2h} = B \; .$$

Zur Elimination der Werte Y_{-1}, Y_{N+1} schreibt man die diskretisierte DGL auch an den Stellen x_0, x_N an (sogenannte zusätzliche RBen, s. [106]):

$$(1 - (h/2)p_{10})Y_{-1} + (-2+h^2p_{00})Y_0 + (1+(h/2)p_{10})Y_1 = h^2q_0 \; ,$$

$$(1 - (h/2)p_{1N})Y_{N-1} + (-2+h^2p_{0N})Y_N + (1+(h/2)p_{1N})Y_{N+1} = h^2q_N \; .$$

Die erste dieser Gln. löst man nach Y_{-1}, die zweite nach Y_{N+1} auf und setzt diese Werte in die diskretisierten RBen ein. Man erhält mit den Abkürzungen

$$\tilde\alpha_1 = \alpha_1 h - \tilde\alpha_2(2 - h^2p_{00})/2, \quad \tilde\alpha_2 = \frac{2\alpha_2}{2 - hp_{10}}\;, \quad \tilde A = A + \alpha_2 \cdot \frac{hq_0}{2 - hp_{10}}\;,$$

$$\tilde\beta_1 = \beta_1 h + \tilde\beta_2(2 - h^2p_{0N})/2, \quad \tilde\beta_2 = \frac{2\beta_2}{2 + hp_{1N}}\;, \quad \tilde B = B - \beta_2 \cdot \frac{hq_N}{2 + hp_{1N}}$$

die Gln.

(12.22)
$$\begin{cases} \tilde{\alpha}_1 Y_0 + \tilde{\alpha}_2 Y_1 = \tilde{A}\,h, \\ -\tilde{\beta}_2 Y_{N-1} + \tilde{\beta}_1 Y_N = \tilde{B}\,h. \end{cases}$$

Zusammen mit (12.21) liegt damit ein System von N+1 linearen Gleichungen für die N+1 Näherungswerte Y_i vor von der Form

(12.23)
$$\mathfrak{A}\mathfrak{y} = \mathfrak{a} \quad \text{mit} \quad \mathfrak{y} = \begin{pmatrix} Y_0 \\ Y_1 \\ \vdots \\ Y_{N-1} \\ Y_N \end{pmatrix}, \qquad \mathfrak{a} = \begin{pmatrix} \tilde{A}h \\ h^2 q_1 \\ \vdots \\ h^2 q_{N-1} \\ \tilde{B}h \end{pmatrix}.$$

$$\mathfrak{A} = \begin{pmatrix} \tilde{\alpha}_1 & \tilde{\alpha}_2 & 0 & 0 \;.\;.\;.\;.\;.\;.\;. & 0 & 0 \\ 1-\frac{h}{2}p_{11} & -2+h^2 p_{01} & 1+\frac{h}{2}p_{11} & 0 \;.\;.\;.\;.\;.\;.\;. & 0 & 0 \\ \vdots & & & & \vdots & \vdots \\ 0 \;.\;.\;.\;.\;.\;.\;.\;.\;. & & & 1-\frac{h}{2}p_{1N-1} & -2+h^2 p_{0N-1} & 1+\frac{h}{2}p_{1N-1} \\ 0 \;.\;.\;.\;.\;.\;.\;.\;.\;. & & & 0 & -\tilde{\beta}_2 & \tilde{\beta}_1 \end{pmatrix}$$

3. Schritt. Die Matrix $\mathfrak{A}$ des linearen Gleichungssystems (12.23) ist tridiagonal. Das System ist nach dem Algorithmus in Abschnitt 3.7 aufzulösen. Die Lösbarkeitsbedingungen sind denen des RWPs (12.20) äquivalent. Ist das RWP inhomogen ($q(x) \not\equiv 0$ oder wenigstens $A \neq 0$ oder $B \neq 0$), so hat das System, falls $\det \mathfrak{A} \neq 0$, eine eindeutig bestimmte Lösung. Mit $q(x) \equiv 0$ sind alle $q_i = 0$. Ist dann auch $A = B = 0$, so liegt ein vollhomogenes RWP vor. Nur falls $\det \mathfrak{A} = 0$, hat dann das System nichttriviale Lösungen. Die Lösungen Y_i des linearen Gleichungssystems konvergieren mit $h \to 0$ gegen die exakten Werte $y(x_i)$ der Lösung des RWPs (12.20).

Genügt die Schrittweite h den Bedingungen $h|p_1(x)| < 2$ und $p_0(x) < 0$ für alle $x \in [a,b]$, so ist die Matrix $\mathfrak{A}$ tridiagonal, diagonal dominant, und es gilt $\det \mathfrak{A} \neq 0$ (Abschnitt 3.7, s.a. [19], S. 445).

Für den globalen Gesamtfehler (Verfahrensfehler plus Rundungsfehler) gilt falls $y \in C^4[a,b]$

(12.24)
$$|Y_i - y(x_i)| \le Ch^2 + D/h^2, \qquad i = 1(1)N-1,$$

doch läßt sich C i.a. praktisch nicht ermitteln, D ist proportional zum maximalen lokalen Rundungsfehler ρ. Um eine Gesamtfehlerschranke $O(h^2)$ zu erhalten, muß $\rho = O(h^4)$ gelten ([5], S. 145,177; [19], 8.7.2).

Fehlerschätzung. Ist $Y_h(x_i)$ der mit der Schrittweite h berechnete Näherungswert für $y(x_i)$ und $Y_{2h}(x_i)$ der mit der doppelten Schrittweite berechnete Näherungswert, so gilt für den globalen Verfahrensfehler $e_{i,h}$ des Näherungswertes $Y_h(x_i)$

(12.25) $$e_{i,h} := y(x_i) - Y_h(x_i) \approx \frac{1}{3}(Y_h(x_i) - Y_{2h}(x_i)) .$$

Ein gegenüber $Y_h(x_i)$ verbesserter Näherungswert für $y(x_i)$ ist

$$Y_h^*(x_i) = Y_h(x_i) + e_{i,h} = y(x_i) + O(h^4) .$$

Sonderfall: Ist in den RBen $\alpha_2 = \beta_2 = 0$, so wird $Y_0 = A/\alpha_1$, $Y_N = B/\beta_1$. Damit reduziert sich (12.23) auf ein tridiagonales System von N-1 Gln. für die N-1 Werte Y_i, $i = 1(1)N-1$.

Ein lineares RWP *vierter* Ordnung ist durch eine lineare DGL 4. Ordnung und je zwei (je linear unabhängige) RBen in folgender Form gegeben:

$$\begin{cases} y^{(4)} + p_3(x)y''' + p_2(x)y'' + p_1(x)y' + p_0(x)y = q(x) , \\ \alpha_{k0}y(a) + \alpha_{k1}y'(a) + \alpha_{k2}y''(a) + \alpha_{k3}y'''(a) = A_k , \\ \beta_{k0}y(b) + \beta_{k1}y'(b) + \beta_{k2}y''(b) + \beta_{k3}y'''(b) = B_k , \\ k = 1 \text{ und } k = 2 . \end{cases}$$

Zur Aufstellung des diesem RWP bei Anwendung des Differenzenverfahrens zugeordneten linearen Gleichungssystems für die Näherungswerte Y_i benötigt man neben den Näherungswerten für y_i', y_i'' noch solche für $y_i''' := y'''(x_i)$, $y_i^{(4)} := y^{(4)}(x_i)$.

Je nachdem, ob x_i ein innerer oder ein Randpunkt von $[a,b]$ ist, d.h. $i \neq 0$, $i \neq N$ oder $i = 0$ bzw. $i = N$ gilt, benutzt man verschiedene Ausdrücke:

$$y_i''' = \frac{1}{2h^3}(-Y_{i-2} + 2Y_{i-1} - 2Y_{i+1} + Y_{i+2}) + O(h^2), \quad i \neq 0, \quad i \neq N,$$

$$y_0''' = \frac{1}{2h^3}(-3Y_{-1} + 10Y_0 - 12Y_1 + 6Y_2 - Y_3) + O(h^2),$$

$$y_N''' = \frac{1}{2h^3}(Y_{N-3} - 6Y_{N-2} + 12Y_{N-1} - 10Y_N + 3Y_{N+1}) + O(h^2) ,$$

$$y_i^{(4)} = \frac{1}{h^4}(Y_{i-2} - 4Y_{i-1} + 6Y_i - 4Y_{i+1} + Y_{i+2}) + O(h^2), \quad i \neq 0, \quad i \neq N ,$$

$$y_0^{(4)} = \frac{1}{h^4}(Y_{-1} - 4Y_0 + 6Y_1 - 4Y_2 + Y_3) + O(h) ,$$

$$y_N^{(4)} = \frac{1}{h^4}(Y_{N-3} - 4Y_{N-2} + 6Y_{N-1} - 4Y_N + Y_{N+1}) + O(h) .$$

Die Ausdrücke für y"' unterscheiden sich nur im Restgliedkoeffizienten. Durch Einsetzen der Näherungswerte für die Ableitungen in die an den Stellen x_i, $i = 3(1)N-3$, angeschriebene diskretisierte DGL erhält man ein System von N-5 linearen Gleichungen für N+1 unbekannte Werte Y_i, $i = 0(1)N$. Vier weitere Gln. ergeben sich, indem man die diskretisierte DGL. auch noch für $i = 1,2, N-1, N-2$ anschreibt. Dabei verwendet man in den Fällen $i = 1$, $i = N-1$ für y_0''', Y_N''' und $y_0^{(4)}$, $y_N^{(4)}$ die oben angegebenen Werte. In den vier so erhaltenen Gleichungen ("zusätzliche RBen", s. [106]) treten zusätzlich die unbekannten Werte Y_{-1}, Y_{N+1} auf. Schließlich erhält man durch Einsetzen der Näherungswerte für die Ableitungen in die erste und zweite bzw. dritte und vierte RB je zwei in $Y_0, Y_{-1}; Y_1, Y_2, Y_3$ bzw. $Y_N, Y_{N+1}; Y_{N-1}, Y_{N-2}, Y_{N-3}$ lineare Beziehungen, die nach Y_0, Y_{-1} bzw. Y_N, Y_{N+1} aufgelöst werden:

$$Y_0 = A_0Y_1+B_0Y_2+C_0Y_3+D_0, \qquad Y_{-1} = A_{-1}Y_1+B_{-1}Y_2+C_{-1}Y_3+D_{-1} ,$$

$$Y_N = A_NY_{N-1}+B_NY_{N-2}+C_NY_{N-3}+D_N, \quad Y_{N+1} = A_{N+1}Y_{N-1}+B_{N+1}Y_{N-2}+C_{N+1}Y_{N-3}+D_{N+1} .$$

A_l, B_l, C_l, D_l, $l = 0,-1;N,N+1$, hängen von den Koeffizienten der jeweiligen RBen und von h ab. Setzt man die Werte für Y_0, Y_{-1} bzw. Y_N, Y_{N+1} in die aus der DGL erhaltenen N-1 Gleichungen ein, so erhält man folgendes System von N-1 linearen Gleichungen für die N-1 Näherungswerte $Y_i \approx y(x_i)$

$$\begin{cases} \tilde{d}_1Y_1 + \tilde{e}_1Y_2 + \tilde{f}_1Y_3 & = \tilde{q}_1 \quad , \\ \tilde{c}_2Y_1 + \tilde{d}_2Y_2 + \tilde{e}_2Y_3 + f_2Y_4 & = \tilde{q}_2 \quad , \\ b_iY_{i-2} + c_iY_{i-1} + d_iY_i + e_iY_{i+1} + f_iY_{i+2} & = 2h^4q_i \quad \text{für } i = 3(1)N-3, \\ b_{N-2}Y_{N-4} + \tilde{c}_{N-2}Y_{N-3} + \tilde{d}_{N-2}Y_{N-2} + \tilde{e}_{N-2}Y_{N-1} & = \tilde{q}_{N-2} \, , \\ \tilde{b}_{N-1}Y_{N-3} + \tilde{c}_{N-1}Y_{N-2} + \tilde{d}_{N-1}Y_{N-1} & = \tilde{q}_{N-1} \, , \end{cases}$$

mit

$$\left.\begin{aligned} b_i &= 2 - hp_{3i}, \quad f_i = 2 + hp_{3i}, \\ c_i &= -8 + 2hp_{3i} + 2h^2p_{2i} - h^3p_{1i}, \\ d_i &= 12 - 4h^2p_{2i} + 2h^4p_{0i}, \\ e_i &= -8 - 2hp_{3i} + 2h^2p_{2i} + h^3p_{1i}, \end{aligned}\right\} \quad i = 1(1)N-1;$$

$$\tilde{d}_1 = d_1 + b_1A_{-1} + c_1A_0, \quad \tilde{e}_1 = e_1 + b_1B_{-1} + c_1B_0 ,$$

$$
\begin{aligned}
&\tilde{f}_1 = f_1 + b_1C_{-1} + c_1C_0 , \\
&\tilde{c}_2 = c_2 + b_2A_0, \qquad \tilde{d}_2 = d_2 + b_2B_0, \qquad \tilde{e}_2 = e_2 + b_2C_0 , \\
&\tilde{c}_{N-2} = c_{N-2} + f_{N-2}C_N, \qquad \tilde{d}_{N-2} = d_{N-2} + f_{N-2}B_N, \qquad \tilde{e}_{N-2} = e_{N-2} + f_{N-2}A_N , \\
&\tilde{b}_{N-1} = b_{N-1} + f_{N-1}C_{N+1} + e_{N-1}C_N, \qquad \tilde{c}_{N-1} = c_{N-1} + f_{N-1}B_{N+1} + e_{N-1}B_N , \\
&\tilde{d}_{N-1} = d_{N-1} + f_{N-1}A_{N+1} + e_{N-1}A_N ; \\
&p_{li} = p_l(x_i), \quad l = 1,2,3; \qquad q_i = q(x_i), \quad i = 1(1)N-1 ; \\
&\tilde{q}_1 = 2h^4q_1 - b_1D_{-1} - c_1D_0, \qquad \tilde{q}_2 = 2h^4q_2 - b_2D_0 , \\
&\tilde{q}_{N-1} = 2h^4q_{N-1} - f_{N-1}D_{N+1} - e_{N-1}D_N, \qquad \tilde{q}_{N-2} = 2h^4q_{N-2} - f_{N-2}D_N .
\end{aligned}
$$

Die Matrix $\mathfrak{A}$ des Gleichungssystems weist beiderseits der Hauptdiagonalen je zwei zur Hauptdiagonalen parallele Reihen auf, deren Elemente i.a. von Null verschieden sind, außerhalb dieser Reihen sind alle Elemente 0 (fünfdiagonale Matrix):

$$
\mathfrak{A} = \begin{pmatrix}
\tilde{d}_1 & \tilde{e}_1 & \tilde{f}_1 & 0 & 0 & 0 & 0 & \cdots & & & & 0 \\
\tilde{c}_2 & \tilde{d}_2 & \tilde{e}_2 & f_2 & 0 & 0 & 0 & \cdots & & & & 0 \\
b_3 & c_3 & d_3 & e_3 & f_3 & 0 & 0 & \cdots & & & & 0 \\
0 & b_4 & c_4 & d_4 & e_4 & f_4 & 0 & \cdots & & & & 0 \\
\vdots & & \ddots & \ddots & \ddots & \ddots & \ddots & & & & & \vdots \\
0 & \cdots & & & & 0 & b_{N-4} & c_{N-4} & d_{N-4} & e_{N-4} & f_{N-4} & 0 \\
0 & \cdots & & & & 0 & 0 & b_{N-3} & c_{N-3} & d_{N-3} & e_{N-3} & f_{N-3} \\
0 & \cdots & & & & 0 & 0 & 0 & b_{N-2} & \tilde{c}_{N-2} & \tilde{d}_{N-2} & \tilde{e}_{N-2} \\
0 & \cdots & & & & 0 & 0 & 0 & 0 & \tilde{b}_{N-1} & \tilde{c}_{N-1} & \tilde{d}_{N-1}
\end{pmatrix} .
$$

Man löst dieses Gleichungssystem

$$
\mathfrak{A}\mathfrak{y} = \mathfrak{a} = \begin{pmatrix} a_1 \\ \vdots \\ a_{N-1} \end{pmatrix}, \quad a_i = 2h^4q_i \text{ für } i = 3(1)N-3, \quad a_1 = \tilde{q}_1, \quad a_2 = \tilde{q}_2 ,
$$
$$
a_{N-2} = \tilde{q}_{N-2}, \quad a_{N-1} = \tilde{q}_{N-1}
$$

durch analoge Schritte wie in Abschnitt 3.7 oder 3.9. Mit

$$\alpha_1 = \tilde{d}_1, \quad \alpha_2 = \tilde{d}_2 - \delta_2\beta_1, \quad \alpha_{N-2} = \tilde{d}_{N-2} - b_{N-2}\gamma_{N-4} - \delta_{N-2}\beta_{N-3},$$

$$\alpha_{N-1} = \tilde{d}_{N-1} - \tilde{b}_{N-1}\gamma_{N-3} - \delta_{N-1}\beta_{N-2},$$

$$\beta_1 = \tilde{e}_1/\alpha_1, \quad \beta_2 = (\tilde{e}_2 - \delta_2\gamma_1)/\alpha_2, \quad \beta_{N-2} = (\tilde{e}_{N-2} - \delta_{N-2}\gamma_{N-3})/\alpha_{N-2}, \quad \beta_{N-1} = 0$$

$$\gamma_1 = \tilde{f}_1/\alpha_1, \quad \gamma_2 = f_2/\alpha_2, \quad \gamma_{N-2} = \gamma_{N-1} = 0,$$

$$\delta_2 = \tilde{c}_2, \quad \delta_{N-2} = \tilde{c}_{N-2} - b_{N-2}\beta_{N-4}, \quad \delta_{N-1} = \tilde{c}_{N-1} - \tilde{b}_{N-1}\beta_{N-3},$$

$$\left.\begin{array}{l} \alpha_i = d_i - b_i\gamma_{i-2} - \delta_i\beta_{i-1}, \ \beta_i = (e_i - \delta_i\gamma_{i-1})/\alpha_i, \\ \gamma_i = f_i/\alpha_i, \quad \delta_i = c_i - b_i\beta_{i-2}, \end{array}\right\} \quad i = 3(1)N-3,$$

$$g_0 = 0, \quad g_1 = a_1/\alpha_1, \quad g_{N-2} = (a_{N-2} - b_{N-2}g_{N-4} - \delta_{N-2}g_{N-3})/\alpha_{N-2},$$

$$g_{N-1} = (a_{N-1} - \tilde{b}_{N-1}g_{N-3} - \delta_{N-1}g_{N-2})/\alpha_{N-1},$$

$$g_i = (a_i - b_i g_{i-2} - \delta_i g_{i-1})/\alpha_i, \qquad i = 2(1)N-3,$$

erhält man die Lösungen

$$Y_{N-1} = g_{N-1}, \ Y_{N-2} = g_{N-2} - \beta_{N-2}Y_{N-1}, \ Y_i = g_i - \beta_i Y_{i+1} - \gamma_i Y_{i+2}, \ i = (N-1)(1)1.$$

Die Fehlerordnung ist $O(h^2)$: $y(x_i) = Y_i + O(h^2)$. Für die Fehlerschätzung gilt (12.25).

Der Verfahrensfehler der nach dem gewöhnlichen Differenzenverfahren gewonnenen Näherungswerte Y_i ist umso größer, je größer die Schrittweite h ist. Verkleinerung von h führt aber zu einer größeren Zahl linearer Gleichungen für die Y_i und zu einem Anwachsen der Rundungsfehler.

12.2.2 DIFFERENZENVERFAHREN HÖHERER NÄHERUNG.

Verwendet man statt der Approximationen für $y_i^{(k)}$ in Abschnitt 12.2.1 sogenannte finite Ausdrücke höherer Näherung, so lassen sich, ohne h zu verkleinern bzw. N zu vergrößern, i.a. genauere Näherungswerte Y_i erreichen. Allerdings enthält jede Gleichung des jetzt dem RWP zugeordneten linearen Gleichungssystems mehr unbekannte Werte Y_i als beim gewöhnlichen Differenzenverfahren.

Finite Ausdrücke der Fehlerordnungen $O(h^4)$ und $O(h^6)$ sind nachstehend in einer Tabelle zusammengestellt [1]. Dabei gilt für die k-te Ableitung

---

[1] Weitere finite Ausdrücke s. [32] Bd.III, E. Tabelle 28.31.

● $y_i^{(k)} := y^{(k)}(x_i)$ = finiter Ausdruck + $O(h^q)$, $q = 4$ bzw. 6

und

$$|Y_i - y(x_i)| = O(h^q)$$

$y_i^{(k)}$	Finiter Ausdruck	Fehler-ordnung
y_i'	$\frac{1}{12h}(Y_{i-2}-8Y_{i-1}+8Y_{i+1}-Y_{i+2})$	$O(h^4)$
y_i''	$\frac{1}{12h^2}(-Y_{i-2}+16Y_{i-1}-30Y_i+16Y_{i+1}-Y_{i+2})$	$O(h^4)$
y_i'''	$\frac{1}{8h^3}(Y_{i-3}-8Y_{i-2}+13Y_{i-1}-13Y_{i+1}+8Y_{i+2}-Y_{i+3})$	$O(h^4)$
$y_i^{(4)}$	$\frac{1}{6h^4}(-Y_{i-3}+12Y_{i-2}-39Y_{i-1}+56Y_i-39Y_{i+1}+12Y_{i+2}-Y_{i+3})$	$O(h^4)$
y_i'	$\frac{1}{60h}(-Y_{i-3}+9Y_{i-2}-45Y_{i-1}+45Y_{i+1}-9Y_{i+2}+Y_{i+3})$	$O(h^6)$
y_i''	$\frac{1}{180h^2}(2Y_{i-3}-27Y_{i-2}+270Y_{i-1}-490Y_i+270Y_{i+1}-27Y_{i+2}+2Y_{i+3})$	$O(h^6)$

Wendet man finite Ausdrücke mit $O(h^4)$ bei der numerischen Behandlung eines linearen RWPs zweiter Ordnung an, so erhält man ein lineares Gleichungssystem mit fünfdiagonaler Matrix. Bei Anwendung finiter Ausdrücke mit $O(h^4)$ auf ein lineares RWP vierter Ordnung erhält man lineare Gleichungssysteme mit siebendiagonaler Matrix. Dabei wird die mit $O(h^4)$ bzw. $O(h^6)$ diskretisierte DGL für die Argumentstellen x_i, wobei $i = 3(1)(N-3)$ bei RWPen 2. Ordnung mit $O(h^4)$-Diskretisierung bzw. $i = 4(1)(N-4)$ bei RWPen 4. Ordnung mit $O(h^4)$-Diskretisierung sowie bei RWPen 2. Ordnung mit $O(h^6)$-Diskretisierung, angeschrieben. Bei der Diskretisierung der RBen treten (fiktive) Werte Y_i mit $i < 0$, $i > N$, also außerhalb des Integrationsintervalls $[a,b]$, auf. Zu deren Elimination dienen die "zusätzlichen RBen". Man gewinnt sie, indem man die mit einer Fehlerordnung $O(h^q)$, $q < 4$ bzw. $q < 6$ diskretisierte DGL auch für die Stellen x_i mit

$$i = 0, 1, 2, \quad N-2, N-1, N \qquad \text{bzw.}$$
$$i = 0, 1, 2, 3, \quad N-3, N-2, N-1, N$$

anschreibt. Dabei ist q so zu wählen, daß nach Elimination der fiktiven Werte Y_i gerade N+1 lineare Gln. für die N+1 Näherungswerte Y_i, $i = 0(1)N$, verbleiben (s. 12.2.1). Die Ordnung des dann erreichten globalen Verfahrens bedarf jedoch einer besonderen Untersuchung (Allgemeine Aussagen hierüber s. z.B. [98], [106]). Sie hängt neben der

Diskretisierungsordnung auch davon ab, welche Differenzierbarkeitseigenschaften die Lösungsfunktion besitzt. Die $O(h^4)$-Diskretisierung für das RWP 2. Ordnung mit $\alpha_2 = \beta_2 = 0$ ergibt z.B. die globale Fehlerordnung $O(h^4)$ (s. hierzu [98], [106]).

Wendet man das Differenzenverfahren auf ein nichtlineares RWP, z.B. (12.1), (12.2), an, so erhält man ein System nichtlinearer Gleichungen für die Näherungswerte Y_i.

Bei linearen DGLen speziellen Typs läßt sich mit einer geringeren Anzahl von Funktionswerten Y_i in den einzelnen Gleichungen des linearen Gleichungssystems auch schon die Fehlerordnung $O(h^4)$ oder $O(h^6)$ erreichen: Man stellt dabei Linearkombinationen von Werten der Ableitungen an benachbarten Stützstellen x_i als Linearkombinationen von Funktionswerten dar (*Hermitesche Verfahren* oder Mehrstellenverfahren , [5],III § 2.4).

12.2.3 ITERATIVE AUFLÖSUNG DER LINEAREN GLEICHUNGSSYSTEME ZU SPEZIELLEN RANDWERTPROBLEMEN

Treten bei der Behandlung von RWPen nach einem Differenzenverfahren höherer Näherung umfangreiche lineare Gleichungssysteme mit großer Bandbreite ($m \geq 3$) auf, so ist eine iterative Auflösung mit Relaxation zu empfehlen (Abschnitt 3.11).(Das kann für RWPe bei gewöhnlichen DGLen bei großem Integrationsintervall eintreten; es tritt meistens ein für RWP bei partiellen DGLen, die hier nicht behandelt werden.) In manchen Fällen ist es nicht erforderlich, die hinreichenden Konvergenzbedingungen für die Koeffizienten des linearen Gleichungssystems nachzuprüfen; es läßt sich dann bereits an Hand des gegebenen RWPs entscheiden, ob eine iterative Auflösung möglich ist. Ein Beispiel ist das inhomogene RWP einer linearen DGL zweiter Ordnung in der selbstadjungierten Form (s. z.B. [5], S. 208; [6], § 7.3; [45], S. 476)

$$-(fy')' + gy = r \,, \quad y(a) = A \,, \quad y(b) = B \quad .$$

Gilt $f(x) > 0$, $g(x) \geq 0$ für $x \in [a,b]$, so ist bei numerischer Behandlung nach dem gewöhnlichen Differenzenverfahren sowohl die Iteration in Gesamtschritten als auch die Iteration in Einzelschritten anwendbar ([5], S. 173ff.; [6] § 23.2). Zudem ist dann gewährleistet, daß $\det \mathfrak{A} \neq 0$.

12.2.4 LINEARE EIGENWERTPROBLEME.

Das homogene lineare von einem Parameter λ abhängige RWP

$$\begin{cases} y'' + p_1(x)y' + (p_0(x)-\lambda)y = 0 \\ y(a) = 0, \qquad y(b) = 0 \end{cases}$$

soll mit Hilfe des gewöhnlichen Differenzenverfahrens näherungsweise numerisch gelöst werden. Es ergibt sich für Y_i, $i = 1(1)N-1$, das homogene lineare Gleichungssystem ($Y_0 = Y_N = 0$)

$$(12.26) \quad (1-\frac{h}{2}\,p_{1i})Y_{i-1} + (-2+h^2 p_{0i})Y_i + (1+\frac{h}{2}\,p_{1i})Y_{i+1} = h^2\lambda Y_i, \quad i = 1(1)N-1.$$

Die Matrix $\mathfrak{A}$ des Systems (12.26) besteht aus den Zeilen 2(1)N-1 der Matrix $\mathfrak{A}$ in Algorithmus 12.2 . Dann läßt sich (12.26) in folgender Form schreiben

$$\mathfrak{A}\mathfrak{y} = \lambda\,\mathfrak{y} \quad \text{mit} \quad \mathfrak{y} = \begin{pmatrix} Y_1 \\ \vdots \\ Y_{N-1} \end{pmatrix}.$$

Es liegt die EWA einer Matrix vor. $\mathfrak{A}$ ist eine tridiagonale Matrix, die allerdings nur für $p_1(x) \equiv 0$, $x \in [a,b]$, symmetrisch ist. Dann läßt sich das Verfahren in Abschnitt 5.5.2 anwenden. Sonst wird man ein anderes der in Kap. 5 angegebenen Verfahren zur Bestimmung der EWe und EVen anwenden.

LITERATUR zu 12.2: [5], III, §§ 1-3; [7], 7.1-2; [8], IV § 4; [17], part III; [19], 8.7.2-3; [21], 3,5.3; [30], V § 6; [32] Bd.III, E § 28.2,6,7; 29.1,2,4; [34], 6.52; [36], 7.4; [45], § 30; [87], 9.6.2.

A N H A N G

FORTRAN IV - PROGRAMME

von

DR. DIETER AXMACHER

DR. WERNER GLASMACHER

DR. DIETMAR SOMMER

THOMAS TOLXDORFF

DIPL.-MATH. DIETHER WITTEK

aus Aachen

VERZEICHNIS DER PROGRAMME.

Programm	Gegenstand	Name	Seite
P 7.1	Interpolation durch algebraische Po-Polynome	INPOLY	315
P 7.8.3 (α)	Interpolation mittels natürlicher Polynomsplines dritten Grades	SPLINE	318
P 7.8.3 (β)	Interpolation mittels periodischer Polynomsplines dritten Grades	PERSPL FN	321
P 7.10.2	Zweidimensionale Polynomsplines dritten Grades	KUZEDI FNAEHR	325
P 9.2.2	Quadratur mittels Newton-Cotes-Formeln	NECO	330
P 9.5	Quadratur nach Romberg	ROM	333
P 10.2	Einschrittverfahren zur numerischen Lösung des AWPs $y' = f(x,y)$, $y(x_0) = y_0$		336
	A. Ohne Schrittweitensteuerung B. Mit Schrittweitensteuerung	DGL DGST	
P 10.2.1	Verfahren von Euler-Cauchy	SUBROUTINE DG	341
P 10.2.2	Verfahren von Heun	SUBROUTINE DG	342
P 10.2.3.2	Runge-Kutta-Verfahren	SUBROUTINE DG	344
P 10.2.3.3	Verfahren von Fehlberg II	SUBROUTINE DG	346
P 10.3	Praediktor-Korrektor-Verfahren nach Adams-Moulton		348
	A. Ohne Schrittweitensteuerung B. Mit Schrittweitensteuerung	DGLM DGMST	
P 11.1	Implizites Runge-Kutta-Verfahren mit Schrittweitensteuerung für das AWP $y'_r = f(x, y_1, \ldots, y_n), y_r(x_0) = y_{r0}$, $n \leq 20$.	IRK	354

VORBEMERKUNGEN.

Die Bezeichnungen im Programmteil weichen z.T. von denen des Textteils ab, sind aber zu jedem Programm definiert. Die Nummern der Kapitel und Abschnitte des Textteils werden im Programmteil beibehalten, es wird lediglich P vorangesetzt.
Mit Ausnahme der Programme P 3.8, P 3.9, P 4.2.4, P 7.8.3 (β), P 2.2.2 und P 11.1 ist zu jedem Programm ein durchgerechnetes Beispiel (Ein- und Ausgabewerte) angeführt.

Die aufgeführten Fortran IV-Programme wurden auf der Anlage CD 6400 der RWTH Aachen getestet. Sie sind vollständig angegeben. Bei allen Programmen sind zunächst zwei Datenkarten mit je 52-stelligem Text anzufügen, der als Überschrift ausgedruckt wird. Weiter benötigte Parameter werden anschließend eingelesen, und zwar INTEGER-Zahlen im Format I 5 und REAL-Zahlen im Format E 10.2. Funktionen sind als FUNCTION-Unterprogramme anzufügen.

Für Systeme von DGLen erster Ordnung wird hier nur ein Programm für das implizite R-K-Verfahren angegeben (P 11.1). Wer die Programmiersprache Fortran IV in ihren Grundzügen beherrscht, wird die in P 10 angegebenen Programme zur Lösung des AWPs einer DGL erster Ordnung mit Hilfe der in Kap. 11 angegebenen Formeln auf Systeme von DGLen erster Ordnung erweitern können.

Auf die Angabe von Programmen zu den in Abschnitt 12.1 behandelten Verfahren wird verzichtet. Man benötigt dazu SUBROUTINEN zur numerischen Behandlung von AWPen (P 10, P 11) und zur iterativen Lösung der Gleichungen (12.7) bzw. (12.11), s. P 2, P 4. RWPe linearer DGLen (Abschnitt 12.2) führen stets auf lineare GLeichungssysteme. Diese werden nach Wahl der finiten Ausdrücke für die Ableitungen ohne Benutzung des Computers aufgestellt. Ihre Lösung erfolgt je nach der Struktur des linearen Gleichungssystems i.a. mit einem der Programme aus P 3.

Die Programmierung erfolgte ausschließlich nach Standard-Fortran Konventionen, damit die Programme ohne jede Änderungen auf den verschiedensten Computern erfolgreich laufen können. Lediglich die erste Karte eines jeden Programms (PROGRAM-Karte) und die damit verbundene Definition der Ein- und Ausgabedateien genügt nicht den Standard-Fortran Konventionen. Ein- und Ausgabedatei müssen je nach Rechnertyp vom Benutzer festgelegt werden.

P2

P2.1 ITERATIONSVERFAHREN. PROGRAMM ITERA1.

(D. Axmacher, T. Tolxdorff)

Die Programme zu den *Iterationsverfahren zur Lösung algebraischer und transzendenter Gleichungen mit einer Unbekannten* der Form $f(x)=0$ unterscheiden sich nur durch die Schrittfunktion φ in der Iterationsvorschrift (2.6). Die Schrittfunktionen φ werden in der Form

FUNCTION PHI(X)

angegeben und sind an das nachstehend beschriebene Programm anzufügen.

```
      PROGRAM  ITERA1  (INPUT,TAPE1=INPUT,OUTPUT,TAPE2=OUTPUT)
      DIMENSION  ITEXT(26)
      COMMON  /DATEI/  IEIN,IAUS
      DATA  D0  / 10.E30 /
      IEIN = 1
      IAUS = 2
      READ (IEIN,1000)  ITEXT
      READ (IEIN,1010)  X0,EPSI,A,B,N0
      WRITE (IAUS,2000)  ITEXT,X0,EPSI,A,B,N0
      IF (N0.LE.0)                       STOP
      DO                                                300   N=1,N0
      X1 = PHI(X0)
      D1 = X1 - X0
      WRITE (IAUS,2010)  N,X1,D1
      IF (X1.GE.A.AND.X1.LE.B)           GO TO         100
      WRITE (IAUS,2020)
      GO  TO                                           400
  100 IF (ABS(D1).GE.EPSI)               GO TO         200
      WRITE (IAUS,2030)
      GO  TO                                           400
  200 IF (ABS(D1).LT.ABS(D0))            GO TO         250
      EPSI = EPSI * 10.0
  250 X0 = X1
      D0 = D1
  300 CONTINUE
      WRITE (IAUS,2050)
  400 FX1 = F(X1)
      WRITE (IAUS,2060)  FX1
C
C
 1000 FORMAT (13A4)
 1010 FORMAT (4E10.2,I5)
 2000 FORMAT (1H1,2(13A4,/,1X),/,5H0X0 =,1PE20.10,/,5H EPS=,1PE20.10,
     1        /,5H A   =,1PE20.10,/,5H B   =,1PE20.10,/,5H N0 =,I5,/)
 2010 FORMAT (5H    N=,I3,4H   X=,1PE20.10,4H   D=,1PE20.10)
 2020 FORMAT (29H0X AUSSERHALB INTERVALL (A,B))
 2030 FORMAT (32H0GEFORDERTE GENAUIGKEIT ERREICHT)
 2040 FORMAT (51H0GENAUIGKEITSFORDERUNG NICHT ERFUELLBAR SETZE EPS =
     1        ,1PE20.10)
 2050 FORMAT (33H0MAXIMALE ITERATIONSZAHL ERREICHT)
 2060 FORMAT (8H0  F(X)=,1PE20.10)
      END
```

EINGABEWERTE.

1) 2 Text-Karten (Format 13 A 4)

2) 1 Parameterkarte

Name	Spalte	Format	Bedeutung
XO	1-10	E 10.2	Startwert $x^{(0)}$
EPS	11-20	E 10.2	Genauigkeitsschranke ε
A	21-30	E 10.2	Intervall $[a,b]$, in dem die Lösung gesucht wird
B	31-40	E 10.2	
NO	41-45	I 5	Maximale Anzahl n_0 von Iterationsschritten

Nach der Iterationsvorschrift (2.6) werden nacheinander die Werte $x^{(\nu)}$, $\nu = 1,2,\ldots$, berechnet und mit den Differenzen $D^{(\nu)} = x^{(\nu)}-x^{(\nu-1)}$ ausgedruckt. Die Rechnung wird abgebrochen, falls eine der folgenden Bedingungen erfüllt ist:

(1) $x^{(\nu)} \notin [a,b]$,

(2) $|D^{(\nu)}| < \varepsilon$,

(3) $\nu = n_0$.

Falls $|D^{(\nu)}| > |D^{(\nu-1)}|$, vgl. Abschnitt 2.1.4.3, wird die Genauigkeitsschranke ε durch $\bar{\varepsilon} = 10\cdot\varepsilon$ ersetzt [1]. Es erfolgt eine entsprechende Ausgabe.

P 2.1.4 ALLGEMEINES ITERATIONSVERFAHREN.

Schrittfunktion φ :

$$\varphi(x) = x - f(x) ;$$

f(x) ist als FUNCTION F(X) anzufügen.

```
REAL FUNCTION PHI(X)
PHI = X - F(X)
RETURN
END
```

[1] Das ursprünglich gewählte ε kann in der Größenordnung des Rechnungsfehlers liegen.

BEMERKUNG. Soll die Schrittfunktion φ_1 einer speziellen Auflösung $x = \varphi_1(x)$ von $f(x) = 0$ verwendet werden, so ist als FUNCTION F(X) $F(x) = x - \varphi_1(x)$ anzugeben.

BEISPIEL.

```
ALLGEMEINES ITERATIONSVERFAHREN
F = X  -  SQRT(1. + SIN(X)) / 3.


X0 =     0.
EPS=     5.0000000000E-11
A  =    -1.0000000000E+00
B  =     2.0000000000E+00
N0 =    20

  N=  1   X=    3.3333333333E-01   D=    3.3333333333E-01
  N=  2   X=    3.8401312142E-01   D=    5.0679788085E-02
  N=  3   X=    3.9081742206E-01   D=    6.8043006439E-03
  N=  4   X=    3.9171195895E-01   D=    8.9453689205E-04
  N=  5   X=    3.9182922351E-01   D=    1.1726455530E-04
  N=  6   X=    3.9184458987E-01   D=    1.5366362341E-05
  N=  7   X=    3.9184660338E-01   D=    2.0135102634E-06
  N=  8   X=    3.9184686722E-01   D=    2.6383584917E-07
  N=  9   X=    3.9184690179E-01   D=    3.4571115748E-08
  N= 10   X=    3.9184690632E-01   D=    4.5299461959E-09
  N= 11   X=    3.9184690691E-01   D=    5.9356786153E-10
  N= 12   X=    3.9184690699E-01   D=    7.7779560570E-11
  N= 13   X=    3.9184690700E-01   D=    1.0190959188E-11

GEFORDERTE GENAUIGKEIT ERREICHT

  F(X)=    -1.3340439864E-12
```

P 2.1.6.1 NEWTONSCHES ITERATIONSVERFAHREN.

Schrittfunktion φ :

$$\varphi(x) = x - f(x)/f'(x);$$

$f(x)$ und $f'(x)$ sind als FUNCTION F(X) bzw. FUNCTION F1(X) anzufügen.

```
REAL FUNCTION PHI(X)
F1X = F1(X)
IF (ABS(F1X).LT.10.E-30)              F1X = 10.E-30
PHI = X  -  F(X) / F1X
RETURN
END
```

BEISPIEL.

```
VERFAHREN VON NEWTON
F = X  -  SQRT(1. + SIN(X)) / 3.


X0 =     0.
EPS=     5.0000000000E-11
A  =    -1.0000000000E+00
B  =     2.0000000000E+00
N0 =    20

  N=  1   X=     4.0000000000E-01   D=     4.0000000000E-01
  N=  2   X=     3.9185065721E-01   D=    -8.1493427917E-03
  N=  3   X=     3.9184690700E-01   D=    -3.7502048844E-06
  N=  4   X=     3.9184690700E-01   D=    -7.9403150721E-13

GEFORDERTE GENAUIGKEIT ERREICHT

  F(X)=    -1.7763568394E-15
```

P 2.1.6.2 VERFAHREN VON NEWTON FÜR MEHRFACHE NULLSTELLEN.

Schrittfunktion φ :

$$\varphi(x) = x - j(x)\,\frac{f(x)}{f'(x)} \quad \text{mit} \quad j(x) = \frac{1}{1 - \dfrac{f(x)f''(x)}{(f'(x))^2}} \quad ;$$

f(x), f'(x) und f"(x) sind als FUNCTION F(X), FUNCTION F1(X) und FUNCTION F2(X) anzufügen.

```
      REAL FUNCTION PHI(X)
      COMMON  /DATEI/  IEIN,IAUS
      REAL  J
      DATA  EPSI /0.001/ , J /0.0/
      DATA  MARKE / 0 /
      FX  = F(X)
      F1X = F1(X)
      IF (MARKE.GE.2)                        GO TO      100
      F2X = F2(X)
      UNT = F1X * F1X  -  FX * F2X
      IF (ABS(UNT).GE.10.E-30)     J = F1X * F1X / UNT
      INT = J + 0.5
      IF (ABS(J - FLOAT(INT)).GT.EPSI)  GO TO      100
      J = FLOAT(INT)
      MARKE = MARKE + 1
  100 WRITE (IAUS,2000)  J
      IF (ABS(F1X).LT.10.E-30)              F1X = 10.E-30
      PHI = X  -  J * FX / F1X
      RETURN
C
C
 2000 FORMAT (10X,2HJ=,1PE20.10)
      END
```

Hier wird nach jedem Iterationsschritt $j(x^{(\nu)})$ zusätzlich ausgedruckt.

● BEISPIEL.

```
KCMBINIERTES NEWTON-VERFAHREN
F(X) = 1. - SIN(X)


X0 =     0.
EPS=     5.0000000000E-11
A  =    -1.0000000000E+00
B  =     2.0000000000E+00
N0 =    20

          J=     1.0000000000E+00
 N=  1    X=     1.0000000000E+00    D=     1.0000000000E+00
          J=     1.8414709848E+00
 N=  2    X=     1.5403023059E+00    D=     5.4030230587E-01
          J=     2.0000000000E+00
 N=  3    X=     1.5707986900E+00    D=     3.0496384142E-02
          J=     2.0000000000E+00
 N=  4    X=     1.5707963268E+00    D=    -2.3632489530E-06
          J=     2.0000000000E+00
 N=  5    X=     1.5707963268E+00    D=     0.

GEFORDERTE GENAUIGKEIT ERREICHT

  F(X)=     0.
```

P 2.1.6.3 REGULA FALSI.

Schrittfunktion φ :

$$\varphi(x,y) = x - \frac{x-y}{f(x)-f(y)} f(x) \quad .$$

f(x) ist als FUNCTION F(X) anzufügen.

Zur Durchführung eines Iterationsschritts werden jeweils zwei vorherige Näherungen $x^{(\nu)}$ und $x^{(\nu-1)}$ und daher auch zwei Startwerte benötigt. Bei vorgegebenem $x^{(0)}$ wird als zweiter Startwert $x^{(-1)} = x^{(0)} + 10^{-15}$ verwendet. Bei jedem Iterationsschritt

$$x^{(\nu+1)} = \varphi(x^{(\nu)}, x^{(\nu-1)})$$

wird $x^{(\nu)}$ gespeichert und beim nächsten Schritt als zweites Argument benutzt.

```
    REAL FUNCTION PHI(X)
    DATA N / 0 / , EPSI / 10.E-30 /
    X1 = X
    IF (N.NE.0)                 GO TO     100
    N = 1
    X0  = X1 + SQRT(EPSI)
    FX0 = F(X0)
100 FX1 = F(X1)
    UNT = FX0 - FX1
    IF (ABS(UNT).LT.EPSI)        UNT = EPSI
    PHI = X1  -  (X0 - X1) / UNT * FX1
    X0  = X1
    FX0 = FX1
    RETURN
    END
```

● BEISPIEL.

```
REGULA FALSI
F = X  -  SQRT(1. + SIN(X)) / 3.


X0 =     0.
EPS=     5.0000000000E-11
A  =    -1.0000000000E+00
B  =     2.0000000000E+00
N0 =    20
```

```
N=  1  X=   2.9670067692E-01  D=    2.9670067692E-01
N=  2  X=   3.9387887266E-01  D=    9.7178195745E-02
N=  3  X=   3.9183606823E-01  D=   -2.0428044275E-03
N=  4  X=   3.9184690576E-01  D=    1.0837527334E-05
N=  5  X=   3.9184690700E-01  D=    1.2415579675E-09
N=  6  X=   3.9184690700E-01  D=    1.7763568394E-15

GEFORDERTE GENAUIGKEIT ERREICHT

  F(X)=     0.
```

P2.1.6.4 VERFAHREN VON STEFFENSEN,

Schrittfunktion ϕ:

$$\phi(x) = x - \frac{(\varphi(x) - x)^2}{\varphi(\varphi(x)) - 2\varphi(x) + x} \quad \text{mit } \varphi(x) = x - f(x).$$

f(x) ist als FUNCTION F(X) anzufügen.

```
REAL FUNCTION PHI (X)
DATA  EPSI / 10.E-30 /
A   = X - F(X)
UNT = X - A - F(A)
IF (ABS(UNT).LT.EPSI)       UNT = EPSI
PHI = X  -  (A - X) * (A - X) / UNT
RETURN
END
```

Anstelle der speziellen Schrittfunktion φ: $\varphi(x) = x - f(x)$ kann jedes andere φ treten, das die Bedingungen in Satz 2.10 erfüllt, s.a. Bemerkung zu P.2.1.4.

BEISPIEL.

```
VERFAHREN VON STEFFENSEN
F = X  -  SQRT(1. + SIN(X)) / 3.


X0 =     0.
EPS=     5.0000000000E-11
A  =    -1.0000000000E+00
B  =     2.0000000000E+00
N0 =    20
```

```
N=  1  X=    3.9310000875E-01  D=    3.9310000875E-01
N=  2  X=    3.9184691860E-01  D=   -1.2530901574E-03
N=  3  X=    3.9184690700E-01  D=   -1.1593259686E-08
N=  4  X=    3.9184690700E-01  D=    0.

GEFORDERTE GENAUIGKEIT ERREICHT

 F(X)=     0.
```

P 2.2.2 POLYNOMNULLSTELLENBESTIMMUNG. PROGRAMM PONULL. (T. Tolxdorff)

PONULL ist ein Programm, das die Berechnung sämtlicher Nullstellen eines algebraischen Polynoms bis zum Grad 100 ermöglicht. Die Koeffizienten des Polynoms können reell oder komplex sein. Der Anwender hat die Möglichkeit,für seine Berechnungen drei verschiedene Lösungsverfahren einzusetzen:

1. das Verfahren von Muller für reelle Koeffizienten (1956), Unterprogramm MULLER,
2. das Verfahren von F. Bauhuber (1971), Unterprogramm PONNEX,
3. das dreistufige Verfahren von Jenkins und Traub (1972), Unterprogramm STAGE3.

Das vollständige Programm[1)] wird hier wegen seines Umfangs nicht abgedruckt; es werden lediglich die Subroutinen MULLER, PONNEX vollständig wiedergegeben. Die Subroutine STAGE3 ist identisch mit der Subroutine CPOLY, s. M.A. Jenkins and J.F. Traub, Algorithm 419, Zeros of a Complex Polynomial, J. Ass. for Comp. Mach., Vol. 15 (1972), S. 97-99.

---

1) Das Programm PONULL erscheint als "Interner Bericht des Instituts für Geometrie und Praktische Mathematik der RWTH Aachen" und kann dort angefordert werden.

```
      SUBROUTINE  MULLER  (KOEFRE,GRAD,WURZRE,WURZIM)
C
C     DAS PROGRAMM STAMMT AUS DER PROGRAMMBIBLIOTHEK DER CD 6400 DES
C     REZE DER TH AACHEN. ES WURDE FUER DEN EINSATZ IM PROGRAMMSYSTEM
C     PONULL AUF DOPPELTGENAUE RECHNUNG UMGESCHRIEBEN VON TH. TOLXDORFF.
C
C     EINGABEPARAMETER:
C     KOEFRE(GRAD+1)   HIER STEHEN DIE REALTEILE DER KOEFFIZIENTEN IN DER
C                      REIHENFOLGE RE(AN),RE(AN-1), ... ,RE(A0)
C     GRAD             POLYNOMGRAD > 0
C     WURZRE(GRAD)     HIER STEHEN DIE REAL- UND
C     WURZIM(GRAD)     IMAGINAERTEILE DER NULLSTELLEN
C
      DOUBLE PRECISION  KOEFRE(101),WURZRE(100),WURZIM(100),ALP2R,ALP3I
      DOUBLE PRECISION  BET2R,BET3I,TEM,TE10,TE13,ALP4R,TEM1,ALP1R,BET1I
      DOUBLE PRECISION  TE7,TE11,TE16,HELL,BET1R,ALP2I,BET3R,TE6,TE9,AXI
      DOUBLE PRECISION  DE15,TE14,ALP4I,TEM2,AXR,ALP1I,TEMI,ALP3R,BET2I
      DOUBLE PRECISION  TE5,TE12,TE8,BELL,TEMR,TE1,TE3,TE2,TE4,DE16,TE15
      INTEGER  GRAD
      INDEX = 0
      IN = GRAD + 1
  100 IF (KOEFRE(IN).NE.0.0D0)             GO TO      110
      INDEX = INDEX + 1
      WURZRE(INDEX) = 0.0
      WURZIM(INDEX) = 0.0
      IN = IN - 1
      GO  TO                                          100
  110 AXR = 0.8
      AXI = 0.0
      L  = 1
      IN = 1
      ALP1R = AXR
      ALP1I = AXI
      M  = 1
      GO  TO                                          800
  200 BET1R = TEMR
      BET1I = TEMI
      AXR = 0.85
      ALP2R = AXR
      ALP2I = AXI
      M  = 2
      GO  TO                                          800
  300 BET2R = TEMR
      BET2I = TEMI
      AXR = 0.9
      ALP3R = AXR
      ALP3I = AXI
      M  = 3
      GO  TO                                          800
  400 BET3R = TEMR
      BET3I = TEMI
  410 TE1 = ALP1R - ALP3R
      TE2 = ALP1I - ALP3I
      TE5 = ALP3R - ALP2R
      TE6 = ALP3I - ALP2I
```

```
      TEM = TE5*TE5 + TE6*TE6
      TE3 = (TE1*TE5 + TE2*TE6) / TEM
      TE4 = (TE2*TE5 - TE1*TE6) / TEM
      TE7 = TE3 + 1.0
      TE9 = TE3*TE3 - TE4*TE4
      TE10 = 2.*TE3*TE4
      DE15 = TE7*BET3R - TE4*BET3I
      DE16 = TE7*BET3I + TE4*BET3R
      TE11 = TE3*BET2R - TE4*BET2I + BET1R - DE15
      TE12 = TE3*BET2I + TE4*BET2R + BET1I - DE16
      TE7 = TE9 - 1.
      TE1 = TE9*BET2R - TE10*BET2I
      TE2 = TE9*BET2I + TE10*BET2R
      TE13 = TE1 - BET1R - TE7*BET3R + TE10*BET3I
      TE14 = TE2 - BET1I - TE7*BET3I - TE10*BET3R
      TE15 = DE15*TE3 - DE16*TE4
      TE16 = DE15*TE4 + DE16*TE3
      TE1 = TE13*TE13 - TE14*TE14 - 4.*(TE11*TE15 - TE12*TE16)
      TE2 = 2. * TE13 * TE14      - 4.*(TE12*TE15 + TE11*TE16)
      TEM = DSQRT(TE1*TE1 + TE2*TE2)
      IF (TE1.GT.0.0D0)                  GO TO     450
      TE4 = DSQRT(0.5 * (TEM-TE1))
      TE3 = 0.5 * TE2 / TE4
      GO  TO                                       470
  50  TE3 = DSQRT(0.5 * (TEM+TE1))
      IF (TE2.LT.0.0D0)         TE3 = -TE3
      TE4 = 0.5 * TE2 / TE3
  70  TE7 = TE13 + TE3
      TE8 = TE14 + TE4
      TE9 = TE13 - TE3
      TE10 = TE14 - TE4
      TE1 = 2. * TE15
      TE2 = 2. * TE16
      IF (TE7*TE7 + TE8*TE8.GT.TE9*TE9 + TE10*TE10) GO TO 490
      TE7 = TE9
      TE8 = TE10
  90  TEM =TE7*TE7 + TE8*TE8
      TE3 = (TE1*TE7 + TE2*TE8) / TEM
      TE4 = (TE2*TE7 - TE1*TE8) / TEM
      AXR = ALP3R + TE3*TE5 - TE4*TE6
      AXI = ALP3I + TE3*TE6 + TE4*TE5
      ALP4R = AXR
      ALP4I = AXI
      M  = 4
      GO  TO                                       800
   0  IF (DABS(HELL)+DABS(BELL).LE.1.D-15) GO TO   550
      TE7 = DABS(ALP3R-AXR) + DABS(ALP3I-AXI)
      IF (TE7 / (DABS(AXR)+DABS(AXI)).LE.1.D-7) GC TO 550
      ALP1R = ALP2R
      ALP1I = ALP2I
      ALP2R = ALP3R
      ALP2I = ALP3I
      ALP3R = ALP4R
      ALP3I = ALP4I
      BET1R = BET2R
```

```
      BET1I = BET2I
      BET2R = BET3R
      BET2I = BET3I
      BET3R = TEMR
      BET3I = TEMI
      IN = IN + 1
      IF (IN.LT.100)                      GO TO     410
  550 INDEX = INDEX + 1
      WURZRE(INDEX) = ALP4R
      WURZIM(INDEX) = ALP4I
      IN = 0
      IF (INDEX.EQ.GRAD)                  GO TO     990
      IF (DABS(WURZIM(INDEX)).LE.1.D-5)   GO TO     110
      IF (L.EQ.2)                         GO TO     110
      AXR =  ALP1R
      AXI = -ALP1I
      ALP1I = -ALP1I
      M = 5
      GO  TO                                        800
  600 BET1R = TEMR
      BET1I = TEMI
      AXR = ALP2R
      AXI =-ALP2I
      ALP2I = -ALP2I
      M = 6
      GO  TO                                        800
  700 BET2R = TEMR
      BET2I = TEMI
      AXR = ALP3R
      AXI =-ALP3I
      ALP3I =-ALP3I
      L = 2
      M = 3
  800 TEMR = KOEFRE(1)
      TEMI = 0.0
      DO                                            850   I=1,GRAD
      TE1  = TEMR*AXR - TEMI*AXI
      TEMI = TEMI*AXR + TEMR*AXI
  850 TEMR = TE1 + KOEFRE(I+1)
      HELL = TEMR
      BELL = TEMI
      IF (INDEX.EQ.0)                     GO TO     910
      DO                                            900   I=1,INDEX
      TEM1 = AXR - WURZRE(I)
      TEM2 = AXI - WURZIM(I)
      TE1 = TEM1*TEM1 + TEM2*TEM2
      TE2 = (TEMR*TEM1 + TEMI*TEM2) / TE1
      TEMI= (TEMI*TEM1 - TEMR*TEM2) / TE1
  900 TEMR = TE2
  910 GO TO                 (200,300,400,500,600,700), M
  990 RETURN
      END
```

```
      SUBROUTINE  PONNEX  (KOEFRE,KOEFIM,N,WURZRE,WURZIM,KOMPL)
C
C     DAS PROGRAMM WURDE ERSTMALS VEROEFFENTLICHT IN COMPUTING,
C     VOL. 5, 1970 (SEITE 97 - 118) VON DR. F. BAUHUBER MUENCHEN.
C     ES WURDE VON ALGOL 60 UMGESCHRIEBEN AUF USASI-FORTRAN ALS STUDIEN-
C     ARBEIT UEBER NUMERISCHE VERFAHREN VON THOMAS TOLXDORFF, 1976.
C
C     HIER ERFOLGT DIE BERECHNUNG SAEMTLICHER NULLSTELLEN EINES POLYNOMS
C     P(Z) VOM GRAD N. DAS PROGRAMM BESCHREIBT EIN VERALLGEMEINERTES
C     NEWTON-VERFAHREN MIT SPIRALISIERUNG UND EXTRAPOLATION.
C     MIT RUECKSICHT AUF MEHRFACHE NULLSTELLEN WIRD DIE GLEICHUNG
C     P(Z)/PI(Z) = 0  BEHANDELT.
C
C     EINGABEPARAMETER:
C     KOEFRE(N+1)   HIER STEHEN DIE REALTEILE DER KOEFFIZIENTEN IN DER
C                   REIHENFOLGE RE(AN),RE(AN-1), ... ,RE(A0)
C     KOEFIM(N+1)   HIER STEHEN DIE IMAGINAERTEILE DER KOEFFIZIENTEN IN
C                   DER REIHENFOLGE IM(AN),IM(AN-1), ... ,IM(A0)
C     N             POLYNOMGRAD > 0
C     WURZRE(N)     HIER STEHEN DIE REAL- UND
C     WURZIM(N)     IMAGINAERTEILE DER NULLSTELLEN
C     KOMPL         BOOLESCHE VARIABLE :
C                   .TRUE.  DIE KOEFFIZIENTEN SIND KOMPLEX
C                   .FALSE. DIE KOEFFIZIENTEN SIND REELL
C
      DOUBLE PRECISION  KOEFRE(101),KOEFIM(101),WURZRE(100),WURZIM(100)
      DOUBLE PRECISION  A(202),B(202),C(200),X0,Y0,XNEU,YNEU,GAMMA
      LOGICAL  KOMPL
      GAMMA = 5.D-18
      N1 = N + 1
      DO                                            100  K=1,N1
      B(2*K-1)  = KOEFRE(K)
      B(2*K)    = 0.0D0
      IF (KOMPL)              B(2*K) = KOEFIM(K)
  100 CONTINUE
      Y0 = 0.0
      X0 = 0.0
      DO                                            120  I=1,N
      L = 2 * (N + 2 - I)
      DO                                            110  K=1,L
  110 A(K) = B(K)
      CALL NULNEX (X0,Y0,N+1-I,A,B,C,XNEU,YNEU,GAMMA)
      WURZRE(I) = XNEU
      WURZIM(I) = YNEU
      X0 =  XNEU
  120 Y0 = -YNEU
      RETURN
      END
```

```
      SUBROUTINE NULNEX (X0,Y0,GRAD,A,B,C,XNEU,YNEU,GAMMA)
C
C     BERECHNUNG EINER NULLSTELLE EINES POLYNOMS MIT KOMPLEXEN KOEFFIZI-
C     ENTEN. BEHANDLUNG DER GLEICHUNG P(Z)/P[(Z) = 0. NEWTON-VERFAHREN
C     MIT SPIRALISIERUNG UND KONVERGENZ-VERBESSERUNG DURCH EXTRA-
C     POLATION. AUSGANGSNAEHERUNG X0 + I*Y0 IST BELIEBIG.
C
      DOUBLE PRECISION  KOABS,A(202),B(202),C(200),X0,Y0,XNEU,YNEU,GAMMA
      DOUBLE PRECISION  BETA,RHO,BDZE,QR,QI,UNEU,VNEU,USNEU,VSNEU,USSNEU
      DOUBLE PRECISION  VSSNEU,PBNEU,PBALT,PSBNEU,S,SS,DZMAX,DZMIN
      DOUBLE PRECISION  DX,DY,U,V,XALT,YALT,H,H1,H2,H3,H4,H5
      INTEGER  GRAD
      LOGICAL  ENDIT
      I = 0
      ENDIT = .FALSE.
      RHO = DSQRT(GAMMA)
      BETA = 10. * GAMMA
      QR = 0.1
      QI = 0.9
      XNEU = X0
      YNEU = Y0
      CALL HORSCH (XNEU,YNEU,GRAD,A,B,C,UNEU,VNEU,USNEU,VSNEU,
     1             USSNEU,VSSNEU,S,SS,GAMMA)
      PBNEU = KOABS(UNEU,VNEU)
      IF (PBNEU.LE.S)                    GO TO     500
      PBALT = 2. * PBNEU
      DZMIN = BETA * (RHO + KOABS(XNEU,YNEU))
  100 PSBNEU = KOABS(USNEU,VSNEU)
C
C     SPIRALISIERUNG
C
      IF (PBNEU.LT.PBALT)                GO TO     120
      I = 0
      H  = QR * DX - QI * DY
      DY = QR * DY + QI * DX
      DX = H
      GO  TO                                       380
  120 DZMAX = 1. + KOABS(XNEU,YNEU)
      H1 = USNEU*USNEU - VSNEU*VSNEU - (UNEU*USSNEU - VNEU*VSSNEU)
      H2 = 2. * USNEU * VSNEU - (UNEU * VSSNEU + VNEU * USSNEU)
      IF (PSBNEU.GT.10. * SS.AND.KOABS(H1,H2).GT.100. * SS * SS)
     1                                        GO TO 200
C
C     SATTELPUNKTNAEHE
C
      I = 0
      H = DZMAX / PBNEU
      DX = H * UNEU
      DY = H * VNEU
      XALT = XNEU
      YALT = YNEU
      PBALT = PBNEU
  170 CALL HORSCH (XNEU+DX,YNEU+DY,GRAD,A,B,C,U,V,
     1             H,H1,H2,H3,H4,H5,GAMMA)
      IF (DABS(KOABS(U,V)/PBNEU-1.).GT.RHO) GO TO 380
```

```
    DX = 2. * DX
    DY = 2. * DY
    GO  TO                                        170

    NEWTON-VERBESSERUNG

200 I = I + 1
    IF (I.GT.2)              I = 2
    U = UNEU * USNEU - VNEU * VSNEU
    V = UNEU * VSNEU + VNEU * USNEU
    CALL KODIV (-U,-V,H1,H2,DX,DY)
    IF (KOABS(DX,DY).LE.DZMAX)          GO TO     220
    H = DZMAX / KOABS(DX,DY)
    DX = DX * H
    DY = DY * H
    I = 0
220 IF (I.NE.2.OR.KOABS(DX,DY).GE.DZMIN/RHO.OR.KOABS(DX,DY).LE.0.0D0)
   1                                           GO TO 300

    EXTRAPOLATION

    I = 0
    CALL KODIV (XNEU-XALT,YNEU-YALT,DX,DY,H3,H4)
    H3 = 1. + H3
    H1 = H3 * H3 - H4 * H4
    H2 = 2. * H3 * H4
    CALL KODIV (DX,DY,H1,H2,H3,H4)
    IF (KOABS(H3,H4).GE.50. * DZMIN)   GO TO     300
    DX = DX + H3
    DY = DY + H4
300 XALT = XNEU
    YALT = YNEU
    PBALT = PBNEU
380 IF (ENDIT)                          GO TO     400
    XNEU = XALT + DX
    YNEU = YALT + DY
    DZMIN = BETA * (RHO + KOABS(XNEU,YNEU))
    CALL HORSCH (XNEU,YNEU,GRAD,A,B,C,UNEU,VNEU,USNEU,VSNEU,
   1             USSNEU,VSSNEU,S,SS,GAMMA)
    PBNEU = KOABS(UNEU,VNEU)
    IF (KOABS(DX,DY).GT.DZMIN.AND.PBNEU.GT.S) GC TO 100
    ENDIT = .TRUE.
    BDZE = KOABS(DX,DY)
    GO  TO                                        100
400 IF (KOABS(DX,DY).GE.0.1D0*BDZE)    GO TO     420
    XNEU = XNEU + DX
    YNEU = YNEU + DY
420 CALL HORSCH (XNEU,YNEU,GRAD,A,B,C,UNEU,VNEU,USNEU,VSNEU,
   1             USSNEU,VSSNEU,S,SS,GAMMA)
500 RETURN
    END
```

```
      SUBROUTINE  HORSCH  (X,Y,N,A,B,C,U,V,US,VS,USS,VSS,SP,SPS,GAMMA)
C
C     BERECHNUNG DES KOMPLEXEN FUNKTIONSWERTES P(X+I*Y) = U+I*V UND DER
C     KOMPLEXEN ABLEITUNGEN P[(X+I*Y) = US+I*VS BZW. P[[(X+I*Y) = USS+
C     I*VSS EINES POLYNOMS P(Z) VOM GRAD N (N>0). ZUSAETZLICH WERDEN
C     SCHRANKEN SP BZW. SPS FUER DEN RUNDEFEHLER VON ABS(P(Z)) BZW.
C     ABS(P[(Z)) GELIEFERT. DIE KOMPLEXEN KOEFFIZIENTEN VON P(Z) MUESSEN
C     IM FELD A(1 BIS 2*(N+1)), NACH FALLENDEN POTENZEN GEORDNET, BEREIT-
C     STEHEN, SIE BLEIBEN UNVERAENDERT. DIE KOMPLEXEN KOEFFIZIENTEN DES
C     POLYNOMS Q(Z) VOM GRAD N-1 WERDEN IM FELD B(1 BIS 2*(N+1)), NACH
C     FALLENDEN POTENZEN GEORDNET, ANGELIEFERT. DABEI IST Q(Z) DEFINIERT
C     DURCH P(Z) = Q(Z)*(Z-Z0)+P(Z0). C(1 BIS 2*N) IST EIN HILFSFELD.
C     DIMENSION VON A: 2*(N+1), B: 2*(N+1), C: 2*N. HIER N = 100.
C
      DOUBLE PRECISION  A(202),B(202),C(200),KOABS,GAMMA
      DOUBLE PRECISION  X,Y,U,V,US,VS,USS,VSS,SP,SPS,H,H1,H2,H3,H4
      C(1) = A(1)
      B(1) = A(1)
      C(2) = A(2)
      B(2) = A(2)
      SPS = KOABS(A(1),A(2))
      SP = SPS
      MS = N - 1
      M = N
      J = N
      NM2P1 = N * 2 + 1
      DO                                                200  K=3,NM2P1,2
      J = J - 1
      H1 = X * B(K-2) - Y * B(K-1)
      H2 = Y * B(K-2) + X * B(K-1)
      B(K)   = A(K)   + H1
      B(K+1) = A(K+1) + H2
      H3 = KOABS(A(K),A(K+1))
      H4 = KOABS(H1,H2)
      H = H3
      IF (H3.LT.H4)           H = H4
      IF (H.LE.SP)                          GO TO       160
      SP = H
      M  = J
  160 IF (K.EQ.NM2P1)                       GO TO       220
      H1 = X * C(K-2) - Y * C(K-1)
      H2 = Y * C(K-2) + X * C(K-1)
      C(K)   = B(K)   + H1
      C(K+1) = B(K+1) + H2
      H3 = KOABS(B(K),B(K+1))
      H4 = KOABS(H1,H2)
      H = H3
      IF (H3.LT.H4)           H = H4
      IF (SPS.GE.H)                         GO TO       200
      SPS = H
      MS  = J - 1
  200 CONTINUE
  220 U = B(2*N+1)
      V = B(2*N+2)
      US = C(2*N-1)
```

```
      VS = C(2*N)
      H = KOABS(X,Y)
      IF (H.NE.0.0D0)                    GO TO     270
      SP  = KOABS(U,V)
      SPS = KOABS(US,VS)
      GO  TO                                       280
  270 SP  = SP  * FLOAT(M + 1) * H ** M
      SPS = SPS * FLOAT(MS+ 1) * H ** MS
  280 SP  = SP  * GAMMA
      SPS = SPS * GAMMA
      IF (N.GT.1)                        GO TO     300
      USS = 0.0
      VSS = 0.0
      GO  TO                                       400
  300 H1 = C(1)
      H2 = C(2)
      NM2M3 = N * 2 - 3
      DO                                           340  K=3,NM2M3,2
      H  = C(K)   + X * H1 - Y * H2
      H2 = C(K+1) + Y * H1 + X * H2
  340 H1 = H
      USS = 2. * H1
      VSS = 2. * H2
  400 RETURN
      END

      SUBROUTINE  KODIV  (A,B,C,D,X,Y)
C
C     KOMPLEXE DIVISION MIT NORMIERUNG X+I*Y = (A+I*B)/(C+I*D)
C
      DOUBLE PRECISION  A,B,C,D,X,Y,U,V,AM,AN,P,Q,F
      LOGICAL  GO
      IF (C.NE.0.0D0.OR.D.NE.0.0D0)      GO TO     100
      CALL FEHLER (3,1,GO,IFEHL,N,NALT)
      STOP 7
  100 IF (A.NE.0.0D0.OR.B.NE.0.0D0)      GO TO     120
      X = 0.0
      Y = 0.0
      GO  TO                                       400
  120 IF (DABS(A).GT.DABS(B))            GO TO     160
      U  = B
      AM = A / B
      AN = 1.
      GO  TO                                       200
  160 U  = A
      AM = 1.
      AN = B / A
  200 IF (DABS(C).GT.DABS(D))            GO TO     260
      V = D
      P = C / D
      Q = 1.
      GO  TO                                       300
```

```
  260 V = C
      P = 1.
      Q = D / C
  300 F = U / V
      V = P * P  +  Q * Q
      U = (AM * P  +  AN * Q) / V
      X = U * F
      U = (-AM * Q  +  AN * P) / V
      Y = U * F
  400 RETURN
      END

      DOUBLE PRECISION FUNCTION  KOABS  (X,Y)
C
C     ABSOLUTBETRAG VON X+I*Y
C
      DOUBLE PRECISION  X,Y
      IF (X.NE.0.0D0.OR.Y.NE.0.0D0)      GO TO      100
      KOABS = 0.0D0
      RETURN
  100 IF (DABS(X).GE.DABS(Y))            GO TO      200
      KOABS = DABS(Y) * DSQRT( X/Y * X/Y  +  1.)
      RETURN
  200 KOABS = DABS(X) * DSQRT( Y/X * Y/X  +  1.)
      RETURN
      END
```

P3

P3.2 GAUSSCHER ALGORITHMUS. PROGRAMM GAUALG.

(T. Tolxdorff)

Das lineare Gleichungssystem

(P 3.1) $$\mathfrak{A}\mathfrak{x} = \mathfrak{y}$$

mit der reellen (n,n)-Matrix $\mathfrak{A}$ und den Vektoren $\mathfrak{x}, \mathfrak{y} \in R^n$ soll mit Hilfe des Gaußschen Algorithmus gelöst werden. Hierbei werden auch $|\det \mathfrak{A}|$ und das Hadamardsche Konditionsmaß $K_H(\mathfrak{A})$ berechnet.
Die durch Anwendung des Gaußschen Algorithmus erhaltene Lösung $\mathfrak{x}$ von (P 3.1) wird durch maximal 10 Nachiterationsschritte nach Abschnitt 3.10.2 verbessert. Das nachstehende Programm ist für höchstens 50 Gleichungen mit 50 Unbekannten angelegt.

```
      PROGRAM  GAUALG   (INPUT,TAPE1=INPUT,OUTPUT,TAPE2=OUTPUT)
      DIMENSION  A(50,50),B(50,50),X(50),Y(50)
      DIMENSION  Z(50),RES(50),INDX(50),ITEXT(50)
      DATA  NDIM  / 50 /
      DATA  IEIN,IAUS  / 1 , 2 /
      NACHIT = 10
      READ  (IEIN,1000)  ITEXT
      READ  (IEIN,1010)  N,EPS
      IF (N.GE.1.AND.N.LE.NDIM)          GO TO     100
      WRITE (IAUS,2000)
      STOP
  100 WRITE (IAUS,2010)  ITEXT
      DO                                           120  I=1,N
      READ  (IEIN,1020)  (A(I,J),J=1,N)
  120 WRITE (IAUS,2020)  (A(I,J),J=1,N)
      READ  (IEIN,1020)  (Y(I),I=1,N)
      WRITE (IAUS,2030)  (Y(I),I=1,N)
      CALL  GAUSS  (IAUS,NDIM,N,A,B,X,Y,Z,RES,
     1             INDX,DET,HAD,EPS,NACHIT)
      WRITE (IAUS,2040)  DET,HAD
      WRITE (IAUS,2020)  (X(I),I=1,N)
      WRITE (IAUS,2050)  (RES(I),I=1,N)
C
C
 1000 FORMAT (25A2)
 1010 FORMAT (I5,E10.2)
 1020 FORMAT (8E10.2)
 2000 FORMAT (41H1*** FEHLERHALT: FALSCHE DIMENSIONSANGABE)
 2010 FORMAT (1H1,2(25A2,/,1X),/,7H0MATRIX)
 2020 FORMAT (/,5(1X,1PE20.10))
 2030 FORMAT (/,13H0RECHTE SEITE,/(/,5(1X,1PE20.10)))
 2040 FORMAT (/,10H0ABS(DET)=,1PE20.10,/,10H     KH(A)=,
     1        1PE20.10,/,8H0LOESUNG)
 2050 FORMAT (9H0RESIDUUM,/(/,5(1X,1PE20.10)))
      END
```

```
      SUBROUTINE  GAUSS  (IAUS,NDIM,N,A,B,X,Y,Z,RES,
     1                    INDX,DET,HAD,EPS,NACHIT)
      DIMENSION  A(NDIM,N),B(NDIM,N),X(N),Y(N),Z(N),RES(N),INDX(N)
      CALL  TREPPE  (IAUS,NDIM,N,A,B,Y,Z,INDX)
      DET = 1.0
      DO                                        100  I=1,N
  100 DET = DET * ABS(B(I,I))
      IF (DET.GT.0.0)                   GO TO   200
      WRITE (IAUS,2000)
      STOP
  200 S2 = 1.0
      DO                                        250  I=1,N
      S1 = 0.0
      DO                                        220  J=1,N
  220 S1 = S1  +  A(I,J) * A(I,J)
  250 S2 = S2 * S1
      HAD = DET / SQRT(S2)
      CALL  LOESEN  (NDIM,N,B,X,Z)
      CALL  RESIDM  (NDIM,N,A,X,Y,RES)
      IF (NACHIT.LE.0)                  GO TO   400
      RES2 = SQRT(SKAL(N,RES,RES))
      DO                                        300  I=1,NACHIT
      RES1 = RES2
      IF (RES1.LT.EPS)                  GO TO   400
      DO                                        260  J=2,N
      M         = INDX(J-1)
      HILF      = RES(J-1)
      RES(J-1)  = RES(M)
      RES(M)    = HILF
      DO                                        260  L=J,N
  260 RES(L) = RES(L)  -  B(L,J-1) * RES(J-1)
      CALL  LOESEN  (NDIM,N,B,Z,RES)
      DO                                        270  K=1,N
  270 X(K) = X(K)  +  Z(K)
      CALL  RESIDM  (NDIM,N,A,X,Y,RES)
      RES2 = SQRT(SKAL(N,RES,RES))
      IF (RES2.LE.RES1)                 GO TO   300
      DO                                        290  K=1,N
  290 X(K) = X(K)  - Z(K)
  300 CONTINUE
  400 R E T U R N
C
C
 2000 FORMAT (41H0*** FEHLERHALT: DIE MATRIX IST SINGULAER)
      END


      SUBROUTINE  TREPPE  (IAUS,NDIM,N,A,B,Y,Z,INDX)
      DIMENSION  A(NDIM,N),B(NDIM,N),Y(N),Z(N),INDX(N)
      DO                                        100  I=1,N
      Z(I) = Y(I)
      DO                                        100  L=1,N
  100 B(I,L) = A(I,L)
      DO                                        400  I=2,N
      IM1 = I - 1
      GROSS = ABS(B(IM1,IM1))
      INDEX = IM1
      DO                                        200  J=I,N
      SP = ABS(B(J,IM1))
      IF (SP.LE.GROSS)                  GO TO   200
      GROSS = SP
```

```
      INDEX = J
  200 CONTINUE
      INDX(IM1) = INDEX
      IF (INDEX.EQ.IM1)                    GO TO     300
      HILF      = Z(IM1)
      Z(IM1)    = Z(INDEX)
      Z(INDEX) = HILF
      DO                                             280   L=IM1,N
      HILF        = B(IM1,L)
      B(IM1,L)    = B(INDEX,L)
  280 B(INDEX,L) = HILF
  300 IF (GROSS.GT.0.0)                    GO TO     310
      WRITE (IAUS,2000)
      STOP
  310 DO                                             400   L=I,N
      FAK = B(L,IM1) / B(IM1,IM1)
      Z(L) = Z(L)   -  Z(IM1) * FAK
      B(L,IM1) = FAK
      DO                                             400   K=I,N
      B(L,K) = B(L,K)   -  B(IM1,K) * FAK
  400 CONTINUE
      R E T U R N
C
C
 2000 FORMAT (41H0*** FEHLERHALT: DIE MATRIX IST SINGULAER)
      END

      SUBROUTINE  LOESEN  (NDIM,N,A,X,Y)
      DIMENSION  A(NDIM,N),X(N),Y(N)
      X(N) = Y(N) / A(N,N)
      DO                                             200   I=2,N
      J = N - I + 2
      S = Y(J-1)
      DO                                             100   K=J,N
  100 S = S  -  A(J-1,K) * X(K)
  200 X(J-1) = S / A(J-1,J-1)
      R E T U R N
      END

      SUBROUTINE  RESIDM  (NDIM,N,A,X,Y,RES)
      DIMENSION  A(NDIM,N),X(N),Y(N),RES(N)
      DO                                             120   I=1,N
      S = 0.0
      DO                                             100   J=1,N
  100 S = S  +  A(I,J) * X(J)
  120 RES(I) = Y(I)   -  S
      R E T U R N
      END

      REAL FUNCTION  SKAL  (N,X,Y)
      DIMENSION  X(N),Y(N)
      SKAL = 0.0
      DO                                             100   I=1,N
  100 SKAL = SKAL   +  X(I) * Y(I)
      R E T U R N
      END
```

EINGABEWERTE

(1) 2 Textkarten (Format 13 A 4)

(2) Parameterkarten

Name	Spalte	Format	Bedeutung
N EPS	1-5 6-15	I 5 E 10.2	Dimension n Genauigkeitsschranke ε
(A(I,J), J=1(1)N), I=1(1)N	je 1-80	8 E 10.2	Matrix $\mathfrak{A}$ (zeilenweise)
Y(K) K=1(1)N	je 1-80	8 E 10.2	Rechte Seite $\mathfrak{y}$

Die Rechnung wird abgebrochen, falls eine der folgenden Bedingungen erfüllt ist:

1) N > 50,
2) $|\det \mathfrak{A}| \leq 0$
3) $|\mathfrak{A}\mathfrak{x}^{(\nu)} - \mathfrak{y}| < \varepsilon$,
4) $|\mathfrak{z}^{(\nu)}| < \varepsilon$, betr. $\mathfrak{z}^{(\nu)}$ vgl. (3.17),
5) $|\mathfrak{A}\mathfrak{x}^{(\nu)} - \mathfrak{y}| > |\mathfrak{A}\mathfrak{x}^{(\nu-1)} - \mathfrak{y}|$,
6) $\nu = 10$.

Als Ergebnis werden $|\det \mathfrak{A}|$, $K_H(\mathfrak{A})$, $\mathfrak{x}^{(\nu)}$ (im Fall 5 $\mathfrak{x}^{(\nu-1)}$) und zur Kontrolle das Residuum $\mathfrak{r}^{(\nu)} = \mathfrak{y} - \mathfrak{A}\mathfrak{x}^{(\nu)}$ ausgegeben.

BEISPIEL.

GAUSS SCHER ALGORITHMUS

MATRIX

1.1000000000E+00	2.5000000000E+00	3.9000000000E+00
1.2000000000E+00	2.8000000000E+00	1.3000000000E+00
2.1000000000E+00	4.8000000000E+00	2.6000000000E+00

```
RECHTE SEITE

    5.0000000000E-01      7.3000000000E+00      8.4000000000E+00


ABS(DET)=     2.9900000000E-01
   KH(A)=     3.2416459319E-03

LOESUNG

   -8.4608695652E+01      3.9478260870E+01     -1.3143812709E+00

RESIDUUM

   -4.5474735089E-13     -2.8421709430E-13     -1.7621459847E-12
```

Die SUBROUTINE GAUSS mit den zugehörigen Unterprogrammen TREPPE, LOESEN, RESIDM, SKAL eignet sich gut zum Einbau in andere Programme. Sie wird in P 6.2.2 und P 7.1 verwendet.

P3.6 BESTIMMUNG DER INVERSEN MATRIX MIT DEM AUSTAUSCHVERFAHREN (PIVOTISIEREN). PROGRAMM PIVOTI.

(T. Tolxdorff)

Die reelle (n,n)-Matrix $\mathfrak{A}$ wird durch Pivotisieren gemäß Abschnitt 3.7 invertiert.

```
    PROGRAM  PIVOTI  (INPUT,TAPE1=INPUT,OUTPUT,TAPE2=OUTPUT)
    DIMENSION  ITEXT(26),A(50,50),B(50,50),IX(50),IY(50)
    DATA  NDIM  / 50 /
    DATA  IEIN,IAUS  / 1 , 2 /
    READ (IEIN,1000)  ITEXT
    READ (IEIN,1010)  N
    IF (N.GE.2.AND.N.LE.NDIM)          GO TO      100
    WRITE (IAUS,2000)
    STOP
100 WRITE (IAUS,2010)  ITEXT
    DO                                             150  I=1,N
    READ  (IEIN,1020)  (A(I,J),J=1,N)
150 WRITE (IAUS,2020)  (A(I,J),J=1,N)
    CALL  INVERT  (IAUS,NDIM,N,A,B,IX,IY)
    CALL  PROBE   (NDIM,N,A,B,S1,S2)
    WRITE (IAUS,2030)
    DO                                             200  I=1,N
200 WRITE (IAUS,2020)  (B(I,J),J=1,N)
    WRITE (IAUS,2040)  S1,S2
```

```
1000 FORMAT (13A4)
1010 FORMAT (I5)
1020 FORMAT (8E10.2)
2000 FORMAT (41H1*** FEHLERHALT: FALSCHE DIMENSIONSANGABE)
2010 FORMAT (1H1,2(13A4,/,1X),/,7H0MATRIX)
2020 FORMAT (/,5(1X,1PE20.10))
2030 FORMAT (/,15H0INVERSE MATRIX)
2040 FORMAT (/,10H0KONTROLLE,/,4H0S1=,1PE20.10,5H  S2=,1PE20.10)
     END


     SUBROUTINE  INVERT  (IAUS,NDIM,N,A,B,MERKX,MERKY)
     DIMENSION  A(NDIM,N),B(NDIM,N),MERKX(N),MERKY(N)
     DO                                                100  I=1,N
     MERKX(I) = 0
     MERKY(I) = 0
     DO                                                100  L=1,N
 100 B(I,L) = A(I,L)
     DO                                                400  I=1,N
     PIVOT = 0.0
     DO                                                200  IX=1,N
     IF (MERKX(IX).NE.0)                    GO TO      200
     DO                                                180  IY=1,N
     IF (MERKY(IY).NE.0)                    GO TO      180
     IF (ABS(B(IX,IY)).LE.ABS(PIVOT))       GO TO      180
     PIVOT = B(IX,IY)
     INDX = IX
     INDY = IY
 180 CONTINUE
 200 CONTINUE
     IF (ABS(PIVOT).GT.0.0)                 GO TO      250
     WRITE (IAUS,2000)
     STOP
 250 MERKX(INDX) = INDY
     MERKY(INDY) = INDX
     B(INDX,INDY) = 1.0 / PIVOT
     DO                                                300  L=1,N
     IF (L.EQ.INDX)                         GO TO      300
     DO                                                280  M=1,N
     IF (M.EQ.INDY)                         GO TO      280
     B(L,M) = B(L,M)  -  B(L,INDY) * B(INDX,M) / PIVOT
 280 CONTINUE
 300 CONTINUE
     DO                                                390  IX=1,N
     IF (IX.NE.INDX)          B(IX,INDY) = B(IX,INDY) / PIVOT
 390 CONTINUE
     DO                                                400  IY=1,N
     IF (IY.NE.INDY)          B(INDX,IY) =-B(INDX,IY) / PIVOT
 400 CONTINUE
     DO                                                500  I=1,N
     IX = MERKX(I)
     IF (IX.EQ.I)                           GO TO      500
     MERKX(IX) = IX
     DO                                                490  K=1,N
     HILF     = B(IX,K)
     B(IX,K) = B(I,K)
 490 B(I,K)   = HILF
 500 CONTINUE
```

```
      DO                                                  600  I=1,N
      IY = MERKY(I)
      IF (IY.EQ.I)                           GO TO        600
      MERKY(IY) = IY
      DO                                                  590  K=1,N
      HILF    = B(K,IY)
      B(K,IY) = B(K,I)
  590 B(K,I)  = HILF


  600 CONTINUE
      RETURN


 2000 FORMAT (41H0*** FEHLERHALT: DIE MATRIX IST SINGULAER)
      END


      SUBROUTINE  PROBE  (NDIM,N,A,B,S1,S2)
      DIMENSION  A(NDIM,N),B(NDIM,N)
      S1 = 0.0
      S2 = 0.0
      DO                                                  120  I=1,N
      DO                                                  120  K=1,N
      CIK = 0.0
      DO                                                  100  L=1,N
  100 CIK = CIK  +  A(I,L) * B(L,K)
      IF (I.EQ.K)                  S1 = S1  +  CIK
  120 S2 = S2  +  CIK
      S2 = S2  -  S1
      S1 = S1 / FLOAT(N)
      RETURN
      END
```

EINGABEWERTE.

(1) 2 Textkarten (Format 13 A 4)

(2) Parameterkarten

Name	Spalte	Format	Bedeutung
N	1-5	I 5	Dimension $2 \le n \le 50$
(A(I,J) J=1(1)N), I=1(1)N	je 1-80	8 E 10.2	Matrix $\mathfrak{A}$(zeilenweise)

Ausgegeben werden die Inverse von $\mathfrak{A}$ (Feld B) und als Information über die Kondition von $\mathfrak{A}$ die Größen S1 und S2 mit

$$S1 = \frac{1}{N} \sum_{i=1}^{N} |c_{ii}| \overset{!}{=} 1 \quad \text{und} \quad S2 = \sum_{\substack{i,k=1 \\ i \neq k}}^{N} |c_{ik}| \overset{!}{=} 0 \quad ,$$

wobei c_{ij} die Elemente von $\mathfrak{C} = \mathfrak{A}\mathfrak{A}^{-1}$ sind.

● BEISPIEL.

```
MATRIXINVERSION DURCH
PIVOTISIEREN


MATRIX

     1.1000000000E+00      2.5000000000E+00      3.9000000000E+00

     1.2000000000E+00      2.8000000000E+00      1.3000000000E+00

     2.1000000000E+00      4.8000000000E+00      2.6000000000E+00


INVERSE MATRIX

    -3.4782608696E+00     -4.0869565217E+01      2.5652173913E+01

     1.3043478261E+00      1.7826086957E+01     -1.0869565217E+01

     4.0133779264E-01      1.0033444816E-01     -2.6755852843E-01


KONTROLLE

S1=     1.0000000000E+00   S2=     9.9475983006E-14
```

P 3.7 GLEICHUNGSSYSTEME MIT TRIDIAGONALEN MATRIZEN. PROGRAMM TRIDIA.

(T. Tolxdorff)

Das lineare Gleichungssystem

$$\mathfrak{A}\mathfrak{x} = \mathfrak{y}$$

mit der reellen tridiagonalen (n,n)-Matrix $\mathfrak{A}$ und den Vektoren $\mathfrak{x}, \mathfrak{y} \in R^n$ wird nach Abschnitt 3.7 gelöst.

```
      PROGRAM  TRIDIA  (INPUT,TAPE 1 = INPUT,OUTPUT,TAPE 2 = OUTPUT)
      DIMENSION  A(50),B(50),C(50),D(50),ITEXT(26)
      DATA  NDIM / 50 /
      DATA  IEIN,IAUS / 1 , 2 /
      READ (IEIN,1000)  ITEXT
      READ (IEIN,1010)  N
      IF (N.GE.3.AND.N.LE.NDIM)          GO TO     100
      WRITE (IAUS,2000)
      STOP
  100 READ (IEIN,1020)  D(1),C(1)
      READ (IEIN,1020)  (B(I-1),D(I-1),C(I-1),I=3,N)
      READ (IEIN,1020)  B(N),D(N)
      READ (IEIN,1020)  (A(I),I=1,N)
      WRITE (IAUS,2010)  ITEXT
      WRITE (IAUS,2020)  D(1),C(1)
      WRITE (IAUS,2025)  (B(I-1),D(I-1),C(I-1),I=3,N)
      WRITE (IAUS,2025)  B(N),D(N)
      WRITE (IAUS,2030)  (A(I),I=1,N)
      CALL  TRIDIG  (IAUS,N,A,B,C,D)
      WRITE (IAUS,2040)  (I,A(I),I=1,N)

 1000 FORMAT (13A4)
 1010 FORMAT (I5)
 1020 FORMAT (8E10.2)
 2000 FORMAT (41H1*** FEHLERHALT: FALSCHE DIMENSICNSANGABE)
 2010 FORMAT (1H1,2(13A4,/,1X),/,7H0MATRIX,/,11X,
     1          4HB(I),14X,4HD(I),14X,4HC(I),/)
 2020 FORMAT (21X,2(1PE20.10))
 2025 FORMAT (1X,3(1PE20.10))
 2030 FORMAT (13H0RECHTE SEITE,/(/,1X,3(1PE20.10)))
 2040 FORMAT (8H0LOESUNG,//,(3H X(,I2,2H):,1PE20.10))
      END


      SUBROUTINE  TRIDIG  (IAUS,N,A,B,C,D)
      DIMENSION  A(N),B(N),C(N),D(N)
      ALPHA = D(1)
      IF (ALPHA.NE.0.0)                  GO TO     120
  100 WRITE (IAUS,1000)
      STOP
  120 C(1) = C(1) / ALPHA
      D(1) = A(1) / ALPHA
      DO                                           200  I=2,N
      ALPHA = D(I)  -  B(I) * C(I-1)
      IF (ALPHA.EQ.0.0)                  GO TO     100
      IF (I.LT.N)             C(I) = C(I) / ALPHA
      D(I) = (A(I)  -  B(I) * D(I-1)) / ALPHA
  200 CONTINUE
      A(N) = D(N)
      DO                                           300  K=2,N
      J = N + 1 - K
  300 A(J) = D(J)  -  C(J) * A(J+1)
      RETURN

 1000 FORMAT (37H1*** FEHLERHALT: MATRIX IST SINGULAER)
      END
```

EINGABEWERTE.

(1) 2 Textkarten (Format 13 A 4)

(2) Parameterkarten

Name	Spalte	Format	Bedeutung
N	1-5	I 5	Dimension
D(1),C(1)	1-10 11-20	2 E 10.2	b_i, d_i, c_i Diagonalen der Matrix (s. (3.14))
B(I),D(I),C(I) I=2(1)N-1	1-10 11-20 21-30	3 E 10.2	
B(N),D(N)	1-10 11-20	2 E 10.2	
A(K) K = 1(1)N	1-50	8 E 10.2	Rechte Seite

Tritt ein $\alpha_j = 0$ (s. S.54) auf, so wird die Rechnung abgebrochen.

BEISPIEL.

```
LINEARES GLEICHUNGSSYSTEM MIT
TRIDIAGONALER MATRIX


MATRIX
          B(I)                    D(I)                    C(I)

                           1.0000000000E+00       2.0000000000E+00
    2.0000000000E+00       1.0000000000E+00       2.0000000000E+00
    1.0000000000E+00       3.0000000000E+00

RECHTE SEITE

   -3.0000000000E+00       6.0000000000E+00       7.0000000000E+00

LOESUNG

X( 1):     1.0000000000E+00
X( 2):    -2.0000000000E+00
X( 3):     3.0000000000E+00
```

Das Unterprogramm SUBROUTINE TRIDIG (...) ist zum Einbau in andere Programme geeignet und wurde in P 7.8.3 (α) (natürliche kubische Splines) verwendet.

P3.8 GLEICHUNGSSYSTEME MIT ZYKLISCH TRIDIAGONALEN MATRIZEN UNTERPROGRAMM ZYKTRI.

(D. Wittek)

Das folgende Unterprogramm löst das lineare Gleichungssystem $\mathfrak{A}\mathfrak{x} = \mathfrak{a}$ (3.15) mit einer zyklisch tridiagonalen Matrix $\mathfrak{A}$.

```
      SUBROUTINE ZYKTRI ( A, B, C, D, V, W, Y, N, X)
C
C     ZYKTRI BERECHNET EIN ZYKLISCH TRIDIAGONALES
C     GLEICHUNGSSYSTEM
C
      DIMENSION A(2), B(2), C(2), D(2), V(2), W(2), Y(2), X(2)
      Z = 1./B(1)
      V(2) = Z * C(1)
      W(2) = Z * A(1)
      Y(1) = Z * D(1)
      H = B(N)
      F = D(N)
      G = C(N)
      NM = N- 1
      DO  10  K = 2, NM
      KP = K + 1
      KM = K - 1
      Z = 1./ (B(K) - A(K) * V(K))
      V(KP) = Z * C(K)
      W(KP) = -Z * A(K) * W(K)
      Y(K) = Z * (D(K) - A(K) * Y(KM))
      H = H - G * W(K)
      F = F - G * Y(KM)
      G = - V(K) * G
   10 CONTINUE
      H = H - (G + A(N)) * (V(N) + W(N) )
      Y(N) = F - ( G + A(N))* Y(NM)
C     RUECKWAERTS-AUFLOESUNG
      X(N) = Y(N) / H
      X(NM) = Y(NM) - X(N) * Z * (C(NM) - A(NM) * W(NM))
      N2 = N- 2
      DO  20 K = 1, N2
      KM = NM - K
      KP = KM + 1
      X(KM) = Y(KM) - V(KP) * X(KP) - W(KP) * X(N)
   20 CONTINUE
      RETURN
      END
```

Die Schnittstelle zu einem vom Anwender erstellten Hauptprogramm ist der folgende Aufruf:

CALL ZYKTRI (A, B, C, D, V, W, Y, N, X) .

Bedeutung der Parameter:

Name	Typ	Bedeutung (s. Abschnitt 3.8)
A(N)	REAL	b_i
B(N)	REAL	d_i
C(N)	REAL	c_i
D(N)	REAL	a_i
V(N)	REAL	
W(N)	REAL	Hilfsfelder
Y(N)	REAL	
N	INTEGER	Dimension des Gleichungssystems (Länge der Felder)
X(N)	REAL	Lösungsvektor

Das Unterprogramm ZYKTRI ist auch Bestandteil des Unterprogrammpakets P 7.8.3 (γ_1).

P 3.9 GLEICHUNGSSYSTEME MIT BANDMATRIZEN. UNTERPROGRAMM GEBALG. (D. Wittek)

Das nachstehende Unterprogramm GEBALG berechnet die Lösung eines Gleichungssystems der Form $\mathfrak{A}\mathfrak{x} = \mathfrak{y}$ für eine Matrix $\mathfrak{A}$ mit Bandstruktur (s. Abschnitt 3.9). Die Bedeutung der Parameter in dem Aufruf

CALL GEBALG (ALP, X, W, GAM, NA, N, M, L, EPS, DET, COND)

ist innerhalb des Programms durch Kommentarkarten erklärt.

```
      SUBROUTINE GEBALG (ALP,X,W,GAM,NA,N,M,L,EPS,DET,COND)
C
C
C     UNTERPROGRAMM ZUR LOESUNG EINES LINEAREN GLEICHUNGSSYSTEMS
C     MIT BANDSTRUKTURIERTER MATRIX
C
```

```
ERLAUTERUNG DER AUFRUFPARAMETER

ALP(NA,M)  FELD ZUM ABSPEICHERN DER LINKEN NEBENDIAGONALEN
ES WIRD SO ABGESPEICHERT, DASS DIE DER HAUPTDIAGONALEN
AM NAECHSTEN STEHENDE NEBENDIAGONALE IN DER ERSTEN SPALTE
VON ALP ZU STEHEN KOMMMT. ANALOG WEITER ABSPEICHERN.
ES IST DABEI ZU BEACHTEN, DASS DER ZEILENINDEX SICH ZUM
AUSGANGSPROBLEM NICHT AENDERT.
X (N)   ABSPEICHERUNG DER HAUPTDIAGONALEN
W (NA,M)   ABSPEICHERUNG DER RECHTEN NEBENDIAGONALEN. ES GILT
ENTSPRECHEND DAS UNTER ALP GESAGTE
GAM(N) SPEICHERT DIE GEGEBENE RECHTE SEITE DES GLEICHUNGS-
SYSTEMS UND ENTHAELT DIE LOESUNG
NA  ZEILENINDEX DER FELDER ALP UND W IM RUFENDEN PROGRAMM
N   DIMENSION DES ZU LOESENDEN GLEICHUNGSSYSTEMS
M   ANZAHL DER OBEREN NEBENDIAGONALEN, BZW. DER UNTEREN
L = 0 WENN DET(A) UND COND(A) NICHT BERECHNET WERDEN SOLLEN
SONST L BELIEBIG
EPS  ABBRUCHPARAMETER
GEEIGNETE WAHL      MAX (ALP(I,J), X(I), W(I,J),I=1(1)N,
                    J=1(1)M) * 10 HOCH -15
DET      WERT VON DET(A)
COND     WERT DER HADAMARDSCHEN KONDITIONSZAHL


    DIMENSION ALP(NA,M ), X(NA), W(NA,M ), GAM(NA)
    IF(NA .LT. N)                        GO TO 910
    DET = 1.
    MERK = 0
    FORWARD SOLUTION
    DO   600   J = 1,N
    IF (M .EQ. 0)                        GO TO 110
    KA = M+1
    DO  100  KE = 1,M
    K = KA - KE
    IF (K .LT. J)                        GO TO 60
    ALP(J,K) = 0.
 60 KB = K + 1
    AZ = 0.
    IF (KB .GT. M)                       GO TO 100
    DO  80  I = KB, M
    IF(I.GE.J)                           GO TO 100
    JA = J-I
    JB = I-K
 80 AZ = AZ + ALP(J,I) * W(JA,JB)
100 ALP(J,K) = ALP(J,K) - AZ
110 BET = X(J)
    AZ = 0.
    IF (M .EQ. 0)                        GO TO 200
    DO  150  LC = 1,M
    IF(LC.GE.J)                          GO TO 200
    JA = J-LC
150 AZ = AZ + ALP(J,LC) * W(JA,LC)
200 BET = BET - AZ
    IF (BET .EQ. 0.)                     GO TO 900
    IF (L .EQ. 0)                        GO TO 270
    CALL CONDET (MERK,BET,ALP, X,W,NA,N,M,J,EPS,DET,COND)
```

```
  270 CONTINUE
      IF (M .EQ. 0)                          GO TO 600
      DO  400    K = 1,M
      JB = N+1-J
      IF (K .LT. JB)                         GO TO 290
      W(J,K) = 0.
  290 KB = K + 1
      AZ = 0.
      IF (KB. GT. M)                         GO TO 400
      DO   300    NZ = KB,M
      KA = NZ - K
      IF (KA .GE. J)                         GO TO 400
      JA = J - (NZ - K )
  300 AZ = AZ + ALP(J,KA) * W(JA,NZ)
  400 W(J,K) = (W(J,K) - AZ ) / BET
      AZ = 0.
      DO   500    LF = 1,M
      IF (LF .GE. J)                         GO TO 600
      JA = J-LF
  500 AZ = AZ + ALP(J,LF) * GAM(JA)
  600 GAM(J) = ( GAM(J) - AZ ) / BET
C     BACK SOLUTION
      KB = N+1
      DO   890   J = 1,N
      KA = KB-J
      X(KA) = GAM(KA)
      AZ = 0.
      IF (M .EQ. 0)                          GO TO 890
      DO  700  LZ = 1, M
      JA = KA + LZ
      IF (JA.GT.N)                           GO TO 890
  700 AZ = AZ + W(KA,LZ) * X(JA)
  890 X(KA) = X(KA) - AZ
                                             GO TO 1000
  900 WRITE (1, 950)
      STOP  777
  910 WRITE (1, 960)
      STOP   111
  950 FORMAT( 1H0, 40H ABBRUCH DES VERFAHRENS WEGEN DET(A) = 0  )
  960 FORMAT (1H0, 28HABBRUCH, DA NA KLEINER ALS N    )
 1000 RETURN
      END

      SUBROUTINE CONDET (MERK,BET,ALP,X,W,NA,N,M,JZ,EPS,DET,COND)
      DIMENSION ALP(NA,M), X(N), W(NA,M)
      IF (MERK .EQ. 1)                       GO TO 30
      MERK = 1
      AL = 1.
      DO  20  I = 1, N
      SUM = 0.
      DO  10  J = 1, M
   10 SUM = SUM + ALP(I,J) * ALP(I,J)+W(I,J) * W(I,J)
      SUM = SUM + X(I) * X(I)
   20 AL = AL * SQRT(SUM)
   30 CONTINUE
      DET = DET * BET
      ADET = ABS(DET)
      IF (ADET .LE. 1.E20)                 GO TO 250
```

```
      DET = 1.
      WRITE (1,980)
  250 CONTINUE
      IF (JZ.NE. N)                      GO TO 270
      COND = ADET / AL
      IF (ADET .LE. EPS)                 GO TO 900
  270 CONTINUE
      RETURN
  900 WRITE (1,950)
      STOP 456
  950 FORMAT (1H0,  32H DET(A) GROESSER ALS 10 HOCH 20      )
  980 FORMAT (1H0, 40H ABBRUCH DES VERFAHRENS WEGEN DET(A) = 0     )
      END
```

P3.11.3 ITERATIONSVERFAHREN NACH GAUSS-SEIDEL. PROGRAMM GASE. (D. Axmacher)

Das lineare Gleichungssystem

$$\mathfrak{A}\mathfrak{x} = \mathfrak{y}$$

mit der reellen (n,n)-Matrix $\mathfrak{A}$ und den Vektoren $\mathfrak{x}, \mathfrak{y} \in R^n$ wird mit Hilfe des Iterationsverfahrens in Einzelschritten näherungsweise gelöst.

```
      PROGRAM  GASE  (INPUT,TAPE1=INPUT,OUTPUT,TAPE2=OUTPUT)
      REAL A(50,50),B(50,50),Y(50),C(50),X(2,50),LIP
      INTEGER TEXT(26)
      DATA  IEIN,IAUS / 1 , 2 /
      DO  2  I=1,50
      DO  2  J=1,2
    2 X(J,I) = 0.0
      READ(IEIN,100)TEXT,N,N0,EPS,KON
      IF(N.GT.0.AND.N.LE.50.AND.N0.GT.0.AND.EPS.GT.0.) GOTO 5
      WRITE(IAUS,170)
      STOP
    5 DO 10 I=1,N
   10 READ(IEIN,110)(A(I,K),K=1,N)
      READ(IEIN,110)(Y(K),K=1,N)
      WRITE(IAUS,115)TEXT,N,N0,EPS
      DO 12 I=1,N
   12 WRITE(IAUS,140)(A(I,K),K=1,N)
      WRITE(IAUS,116)
      WRITE(IAUS,140)(Y(K),K=1,N)
      DO 20 I=1,N
      DO 15 K=1,N
   15 B(I,K)=-A(I,K)/A(I,I)
      B(I,I)=0.
   20 C(I)=Y(I)/A(I,I)
      IF(KON.NE.0) GOTO 60
      LIP=0.
      DO 30 I=1,N
      S=0.
```

```
      DO 25 K=1,N
   25 S=S+ABS(B(I,K))
   30 LIP=AMAX1(LIP,S)
      IF(LIP.LT.1.) GOTO 60
      LIP=0.
      DO 40 K=1,N
      S=0.
      DO 35 I=1,N
   35 S=S+ABS(B(I,K))
   40 LIP=AMAX1(LIP,S)
      IF(LIP.LT.1.) GOTO 60
      WRITE(IAUS,120)
      STOP
   60 J=0
      WRITE(IAUS,130)J,(X(1,K),K=1,3)
      IF(N.LE.3) GOTO 65
      WRITE(IAUS,140)(X(1,K),K=4,N)
   65 DO 96 J=1,N0
      DO 70 I=1,N
      S=0.
      DO 66 K=1,I
   66 S=S+B(I,K)*X(2,K)
      DO 67 K=I,N
   67 S=S+B(I,K)*X(1,K)
   70 X(2,I)=C(I)+S
      WRITE(IAUS,150)J,(X(2,K),K=1,3)
      IF (N.GT.3)  WRITE (IAUS,140)  (X(2,K),K=4,N)
      D=0.
      DO 90 I=1,N
   90 D=AMAX1(D,ABS(X(2,I)-X(1,I)))
      IF(D.LT.EPS) GOTO 99
      DO 95 I=1,N
   95 X(1,I)=X(2,I)
   96 CONTINUE
      WRITE(IAUS,160)
   99 STOP
C
C
  100 FORMAT (13A4,/,13A4,/,2I5,E10.2,2I5)
  110 FORMAT (5E10.2)
  115 FORMAT (1H1,2(13A4,/,1X),/,4X,2HN=,I5,/,3X,3HN0=,I5,
     1   /,2X,4HEPS=,1PE20.10,/,7H0MATRIX,/)
  116 FORMAT (13H0RECHTE SEITE,/)
  120 FORMAT (49H0 HINREICHENDE KONVERGENZKRITERIEN NICHT ERFUELLT)
  130 FORMAT (1H0,4X,1HJ,29X,2HXJ,/,1X,I5,3(1PE20.10))
  140 FORMAT (6X,3(1PE20.10))
  150 FORMAT (1X,I5,3(1PE20.10))
  160 FORMAT (33H0MAXIMALE ITERATIONSZAHL ERREICHT)
  170 FORMAT (29H1EINGANGSPARAMETER FEHLERHAFT)
      END
```

EINGABEWERTE.

(1) 2 Textkarten (Format 13 A 4)

(2) Parameterkarten

Name	Spalte	Format	Bedeutung
N	1- 5	I 5	Dimension $n \leq 50$
NO	6-10	I 5	maximale Anzahl n_0 von Iterationsschritten
EPS	11-20	E 10.2	Genauigkeitsschranke ε
KON	21-25	I 5	Angabe betr. Konvergenzkriterium 3.
(A(I,K), K = 1(1)N), I = 1(1)N	je 1-50	5 E 10.2	Matrix $\mathfrak{A}$ zeilenweise
Y(K) K = 1(1)N	je 1-50	5 E 10.2	Rechte Seite $\mathfrak{y}$

a) Ist bekannt, daß $\mathfrak{A}$ symmetrisch und positiv definit ist, so ist die hinreichende Konvergenzbedingung 3. (s. Abschnitt 3.11.3) erfüllt. Dann ist KON $\neq$ 0 anzugeben.

b) Trifft a) nicht zu, so wird zunächst geprüft, ob eines der hinreichenden Konvergenzkriterien 1. oder 2. in Abschnitt 3.11.3 erfüllt ist. Ist dies nicht der Fall, so wird die Rechnung unter einer entsprechenden Ausgabe abgebrochen.
Andernfalls werden nach Formel (3.32) ausgehend von $\mathfrak{x}^{(0)} = \mathfrak{o}$ die iterierten Vektoren $\mathfrak{x}^{(\nu)}$ berechnet und ausgedruckt.

Die Rechnung bricht ab, falls eine der folgenden Bedingungen erfüllt ist:

(i) $N > 50$,

(ii) $\varepsilon < 0$,

(iii) $\max_i |x_i^{(\nu)} - x_i^{(\nu-1)}| < \varepsilon$,

(iv) $\nu = n_0$.

BEISPIEL.

```
GAUSS - SEIDEL


   N=     3
  NO=    20
 EPS=     5.0000000000E-11
```

```
MATRIX

        1.0000000000E+01     2.0000000000E+00     1.0000000000E+00
        1.0000000000E+00     1.0000000000E+01     2.0000000000E+00
        2.0000000000E+00     1.0000000000E+00     1.0000000000E+01

RECHTE SEITE

        1.3000000000E+01     1.3000000000E+01     1.3000000000E+01

   J                              XJ
   0    0.                   0.                   0.
   1    1.3000000000E+00     1.1700000000E+00     9.2300000000E-01
   2    9.7370000000E-01     1.0180300000E+00     1.0034570000E+00
   3    9.9604830000E-01     9.9970377000E-01     1.0008199630E+00
   4    9.9997724970E-01     9.9983828243E-01     1.0000207218E+00
   5    1.0000302713E+00     9.9999282850E-01     9.9999466288E-01
   6    1.0000019680E+00     1.0000008706E+00     9.9999951934E-01
   7    9.9999987394E-01     1.0000001087E+00     1.0000000143E+00
   8    9.9999997682E-01     9.9999999945E-01     1.0000000047E+00
   9    9.9999999964E-01     9.9999999910E-01     1.0000000002E+00
  10    1.0000000002E+00     9.9999999995E-01     9.9999999997E-01
  11    1.0000000000E+00     1.0000000000E+00     1.0000000000E+00
  12    1.0000000000E+00     1.0000000000E+00     1.0000000000E+00
```

P4

P4.2.2 REGULA FALSI FÜR ZWEI NICHTLINEARE GLEICHUNGEN. PROGRAMM ITERA 2.

(D. Axmacher)

Das nichtlineare Gleichungssystem

$$f_1(x,y) = 0, \qquad f_2(x,y) = 0$$

wird iterativ mit Hilfe der Regula falsi nach (4.11) gelöst.

```
PROGRAM  ITERA2  (INPUT,TAPE1=INPUT,OUTPUT,TAPE2=OUTPUT)
REAL X1(2),X2(2)
INTEGER TEXT(26)
COMMON  /DATEI/  IEIN,IAUS
IEIN = 1
IAUS = 2
READ(IEIN,100)TEXT
READ(IEIN,110) X1,EPS,NO
WRITE(IAUS,120)TEXT,X1,EPS,NO
CALL REG (X1,X2,EPS,NO)
WRITE(IAUS,140)X2
STOP
```

```
100 FORMAT (13A4)
110 FORMAT (3E10.2,I5)
120 FORMAT (1H1,2(13A4,/,1X),/,5H0X0=,1PE20.10,/,5H Y0 =,
   1  1PE20.10,/,5H EPS=,1PE20.10,/,5H N0 =,I5,//,5X,1HN,13X,
   2   1HX,19X,1HY)
140 FORMAT (/,9H0F1(X,Y)=,1PE20.10,/,9H F2(X,Y)=,1PE20.10)
    END

    SUBROUTINE REG (Y1,Y2,D0,N0)
    REAL X(2,3),Y1(2),Y2(2),A(2,2),A1(2,2),YF(2),D(2)
    COMMON  /DATEI/  IEIN,IAUS
    X(1,2)=Y1(1)
    X(2,2)=Y1(2)
    X(1,1)=Y1(1)+.5*SQRT(D0)
    X(2,1)=Y1(2)+.5*SQRT(D0)
    DO 40 N=1,N0
    DD=X(1,2)-X(1,1)
    A(1,1)=(F1(X(1,2),X(2,2))-F1(X(1,1),X(2,2)))/DD
    A(2,1)=(F2(X(1,2),X(2,2))-F2(X(1,1),X(2,2)))/DD
    DD=X(2,2)-X(2,1)
    A(1,2)=(F1(X(1,2),X(2,2))-F1(X(1,2),X(2,1)))/DD
    A(2,2)=(F2(X(1,2),X(2,2))-F2(X(1,2),X(2,1)))/DD
    DET=A(1,1)*A(2,2)-A(1,2)*A(2,1)
    IF(ABS(DET).LT.1.E-14) GOTO 60
    A1(1,1)=A(2,2)/DET
    A1(1,2)=-A(1,2)/DET
    A1(2,1)=-A(2,1)/DET
    A1(2,2)=A(1,1)/DET
    YF(1)=F1(X(1,2),X(2,2))
    YF(2)=F2(X(1,2),X(2,2))
    X(1,3)=X(1,2)-A1(1,1)*YF(1)-A1(1,2)*YF(2)
    X(2,3)=X(2,2)-A1(2,1)*YF(1)-A1(2,2)*YF(2)
    WRITE(IAUS,130)N,X(1,3),X(2,3)
    D(1)=ABS(X(1,3)-X(1,2))
    D(2)=ABS(X(2,3)-X(2,2))
    IF(D(2).LT.D0.AND.D(1).LT.D0) GOTO 50
    IF(D(1).LT.1.E-20.OR.D(2).LT.1.E-20) GOTO 50
    IF(N.EQ.1) GOTO 20
    IF(D(1).LT.D1.OR.D(2).LT.D2) GOTO 20
    D0=D0*10.
    WRITE(IAUS,120)D0
 20 DO 30 K=2,3
    K1=K-1
    X(1,K1)=X(1,K)
 30 X(2,K1)=X(2,K)
    D1=D(1)
    D2=D(2)
 40 CONTINUE
    WRITE(IAUS,140)
 50 Y1(1)=X(1,3)
    Y1(2)=X(2,3)
    Y2(1)=F1(Y1(1),Y1(2))
    Y2(2)=F2(Y1(1),Y1(2))
    RETURN
 60 WRITE(IAUS,110)
    STOP
```

```
110 FORMAT (41H1DAS AUFTRETENDE LINEARE GLEICHUNGSSYSTEM,
   1      27HIST NICHT EINDEUTIG LOESBAR)
120 FORMAT (40HOGENAUIGKEITSFORDERUNG NICHT ERFUELLBAR.,
   1   10HSETZE EPS=,1PE20.10,/)
130 FORMAT (1X,I5,2(1PE20.10))
140 FORMAT (33H0MAXIMALE ITERATIONSZAHL ERREICHT)
    END
```

Die Werte $f_1(x,y)$ und $f_2(x,y)$ müssen vom Anwender durch FUNCTION F1(X,Y) und FUNCTION F2(X,Y) bereitgestellt werden.

EINGABEWERTE.

1) 2 Textkarten (Format 13 A 4)

2) 1 Parameterkarte

Name	Spalte	Format	Bedeutung
X1(1)	1-10	E 10.2	Startwerte $x^{(0)}$
X1(2)	11-20	E 10.2	Startwerte $y^{(0)}$
EPS	21-30	E 10.2	Genauigkeitsschranke ε
NO	31-35	I 5	maximale Iterationsanzahl n_0

Nach (4.11) werden zur Durchführung eines Iterationsschritts jeweils zwei vorhergehende Näherungen $x^{(\nu)}$, $x^{(\nu-1)}$; $y^{(\nu)}$, $y^{(\nu-1)}$, also auch zwei Paare von Startwerten benötigt. Bei vorgegebenem $x^{(0)}$, $y^{(0)}$ wird als zweites Paar von Startwerten $x^{(-1)} = x^{(0)} + \sqrt{\varepsilon}$, $y^{(-1)} = y^{(0)} + \sqrt{\varepsilon}$ verwendet. Bei jedem Iterationsschritt werden die Werte $x^{(\nu+1)}$, $y^{(\nu+1)}$, $\nu = 0,1,2,\ldots$, berechnet und ausgedruckt; $x^{(\nu)}$, $y^{(\nu)}$ werden gespeichert und beim nächsten Schritt als zweites Argumentpaar benutzt. Die Rechnung wird abgebrochen, falls eine der folgenden Bedingungen erfüllt ist:

(1) $|D1^{(\nu)}| = |x^{(\nu)} - x^{(\nu-1)}| < \varepsilon$ und $|D2^{(\nu)}| = |y^{(\nu)} - y^{(\nu-1)}| < \varepsilon$,

(2) $\nu = n_0$.

Im Fall $|D1^{(\nu)}| > |D1^{(\nu-1)}|$ und $|D2^{(\nu)}| > |D2^{(\nu-1)}|$ (die hinreichende Konvergenzbedingung ist sicher nicht erfüllt) wird die Genauigkeitsschranke ε durch $\bar{\varepsilon} = 10\cdot\varepsilon$ ersetzt. Es erfolgt eine entsprechende Ausgabe. (Das ursprünglich gewählte ε kann in der Größenordnung des Rechnungsfehlers liegen.) Bei Abbruch der Rechnung werden für die zuletzt berechneten $x^{(\nu)}$ und $y^{(\nu)}$ die Funktionswerte $f_1(x^{(\nu)},y^{(\nu)})$ und $f_2(x^{(\nu)},y^{(\nu)})$ ausgegeben.

● BEISPIEL.

```
REGULA FALSI (2-DIMENSIONAL)
F1(X,Y)=X**2+Y-11.          F2(X,Y)=X+Y**2-7.


X0=,      1.5000000000E+00
Y0 =      3.0000000000E+00
EPS=      5.0000000000E-11
NO =     20

     N            X                        Y
     1      3.7352911336E+00      2.0441187061E+00
     2      2.7792983249E+00      2.0525008226E+00
     3      2.9740298597E+00      2.0069048171E+00
     4      3.0010245807E+00      1.9998369042E+00
     5      2.9999954017E+00      2.0000008666E+00
     6      2.9999999992E+00      2.0000000002E+00
     7      3.0000000000E+00      2.0000000000E+00
     8      3.0000000000E+00      2.0000000000E+00


F1(X,Y)=    -1.7053025658E-13
F2(X,Y)=    -5.6843418861E-14
```

P 4.2.4 AUFLÖSUNG EINES NICHTLINEAREN GLEICHUNGSSYSTEMS MIT $N \leq 20$ NACH DEM SUCH-WEG-VERFAHREN. UNTERPROGRAMM NONLIN.[1)]

(W. Glasmacher, D. Sommer)

Das System habe die Form (4.1'). Die folgende Darstellung, für die auch auf Abschnitt 4.2.4 verwiesen sei, weicht von der sonst in diesem Anhang üblichen ab. Da die Auflösung umfangreicher nichtlinearer Gleichungssysteme meist als Unteraufgabe im Rahmen einer größeren Aufgabe auftritt, soll das Programm von vornherein als SUBROUTINE, NONLIN genannt, angegeben werden. Die Ergänzung zu einem selbständigen Hauptprogramm läßt sich ohne Schwierigkeiten ausführen. Beim Einbau von NONLIN als SUBROUTINE muß nach jedem Aufruf KW abgefragt werden, da erst hieraus die Art der erzielten Lösung erkennbar ist. Die Bedeutung der Ein- und Ausgangsparameter ergibt sich aus den folgenden Tabellen:

---

1) Dieses Programm ist in der Programmbibliothek des Rechenzentrums der RWTH Aachen enthalten.

1. Eingangsparameter

Name	Typ	Bedeutung (s. Abschnitt 4.2.4)
N	INTEGER	Anzahl der Variablen = Anzahl der Gleichungen $1 \leq N \leq 20$
QEPS	REAL	Genauigkeitsschranke für Q
XEPS	REAL	Genauigkeitsschranke für die x_i
XA(N)	REAL	Anfangswerte für X
TAPE	INTEGER	Bei Angabe einer TAPE-Nr. > 0 werden Protokollwerte auf dieses TAPE geschrieben, so daß sich der Weg des Verfahrens verfolgen läßt.
FX	EXTERNAL	Funktionsname für $\vec{f}(\mathfrak{x})$
DFX	EXTERNAL	Funktionsname für $\vartheta(\mathfrak{x})$

2. Ausgangsparameter

QE	REAL	Erzielter Wert für Q(XE)
XE(N)	REAL	erzielte Lösung
KW	INTEGER	Kennwort des erzielten Ergebnisses = 0 Lösung mit Genauigkeit XEPS erreicht = 1 singulärer Punkt = 2 Schrittzahl erreicht (100 Schritte) = 3 falsche Eingangsparameter

Zur Berechnung der Funktionswerte $f_i(\mathfrak{x})$, $i = 1(1)N$, $\mathfrak{x}^T = (x_1,\ldots,x_N)$ ist die SUBROUTINE FX der folgenden Form anzufügen:

```
SUBROUTINE  FX (N,X,F)
DIMENSION  X(N),F(N)
F(1) = ...
.
.
.
F(N) = ...
RETURN
END
```

Zur Berechnung der partiellen Ableitungen

$$f_{ij} = \frac{\partial f_i}{\partial x_j} = D(I,J)$$

ist die SUBROUTINE DFX der folgenden Form anzufügen:

```
SUBROUTINE  DFX (N,X,DF)
DIMENSION  X(N),DF(20,N)
DF(1,1) = ...
.
.
.
DF(1,N) = ...
DF(2,N) = ...
.
.
.
DF(N,N) = ...
RETURN
END
```

Im Programm, von dem NONLIN aufgerufen wird, sind die für FX und DFX verwendeten Namen als EXTERNAL zu vereinbaren.

```
      SUBROUTINE NONLIN (N,QEPS,XEPS,XA,TAPE,QE,KW,XE,FX,DFX)
      REAL QEPS,XEPS,XA(N),QE,XE(N),EPS1,H,SL(4),WL(4),
     1      XQ(20),FQ(20),DFQ(20,20),DF(4,20,20),VB(4),QA,
     2  X(4,20),Q(4),F(4,20),GQ,G(20),DX(4,20),S
      INTEGER N,TAPE,KW,SZ,I,U,J,K,M,L,ANF,BGS,NEW
      COMMON /NLN/ U,X,Q,F,XQ,FQ,DFQ,DF,VB,WL,DX,G,GQ
      DATA ANF,BGS,NEW /3HANF,3HBGS,3HNEW/
      IF (N .GT. 0 .AND. N .LE. 20) GO TO 1
      KW=3
      RETURN
      IF (QEPS .LE. 0.) GO TO 2
      IF (XEPS .LE. 0.) GO TO 2
      IF (TAPE .LT. 0) GO TO 2
      SZ=0
      U=N
      EPS1=SQRT(QEPS)
      H=1.
      DO 3 I=1,4
      SL(I)=1.
      WL(I)=1.
      DO 4 I=1,N
      X(1,I)=XA(I)
      CALL FU(1,FX)
      IF (TAPE .EQ. 0) GO TO 5
      WRITE(TAPE,6)ANF,Q(1),(X(1,I), I=1,N)
      FORMAT (1X,A3,E12.4, 5E12.4/(16X, 5E12.4))
      IF (Q(1) .NE. 0.) GO TO 7
```

```
21    KW=0
      GO TO 52
7     CALL FUA(1,DFX)
      QA=Q(1)
      CALL VEK(1)
      IF (GQ .NE. 0.) GO TO 10
20    CALL NEWTON(K,FX)
      IF (K .EQ. 0) GO TO 11
13    KW=1
52    DO 12 J=1,N
12    XE(J)=X(1,J)
      QE=Q(1)
      RETURN
11    S=WL(2)/WL(1)
      IF (S .GT. 1.E10) GO TO 13
      H=.5
      IF (S .GT. 5.) H=5./S
17    IF (Q(2) .LE. Q(1)) GO TO 14
      IF (WL(2) .LT. XEPS) GO TO 15
      DO 16 J=1,N
      DX(2,J)=H*DX(2,J)
16    X(2,J)=X(1,J)+DX(2,J)
      WL(2)=WL(2)*H
      CALL FU(2,FX)
      GO TO 17
14    CALL UMSP(2,1)
57    IF (WL(1) .LT. XEPS) GO TO 15
      IF (TAPE .EQ. 0) GO TO 19
      WRITE(TAPE,6)NEW,Q(1),(X(1,I)  ,I=1,N)
19    CALL FUA(1,DFX)
      GO TO 20
15    IF (Q(1) .LE. QEPS) 21,13
10    H =Q(1)/GQ*.5
      SL(2)=0.
      DO 23 K=1,N
      DX(2,K)= -H*G(K)
      SL(2)=SL(2)+DX(2,K)*DX(2,K)
23    X(2,K)=X(1,K)+DX(2,K)
      SL(2)=SQRT(SL(2))
      H=5.*SL(1)/SL(2)
      IF (H .LT. 1.) GO TO 24
27    CALL FU(2,FX)
      IF (Q(2) .LE. Q(1)) GO TO 25
      H=.5
24    DO 26 J=1,N
      DX(2,J)=DX(2,J)*H
26    X(2,J)=X(1,J)+DX(2,J)
      SL(2)=H*SL(2)
      IF (SL(2) .LE. XEPS) 20,27
25    DO 28 J=1,N
      DX(3,J)=.5*DX(2,J)
28    X(3,J)=X(1,J)+DX(3,J)
      SL(3)=.5*SL(2)
      CALL FU(3,FX)
      CALL FUA(2,DFX)
      CALL VEK(2)
      CALL FUA(3,DFX)
      CALL VEK(3)
      H=VB(1)-2.*VB(3)+VB(2)
      IF (H .LE. 0.) GO TO 29
```

```
      H=.5*(3.*VB(1)-4.*VB(3)+VB(2))/H
      IF (H .LE. 0.) GO TO 29
      IF (H .GT. 3.) H=3.
      DO 30 J=1,N
      DX(4,J)=H*DX(3,J)
0     X(4,J)=X(1,J)+DX(4,J)
      SL(4)=H*SL(3)
      CALL FU(4,FX)
      IF (Q(4) .GT. Q(1)) GO TO 29
      CALL FUA(4,DFX)
      CALL VEK(4)
      IF (VB(4) .GT. VB(1)) GO TO 29
      IF (VB(4) .GT. VB(2)) GO TO 29
      L = 3
      IF (VB(4) .LE. VB(3)) L = 4
      DO 32 J=1,N
      F(1,J)=F(L,J)
      X(1,J)=X(L,J)
      DO 32 K=1,N
2     DF(1,J,K)=DF(L,J,K)
      Q(1)=Q(L)
      SL(1)=SL(L)
      M=0
      CALL VEK(1)
      IF (GQ .EQ. 0.) GO TO 20
      H =Q(1)/GQ*.5
      WL(2)=0.
      DO 37 J=1,N
      DX(2,J)= -H*G(J)
      WL(2)=WL(2)+DX(2,J)*DX(2,J)
      X(2,J)=X(1,J)+DX(2,J)
      WL(2) = SQRT(WL(2))
      H=2.*WL(1)/WL(2)
      IF (H .LT. 1.) GO TO 38
      CALL FU(2,FX)
      IF (Q(2) .LE. Q(1)) GO TO 39
      H=.5
      M=1
      CALL UMSP(2,3)
      DO 40 J=1,N
      DX(2,J)=H*DX(2,J)
      X(2,J)=X(1,J)+DX(2,J)
      WL(2)=H*WL(2)
      IF (WL(2) .LE. XEPS) 20,41
      IF (M .EQ. 1) GO TO 63
      DO 62 J=1,N
      DX(3,J)=2.*DX(2,J)
      X(3,J)=X(2,J)+DX(2,J)
      WL(3)=2.*WL(2)
      CALL FU(3,FX)
      H=Q(1)-2.*Q(2)+Q(3)
      IF (H .EQ. 0.) GO TO 44
      H=.5*(3.*Q(1)-4.*Q(2)+Q(3))/H
      IF (H .GT. 3.) H=3.
      IF (H .LE. 0.) H = 2.
      DO 45 J=1,N
      DX(4,J)=H*DX(2,J)
      X(4,J)=X(1,J)+DX(4,J)
      WL(4)=H*WL(2)
      CALL FU(4,FX)
```

```
      IF (H .GT. 2.) GO TO 46
      IF (Q(4) .GT. Q(1)) GO TO 47
      J=2
      IF (Q(J) .GT. Q(4)) J=4
      IF (Q(J) .GT. Q(3)) J=3
66    CALL UMSP(J,1)
      IF (TAPE .EQ. 0) GO TO 49
      WRITE(TAPE,6)BGS,Q(1),(X(1,I), I=1,N)
49    IF (ABS(QA-Q(1))/Q(1) .LT. EPS1) GO TO 19
      SZ=SZ+1
      IF (Q(1) .LE. QEPS) GO TO 67
      IF (WL(1) .LE. EPS1) GO TO 19
      IF (SZ/5*5 .EQ. SZ) GO TO 50
      IF (SZ .LT. 100) GO TO 7
      KW=2
      GO TO 52
50    CALL UMSP(1,3)
      SL(3)=SL(1)
58    CALL FUA(1,DFX)
      CALL NEWTON(K,FX)
      IF (K .NE. 0) GO TO 13
      S=WL(2)/WL(1)
      IF (S .GT. 1.E10) GO TO 13
      IF (Q(2) .LE. Q(1)) GO TO 53
61    CALL UMSP(3,1)
      SL(1)=SL(3)
      GO TO 7
53    IF (S .GT. 5.) GO TO 55
60    CALL UMSP(2,1)
      IF (Q(1) .LE. QEPS) GO TO 57
      IF (TAPE .EQ. 0) GO TO 58
      WRITE(TAPE,6)NEW,Q(1),(X(1,I), I=1,N)
      GO TO 58
55    H=5./S
      DO 59 J=1,N
      DX(2,J)=H*DX(2,J)
59    X(2,J)=X(1,J)+DX(2,J)
      WL(2)=H*WL(2)
      CALL FU(2,FX)
      IF (Q(2) .LE. Q(1)) 60,61
46    IF (Q(3) .GE. Q(4)) GO TO 65
      H=2.+.5*(H-2.)
      IF (H .GE. 2.2) GO TO 64
      J=3
      GO TO 66
65    J=4
      GO TO 66
29    CALL UMSP(2,4)
      CALL UMSP(3,2)
      CALL UMSP(4,3)
      WL(2) = SL(3)
      WL(3) = SL(2)
      DO 8 J=1,N
8     DX(2,J) = DX(3,J)
      GO TO 63
67    IF (WL(1) .LT. XEPS) 21,19
      END
```

```
      SUBROUTINE FUA(I,DFX)
      REAL  FQ(20),X(4,20),Q(4),XQ(20),F(4,20),DFQ(20,20),
     1  VB(4),WL(4),DX(4,20),G(20),GQ,DF(4,20,20)
      COMMON/NLN/N,X,Q,F,XQ,FQ,DFQ,DF,VB,WL,DX,G,GQ
      DO 1 J=1,N
1     XQ(J)=X(I,J)
      CALL DFX(N,XQ,DFQ)
      DO 2 J=1,N
      DO 2 K=1,N
2     DF(I,J,K)=DFQ(J,K)
      RETURN
      END

      SUBROUTINE FU(I,FX)
      REAL  FQ(20),X(4,20),Q(4),XQ(20),F(4,20),DFQ(20,20),
     1  VB(4),WL(4),DX(4,20),G(20),GQ,DF(4,20,20)
      COMMON/NLN/N,X,Q,F,XQ,FQ,DFQ,DF,VB,WL,DX,G,GQ
      DO 1 J=1,N
1     XQ(J) =X(I,J)
      CALL FX(N,XQ,FQ)
      Q(I)=0.
      DO 2 J=1,N
      Q(I)=Q(I)+FQ(J)*FQ(J)
2     F(I,J)=FQ(J)
      RETURN
      END

      SUBROUTINE NEWTON(L,FX)
      REAL  FQ(20),X(4,20),Q(4),XQ(20),F(4,20),DFQ(20,20),
     1  VB(4),WL(4),DX(4,20),G(20),GQ,DF(4,20,20)
      COMMON/NLN/N,X,Q,F,XQ,FQ,DFQ,DF,VB,WL,DX,G,GQ
      DO 1 J=1,N
      FQ(J)=F(1,J)
      DO 1 K=1,N
1     DFQ(J,K)=DF(1,J,K)
      CALL GAUJ(DFQ,FQ,XQ,L,N)
      IF (L .NE. 0) RETURN
      WL(2)=0.
      DO 2 J=1,N
      DX(2,J)=-XQ(J)
      X(2,J)=X(1,J)+DX(2,J)
2     WL(2)=WL(2)+DX(2,J)*DX(2,J)
      WL(2)=SQRT(WL(2))
      CALL FU(2,FX)
      RETURN
      END

      SUBROUTINE UMSP(I,J)
      REAL  FQ(20),X(4,20),Q(4),XQ(20),F(4,20),DFQ(20,20),
     1  VB(4),WL(4),DX(4,20),G(20),GQ,DF(4,20,20)
      COMMON/NLN/ N,X,Q,F,XQ,FQ,DFQ,DF,VB,WL,DX,G,GQ
      DO 1 K=1,N
      X(J,K)=X(I,K)
1     F(J,K)=F(I,K)
      WL(J)=WL(I)
      Q(J)=Q(I)
      RETURN
      END
```

```
      SUBROUTINE VEK(I)
      REAL  FQ(20),X(4,20),Q(4),XQ(20),F(4,20),DFC(20,20),
     1 VB(4),WL(4),DX(4,20),G(20),GQ,DF(4,20,20)
      COMMON /NLN/ N,X,Q,F,XQ,FQ,DFQ,DF,VB,WL,DX,G,GQ
      GQ=0.
      DO 1 J=1,N
      H=0.
      DO 2 K=1,N
2     H=H+F(I,K)*DF(I,K,J)
      G(J)=H
1     GQ=GQ+H*H
      VB(I)=SQRT(GQ)*2.
      RETURN
      END

      SUBROUTINE GAUJ(A,R,X,KW,N)
      REAL A(20,20),R(20),X(20),HS
      INTEGER KW,I,J,K,V,W,C,D,N
      KW=0
      W=0
1     W=W+1
      DO 4 K=W,N
      IF(A(K,W) .NE. 0.) GO TO 2
4     CONTINUE
      KW=1
      RETURN
2     IF(K .EQ. W) GO TO 3
      DO 5 V=W,N
      HS=A(W,V)
      A(W,V)=A(K,V)
5     A(K,V)=HS
      HS=R(W)
      R(W)=R(K)
      R(K)=HS
3     R(W)=R(W)/A(W,W)
      J=N
7     IF(J .EQ. W-1) GO TO 6
      A(W,J)=A(W,J)/A(W,W)
      J=J-1
      GO TO 7
6     C=K+1
      D=W+1
      IF(C .GT. N) GO TO 13
      DO 8 I=C,N
      DO 9 J=D,N
9     A(I,J)=A(I,J)-A(I,W)*A(W,J)
8     R(I)=R(I)-A(I,W)*R(W)
13    IF(W .NE. N) GO TO 1
      I=N
12    X(I)=R(I)/A(I,I)
      K=I-1
11    IF(K .EQ. 0) GO TO 10
      R(K)=R(K)-A(K,I)*X(I)
      K=K-1
      GOTO 11
10    I=I-1
      IF(I .NE. 0) GO TO 12
      RETURN
      END
```

P5

P5.3 VERFAHREN VON V. MISES, PROGRAMM MISES.
(D. Axmacher)

Durch das nachstehend aufgeführte Programm kann das vollständige *Eigenwertproblem* einer diagonalähnlichen reellen (n, n)-Matrix mit Hilfe des Verfahrens von v. Mises nach der Iterationsvorschrift (5.8) unter Verwendung von Abschnitt 5.3.3 zur Bestimmung von $\lambda_1, \lambda_2, \ldots, \lambda_n$ gelöst werden.
Hierbei werden keine Sonderfälle behandelt, d.h. es muß gelten $|\lambda_i| \neq |\lambda_k|$ für alle $i \neq k$ und für die Eigenvektoren $\mathfrak{x}_i$, $i = 1(1)n$, mit den Komponenten x_{ik}, $k = 1(1)n$, muß gelten $x_{ik} \neq 0$ für alle $i,k = 1(1)n$.
Im Fall $|\lambda_i| \approx |\lambda_{i+1}|$ sind sehr viele Iterationsschritte nötig. Um ein Überschreiten des Zahlenbereichs zu vermeiden, wird nach jedem Iterationsschritt eine Normierung zu $|\mathfrak{z}^{(\nu)}| = 1$ durchgeführt (vgl. auch Abschnitt 5.3.1, Bemerkung 5.2).

```
      PROGRAM  MISES  (INPUT,TAPE1=INPUT,OUTPUT,TAPE2=OUTPUT)
      REAL A(20,20),B(20,20),EW(20),PR(20),X(20),Y(20),Z(20)
      INTEGER TEXT(26)
      DATA  IEIN,IAUS  / 1 , 2 /
      DATA  NDIM / 20 /
      DO 10 I=1,20
      DO 10 J=1,20
   10 B(I,J) = 0.0
      READ(IEIN,100) TEXT
      READ(IEIN,110)N,LO,MO,EPS
      IF(N.LE.20) GOTO 15
      WRITE(IAUS,105)
      STOP
   15 IF(LO.GT.N) LO=N
      DO 20 I=1,N
   20 READ(IEIN,120)(A(I,K),K=1,N)
      WRITE(IAUS,130)TEXT,N,LO,MO,EPS
      DO 25 I=1,N
   25 WRITE(IAUS,135)(A(I,K),K=1,N)
      LL=0
      DO 90 L=1,LO
      LL=LL+1
      DO 40 K=1,N
   40 X(K)=1.
      CALL REIN(B,X,L,N,NDIM)
      DO 79 M=1,MO
      CALL MV(A,X,Y,N,NDIM)
      CALL QU(X,Y,QM,N)
      CALL REIN(B,Y,L,N,NDIM)
      IF(M.EQ.1) GOTO 70
```

```
      DO 60 K=1,N
   60 Z(K)=Y(K)-X(K)
      SK=SQRT(SKAL(Z,Z,N))
      IF(SK.LT.EPS.AND.ABS(QM-QM1).LT.EPS) GOTO 80
   70 DO 75 K=1,N
   75 X(K)=Y(K)
   79 QM1=QM
   80 CALL MV(A,Y,Z,N,NDIM)
      DO 85 K=1,N
      Z(K)=ABS(Y(K)-Z(K)/QM)
   85 B(L,K)=Y(K)
      PR(L)=SQRT(SKAL(Z,Z,N))
      EW(L)=QM
      IF(PR(L).GT.EPS*100.) GO TO 92
   90 CONTINUE
   92 DO 95 L=1,LL
      WRITE(IAUS,140)L,EW(L)
      WRITE(IAUS,150)(B(L,K),K=1,N)
      WRITE(IAUS,160)PR(L)
   95 CONTINUE
      STOP
C
C
  100 FORMAT (13A4)
  105 FORMAT (29H1EINGANGSPARAMETER FEHLERHAFT)
  110 FORMAT (3I5,E10.2)
  120 FORMAT (5E10.2)
  130 FORMAT (1H1,2(13A4,/,1X),/,5H0N  =,I5,/,5H L0 =,I5,
     1   /,5H M0 =,I5,/,5H EPS=,1PE20.10,/,7H0MATRIX,/)
  135 FORMAT (1X,3(1PE20.10))
  140 FORMAT (1H0,I5,13H. EIGENWERT =,1PE22.10,//,8X,11HEIGENVEKTOR,/)
  150 FORMAT (1X,3(1PE20.10))
  160 FORMAT (5H0 PR=,1PE20.10)
      END

      SUBROUTINE REIN (B,X,L,N,NDIM)
      DIMENSION  B(NDIM,N),X(N)
      IF(L.EQ.1) GOTO 30
      M=L-1
      DO 25 I=1,M
      C=0.
      DO 15 K=1,N
   15 C=C+B(I,K)*X(K)
      DO 20 K=1,N
   20 X(K)=X(K)-C*B(I,K)
   25 CONTINUE
   30 SK=0.
      DO 40 K=1,N
   40 SK=SK+X(K)*X(K)
      SK=SQRT(SK)
      IF(SK.EQ.0.) GOTO 60
      DO 50 K=1,N
   50 X(K)=X(K)/SK
   60 RETURN
      END
```

```
      SUBROUTINE MV (A,X,Y,N,NDIM)
      DIMENSION  A(NDIM,N),X(N),Y(N)
      DO 30 I=1,N
      S=0.
      DO 20 K=1,N
   20 S=S+A(I,K)*X(K)
   30 Y(I)=S
      RETURN
      END

      FUNCTION SKAL (X,Y,N)
      DIMENSION  X(N),Y(N)
      SKAL=0.
      DO 10 K=1,N
   10 SKAL=SKAL+X(K)*Y(K)
      RETURN
      END

      SUBROUTINE QU (X,Y,QM,N)
      DIMENSION  X(N),Y(N)
      N1=N
      S=0.
      DO 25 K=1,N
      IF(X(K).NE.0.) GOTO 20
      N1=N1-1
      GO TO 25
   20 S=S+Y(K)/X(K)
   25 CONTINUE
      IF(N1.EQ.0) GOTO 30
      QM=S/FLOAT(N1)
      RETURN
   30 QM=1.E+10
      RETURN
      END
```

EINGABEWERTE.

(1) 2 Textkarten (Format 13 A 4)

(2) Parameterkarten

Name	Spalte	Format	Bedeutung
N	1- 5	I 5	Dimension n
LO	6-10	I 5	Anzahl l_0 der zu berechnenden Eigenwerte
MO	11-15	I 5	Anzahl m_0 von Iterationsschritten je Eigenwert
EPS	16-25	E 10.2	Genauigkeitsschranke ε
(A(I,K), K = 1,N), I = 1,N	je 1-50	5 E 10.2	Matrixelemente a_{ik} (zeilenweise)

Bei der näherungsweisen Bestimmung der Eigenwerte λ_l und Eigenvektoren $\mathfrak{e}_l$, $l = 1(1)l_0$, mittels der iterierten Vektoren $\mathfrak{z}_l^{(\nu)} = (z_{li}^{(\nu)})$, ausgehend von $\mathfrak{z}_l^{(0)T} = (1,1,\dots,1)$, und der Mittelwerte der Quotienten

$$\bar{q}_l^{(\nu-1)} = \frac{1}{n} \sum_{i=1}^{n} q_{li}^{(\nu-1)} \quad \text{mit} \quad q_{li}^{(\nu-1)} = \frac{z_{li}^{(\nu)}}{z_{li}^{(\nu-1)}}$$

wird die Rechnung abgebrochen, falls eine der folgenden Bedingungen erfüllt ist:

(1) $|\mathfrak{z}_l^{(\nu)} - \mathfrak{z}_l^{(\nu-1)}| < \varepsilon$ und $|\bar{q}_l^{(\nu)} - \bar{q}_l^{(\nu-1)}| < \varepsilon$,

(2) $l = l_0$.

Ausgegeben wird jeweils neben den Eigenwerten und Eigenvektoren zur Genauigkeitskontrolle PR = $|\mathfrak{A}\,\mathfrak{x}_l - \lambda_l\,\mathfrak{x}_l|$.
Im Fall PR > $100\cdot\varepsilon$ wird auch bei $l < l_0$ die Rechnung abgebrochen.

BEISPIEL.

```
EIGENWERTBESTIMMUNG NACH VON MISES


N   =     3
L0  =     3
M0  =   500
EPS=      5.0000000000E-14

MATRIX

    1.1000000000E+00     1.2000000000E+00     2.1000000000E+00
    1.2000000000E+00     2.8000000000E+00     4.8000000000E+00
    2.1000000000E+00     4.8000000000E+00     2.6000000000E+00

    1. EIGENWERT =       8.2614404268E+00

       EIGENVEKTOR

    3.1058481966E-01     6.6509859352E-01     6.7910303393E-01

 PR=      7.3241068776E-15

    2. EIGENWERT =      -2.2568135763E+00

       EIGENVEKTOR

    2.2914539686E-01     6.4097717056E-01    -7.3255761133E-01

 PR=      1.4648213755E-14

    3. EIGENWERT =       4.9537314950E-01

       EIGENVEKTOR

    9.2251257818E-01    -3.8313460783E-01    -4.6673497761E-02

 PR=      4.3113263712E-15
```

P 5.5.3 VERFAHREN VON MARTIN, PARLETT, PETERS, REINSCH, WILKINSON. PROGRAMM EIGEN.

(T. Tolxdorff)

Nach dem in Abschnitt 5.5.3 beschriebenen Verfahren werden alle Eigenwerte und Eigenvektoren einer Matrix $\mathfrak{A}$ berechnet.

```
      PROGRAM  EIGEN
     1         (INPUT,TAPE1 = INPUT,
     2          OUTPUT,TAPE2 = OUTPUT)
      DIMENSION  A(20,20),Z(20,20)
      DIMENSION  WR(20),WI(20),D(20)
      DIMENSION  INF(20),ITERI(20),ITEXT(26)
      LOGICAL    FAIL
      DATA  NDIM  / 20 /
      DATA  NPIT,NPOT / 1 , 2 /
      READ (NPIT,1000)  ITEXT
      READ (NPIT,1010)  BASIS,EPSI
      READ  (NPIT,1020)  N
      IF (N.GE.2.AND.N.LE.NDIM)          GO TO     100
      WRITE (NPOT,2000)
      STOP
  100 WRITE (NPOT,2010)  ITEXT,BASIS,EPSI,N
      DO                                           200  I=1,N
      READ  (NPIT,1010)  (A(I,J),J=1,N)
  200 WRITE (NPOT,2020)  (A(I,J),J=1,N)
      CALL  BALANC  (NDIM,N,A,D,LOW,IHI,BASIS)
      CALL  ELMHES  (NDIM,N,A,INF,LOW,IHI)
      CALL  ELMTRA  (NDIM,N,A,INF,LOW,IHI,Z)
      IF (N.EQ.2)                        GO TO     260
      DO                                           250  I=3,N
      DO                                           250  J=3,I
  250 A(I,J-2) = 0.0
  260 CALL  HQR  2  (NDIM,N,A,ITERI,LOW,IHI,Z,WR,WI,EPSI,FAIL)
      CALL  BALBAK  (NDIM,N,Z,D,LOW,IHI,N)
      CALL  NORMAL  (NDIM,N,Z,WR,WI)
      WRITE (NPOT,2030)
      DO                                           300  I=1,N
  300 WRITE (NPOT,2020)  (Z(I,J),J=1,N)
      WRITE (NPOT,2040)  (WR(I),WI(I),ITERI(I),I=1,N)

 1000 FORMAT (13A4)
 1010 FORMAT (8E10.2)
 1020 FORMAT (I5)
 2000 FORMAT (41H1*** FEHLERHALT: FALSCHE DIMENSIONSANGABE)
 2010 FORMAT (1H1,2(13A4,/,1X),/,7H0BASIS=,1PE20.10,/,7H   EPSI=,
     1        1PE20.10,/,7H      N=,I5,//,7H0MATRIX)
 2020 FORMAT (/,5(1X,1PE20.10))
 2030 FORMAT (/,14H0EIGENVEKTOREN)
 2040 FORMAT (/,11H0EIGENWERTE,42X,11HITERATIONEN,
     1        //(1X,1PE20.10,8X,1PE20.10,I10))
      END
```

```
    SUBROUTINE  BALANC  (NDIM,N,A,D,LOW,IHI,BASIS)
    DIMENSION  A(NDIM,N),D(N)
    LOGICAL    NOCONV,WEG
    B2 = BASIS * BASIS
    LOW = 1
    IHI = N
    WEG = .TRUE.
100 DO                                         200  JX=1,IHI
    J = IHI + 1 - JX
    DO                                         180  I=1,IHI
    IF (I.EQ.J)                       GO TO    180
    IF (A(I,J).NE.0.0)                GO TO    200
180 CONTINUE
    M = IHI
    GO  TO                                     450
200 CONTINUE
    WEG = .FALSE.
300 DO                                         400  J=LOW,IHI
    DO                                         380  I=LOW,IHI
    IF (I.EQ.J)                       GO TO    380
    IF (A(I,J).NE.0.0)                GO TO    400
380 CONTINUE
    M = LOW
    GO  TO                                     450
400 CONTINUE
    GO  TO                                     500
450 D(M) = J
    IF (J.EQ.M)                       GO TO    480
    DO                                         460  I=1,IHI
    F      = A(I,J)
    A(I,J) = A(I,M)
460 A(I,M) = F
    DO                                         470  I=LOW,N
    F      = A(J,I)
    A(J,I) = A(M,I)
470 A(M,I) = F
480 IF (WEG)                          GO TO    490
    LOW = LOW + 1
    GO  TO                                     300
490 IF (IHI.EQ.1)                     GO TO    950
    IHI = IHI - 1
    GO  TO                                     100
500 DO                                         550  I=LOW,IHI
550 D(I) = 1.0
600 NOCONV = .FALSE.
    DO                                         900  I=LOW,IHI
    C = 0.0
    R = 0.0
    DO                                         650  J=LOW,IHI
    IF (J.EQ.I)                       GO TO    650
    C = C + ABS(A(J,I))
    R = R + ABS(A(I,J))
650 CONTINUE
    G = R/BASIS
    F = 1.0
```

```
    S = C + R
660 IF (C.GE.G)                         GO TO      700
    F = F * BASIS
    C = C * B2
    GO  TO                                         660
700 G = R * BASIS
760 IF (C.LT.G)                         GO TO      800
    F = F/BASIS
    C = C/B2
    GO  TO                                         760
800 IF ((C+R)/F.GE.0.95*S)              GO TO      900
    G = 1.0/F
    D(I) = D(I) * F
    NOCONV = .TRUE.
    DO                                             850   J=LOW,N
850 A(I,J) = A(I,J) * G
    DO                                             860   J=1,IHI
860 A(J,I) = A(J,I) * F
900 CONTINUE
    IF (NOCONV)                         GO TO      600
950 R E T U R N
    END

    SUBROUTINE  ELMTRA  (NDIM,N,H,INF,LOW,IHI,V)
    DIMENSION  V(NDIM,N),H(NDIM,N)
    DIMENSION  INF(N)
    DO                                             120   I=1,N
    DO                                             100   J=1,N
100 V(I,J) = 0.0
120 V(I,I) = 1.0
    IEND = IHI - LOW - 1
    IF (IEND.LT.1)                      GO TO      400
    DO                                             300   L=1,IEND
    I  = IHI - L
    J  = INF(I)
    IP1 = I+ 1
    DO                                             200   K=IP1,IHI
200 V(K,I) = H(K,I-1)
    IF (I.EQ.J)                         GO TO      300
    DO                                             250   K=I,IHI
    V(I,K) = V(J,K)
250 V(J,K) = 0.0
    V(J,I) = 1.0
300 CONTINUE
400 R E T U R N
    END

    SUBROUTINE  ELMHES  (NDIM,N,A,INF,LOW,IHI)
    DIMENSION  A(NDIM,N)
    DIMENSION  INF(N)
    MANF = LOW + 1
    MEND = IHI - 1
    IF (MANF.GT.MEND)                   GO TO      600
    DO                                             500   M=MANF,MEND
    I = M
    X = 0.0
    DO                                             100   J=M,IHI
    IF (ABS(A(J,M-1)).LE.ABS(X))        GO TO      100
```

```
      X = A(J,M-1)
      I = J
  100 CONTINUE
      INF(M) = I
      IF (I.EQ.M)                          GO TO      300
      JANF = M - 1
      DO                                              200   J=JANF,N
      Y      = A(I,J)
      A(I,J) = A(M,J)
  200 A(M,J) = Y
      DO                                              220   J=1,IHI
      Y      = A(J,I)
      A(J,I) = A(J,M)
  220 A(J,M) = Y
  300 IF (X.EQ.0.0)                        GO TO      500
      IANF = M + 1
      DO                                              400   I=IANF,IHI
      Y = A(I,M-1)
      IF (Y.EQ.0.0)                        GO TO      400
      Y = Y/X
      A(I,M-1) = Y
      DO                                              350   J=M,N
  350 A(I,J) = A(I,J)   -   Y * A(M,J)
      DO                                              360   J=1,IHI
  360 A(J,M) = A(J,M)   +   Y * A(J,I)
  400 CONTINUE
  500 CONTINUE
  600 R E T U R N
      END

      SUBROUTINE  HQR 2  (NDIM,N,H,ITERI,LOW,IHI,VECS,WR,WI,EPSI,FAIL)
      DIMENSION  H(NDIM,N),VECS(NDIM,N),WR(N),WI(N)
      DIMENSION  ITERI(N)
      LOGICAL  NOLAST,FAIL
      REAL      NORM
      FAIL = .FALSE.
      DO                                              100   I=1,N
      ITERI(I) = 0
      IF (I.GE.LOW.AND.I.LE.IHI)           GO TO      100
      WR(I) = H(I,I)
      WI(I) = 0.0
  100 CONTINUE
      NE = IHI
      T  = 0.0
  150 IF (NE.LT.LOW)                       GO TO      700
      ITS = 0
      NA = NE - 1
  200 IF (NE.LT.LOW)                       GO TO      240
      DO                                              220   LL=LOW,NE
      L = NE + LOW - LL
      IF (ABS(H(L,L-1)).LE.EPSI*(ABS(H(L-1,L-1))+ABS(H(L,L)))) GO TO 25
  220 CONTINUE
  240 L = LOW
  250 X = H(NE,NE)
      IF (L.EQ.NE)                         GO TO      550
      Y = H(NA,NA)
      W = H(NE,NA)  *  H(NA,NE)
      IF (L.EQ.NA)                         GO TO      600
      IF (ITS.LE.30)                       GO TO      270
      ITERI(NE) = 31
      FAIL = .TRUE.
      GO  TO                                          990
```

```
270 IF (ITS.NE.10.AND.ITS.NE.20)          GO TO      300
    T = T + X
    DO                                               290   I=LOW,NE
290 H(I,I) = H(I,I) - X
    S = ABS(H(NE,NA)) + ABS(H(NA,NE-2))
    X = 0.75 * S
    Y = X
    W = -0.4375 * S * S
300 ITS = ITS + 1
    MEND = NE - 2
    DO                                               350   MM=L,MEND
    M = MEND + L - MM
    Z = H(M,M)
    R = X - Z
    S = Y - Z
    P = (R*S - W) / H(M+1,M) + H(M,M+1)
    Q = H(M+1,M+1) - Z - R - S
    R = H(M+2,M+1)
    S = ABS(P) + ABS(Q) + ABS(R)
    P = P/S
    Q = Q/S
    R = R/S
    IF (M.EQ.L)                           GO TO      400
    IF (ABS(H(M,M-1))*(ABS(Q)+ABS(R)).LE.EPSI*ABS(P)*(ABS(H(M-1,M-1))+
   1    ABS(Z)+ABS(H(M+1,M+1))))          GO TO      400
350 CONTINUE
400 MP2 = M + 2
    DO                                               410   I=MP2,NE
410 H(I,I-2) = 0.0
    MP3 = MP2 + 1
    IF (NE.LT.MP3)                        GO TO      425
    DO                                               420   I=MP3,NE
420 H(I,I-3) = 0.0
425 IF (NA.LT.M)                          GO TO      200
    DO                                               500   K=M,NA
    NOLAST = K.NE.NA
    IF (K.EQ.M)                           GO TO      430
    P = H(K,K-1)
    Q = H(K+1,K-1)
    R = 0.0
    IF (NOLAST)                    R = H(K+2,K-1)
    X = ABS(P) + ABS(Q) + ABS(R)
    IF (X.EQ.0.0)                         GO TO      500
    P = P/X
    Q = Q/X
    R = R/X
430 S = SQRT(P*P + Q*Q + R*R)
    IF (P.LT.0.0)                  S = -S
    IF (K.EQ.M)                           GO TO      435
    H(K,K-1) = -S*X
    GO  TO                                           440
435 IF (L.NE.M)                    H(K,K-1) = -H(K,K-1)
440 P = P+S
    X = P/S
    Y = Q/S
    Z = R/S
    Q = Q/P
    R = R/P
    DO                                               460   J=K,N
    P = H(K,J) + Q*H(K+1,J)
    IF (.NOT.NOLAST)                      GO TO      455
```

```
    P = P + R*H(K+2,J)
    H(K+2,J) = H(K+2,J) - P*Z
455 H(K+1,J) = H(K+1,J) - P*Y
460 H(K  ,J) = H(K  ,J) - P*X
    J = NE
    IF (K+3.LT.NE)          J = K + 3
    DO                                      470  I=1,J
    P = X*H(I,K) + Y*H(I,K+1)
    IF (.NOT.NOLAST)               GO TO    465
    P = P + Z*H(I,K+2)
    H(I,K+2) = H(I,K+2) - P*R
465 H(I,K+1) = H(I,K+1) - P*Q
470 H(I,K  ) = H(I,K  ) - P
    DO                                      480  I=LOW,IHI
    P = X*VECS(I,K) + Y*VECS(I,K+1)
    IF (.NOT.NOLAST)               GO TO    475
    P = P + Z*VECS(I,K+2)
    VECS(I,K+2) = VECS(I,K+2) - P*R
475 VECS(I,K+1) = VECS(I,K+1) - P*Q
480 VECS(I,K  ) = VECS(I,K  ) - P
500 CONTINUE
    GO  TO                                  200
550 H(NE,NE) = X + T
    WR(NE) = H(NE,NE)
    WI(NE) = 0.0
    ITERI(NE) = ITS
    NE = NA
    GO  TO                                  150
600 P = (Y - X) / 2.
    Q = P*P + W
    Z = SQRT(ABS(Q))
    H(NE,NE) = X + T
    X = H(NE,NE)
    H(NA,NA) = Y + T
    ITERI(NA) =   ITS
    ITERI(NE) = - ITS
    IF (Q.LE.0.0)                  GO TO    635
    Z = P + Z
    IF (P.LT.0.0)           Z = Z - P - P
    WR(NA) = X + Z
    WR(NE) = X - W/Z
    S = WR(NE)
    WI(NA) = 0.0
    WI(NE) = 0.0
    X = H(NE,NA)
    R = SQRT(X*X + Z*Z)
    P = X/R
    Q = Z/R
    DO                                      610  J=NA,N
    Z = H(NA,J)
    H(NA,J) = Q*Z + P*H(NE,J)
610 H(NE,J) = Q*H(NE,J) - P*Z
    DO                                      620  I=1,NE
    Z = H(I,NA)
    H(I,NA) = Q*Z + P*H(I,NE)
620 H(I,NE) = Q*H(I,NE) - P*Z
    DO                                      630  I=LOW,IHI
    Z = VECS(I,NA)
    VECS(I,NA) = Q*Z + P*VECS(I,NE)
630 VECS(I,NE) = Q*VECS(I,NE) - P*Z
    GO  TO                                  640
```

```
635 WR(NA) = X + P
    WR(NE) = X + P
    WI(NA) =  Z
    WI(NE) = -Z
 40 NE = NE - 2
    GO  TO                                          150
 00 NORM = 0.0
    K = 1
    DO                                              720   I=1,N
    DO                                              710   J=K,N
 10 NORM = NORM + ABS(H(I,J))
 20 K = I
    IF (NORM.EQ.0.0)                    GO TO       990
    DO                                              900   NX=1,N
    NE = N + 1 - NX
    P = WR(NE)
    Q = WI(NE)
    NA = NE - 1
    IF (Q.NE.0.0)                       GO TO       810
    M = NE
    H(NE,NE) = 1.0
    IF (NA.EQ.0)                        GO TO       900
    DO                                              800   IX=1,NA
    I = NA + 1 - IX
    W = H(I,I) - P
    R = H(I,NE)
    IF (M.GT.NA)                        GO TO       760
    DO                                              750   J=M,NA
 50 R = R + H(I,J) * H(J,NE)
 60 IF (WI(I).GE.0.0)                   GO TO       770
    Z = W
    S = R
    GO  TO                                          800
  0 M = I
    IF (WI(I).NE.0.0)                   GO TO       780
    F = W
    IF (W.EQ.0.0)          F = EPSI*NORM
    H(I,NE) = -R/F
    GO  TO                                          800
  0 X = H(I,I+1)
    Y = H(I+1,I)
    Q = (WR(I) - P)*(WR(I) - P) + WI(I)*WI(I)
    T = (X*S - Z*R) / Q
    H(I,NE) = T
    IF (ABS(X).LE.ABS(Z))               GO TO       790
    H(I+1,NE) = (-R - W*T) / X
    GO  TO                                          800
  0 H(I+1,NE) = (-S - Y*T) / Z
  0 CONTINUE
    GO  TO                                          900
  0 IF (Q.GT.0.0)                       GO TO       900
    IF (NA.LT.1)                        GO TO       900
    M = NA
    IF (ABS(H(NE,NA)).LE.ABS(H(NA,NE))) GO TO       820
    H(NA,NA) = -(H(NE,NE) - P) / H(NE,NA)
    H(NA,NE) = -Q/H(NE,NA)
    GO  TO                                          830
  0 CALL COMDIV (-H(NA,NE),0.0,H(NA,NA)-P,Q,H(NA,NA),H(NA,NE))
  0 H(NE,NA) = 1.0
    H(NE,NE) = 0.0
    NAM1 = NA - 1
    IF (NAM1.EQ.0)                      GO TO       900
```

```
    DO                                              890  IX=1,NAM1
    I = NA - IX
    W = H(I,I) - P
    RA = H(I,NE)
    SA = 0.0
    DO                                              860  J=M,NA
    RA = RA + H(I,J)*H(J,NA)
860 SA = SA + H(I,J)*H(J,NE)
    IF (WI(I).GE.0.0)                     GO TO     870
    Z = W
    R = RA
    S = SA
    GO  TO                                          890
870 M = I
    IF (WI(I).NE.0.0)                     GO TO     880
    CALL COMDIV (-RA,-SA,W,Q,H(I,NA),H(I,NE))
    GO  TO                                          890
880 X = H(I,I+1)
    Y = H(I+1,I)
    VR = (WR(I) - P)*(WR(I) - P) + WI(I)*WI(I) - Q*Q
    VI = (WR(I) - P)*2.0*Q
    IF (VR.EQ.0.0.AND.VI.EQ.0.0)          VR = EPSI*NORM*
   1                          (ABS(W) + ABS(Q) + ABS(X) + ABS(Y) + ABS(Z))
    CALL COMDIV (X*R - Z*RA + Q*SA,X*S - Z*SA - Q*RA,VR,VI,
   1                                                H(I,NA),H(I,NE))
    IF (ABS(X).LE.ABS(Z) + ABS(Q))        GO TO     885
    H(I+1,NA) = (-RA - W*H(I,NA) + Q*H(I,NE)) / X
    H(I+1,NE) = (-SA - W*H(I,NE) - Q*H(I,NA)) / X
    GO  TO                                          890
885 CALL COMDIV (-R -Y*H(I,NA),-S -Y*H(I,NE),Z,Q,H(I+1,NA),H(I+1,NE))
890 CONTINUE
900 CONTINUE
    DO                                              940  I=1,N
    IF (I.GE.LOW.AND.I.LE.IHI)            GO TO     940
    IP1 = I + 1
    DO                                              930  J=IP1,N
930 VECS(I,J) = H(I,J)
940 CONTINUE
    DO                                              980  JX=LOW,N
    J = N + LOW - JX
    M = IHI
    IF (J.LT.IHI)             M = J
    L = J - 1
    IF (WI(J).GE.0.0)                     GO TO     955
    DO                                              950  I=LOW,IHI
    Y = 0.0
    Z = 0.0
    DO                                              945  K=LOW,M
    Y = Y  +  VECS(I,K) * H(K,L)
945 Z = Z  +  VECS(I,K) * H(K,J)
    VECS(I,L) = Y
950 VECS(I,J) = Z
    GO  TO                                          980
955 IF (WI(J).GT.0.0)                     GO TO     980
    DO                                              970  I=LOW,IHI
    Z = 0.0
    DO                                              960  K=LOW,M
960 Z = Z  +  VECS(I,K) * H(K,J)
970 VECS(I,J) = Z
```

```
980 CONTINUE
990 R E T U R N
    END

    SUBROUTINE  BALBAK  (NDIM,N,Z,D,LOW,IHI,M)
    DIMENSION  Z(NDIM,M),D(N)
    IF (IHI.EQ.LOW)                    GO TO     200
    DO                                           100   I=LOW,IHI
    S = D(I)
    DO                                           100   J=1,M
 00 Z(I,J) = Z(I,J) * S
 00 DO                                           400   L=1,N
    IF (L.LE.IHI.AND.L.GE.LOW)         GO TO     400
    I = LOW - L
    IF (L.GT.IHI)          I = L
    K = D(I)
    IF (K.EQ.I)                        GO TO     400
    DO                                           300   J=1,M
    S      = Z(I,J)
    Z(I,J) = Z(K,J)
 )0 Z(K,J) = S
  0 CONTINUE
    R E T U R N
    END

    SUBROUTINE  NORMAL  (NDIM,N,V,WR,WI)
    DIMENSION  V(NDIM,N),WR(N),WI(N)
    LOGICAL  KOMPL
    REAL  IMTEIL
    KOMPL = .FALSE.
    DO                                           400   I=1,N
    IF (KOMPL)                         GO TO     390
    IF (WI(I).NE.0.0)                  GO TO     200
    GROSS = V(1,I)
    DO                                           100   J=2,N
    IF (ABS(V(J,I)).GT.ABS(GROSS))   GROSS = V(J,I)
  0 CONTINUE
    DO                                           150   J=1,N
  0 V(J,I) = V(J,I) / GROSS
    GO  TO                                       400
  0 KOMPL = .TRUE.
    RETEIL = V(1,I)
    IMTEIL = V(1,I+1)
    DO                                           300   J=2,N
    IF (COMABS(V(J,I),V(J,I+1)).LE.COMABS(RETEIL,IMTEIL)) GO TO 300
    RETEIL = V(J,I)
    IMTEIL = V(J,I+1)
  0 CONTINUE
    DO                                           350   J=1,N
    CALL COMDIV (V(J,I),V(J,I+1),RETEIL,IMTEIL,X,Y)
    V(J,I)   = X
  0 V(J,I+1) = Y
    GO  TO                                       400
  0 KOMPL = .FALSE.
  0 CONTINUE
    R E T U R N
    END
```

```
      SUBROUTINE  COMDIV  (A,B,C,D,X,Y)
C
C     KOMPLEXE DIVISION MIT NORMIERUNG X+I*Y = (A+I*B)/(C+I*D)
C
      IF (C.NE.0.0  .OR.D.NE.0.0  )       GO TO     100
      STOP 7
  100 IF (A.NE.0.0  .OR.B.NE.0.0  )       GO TO     120
      X = 0.0
      Y = 0.0
      GO  TO                                        400
  120 IF ( ABS(A).GT. ABS(B))             GO TO     160
      U  = B
      AM = A / B
      AN = 1.
      GO  TO                                        200
  160 U  = A
      AM = 1.
      AN = B / A
  200 IF ( ABS(C).GT. ABS(D))             GO TO     260
      V = D
      P = C / D
      Q = 1.
      GO  TO                                        300
  260 V = C
      P = 1.
      Q = D / C
  300 F = U / V
      V = P * P  +  Q * Q
      U = (AM * P  +  AN * Q) / V
      X = U * F
      U = (-AM * Q  +  AN * P) / V
      Y = U * F
  400 RETURN
      END


      REAL FUNCTION  COMABS  (X,Y)
C
C     ABSOLUTBETRAG VON X+I*Y
C
      IF (X.NE.0.0  .OR.Y.NE.0.0  )       GO TO     100
      COMABS = 0.0
      RETURN
  100 IF ( ABS(X).GE. ABS(Y))             GO TO     200
      COMABS =  ABS(Y) *  SQRT( X/Y * X/Y  +  1.0)
      RETURN
  200 COMABS =  ABS(X) *  SQRT( Y/X * Y/X  +  1.0)
      RETURN
      END
```

EINGABEWERTE.

(1) 2 Textkarten (Format 13 A 4)

(2) Parameterkarten

Name	Spalte	Format	Bedeutung
BASIS	1-10	E 10.2	Basis der Zahlendarstellung des benutzten Rechners
EPSI	11-20	E 10.2	rel. Maschinengenauigkeit
N	1-5	I 5	Dimension n
((A(I,J) J=1,N), I=1,N)	je 1-80	8 E 10.2	Matrixelemente a_{ij} (zeilenweise)

● BEISPIEL.

```
EIGENWERTE UND EIGENVEKTOREN NACH DER METHODE :
VON MARTIN, PARLETT, PETERS, REINSCH, WILKINSON.

BASIS=     2.0000000000E+00
 EPSI=     1.0000000000E-13
    N=     4

MATRIX

   3.0000000E+00    1.0000000E+00    2.0000000E+00    5.0000000E+00

   2.0000000E+00    1.0000000E+00    3.0000000E+00   -1.0000000E+00

   0.               4.0000000E+00    1.0000000E+00    1.0000000E+00

   0.               0.               2.0000000E+00    1.0000000E+00

EIGENVEKTOREN

   1.0000000E+00    2.1195889E-01    1.0000000E+00    0.

   7.0117351E-01   -9.2970774E-01   -6.6545473E-02   -3.4571492E-01

   5.9877635E-01    1.0000000E+00   -4.7651796E-01    4.2077903E-02

   2.3583594E-01   -4.7669794E-01   -8.4321421E-02    4.5261501E-01
```

```
EIGENWERTE                                                  ITERATIONEN

     6.07790591E+00                     0.                        0
    -3.19552892E+00                     0.                        0
     1.55881150E+00                     2.00151592E+00            5
     1.55881150E+00                    -2.00151592E+00           -5
```

P6

P 6.2.2 DISKRETE GAUSSSCHE FEHLERQUADRATMETHODE. PROGRAMM FEQUME (T. Tolxdorff)

Zu den Wertepaaren $(x_k, f(x_k))$, $k = 1(1)m$, und den linear unabhängigen Funktionen φ_j, $j = 0(1)n$, $n \leq m + 1$, werden die Koeffizienten $c_j^{(0)}$ $j = 0(1)n$, der besten Approximation $\phi^{(0)}$ mit

$$\phi^{(0)}(x) = \sum_{j=0}^{n} c_j^{(0)} \varphi_j(x)$$

für f nach (6.14) bestimmt. Anschließend wird $\phi^{(0)}(x_i)$, $i = 1(1)l$, an vorzugebenden Stellen x_i berechnet.

```
      PROGRAM  FEQUME   (INPUT,TAPE1=INPUT,OUTPUT,TAPE2=OUTPUT)
      DIMENSION  A(50,50),B(50,50),PHI(50,80),X(80),F(80)
      DIMENSION  Y(50),C(50),F1(50),F2(50),ITEXT(50),I1(50)
      DATA  IEIN,IAUS  / 1 , 2 /
      DATA  NDIM  / 50 /
      READ  (IEIN,1000)  ITEXT
      READ  (IEIN,1010)  M,N,L
      IF (N.LE.NDIM.AND.N.GE.2.AND.M.GE.N)  GO TO 100
      WRITE (IAUS,2000)
  100 READ  (IEIN,1020)  (X(K),F(K),K=1,M)
      CALL  GAFEME  (IAUS,NDIM,A,B,PHI,X,F,Y,C,N,M,F1,F2,I1)
      WRITE (IAUS,2010)  ITEXT
      WRITE (IAUS,2020)  (J,X(J),F(J),J=1,M)
      WRITE (IAUS,2030)
      DO                                           200  K=1,N
      KMIN1 = K  -  1
  200 WRITE (IAUS,2020)  KMIN1,C(K)
      IF (L.LE.0)                                  STOP
      WRITE (IAUS,2040)
```

```
      DO                                                      300   J=1,L
      READ  (IEIN,1020)  XA
      FXA = APPROX(XA,C,N)
  300 WRITE (IAUS,2020)  J,XA,FXA
C
C
 1000 FORMAT (25A2)
 1010 FORMAT (3I5)
 1020 FORMAT (2E10.2)
 2000 FORMAT (29H1EINGANGSPARAMETER FEHLERHAFT)
 2010 FORMAT (1H1,2(25A2,/,1X),/,11H0WERTEPAARE,
     1        //,5X,1HK,10X,1HX,18X,4HF(X),/)
 2020 FORMAT (1X,I5,1PE20.10,1PE20.10)
 2030 FORMAT (14H0KOEFFIZIENTEN,//,5X,1HJ,8X,4HC(J),/)
 2040 FORMAT (35H0WERTE DER APPROXIMIERENDEN PHI0(X),
     1        //,5X,1HJ,10X,1HX,16X,7HPHI0(X),/)
      END


      SUBROUTINE  GAFEME  (IAUS,NDIM,A,B,PHI,X,F,Y,C,N,M,F1,F2,I1)
      DIMENSION  A(NDIM,N),PHI(NDIM,M),X(M),F(M),Y(N)
      DO                                                      120   I=1,N
      DO                                                      120   K=1,M
      XHOCHI = 1.0
      L = 0
  100 L = L  +  1
      IF (L.EQ.I)                                 GO TO       120
      XHOCHI = XHOCHI * X(K)
      GO  TO                                                  100
  120 PHI(I,K) = XHOCHI
      DO                                                      250   J=1,N
      DO                                                      250   K=1,N
      SUM = 0.0
      DO                                                      200   I=1,M
  200 SUM = SUM  +  PHI(K,I) * PHI(J,I)
  250 A(J,K) = SUM
      DO                                                      350   J=1,N
      SUM = 0.0
      DO                                                      300   I=1,M
  300 SUM = SUM  +  F(I) * PHI(J,I)
  350 Y(J) = SUM
      CALL  GAUSS  (IAUS,NDIM,N,A,B,C,Y,F1,F2,I1,DET,HAD,10E-12,10)
      R E T U R N
      END


      REAL FUNCTION  APPROX  (X,C,N)
      DIMENSION  C(N)
      APPROX = 0.0
      DO                                                      120   I=1,N
      XHOCHI = 1.0
      L = 0
  100 L = L  +  1
      IF (L.EQ.I)                                 GO TO       120
      XHOCHI = XHOCHI * X
      GO  TO                                                  100
  120 APPROX = APPROX  +  C(I) * XHOCHI
      R E T U R N
      END
```

Der Programmteil, in dem die Funktionswerte $\varphi_j(x) = x^j$ bestimmt werden, (Unterprogramm GAFEME) ist bei anderer Wahl der φ_j jeweils abzuändern. Zur Lösung des auftretenden linearen Gleichungssystems ist der in P 3.2 beschriebene Programmteil des Gaußschen Algorithmus anzufügen. Als Ergebnis erhält man die Koeffizienten $c_j^{(0)}$, j = 0(1)n, und die Werte $\phi^{(0)}(x_i)$, i = 1(1)l.

EINGABEWERTE.

(1) 2 Textkarten (Format 13 A 4)

(2) Parameterkarten

Name	Spalte	Format	Bedeutung
M	1- 5	I 5	Anzahl m der Wertepaare, $m \leq 100$
N	6-10	I 5	Anzahl n der Basisfunktionen, $n \leq 50$
L	11-15	I 5	Anzahl l von Argumenten, für die $\phi^{(0)}$ berechnet wird
X(K);F(K) K = 1(1)M	1-20	2 E 10.2	Wertepaare $(x_k, f(x_k))$
X(K) K = 1(1)L	1-10	E 10.2	Argumente x_i

BEISPIEL. (Vorgabe: $\varphi_j(x) = x^j$, j = 0(1)2).

```
DISKRETE GAUSSCHE FEHLERQUADRATMETHODE


WERTEPAARE

     K          X                        F(X)

     1    -1.0000000000E+00      5.0000000000E-01
     2    -5.0000000000E-01      8.0000000000E-01
     3     0.                    1.0000000000E+00
     4     5.0000000000E-01      8.0000000000E-01
     5     1.0000000000E+00      5.0000000000E-01

KOEFFIZIENTEN

     J         C(J)

     0     9.4857142857E-01
     1     1.4210854715E-15
     2    -4.5714285714E-01
```

```
WERTE DER APPROXIMIERENDEN PHIO(X)

   J          X                        PHIO(X)

   1     0.                       9.4857142857E-01
   2     1.0000000000E-01         9.4400000000E-01
   3     2.0000000000E-01         9.3028571429E-01
   4     3.0000000000E-01         9.0742857143E-01
   5     4.0000000000E-01         8.7542857143E-01
   6     5.0000000000E-01         8.3428571429E-01
   7     6.0000000000E-01         7.8400000000E-01
   8     7.0000000000E-01         7.2457142857E-01
   9     8.0000000000E-01         6.5600000000E-01
  10     9.0000000000E-01         5.7828571429E-01
  11     1.0000000000E+00         4.9142857143E-01
```

P7

P7.1 INTERPOLATION DURCH ALGEBRAISCHE POLYNOME. PROGRAMM INPOL (T. Tolxdorff)

Zu den Interpolationsstellen (x_k, y_k), $k = 1(1)n$, mit paarweise verschiedenen Argumenten x_k werden die Koeffizienten c_k, $k = 0(1)n-1$, des Interpolationspolynoms P_{n-1} durch Lösung des linearen Gleichungssystems

$$\phi(x_k) = P_{n-1}(x_k) = \sum_{j=0}^{n-1} c_j x_k^j = y_k, \quad k = 1(1)n \quad ,$$

bestimmt. Anschließend wird $P_{n-1}(x)$ für $x = x_i$, $i = 1(1)l$, berechnet. Die Auflösung dieses linearen Gleichungssystems ist bei Verwendung eines Computers der Anwendung der Interpolationsverfahren nach Lagrange oder Newton vorzuziehen.

```
PROGRAM  INPOLY  (INPUT,TAPE1=INPUT,OUTPUT,TAPE2=OUTPUT)
DIMENSION  A(50,50),B(50,50),C(50),X(50),Y(50)
DIMENSION  I1(50),H1(50),H2(50),ITEXT(50)
DATA  NDIM  / 50 /
DATA  IEIN,IAUS  / 1 , 2 /
READ  (IEIN,1000)  ITEXT
READ  (IEIN,1010)  N,L
IF (N.LE.NDIM)          GO TO      110
```

```
  100 WRITE (IAUS,2000)
      STOP
  110 READ  (IEIN,1020)   (X(K),Y(K),K=1,N)
      DO                                         150  K=2,N
      DO                                         150  I=K,N
      IF (X(I).EQ.X(K - 1))    GO TO             100
  150 CONTINUE
      WRITE (IAUS,2010)   ITEXT
      DO                                         180  I=1,N
      J = I  -  1
  180 WRITE (IAUS,2020)   J,X(I),Y(I)
      DO                                         200  I=1,N
      [illegible].1) = 1.0
      [illegible]                                200  K=2,N
  200 A(I,[illegible] ** (K - 1)
      CALL  GAUSS  (IAUS,NDIM,N,A,B,C,Y,H1,H2,I1,H3,H4,10E-15,10)
      WRITE (IAUS,2030)
      DO                                         300  I=1,N
      J = I  -  1
  300 WRITE (IAUS,2020)   J,C(I)
      I = 1
      IF (L.LE.0)               GO TO            350
      WRITE (IAUS,2040)
  320 READ  (IEIN,1020)   XN
      PN = FUNK(XN,C,N)
      WRITE (IAUS,2020)   I,XN,PN
      I = I  +  1
  350 IF (I.LE.L)               GO TO            320
C
C
 1000 FORMAT (25A2)
 1010 FORMAT (2I5)
 1020 FORMAT (2E10.2)
 2000 FORMAT (29H1EINGANGSPARAMETER FEHLERHAFT)
 2010 FORMAT (1H1,2(25A2,/,1X),/,11H0WERTEPAARE
     1          ,//,5X,1HK,10X,1HX,18X,4HY(X),/)
 2020 FORMAT (1X,I5,2(1PE20.10))
 2030 FORMAT (14H0KOEFFIZIENTEN,//,5X1HJ,8X,4HC(J),/)
 2040 FORMAT (39H0WERTE DES INTERPOLATIONSPOLYNOMS PN(X),//
     1          ,5X,1HI,10X,1HX,17X,5HPN(X),/)
      END



      REAL FUNCTION  FUNK  (XN,C,N)
      DIMENSION  C(N)
      FU[illegible]K = C(N)
      DO                                         100  K=2,N
      IN = N  -  K  +  1
  100 FUNK = FUNK * XN  +  C(IN)
      R E T U R N
      END
```

EINGABEWERTE.

(1) 2 Textkarten (Format 13 A 4)

(2) Parameterkarten

Name	Spalte	Format	Bedeutung
N	1- 5	I 5	Anzahl n der Interpolationsstellen
L	6-10	I 5	Anzahl l der Argumente x_i, für die $P_{n-1}(x)$ berechnet werden soll
X(K),Y(K) K = 1(1)N	1-20	2 E 10.2	Interpolationsstellen (x_k, y_k)
X(K), K = 1(1)L	1-10	E 10.2	Argumente x_i

Zur Lösung des auftretenden linearen Gleichungssystems ist der in P 3.2 beschriebene Programmteil des Gaußschen Algorithmus anzufügen.
Als Ergebnis erhält man die Koeffizienten c_j, $j = 0(1)n-1$, von P_{n-1} und die Werte $P_{n-1}(x)$ für $x = x_i$, $i = 1(1)l$.

BEISPIEL.

```
INTERPOLATION



WERTEPAARE

     K          X                          Y(X)

     0     0.                          1.0000000000E+00
     1     5.0000000000E-01            8.0000000000E-01
     2     1.0000000000E+00            5.0000000000E-01

KOEFFIZIENTEN

     J          C(J)

     0     1.0000000000E+00
     1    -3.0000000000E-01
     2    -2.0000000000E-01

WERTE DES INTERPOLATIONSPOLYNOMS PN(X)

     I          X                          PN(X)

     1     0.                          1.0000000000E+00
     2     1.0000000000E-01            9.6800000000E-01
     3     2.0000000000E-01            9.3200000000E-01
     4     3.0000000000E-01            8.9200000000E-01
     5     4.0000000000E-01            8.4800000000E-01
```

```
    6     5.0000000000E-01     8.0000000000E-01
    7     6.0000000000E-01     7.4800000000E-01
    8     7.0000000000E-01     6.9200000000E-01
    9     8.0000000000E-01     6.3200000000E-01
   10     9.0000000000E-01     5.6800000000E-01
   11     1.0000000000E+00     5.0000000000E-01
```

P7.8.3 (α) INTERPOLATION MITTELS NATÜRLICHER POLYNOMSPLINES DRITTEN GRADES. PROGRAMM SPLINE.
(T. Tolxdorff)

Zu den Wertepaaren (x_i, y_i), $i = 0(1)n-1$, mit $n \leq 50$ und $x_i < x_k$ für $i < k$, werden die Koeffizienten a_i, b_i, c_i, d_i, $i = 0(1)n-2$, der natürlichen kubischen Splinefunktion S mit der Darstellung

$$S(x) \equiv P_i(x) = a_i + b_i(x-x_i) + c_i(x-x_i)^2 + d_i(x-x_i)^3$$

$$\text{für} \quad x \in [x_i, x_{i+1}] \; , \quad i = 0(1)n-2 \; ,$$

gemäß Abschnitt 7.8.3 (α) berechnet. Anschließend wird S(x) zu den Argumenten $x = x_j$, $j = 1(1)l$, berechnet.

```
      PROGRAM SPLINE (INPUT,TAPE1=INPUT,OUTPUT,TAPE2=OUTPUT)
      DIMENSION  A(50),B(50),C(50),D(50),H(50),X(50),Y(50),ITEXT(26)
      DATA  NDIM  / 50 /
      DATA  IEIN,IAUS  / 1 , 2 /
      READ (IEIN,1000)  ITEXT,N,L
      IF (N.GE.3.AND.N.LE.NDIM)          GO TO     110
  100 WRITE (IAUS,2000)
      STOP
  110 READ (IEIN,1010)  (X(I),Y(I),I=1,N)
      DO                                           150   I=2,N
      HI = X(I)    -  X(I-1)
      IF (HI.LE.0.0)                     GO TO     100
  150 H(I-1) = HI
      WRITE (IAUS,2010)  ITEXT
      DO                                           200   I=1,N
      IM1 = I - 1
  200 WRITE (IAUS,2020)  IM1,X(I),Y(I)
      CALL  SPLINS  (IAUS,N,A,B,C,D,Y,H)
      WRITE (IAUS,2030)
      DO                                           220   I=2,N
      IM2 = I - 2
  220 WRITE (IAUS,2020)  IM2,A(I-1),B(I-1)
      WRITE (IAUS,2040)
      DO                                           230   I=2,N
      IM2 = I - 2
  230 WRITE (IAUS,2020)  IM2,C(I-1),D(I-1)
```

```
      IF (L.LE.0)                               STOP
      WRITE (IAUS,2050)
      DO                                                      300  J=1,L
      READ (IEIN,1020)    XWERT
      FWERT = SPWERT (XWERT,A,B,C,D,X,N)
  300 WRITE ( IAUS,2020)   J,XWERT,FWERT
C
C
 1000 FORMAT (13A4,/,13A4,/,2I5)
 1010 FORMAT (2E10.2)
 1020 FORMAT (E10.2)
 2000 FORMAT (37H1*** FEHLERHALT: FALSCHE EINGABEWERTE)
 2010 FORMAT (1H1,2(13A4,/,1X),/,11HOWERTEPAARE,//,5X,1HK,10X,
    1         1HX,18X,4HY(X),/)
 2020 FORMAT (1X,I5,2(1PE20.10))
 2030 FORMAT (14HOKOEFFIZIENTEN,//,5X,1HI,10X,1HA,19X,1HB,/)
 2040 FORMAT (1H0,4X,1HI,10X,1HC,19X,1HD,/)
 2050 FORMAT (30HOWERTE DER SPLINEFUNKTION S(X),//,5X,1HJ,10X,
    1         1HX,18X,4HS(X),/)
      END


      SUBROUTINE  SPLINS  (IAUS,N,A,B,C,D,Y,H)
      DIMENSION  A(N),B(N),C(N),D(N),H(N),Y(N)
      IF (N.GT.3)                              GO TO      100
      C(2) = 3. * ((Y(3) - Y(2)) / H(2)  -  (Y(2) - Y(1)) / H(1))
      GO  TO                                              300
  100 DO                                                  180  I=3,N
      A(I-2) = 3. * ((Y(I)-Y(I-1))/H(I-1) - (Y(I-1)-Y(I-2))/H(I-2))
      B(I-2) = H(I-2)
      C(I-2) = H(I-1)
  180 D(I-2) = 2. * (H(I-2) + H(I-1))
      CALL  TRIDIG  (IAUS,N-2,A,B,C,D)
      DO                                                  200  I=3,N
  200 C(I-1) = A(I-2)
  300 C(N) = 0.0
      C(1) = 0.0
      DO                                                  310  I=1,N
  310 A(I) = Y(I)
      DO                                                  350  I=2,N
      B(I-1) = (A(I)-A(I-1))/H(I-1) - H(I-1)*(C(I) + 2.*C(I-1)) / 3.
  350 D(I-1) = (C(I) - C(I-1))  /  (3. * H(I-1))
      RETURN
      END


      REAL FUNCTION SPWERT (XWERT,A,B,C,D,X,N)
      DIMENSION  A(N),B(N),C(N),D(N),X(N)
      DO                                                  180  K=2,N
      I = K - 1
      IF (XWERT.LT.X(K))                       GO TO      200
  180 CONTINUE
  200 XX = XWERT - X(I)
      SPWERT = A(I) + B(I)*XX + C(I)*(XX**2) + D(I)*(XX**3)
      RETURN
      END
```

EINGABEWERTE.

(1) 2 Textkarten (Format 13 A 4)

(2) Parameterkarten

Name	Spalte	Format	Bedeutung
N	1- 5	I 5	Anzahl n von Wertepaaren
L	6-10	I 5	Anzahl l von Argumenten x_j, für die S(x) berechnet werden soll
X(I),Y(I), I = 1(1)N	1-20	2 E 10.2	Wertepaare (x_i, y_i)
X(J),J = 1(1)L	1-10	E 10.2	Argumente x_j

Zur Lösung des auftretenden linearen Gleichungssystems ist der in P 3.7 beschriebene Programmteil (Gleichungssysteme mit tridiagonalen Matrizen) anzufügen.

Als Ergebnis erhält man die Koeffizienten a_i, b_i, c_i, d_i, $i = 0(1)n-2$, der kubischen Splinefunktion S und die Werte $S(x)$, $x = x_j$, $j = 1(1)l$.

BEISPIEL.

```
INTERPOLATION MITTELS KUBISCHER SPLINES


WERTEPAARE

   K          X                          Y(X)

   0    -1.0000000000E+00         5.0000000000E-01
   1    -5.0000000000E-01         8.0000000000E-01
   2     0.                       1.0000000000E+00
   3     5.0000000000E-01         8.0000000000E-01
   4     1.0000000000E+00         5.0000000000E-01

KOEFFIZIENTEN

   I          A                          B

   0     5.0000000000E-01         6.0000000000E-01
   1     8.0000000000E-01         6.0000000000E-01
   2     1.0000000000E+00        -5.3290705182E-15
   3     8.0000000000E-01        -6.0000000000E-01
```

I	C	D
0	0.	-1.7763568394E-14
1	-2.6645352591E-14	-8.0000000000E-01
2	-1.2000000000E+00	8.0000000000E-01
3	-2.6645352591E-14	1.7763568394E-14

WERTE DER SPLINEFUNKTION S(X)

J	X	S(X)
1	0.	1.0000000000E+00
2	1.0000000000E-01	9.8880000000E-01
3	2.0000000000E-01	9.5840000000E-01
4	3.0000000000E-01	9.1360000000E-01
5	4.0000000000E-01	8.5920000000E-01
6	5.0000000000E-01	8.0000000000E-01
7	6.0000000000E-01	7.4000000000E-01
8	7.0000000000E-01	6.8000000000E-01
9	8.0000000000E-01	6.2000000000E-01
10	9.0000000000E-01	5.6000000000E-01
11	1.0000000000E+00	5.0000000000E-01

P7.8.3 (B) INTERPOLATION MITTELS PERIODISCHER POLYNOM-SPLINES DRITTEN GRADES. UNTERPROGRAMME PERSPL, FN.

(D. Wittek)

Das Unterprogramm PERSPL bestimmt zu den gegebenen Interpolationsstellen $(x_i, y_i = f(x_i))$, $i = 1(1)n$ mit $f(x_1) = f(x_n)$ die Koeffizienten a_i, b_i, c_i, d_i, $i = 1(1)n-1$ der kubischen Splinefunktion S mit

$$S(x) \equiv P_i(x) = a_i + b_i(x-x_i) + c_i(x-x_i)^2 + d_i(x-x_i)^3$$
$$\text{für} \quad x \in [x_i, x_{i+1}] , \qquad i = 1(1)n-1$$

```
      SUBROUTINE PERSPL (X,Y,N,A,B,C,D,X1,Y1,V,W)
C
C     PERIODISCHE SPLINEFUNKTION
C
      DIMENSION V(2), W(2)
      DIMENSION X1(N), Y1(N)
      DIMENSION X(N), Y(N), A(2), B(2), C(2), D(2)
      CALL AUFSTE (X, Y, N, A, B, C, D)
      N1 = N - 1
      CALL ZYKTRI (A, B, C, D, V, W, Y1, N1, X1)
      X1(N) = X1(1)
      CALL COEFF (X, Y, X1, A, B, C, D, N  )
      RETURN
      END
```

```
      SUBROUTINE AUFSTE (X, Y, N, A, B, C, D )
C
C     AUFSTE STELLT DAS ZU DEN GEGEBENEN GROESSEN
C     ZUGEHOERIGE GLEICHUNGSSYSTEM AUF
C
      DIMENSION A(2), B(2), C(2), D(2), X(N), Y(N)
      HA = X(N) - X(N-1)
      HB = X(2) - X(1)
      FA = Y(N) - Y(N-1)
      FB = Y(2) - Y(1)
      A(1) = HA
      B(1) = 2.*(HA + HB)
      C(1) = HB
      D(1) = 6. * (FB/HB - FA/HA)
      N1 = N - 1
      FA = FB/HB
      DO  10  I = 2, N1
      HC = X(I+1) - X(I)
      FC = Y(I+1) - Y(I)
      A(I) = HB
      B(I) = 2. * (HB + HC)
      C(I) = HC
      HA = FC/HC
      D(I) = 6. * (HA - FA)
      FA = HA
      HB = HC
      FB = FC
   10 CONTINUE
      RETURN
      END


      SUBROUTINE COEFF ( T, X, X2, A1, B1, C1, D1, N)
C
C     COEFF BERECHNET DIE GESUCHTEN KOEFFIZIENTEN
C     DER SPLINE-FUNKTION
C
      DIMENSION T(2), X(2), X2(2), A1(2), B1(2), C1(2), D1(2)
      N1 = N - 1
      EH = 1./2.
      ES = EH / 3.
      DO  250  K = 1, N1
      KP = K + 1
      S = T(KP) - T(K)
      R1 = X(KP) - X(K)
      ESD = ES * S
      ESS = ES / S
      D1(K) = ESS * (X2(KP) - X2(K))
      C1(K) = EH * X2(K)
      B1(K) = R1/S - ESD * (X2(KP) + 2.*X2(K))
      A1(K) = X(K)
  250 CONTINUE
      RETURN
      END
```

AUFRUF: CALL PERSPL (X, Y, N, A, B, C, D, X1, Y1, V, W)

BEDEUTUNG DER PARAMETER.

Name	Typ	Bedeutung
X(N)	REAL	Vektor der gegebenen x-Koordinaten
Y(N)	REAL	Vektor der gegebenen y-Koordinaten
N	INTEGER	Anzahl der Wertepaare (x_i, y_i)
A(N-1)	REAL	a_i } Felder zum Abspeichern der Koeffizienten der gesuchten Splinefunktion S.
B(N-1)	REAL	b_i
C(N-1)	REAL	c_i
D(N-1)	REAL	d_i
X1(N)	REAL	} im Unterprogramm benötigte Hilfsfelder
Y1(N)	REAL	
V(N)	REAL	
W(N)	REAL	

Das Unterprogramm ZYKTRI (P 3.8) ist dem Programm PERSPL hinzuzufügen.

Möchte man für ein bestimmtes $\bar{x} \in [x_1, x_n]$ den Funktionswert $S(\bar{x})$ der Splinefunktion S bestimmen, so ruft man das Unterprogramm FN auf.

```
SUBROUTINE FN (N,A,B,C,D,X,XX,XQ)

FN BERECHNET ZU GEGEBENEN XX DEN FUNKTIONSWERT
DER SPLINE-FUNKTION

DIMENSION A(2),B(2),C(2),D(2),X(N)
CALL SUCH (N, K, X, XX)
GL = XX - X(K)
XQ = A(K) + GL * (B(K) + GL * (C(K) + GL * D(K)))
RETURN
END
```

```
      SUBROUTINE SUCH ( N, K, X, XX )
C
C     SUCHT DAS INTERPOLATIONSINTERVALL, IN DEM XX LIEGT
C
      DIMENSION X(N)
      N1 = N - 1
      DO  100  KI = 1, N1
      IF (((X(KI) - XX).GT. 0.).OR.((X(KI+1) - XX) .LE. 0.)) GO TO 100
      K = KI
      RETURN
  100 CONTINUE
      RETURN
      END
```

AUFRUF: CALL FN (N, A, B, C, D, X, XX, XQ)

BEDEUTUNG DER PARAMETER.

Name	Typ	Bedeutung
N	INTEGER	Anzahl der gegebenen x-Koordinaten
A(N-1)	REAL	in PERSPL berechnete Koeffizienten der Splinefunktion S.
B(N-1)	REAL	
C(N-1)	REAL	
D(N-1)	REAL	
X(N)	REAL	Vektor der gegebenen x-Koordinaten
XX	REAL	$\bar{x} \in [x_1, x_n]$
XQ	REAL	$S(\bar{x})$

P 7.10.2 ZWEIDIMENSIONALE POLYNOMSPLINES DRITTEN GRADES. UNTERPROGRAMME KUZEDI, FNAEHR.

(D. Wittek)

Die Lösung des Problems wird auf zwei Unterprogramme verteilt. Zuerst werden zu den Wertetripeln (x_i, y_j, u_{ij}), $i = 1(1)n$, $j = 1(1)m$, $x_i < x_s$ für $i < s$, $y_j < y_t$ für $j < t$ die Koeffizienten a_{ijkl} der Splinefunktion f mit

$$f(x,y) \equiv f_{ij}(x,y) = \sum_{k=1}^{4} \sum_{l=1}^{4} a_{ijkl}(x-x_i)^{k-1}(y-y_j)^{l-1}$$

$$\text{für } (x,y) \in R_{ij}, \quad i = 1(1)n-1, \quad j = 1(1)m-1 \quad ,$$

berechnet (KUZEDI). Dann kann der Funktionswert von f an einer vorgegebenen Stelle (x,y) im Rechteck $R = [a,b] \times [c,d]$ berechnet werden (FNAEHR).

1. *Bestimmung der Koeffizienten.*

```
SUBROUTINE KUZEDI  (N,NH,M,MH,X,Y,U,P,Q,R,A)

ZWEIDIMENSIONALE KUBISCHE
SPLINE-INTERPOLATION

DIMENSION X(N), Y(M), U(NH,M), P(NH,M), Q(NH,M), R(NH,M)
DIMENSION A(NH,MH,16), S(4,4), G(4,4), WK(4,4), WKAREA(16)
NM = N - 1
MM = M - 1
DO  200  I = 1,NM
DO  200  J = 1, MM
CALL SMATRI  (NH, M, S, U, Q, P, R, I, J )
H = X(I+1) - X(I)
CALL GINVER  (H,G)
CALL MATMUL  ( 4,4,4,4,4,G,S,WK)
H = Y(J+1) - Y(J)
CALL GINVER  (H,G)
CALL TRANSP (G)
CALL MATMUL  (4,4,4,4,4,WK,G,S)
CALL UMWAND  (4,4,16,S,WKAREA)
DO  150  K = 1, 16
A(I,J,K) = WKAREA (K)
```

```
  150 CONTINUE
  200 CONTINUE
      RETURN
      END

      SUBROUTINE SMATRI  (NP, M, S, U, Q, P, R, I, J)
C
C     AUFSTELLEN DER MATRIX S
C
      DIMENSION U(NP,M), Q(NP,M), P(NP,M), R(NP,M), S(4,4)
      IP = I +1
      JP = J + 1
      S(1,1) = U (I ,J )
      S(1,3) = U (I ,JP)
      S(1,4) = Q (I ,JP)
      S(1,2) = Q (I ,J )
      S(3,2) = Q (IP,J )
      S(3,4) = Q (IP,JP)
      S(3,3) = U (IP,JP)
      S(3,1) = U (IP,J )
      S(4,1) = P (IP,J )
      S(4,3) = P (IP,JP)
      S(4,4) = R (IP,JP)
      S(4,2) = R (IP,J )
      S(2,2) = R (I ,J )
      S(2,4) = R (I ,JP)
      S(2,3) = P (I ,JP)
      S(2,1) = P (I ,J )
      RETURN
      END

      SUBROUTINE GINVER  ( H, G)
C
C     BILDUNG DER INVERSEN VON G
C
      DIMENSION G(4,4)
      H1 = 1./ H
      H2 = H1 * H1
      H3 = H1 * H2
      G(1,1) = 1.
      G(1,2) = 0.
      G(1,3) = 0.
      G(1,4) = 0.
      G(2,1) = 0.
      G(2,2) = 1.
      G(2,3) = 0.
      G(2,4) = 0.
      G(3,1) = -3. * H2
      G(3,2) = -2. * H1
      G(3,3) = -G(3,1)
      G(3,4) = -H1
      G(4,1) = 2. * H3
      G(4,2) = H2
      G(4,3) = -G(4,1)
      G(4,4) = H2
      RETURN
      END
```

```
      SUBROUTINE MATMUL  ( L, LH, M, MH, N, A, B, C )
C
C     MATRIZENMULTIPLIKATION
C
      DIMENSION  A(LH, M), B(MH, N),C(LH, N)
      DO  100  I = 1, L
      DO  100  K = 1, N
      SUM = 0.
      DO  50  J = 1, M
      SUM = SUM + A(I,J) * B(J,K)
   50 CONTINUE
      C(I,K) = SUM
  100 CONTINUE
      RETURN
      END


      SUBROUTINE TRANSP (G)

      TRANSPONIEREN EINER MATRIX

      DIMENSION G(4,4)
      N = 4
      M = 4
      DO  100  I = 1, N
      DO  100  J = 1, M
      IF (I .GE. J)   GO TO  100
      HZ = G(I,J)
      G(I,J) = G(J,I)
      G(J,I) = HZ
  100 CONTINUE
      RETURN
      END


      SUBROUTINE UMWAND  (N, M, L, S, WKAREA )

      UMSCHREIBUNG EINES ZWEIDIMENSIONALEN
      FELDES IN EIN EINDIMENSIONALES FELD

      DIMENSION S(N,M), WKAREA(L)
      L = N * M
      DO  100  I = 1, N
      DO  100  J = 1, M
      K = J + (I - 1) * M
      WKAREA (K) = S( I,J)
  100 CONTINUE
      RETURN
      END
```

AUFRUF: CALL KUZEDI (N, NH, M, MH, X, Y, U, P, Q, R, A)

BEDEUTUNG DER PARAMETER.

Name	Typ	Bedeutung
N	INTEGER	Anzahl der gegebenen Werte $x_i \in [a,b]$
NH	INTEGER	Dimension der ersten Komponente der mehrdimensionalen Felder im rufenden Programm, $N \leq NH$
M	INTEGER	Anzahl der gegebenen Werte $y_j \in [c,d]$
MH	INTEGER	Dimension des dreidimensionalen Feldes A in der zweiten Komponente im rufenden Programm, $M \leq MH$
X(N)	REAL	Feld für die gegebenen Werte $x_i \in [a,b]$, $i = 0(1)n-1$
Y(N)	REAL	Feld für die gegebenen Werte $y_j \in [c,d]$, $j = 0(1)m-1$
U(NH,M)	REAL	Feld für die gegebenen Höhen $u(x_i, y_j)$
P(NH,M)	REAL	Feld für die partiellen Ableitungen von u nach x in den Gitterpunkten (x_i, y_j)
Q(NH,M)	REAL	Feld für die partiellen Ableitungen von u nach y in den Gitterpunkten (x_i, y_j)
R(NH,M)	REAL	Feld für $\frac{\partial^2 u}{\partial x \partial y}$ in den Gitterpunkten (x_i, y_j)
A(NH,MH,16)	REAL	Feld zur Abspeicherung der Koeffizienten der Splinefunktion (dieses Feld wird im Programm von seiner vierdimensionalen Gestalt auf eine dreidimensionale umgespeichert, da ein Feld nach Standard-Fortran-Konventionen nur höchstens drei Dimensionen haben darf.)

BEMERKUNG.

Es werden die folgenden Randbedingungen vorgegeben:

$$p_{1j} := \frac{\partial u}{\partial x}\bigg|_{(x_1,\, y_j)} \;, \quad p_{nj} := \frac{\partial u}{\partial x}\bigg|_{(x_n,\, y_j)} \;, \quad j = 1(1)m$$

$$q_{i1} := \frac{\partial u}{\partial y}\bigg|_{(x_i,\, y_1)} \;, \quad q_{im} := \frac{\partial u}{\partial y}\bigg|_{(x_i,\, y_m)} \;, \quad i = 1(1)n$$

und

$$r_{kl} := \frac{\partial^2 u}{\partial x \partial y}\bigg|_{(x_k,y_l)} \;, \quad k = 1 \text{ und } n \;, \quad l = 1 \text{ und } m \;.$$

Mit diesen Randbedingungen und den gegebenen Höhen u_{ij} berechnet man sich die Werte von p_{ij}, q_{ij} und r_{ij} an den Gitterpunkten im Innern des Rechtecks mit einem geeigneten Verfahren der numerischen Differentiation. Dies muß vor der Anwendung des Unterprogramms KUZEDI geschehen, s. z.B. Subroutine DFX, S. 291.

2. *Bestimmung von $f(x,y)$ zu gegebenem (x,y).*

```
      SUBROUTINE FNAEHR  (N,NH,M,MH, X, Y, A, XX, YY, F)
C
C     DIESES UNTERPROGRAM BERECHNET ZU DEN IN KUZEDIS
C     ERMITTELTEN KOEFFIZIENTEN ZU EINEM GEGEBENEN
C     WERTEPAAR (X,Y) DEN ZUGEHOERIGEN FUNKTIONSWERT
C
      DIMENSION X(N), Y(N)
      DIMENSION A (NH, MH, 16  )
      CALL SUCH ( N, I, X, XX )
      CALL SUCH ( M, J, Y, YY )
      XI = X(I)
      YJ= Y(J)
      FSUM = 0.
      DO  50  K = 1, 4
      DO  50  L = 1, 4
      MI=  L + (K - 1) * 4
      FSUM=A(I,J,MI)*G(XX,XI,K)*G(YY,YJ,L)+FSUM
   50 CONTINUE
      F = FSUM
      RETURN
      END


      FUNCTION G (Z, ZL, L )
C
C     KUBISCHER SPLINEFUNKTIONENANSATZ
C
      G = 1.
      IF ( L .EQ. 1 )   GO TO  50
      H = Z - ZL
      G = H
      IF ( L .EQ. 2 )   GO TO  50
      G = G * G
      IF ( L .EQ. 3 )   GO TO  50
      G = G * H
   50 CONTINUE
      RETURN
      END
```

AUFRUF: CALL FNAEHR (N, NH, M, MH, X, Y, A, XX, YY, F)

BEDEUTUNG DER PARAMETER.

Name	Typ	Bedeutung
N	INTEGER	Bedeutung wie in KUZEDI
NH	INTEGER	
M	INTEGER	
MH	INTEGER	
X	REAL	
Y	REAL	
A(NH,MH,16)	REAL	
XX	REAL	Wertepaar (x,y), für das f(x,y) berechnet werden soll.
YY	REAL	
F	REAL	f(x,y)

Zu FNAEHR gehört noch das Unterprogramm SUCH aus P 7.8.3 (β) .

P 8

Auf die Angabe von Programmen zur *numerischen Differentiation* wird hier verzichtet. Das Verfahren in Abschnitt 8.2 läßt sich nach Ermittlung der kubischen Splinefunktion nach Programm SPLINE (...) in P 7.8 anwenden. Das Programm ROM (...) in P 9.5 läßt sich zur numerischen Differentiation nach Romberg (Abschnitt 8.3) durch eine kleine Änderung verwenden. Dazu hat man im wesentlichen das Unterprogramm FUNCTION ST(J) durch ein solches zur Berechnung von (8.3) zu ersetzen. Siehe auch Subroutine DFX in P 4.2.4.

P 9

P 9.2.2 QUADRATUR MITTELS NEWTON-COTES-FORMELN. PROGRAMM NECO. (D. Axmacher)

Das Integral $I(f; a,b) = \int_a^b f(x)dx$ wird näherungsweise unter Verwendung der in Abschnitt 9.2.2.4 zusammengestellten summierten Newton-Cotes-Formeln berechnet.

```
      PROGRAM  NECO  (INPUT,TAPE1=INPUT,OUTPUT,TAPE2=OUTPUT)
      REAL  IW
      INTEGER  TEXT(26),VN,FO
      DATA  IEIN,IAUS  / 1 , 2 /
      READ(IEIN,100) TEXT
      READ(IEIN,110) A,B,VN,N
      IF(VN.GE.1.AND.VN.LE.7.AND.B.GT.A.AND.N.GE.1) GOTO 20
   10 WRITE(IAUS,120)
      STOP
   20 H=(B-A)/FLOAT(N*VN)
      CALL QU (A,B,VN,N,FO,IW,FS)
      WRITE(IAUS,130)TEXT,A,B,VN,H,FO,IW
      IF(N.EQ.1) GO TO 30
      WRITE(IAUS,140)FS
   30 STOP
C
C
  100 FORMAT (13A4)
  110 FORMAT (2E10.2,2I5)
  120 FORMAT (29H1EINGANGSPARAMETER FEHLERHAFT)
  130 FORMAT (1H1,2(13A4,/,1X),/,8H0GRENZEN,13X,3HA =,1PE20.10,
     1   /,21X,3HB =,1PE20.10,//,10H VERFAHREN,14X,I5,/,
     2   13H SCHRITTWEITE,8X,3HH =,1PE20.10,/,13H GLOB. FEHLER,
     3   11HORDNUNG FO=,I5,//,13H INTEGRALWERT,8X,3HIW=,1PE20.10)
  140 FORMAT (24H0FEHLERSCHAETZUNG      FS=,1PE20.10)
      END

      SUBROUTINE QU (A,B,VN,N,FO,IW,FS)
      DIMENSION  G(7,8),Q(2),H(2)
      REAL  IW
      INTEGER  FOR(7),VN,FO,VN1
      DATA  G(1,1),G(2,1),G(3,1),G(4,1),G(5,1),G(6,1),G(7,1),
     1      G(1,2),G(2,2),G(3,2),G(4,2),G(5,2),G(6,2),G(7,2),
     2      G(1,3),G(2,3),G(3,3),G(4,3),G(5,3),G(6,3),G(7,3),
     3      G(1,4),G(2,4),G(3,4),G(4,4),G(5,4),G(6,4),G(7,4),
     4      G(1,5),G(2,5),G(3,5),G(4,5),G(5,5),G(6,5),G(7,5),
     5      G(1,6),G(2,6),G(3,6),G(4,6),G(5,6),G(6,6),G(7,6),
     6      G(1,7),G(2,7),G(3,7),G(4,7),G(5,7),G(6,7),G(7,7),
     7      G(1,8),G(2,8),G(3,8),G(4,8),G(5,8),G(6,8),G(7,8)
     8      /3*1.,7.,19.,41.,751.,1.,4.,3.,32.,75.,216.,3577.,
     +0.,1.,3.,12.,50.,27.,1323.,2*0.,1.,32.,50.,272.,2989.,
     +3*0.,7.,75.,27.,2989.,4*0.,19.,216.,1323.,5*0.,41.,3577.,
     +6*0.,751./
      DATA  FOR(1),FOR(2),FOR(3),FOR(4),FOR(5),FOR(6),FOR(7)
     1  /   2 ,  4 ,   4 ,   6 ,   6 ,   8 ,   8
      DATA  MARKE / 0 /
      IF (MARKE.NE.0)   GO TO  15
      MARKE = 1
      DO 10 L=1,8
      G(1,L)=.5*G(1,L)
      G(2,L)=G(2,L)/3.
      G(3,L)=3.*G(3,L)/8.
      G(4,L)=4.*G(4,L)/90.
      G(5,L)=5.*G(5,L)/288.
      G(6,L)=6.*G(6,L)/840.
   10 G(7,L)=7.*G(7,L)/17280.
   15 VN1=VN+1
      DO 50 J=1,2
      NN=N+1-J
      H(J)=(B-A)/FLOAT(NN*VN)
      Q(J)=0.
```

```
      DO 20 I=1,NN
      A1 = A  +  FLOAT(I-1) * FLOAT(VN) * H(J)
      DO 20 K=1,VN1
   20 Q(J) = Q(J) + G(VN,K) * F(A1 + FLOAT(K-1) * H(J))
      Q(J)=Q(J)*H(J)
      IF(N.EQ.1) GOTO 80
   50 CONTINUE
      FO=FOR(VN)
      FS=(Q(1)-Q(2))/((H(2)/H(1))**FO-1.)
   80 IW=Q(1)
      RETURN
      END
```

EINGABEWERTE.

(1) 2 Textkarten (Format 13 A 4)

(2) 1 Parameterkarte

Name	Spalte	Format	Bedeutung
A	1-10	E 10.2	Randpunkte a,b des Integrationsintervalls
B	11-20	E 10.2	
VN	21-25	I 5	Verfahrensnummer
N	26-30	I 5	Anzahl N der Teilintervalle der summierten Quadraturformel

Die in Abschnitt 9.2.2 aufgeführten Newton-Cotes (NC)-Formeln wurden durchnumeriert und nach Vorgabe von VN, $1 \leq VN \leq 7$ wird die entsprechende Formel verwandt:

VN	Formel	glob. Fehlerordnung
1	Sehnentrapezformel	2
2	Simpsonformel	4
3	3/8-Formel	4
4	4/90-Formel	6
5	5/288-Formel	6
6	6/840-Formel	8
7	7/17280-Formel	8

N gibt an, wie oft die gewählte NC-Formel zusammengesetzt werden soll, so daß man die Schrittweite $h_1 = (b-a)/(N \cdot VN)$ und hiermit den Näherungswert Q_{h_1} erhält.

Im Fall $N > 1$ wird die Rechnung mit der Schrittweite $h_2 = (b-a)/[(N-1) \cdot VN]$ [1])

---

1) Man kann auch ein anderes h_2 wählen; dann ist das Programm entsprechend abzuändern.

wiederholt und mit dem zugehörigen Näherungswert Q_{h_2} eine Fehlerschät- für Q_{h_1} nach (9.9) durchgeführt.

Der Integrand f(x) ist als FUNCTION F(X) anzufügen.

BEISPIEL.

```
QUADRATUR NACH NEWTON-COTES
INTEGRAND F(X) = 1. / (1.+X**2)


GRENZEN                  A =     0.
                         B =     1.0000000000E+00

VERFAHREN                        2
SCHRITTWEITE             H =     2.5000000000E-02
GLOB. FEHLERORDNUNG      FO=     4

INTEGRALWERT             IW=     7.8539816339E-01

FEHLERSCHAETZUNG         FS=     3.7752065177E-12
```

Lösung nach der Simpsonschen Formel (Verfahren 2).

P 9.5 QUADRATUR NACH ROMBERG. PROGRAMM ROM.
(D. Axmacher)

I(f; a,b) wird näherungsweise nach dem Verfahren von Romberg unter Verwendung des Rechenschemas 9.1 bestimmt.

EINGABEWERTE.

(1) 2 Textkarten (Format 13 A 4)

(2) 1 Parameterkarte

Name	Spalte	Format	Bedeutung
A	1-10	E 10.2	Randpunkte a,b des Integrationsintervalls
B	11-20	E 10.2	
EPS	21-30	E 10.2	Genauigkeitsschranke $\varepsilon > 0$
N	31-35	I 5	Maximale Anzahl $n \leq 20$ der Zeilen und Spalten des Rechenschemas
P	36-45	E 10.2	Ausgabeparameter
H	46-55	E 10.2	Anfangsschrittweite

Nach Rechenschema 9.1 werden die Werte $L_j^{(k)}$ zeilenweise berechnet. Die Rechnung wird abgebrochen, falls für ein $M \leq N$ gilt

$$|L_0^{(M)} - L_1^{(M-1)}| < \varepsilon .$$

```
      PROGRAM  ROM  (INPUT,TAPE1=INPUT,OUTPUT,TAPE2=OUTPUT)
      DIMENSION  T(20,20)
      INTEGER  TEXT(26)
      DATA  IEIN,IAUS  / 1 , 2 /
      DO 5 L=1,20
      DO 5 M=1,20
    5 T(L,M) = 0.0
      READ(IEIN,100)TEXT
      READ(IEIN,110)A,B,EPS,N,P,H
      WRITE(IAUS,120)TEXT,A,B,EPS,N,P
      IF(0.LT.N.AND.N.LE.20.AND.EPS.GT.0..AND.B.GT.A) GOTO 10
      WRITE(IAUS,105)
      STOP
   10 D = ROMINT (A,B,H,EPS,N,L,IAUS,T)
      DO 60 KK=1,L,3
      K1=KK-1
      IF(KK+2.GT.L) GOTO 70
      KK1=KK+1
      KK2=KK+2
      WRITE(IAUS,150)K1,KK,KK1
      DO 60 LL=1,L
   60 WRITE(IAUS,160)(T(LL,KR),KR=KK,KK2)
      GOTO 95
   70 IF(KK+1.EQ.L) GOTO 80
      WRITE(IAUS,170) K1
      WRITE(IAUS,180)(T(LL,KK),LL=1,L)
      GOTO 95
   80 WRITE(IAUS,190)K1,KK
      DO 90 LL=1,L
   90 WRITE(IAUS,200)(T(LL,KR),KR=KK,L)
   95 WRITE(IAUS,210)  D
C
C
  100 FORMAT (13A4)
  105 FORMAT (29H1EINGANGSPARAMETER FEHLERHAFT)
  110 FORMAT (3E10.2,I5,2E10.2)
  120 FORMAT (1H1,2(13A4,/,1X),/,5H0A  =,1PE20.10,/,5H B  =,1PE20.10,
     1    /,5H EPS=,1PE20.10,/,5H N  =,I5,/,5H P  =,1PE20.10,/)
  150 FORMAT (1H0,3(11X,2HK=,I2,5X),/)
  160 FORMAT (1X,3(1PE20.10))
  170 FORMAT (1H0,11X,2HK=,I2,/)
  180 FORMAT (1X,1PE20.10)
  190 FORMAT (1H0,2(11X,2HK=,I2,5X),/)
  200 FORMAT (1X,2(1PE20.10))
  210 FORMAT (/,10H0I(F;A,B)=,1PE20.10)
      END

      REAL FUNCTION  ROMINT  (A,B,H,EPS,KMAX,K,IAUS,EL)
      DIMENSION  EL(20,20)
      N0 = (B - A) / H
      H = (B - A) / N0
```

```
      K = 1
      EL(K,1) = SETRAP (A,B,H)
  100 H = H / 2.0
      K = K  +  1
      EL(K,1) = SETRAP (A,B,H)
      DO                                                   200   M=2,K
      MALSP = 2 * (M - 1)
  200 EL(K,M) = ROMFOR (EL(K,M-1),EL(K-1,M-1),MALSP)
      IF (ABS(EL(K,K) - EL(K-1,K-1)).LT.EPS) GO TO 300
      IF (K.LT.KMAX)                          GO TO     100
      WRITE (IAUS,2000)
  300 ROMINT = EL(K,K)
      R E T U R N
C
C
 2000 FORMAT (39HOGENAUIGKEITSFORDERUNG NICHT ERFUELLBAR,/)
      END


      REAL FUNCTION  SETRAP  (A,B,H)
      N = (B  -  A) / H  -  1
      SETRAP = (F(A)  +  F(B)) / 2.0
      DO                                                   100   I=1,N
  100 SETRAP = SETRAP  +  F(A + FLOAT(I)*H)
      SETRAP = SETRAP * H
      R E T U R N
      END


      REAL FUNCTION  ROMFOR  (A,B,K)
      K2 = 2 ** K
      ROMFOR = (FLOAT(K2) * A  -  B) / FLOAT(K2  -  1)
      R E T U R N
      END
```

Der Wert $L_0^{(M)}$ ist die beste Näherung für das Integral I(f; a,b); er wird als Ergebnis ausgedruckt. Gilt für den Ausgabeparameter $P > 0$, so wird zusätzlich die komplette (M,M)-Matrix der $L_j^{(k)}$ ausgedruckt; fehlende Elemente werden durch Nullen ersetzt.

BEISPIEL.

```
QUADRATUR NACH ROMBERG
F(X) = 1. / (1.+X**2)


A   =     0.
B   =     1.0000000000E+00
EPS=      5.0000000000E-11
N   =    20
P   =     1.0000000000E+00

             K= 0                    K= 1                    K= 2

     7.8488376104E-01     0.                      0.
     7.8526956259E-01     7.8539816311E-01        0.
     7.8536601319E-01     7.8539816339E-01        7.8539816341E-01
     7.8539012585E-01     7.8539816340E-01        7.8539816340E-01

             K= 3

     0.
     0.
     0.
     7.8539816340E-01


I(F;A,B)=     7.8539816340E-01
```

P 10

P 10.2 EINSCHRITTVERFAHREN 10.2.1 - 10.2.4 .
(D. Axmacher)

Zur numerischen Lösung des AWPs $y' = f(x,y)$, $y(a) = y_0$, im Intervall $[a,b]$ mit einem der Einschrittverfahren 10.2.1 - 10.2.3 werden zwei Programme angegeben. Je nach Wahl des Verfahrens ist die jeweilige später beschriebene SUBROUTINE DG(...) und f(x,y) als FUNCTION F(X,Y) anzufügen.

A. OHNE SCHRITTWEITENSTEUERUNG. PROGRAMM DGL.

```
      PROGRAM  DGL  (INPUT,TAPE1=INPUT,OUTPUT,TAPE2=OUTPUT)
      DIMENSION  Q(2)
      INTEGER  TEXT(26),FO
      DATA  IEIN,IAUS  / 1 , 2 /
      READ(IEIN,100) TEXT
      READ(IEIN,110) A,B,Y0,N
      IF(N.GT.0.AND.B.GT.A) GOTO 20
      WRITE(IAUS,120)
      STOP
   20 X=A
      Y=Y0
      K1=0
      WRITE(IAUS,130)TEXT,A,Y0,B,N,K1,X,Y
      DO 40 L=1,2
      X=A
      Y=Y0
      N1=N+1-L
      H=(B-A)/FLOAT(N1)
      DO 35 K=1,N1
      X1=X+H
      CALL DG (X,Y,X1,Y1,FO)
      IF(L.EQ.1)    WRITE (IAUS,140) K,X1,Y1
      X=X1
   35 Y=Y1
      Q(L)=Y
      IF(N.EQ.1) GO TO 55
   40 CONTINUE
   55 WRITE(IAUS,150)FO
      IF(N.EQ.1) GO TO 60
      FS=(Q(1)-Q(2))/((FLOAT(N)/FLOAT(N-1))**FO-1.)
      WRITE(IAUS,160)FS
   60 STOP


  100 FORMAT (13A4)
  110 FORMAT (3E10.2,I5)
  120 FORMAT (29H1EINGANGSPARAMETER FEHLERHAFT)
  130 FORMAT (1H1,2(13A4,/,1X),/,9H0X0=   A=,1PE20.10,/,
     1    9H Y0=Y(A)=,1PE20.10,/,7X,2HB=,1PE20.10,/,7X,2HN=,I5,
     2    //,5X,1HK,10X,1HX,19X,1HY,//,1X,I5,2(1PE20.10))
  140 FORMAT (1X,I5,2(1PE20.10))
  150 FORMAT (39H0LOESUNG MIT GLOBALER FEHLERORDNUNG FO=,I1)
  160 FORMAT (44H0FEHLERSCHAETZUNG AM RECHTEN RAND ERGIBT FS=,
     1    1PE20.10)
      END
```

EINGABEWERTE.

(1) 2 Textkarten (Format 13 A 4)

(2) 1 Parameterkarte

Name	Spalte	Format	Bedeutung
A	1-10	E 10.2	Intervallgrenzen a,b
B	11-20	E 10.2	
YO	21-30	E 10.2	Anfangswert y_0
N	31-35	I 5	Anzahl n von Teilintervallen

Mit der Schrittweite $h_1 = \frac{b-a}{n}$ werden für die Punkte $x_i = x_0 + ih$, $i = 1(1)n$, Näherungswerte $Y_{h_1,i}$ für $y(x_i)$ berechnet und ausgedruckt. Im Fall $n \geq 2$ wird die Rechnung mit $h_2 = \frac{b-a}{n-1}$ wiederholt[1] und aus den Werten $Y_{h_1,n}$ und $Y_{h_2,n-1}$ nach Abschnitt 10.4.2 eine Fehlerschätzung für $Y_{h_1,n}$ durchgeführt

$$e_{h_1} = y(b) - Y_{h_1,n} \approx \frac{Y_{h_1,n} - Y_{h_2,n-1}}{(h_2/h_1)^q - 1} .$$

Die globale Fehlerordnung q des benutzten Verfahrens wird jeweils in DG(...) durch FO angegeben.

B. MIT SCHRITTWEITENSTEUERUNG. PROGRAMM DGST.

```
      PROGRAM  DGST   (INPUT,TAPE1=INPUT,OUTPUT,TAPE2=OUTPUT)
      REAL  X(3),Y(3)
      INTEGER   TEXT(26),FO,KK(3)
      DATA  IEIN,IAUS  / 1 , 2 /
      READ(IEIN,100)TEXT
      READ(IEIN,110)A,B,Y0,EPS1,EPS2,N,N0
      IF(N.GT.0.AND.B.GT.A.AND.EPS1.LT.EPS2.AND.EPS1.GT.0.)GOTO 5
      WRITE(IAUS,120)
      STOP
    5 X(1)=A
      Y(1)=Y0
      L1=10
      KK(1)=0
      WRITE(IAUS,130)TEXT
      WRITE(IAUS,140)A,Y0,B,N,EPS1,EPS2,N0,KK(1),X(1),Y(1)
      H=(B-A)/FLOAT(N)
   10 KK(2)=KK(1)+1
      KK(3)=KK(2)+1
      LL=0
```

1) s. hierzu Fußnote zu P 9.5

```
 20 IF(B-X(1)-2.*H.GT.1.E-13) GOTO 30
    H=(B-X(1))/2.
    LL=-1
    L1=0
 30 X(2)=X(1)+H
    X(3)=X(2)+H
    CALL DG(X(1),Y(1),X(2),Y(2),FO)
    CALL DG(X(2),Y(2),X(3),Y(3),FO)
    CALL DG(X(1),Y(1),X(3),Y1,FO)
    FS=(Y(3)-Y1)/(FLOAT(2**FO)-1.)
    IF(ABS(FS).GE.EPS1) GOTO 40
    IF(LL.LT.0) GOTO 50
    H=2.*H
    GOTO 20
 40 IF(ABS(FS).LE.EPS2) GOTO 50
    H=H/2.
    LL=-1
    GOTO 30
 50 Y(3)=Y(3)+FS
    WRITE(IAUS,150)KK(2),X(2),Y(2),KK(3),X(3),Y(3)
    IF(L1.EQ.0) GOTO 70
    IF(KK(3).GE.NO) GOTO 60
    KK(1)=KK(3)
    X(1)=X(3)
    Y(1)=Y(3)
    GOTO 10
 60 WRITE(IAUS,160)
 70 WRITE(IAUS,170)FO
    STOP


100 FORMAT (13A4)
110 FORMAT (5E10.2,2I5)
120 FORMAT (29H1EINGANGSPARAMETER FEHLERHAFT)
130 FORMAT (1H1,2(13A4,/,1X))
140 FORMAT (9H0X0=    A=,1PE20.10,/,9H Y0=Y(A)=,1PE20.10,/,7X,
  1    2HB=,1PE20.10,/,7X,2HN=,I5,/,4X,5HEPS1=,1PE20.10,/,4X,
  2    5HEPS2=,1PE20.10,/,6X,3HNO=,I5,//,5X,1HK,10X,1HX,
  3    19X,1HY,//,1X,I5,2(1PE20.10))
150 FORMAT (1X,I5,1PE20.10,1PE20.10)
160 FORMAT (32H0MAXIMALE INTERVALLZAHL ERREICHT)
170 FORMAT (39H0LOESUNG MIT GLOBALER FEHLERORDNUNG FO=,I1)
    END
```

EINGABEWERTE.

(1) 2 Textkarten (Format 13 A 4)

(2) 1 Parameterkarte

Name	Spalte	Format	Bedeutung
A	1-10	E 10.2	Intervallgrenzen a,b
B	11-20	E 10.2	
Y0	21-30	E 10.2	Anfangswert y_0
EPS1	31-40	E 10.2	Genauigkeitsschranken $\varepsilon_2 > \varepsilon_1 > 0$
EPS2	41-50	E 10.2	
N	51-55	I 5	Ausgangszahl n von Teilintervallen
N0	56-60	I 5	Maximalzahl n_0 von Teilintervallen

Entsprechend der vorgesehenen Anzahl n von Teilintervallen wird zunächst die Schrittweite $h = \frac{b-a}{n}$ gewählt.
Die Rechnungen werden jeweils in zwei h-Schritten durchgeführt. Im Fall $x_{i+2} = x_i+2h > b$ wird h verkleinert auf $\frac{b-x_i}{2}$.
Mit der Schrittweite h werden mit Hilfe des gewählten Einschrittverfahrens $Y_{i+1,h}$ und $Y_{i+2,h}$ und anschließend $Y_{i+2,2h}$ mit $h_1 = 2h$ berechnet. Aus $Y_{i+2,h}$, $Y_{i+2,2h}$ erhält man nach Abschnitt 10.4.1 den Schätzwert für den globalen Verfahrensfehler $e_{i+2,h}$. Im Fall

(P 10.1) $$\varepsilon_1 \leq |e_{i+2,h}| \leq \varepsilon_2$$

werden die Wertepaare $(x_j, Y_{j,n})$, $j = i+1, i+2$, ausgedruckt und die Rechnung wird im nächsten 2h-Intervall weitergeführt.
Im Fall $|e_{i+2,h}| < \varepsilon_1$ wird die Rechnung - sofern vorher keine Schrittweitenverkleinerung durchgeführt wurde - mit $\bar{h} = 2h$ und im Fall $|e_{i+2,h}| > \varepsilon_2$ mit der Schrittweite $\hat{h} = \frac{h}{2}$ wiederholt bis (P 10.1) erfüllt ist.

Die Rechnungen werden fortgesetzt bis $x_{i+2} = b$ oder $i+2 = n_0$ (maximale Teilintervallzahl erreicht) gilt. Im zweiten Fall wird eine entsprechende Meldung ausgegeben.
Zusätzlich wird die globale Fehlerordnung FO des verwendeten Einschrittverfahrens ausgedruckt.

Diese Art der Schrittweitensteuerung erlaubt eine einheitliche Form des Hauptprogramms für alle angeführten Einschrittverfahren. Sie wird daher auch im Falle des Praediktor-Korrektor-Verfahrens von Heun, des klassischen R-K-Verfahrens und des Verfahrens Fehlberg I (Tabelle 10.1) an Stelle der in Abschnitt 10.2.2 angegebenen Abfrage, ob K = hL $\leq$ 0,2 gilt, bzw. der Vorschriften in den Abschnitten 10.2.3.2 und 10.2.3.3 verwendet.

P 10.2.1 VERFAHREN VON EULER-CAUCHY.
(D. Axmacher)

```
SUBROUTINE DG (X0,Y0,X,Y,FO)
REAL X0,Y0,X,Y,H,F
INTEGER FO
FO=1
H=X-X0
Y=Y0+H*F(X0,Y0)
RETURN
END
```

● BEISPIEL (ohne Schrittweitensteuerung).

```
ANFANGSWERTPROBLEM
DX/DY = F(X,Y) = Y


X0=    A=     0.
Y0=Y(A)=      1.0000000000E+00
       B=     1.0000000000E+00
       N=    10
```

K	X	Y
0	0.	1.0000000000E+00
1	1.0000000000E-01	1.1000000000E+00
2	2.0000000000E-01	1.2100000000E+00
3	3.0000000000E-01	1.3310000000E+00
4	4.0000000000E-01	1.4641000000E+00
5	5.0000000000E-01	1.6105100000E+00
6	6.0000000000E-01	1.7715610000E+00
7	7.0000000000E-01	1.9487171000E+00
8	8.0000000000E-01	2.1435888100E+00
9	9.0000000000E-01	2.3579476910E+00
10	1.0000000000E+00	2.5937424601E+00

```
LOESUNG MIT GLOBALER FEHLERORDNUNG FO=1

FEHLERSCHAETZUNG AM RECHTEN RAND ERGIBT FS=     1.1310901548E-01
```

● BEISPIEL (mit Schrittweitensteuerung).

```
ANFANGSWERTPROBLEM    (SCHRITTWEITENSTEUERUNG)
DX/DY = F(X,Y) = Y


X0=    A=     0.
Y0=Y(A)=      1.0000000000E+00
       B=     1.0000000000E+00
       N=     5
    EPS1=     1.0000000000E-03
    EPS2=     1.0000000000E-02
      N0=    30

     K          X                       Y

     0     0.                      1.0000000000E+00
     1     1.0000000000E-01        1.1000000000E+00
     2     2.0000000000E-01        1.2200000000E+00
     3     2.5000000000E-01        1.2810000000E+00
     4     3.0000000000E-01        1.3481000000E+00
     5     3.5000000000E-01        1.4155050000E+00
     6     4.0000000000E-01        1.4896505000E+00
     7     4.5000000000E-01        1.5641330250E+00
     8     5.0000000000E-01        1.6460638025E+00
     9     5.5000000000E-01        1.7283669926E+00
    10     6.0000000000E-01        1.8189005018E+00
    11     6.5000000000E-01        1.9098455269E+00
    12     7.0000000000E-01        2.0098850544E+00
    13     7.5000000000E-01        2.1103793072E+00
    14     8.0000000000E-01        2.2209229852E+00
    15     8.5000000000E-01        2.3319691344E+00
    16     9.0000000000E-01        2.4541198986E+00
    17     9.5000000000E-01        2.5768258935E+00
    18     1.0000000000E+00        2.7118024880E+00

LOESUNG MIT GLOBALER FEHLERORDNUNG FO=1
```

P 10.2.2 VERFAHREN VON HEUN.
(D. Axmacher)

```
      SUBROUTINE DG (X0,Y0,X,Y,FO)
      INTEGER FO
      FO=2
      H=X-X0
      FA=F(X0,Y0)
      YH=Y0+H*FA
      DO 10 M=1,2
   10 YH=Y0+.5*H*(FA+F(X,YH))
      Y=YH
      RETURN
      END
```

Es werden jeweils 2 Iterationsschritte des Korrektors durchgeführt.

● BEISPIEL (ohne Schrittweitensteuerung).

```
ANFANGSWERTPROBLEM
DX/DY = F(X,Y)  = Y


X0=    A=      0.
Y0=Y(A)=       1.0000000000E+00
       B=      1.0000000000E+00
       N=     10
```

K	X	Y
0	0.	1.0000000000E+00
1	1.0000000000E-01	1.1052500000E+00
2	2.0000000000E-01	1.2215775625E+00
3	3.0000000000E-01	1.3501486010E+00
4	4.0000000000E-01	1.4922517412E+00
5	5.0000000000E-01	1.6493112370E+00
6	6.0000000000E-01	1.8229012447E+00
7	7.0000000000E-01	2.0147616007E+00
8	8.0000000000E-01	2.2268152591E+00
9	9.0000000000E-01	2.4611875651E+00
10	1.0000000000E+00	2.7202275564E+00

```
LOESUNG MIT GLOBALER FEHLERORDNUNG FO=2

FEHLERSCHAETZUNG AM RECHTEN RAND ERGIBT FS=    -1.7713563596E-03
```

● BEISPIEL (mit Schrittweitensteuerung).

```
ANFANGSWERTPROBLEM   (SCHRITTWEITENSTEUERUNG)
DX/DY = F(X,Y)  = Y


X0=    A=      0.
Y0=Y(A)=       1.0000000000E+00
       B=      1.0000000000E+00
       N=      5
    EPS1=      1.0000000000E-04
    EPS2=      1.0000000000E-03
      N0=     30
```

K	X	Y
0	0.	1.0000000000E+00
1	2.0000000000E-01	1.2220000000E+00
2	4.0000000000E-01	1.4923786667E+00
3	5.0000000000E-01	1.6494515213E+00
4	6.0000000000E-01	1.8228461484E+00
5	7.0000000000E-01	2.0147007055E+00
6	8.0000000000E-01	2.2264912752E+00
7	9.0000000000E-01	2.4608294819E+00
8	1.0000000000E+00	2.7195182671E+00

```
LOESUNG MIT GLOBALER FEHLERORDNUNG FO=2
```

P 10.2.3.2 RUNGE-KUTTA-VERFAHREN.
(D. Axmacher)

```
      SUBROUTINE DG (X0,Y0,X,Y,FO)
      REAL  A(10),AL(10),B(10,10),KK(10)
      INTEGER  FO
      DATA  MARKE / 0 /
      IF(MARKE.NE.0) GOTO 10
      MARKE=1
      DO  5 I=1,10
      A(I) = 0.0
      AL(I) = 0.0
      KK(I) = 0.0
      DO  5 J=1,10
    5 B(I,J) = 0.0
      FO=4                  ┐
      M=4                   │
      A(1) = 1./6.          │
      A(4) = 1./6.          │
      A(2) = 1./3.          │
      A(3) = 1./3.          │
      AL(2) = .5            > (*)
      AL(3) = .5            │
      AL(4) = 1.            │
      B(2,1) = .5           │
      B(3,2) = .5           │
      B(4,3) = 1.           ┘
   10 H=X-X0
      Y=Y0
      DO 30 I=1,M
      XX=X0+AL(I)*H
      YY=Y0
      N=I-1
      IF(N.EQ.0) GOTO 20
      DO 15 J=1,N
   15 YY=YY+B(I,J)*KK(J)
   20 KK(I)=H*F(XX,YY)
   30 Y=Y+A(I)*KK(I)
      RETURN
      END
```

Dieses Unterprogramm erlaubt, eines der im Abschnitt 10.2.3.3 zusammengestellten expliziten R-K-Verfahren mit $M \geq 2$ zu verwenden. Hierzu müssen an der Stelle (*) angegeben werden:

Name	Bedeutung
M	Anzahl der verwendeten K-Werte $2 \leq M \leq 8$
FO	globale Fehlerordnung
A(I)	nicht verschwindende A_i
AL(I)	nicht verschwindende α_i
B(I,K)	nicht verschwindende β_{ik}

Im vorstehenden Unterprogramm sind hier die Werte für das klassische R-K-Verfahren angegeben.

● BEISPIEL (klassisches R-K-Verfahren ohne Schrittweitensteuerung).

```
ANFANGSWERTPROBLEM
DX/DY = F(X,Y) = Y


X0=    A=     0.
Y0=Y(A)=     1.0000000000E+00
      B=     1.0000000000E+00
      N=    10

    K          X                      Y

    0     0.                     1.0000000000E+00
    1     1.0000000000E-01       1.1051708333E+00
    2     2.0000000000E-01       1.2214025709E+00
    3     3.0000000000E-01       1.3498584971E+00
    4     4.0000000000E-01       1.4918242401E+00
    5     5.0000000000E-01       1.6487206386E+00
    6     6.0000000000E-01       1.8221179621E+00
    7     7.0000000000E-01       2.0137516266E+00
    8     8.0000000000E-01       2.2255395633E+00
    9     9.0000000000E-01       2.4596014138E+00
   10     1.0000000000E+00       2.7182797441E+00

LOESUNG MIT GLOBALER FEHLERORDNUNG FO=4

FEHLERSCHAETZUNG AM RECHTEN RAND ERGIBT FS=     2.0286038588E-06
```

● BEISPIEL (klassisches R-K-Verfahren mit Schrittweitensteuerung).

```
ANFANGSWERTPROBLEM  (SCHRITTWEITENSTEUERUNG)
DX/DY = F(X,Y) = Y


X0=    A=     0.
Y0=Y(A)=     1.0000000000E+00
      B=     1.0000000000E+00
      N=     5
   EPS1=     1.0000000000E-08
   EPS2=     1.0000000000E-07
     N0=    30

    K          X                      Y

    0     0.                     1.0000000000E+00
    1     5.0000000000E-02       1.0512710937E+00
    2     1.0000000000E-01       1.1051709178E+00
    3     1.5000000000E-01       1.1618342396E+00
    4     2.0000000000E-01       1.2214027576E+00
    5     2.5000000000E-01       1.2840254129E+00
    6     3.0000000000E-01       1.3498588067E+00
    7     3.5000000000E-01       1.4190675441E+00
```

```
       8    4.0000000000E-01      1.4918246963E+00
       9    4.5000000000E-01      1.5683121802E+00
      10    5.0000000000E-01      1.6487212689E+00
      11    5.5000000000E-01      1.7332530117E+00
      12    6.0000000000E-01      1.8221187980E+00
      13    6.5000000000E-01      1.9155408217E+00
      14    7.0000000000E-01      2.0137527044E+00
      15    7.5000000000E-01      2.1170000081E+00
      16    8.0000000000E-01      2.2255409246E+00
      17    8.5000000000E-01      2.3396468420E+00
      18    9.0000000000E-01      2.4596031064E+00
      19    9.5000000000E-01      2.5857096478E+00
      20    1.0000000000E+00      2.7182818226E+00

LCESUNG MIT GLOBALER FEHLERORDNUNG FO=4
```

P 10.2.3.3 RUNGE-KUTTA-VERFAHREN NACH FEHLBERG II.

(D. Axmacher)

```
      SUBROUTINE DG (X0,Y0,X,Y,FO)
      REAL  A(10),AL(10),B(10,10),KK(10)
      INTEGER FO
      DATA  MARKE / 0 /
      IF(MARKE.NE.0) GOTO 10
      MARKE=1
      DO  5 I=1,10
      A(I) = 0.0
      AL(I) = 0.0
      KK(I) = 0.0
      DO  5 J=1,10
    5 B(I,J) = 0.0
      FO=6                   ┐
      M=8                    │
      A(1)=7./1408.          │
      A(3)=1125./2816.       │
      A(4)=9./32.            │
      A(5)=125./768.         │
      A(7)=5./66.            │
      A(8)=5./66.            │
      AL(2)=1./6.            │
      AL(3)=4./15.           │
      AL(4)=2./3.            │
      AL(5)=4./5.            │
      AL(6)=1.               │
      AL(8)=1.               │
      B(2,1)=1./6.           │
      B(3,1)=4./75.          │
      B(3,2)=16./75.         │
      B(4,1)=5./6.           │
      B(4,2)=-8./3.          >  (*)
      B(4,3)=5./2.           │
      B(5,1)=-8./5.          │
      B(5,2)=144./25.        │
      B(5,3)=-4.             │
      B(5,4)=16./25.         │
```

```
   B(6,1)=361./320.
   B(6,2)=-18./5.
   B(6,3)=407./128.
   B(6,4)=-11./80.
   B(6,5)=55./128.
   B(7,1)=-11./640.
   B(7,3)=11./256.
   B(7,4)=-11./160.
   B(7,5)=11./256.
   B(8,1)=93./640.
   B(8,2)=-18./5.
   B(8,3)=803./256.
   B(8,4)=-11./160.
   B(8,5)=99./256.
   B(8,7)=1.
10 H=X-X0
   Y=Y0
   DO 30 I=1,M
   XX=X0+AL(I)*H
   YY=Y0
   N=I-1
   IF(N.EQ.0) GOTO 20
   DO 15 J=1,N
15 YY=YY+B(I,J)*KK(J)
20 KK(I)=H*F(XX,YY)
30 Y=Y+A(I)*KK(I)
   RETURN
   END
```

● BEISPIEL (ohne Schrittweitensteuerung).

```
ANFANGSWERTPROBLEM
DX/DY = F(X,Y) = Y


X0=    A=      0.
Y0=Y(A)=       1.0000000000E+00
       B=      1.0000000000E+00
       N=     10

     K            X                       Y

     0     0.                      1.0000000000E+00
     1     1.0000000000E-01        1.1051709181E+00
     2     2.0000000000E-01        1.2214027582E+00
     3     3.0000000000E-01        1.3498588076E+00
     4     4.0000000000E-01        1.4918246976E+00
     5     5.0000000000E-01        1.6487212707E+00
     6     6.0000000000E-01        1.8221188004E+00
     7     7.0000000000E-01        2.0137527075E+00
     8     8.0000000000E-01        2.2255409285E+00
     9     9.0000000000E-01        2.4596031111E+00
    10     1.0000000000E+00        2.7182818284E+00

LOESUNG MIT GLOBALER FEHLERORDNUNG FO=6

FEHLERSCHAETZUNG AM RECHTEN RAND ERGIBT FS=     3.9166723813E-11
```

● BEISPIEL (mit Schrittweitensteuerung).

```
ANFANGSWERTPROBLEM  (SCHRITTWEITENSTEUERUNG)
DX/DY = F(X,Y) = Y


X0=   A=     0.
Y0=Y(A)=     1.0000000000E+00
      B=     1.0000000000E+00
      N=     5
   EPS1=     1.0000000000E-08
   EPS2=     1.0000000000E-07
     N0=    30

   K          X                        Y

   0     0.                      1.0000000000E+00
   1     2.0000000000E-01        1.2214027579E+00
   2     4.0000000000E-01        1.4918246977E+00
   3     7.0000000000E-01        2.0137527007E+00
   4     1.0000000000E+00        2.7182818291E+00

LOESUNG MIT GLOBALER FEHLERORDNUNG FO=6
```

P 10.2.4 IMPLIZITE RUNGE-KUTTA-VERFAHREN.

s. unter P 11.

P 10.3 PRAEDIKTOR-KORREKTOR-VERFAHREN NACH ADAMS-MOULTON. (D. Axmacher)

Das AWP $y' = f(x,y)$, $y(a) = y_0$ wird im Intervall $[a,b]$ nach dem Verfahren von Adams-Moulton gelöst.

Es werden zwei Programme angegeben:

A. Ohne Schrittweitensteuerung (nach Algorithmus 10.3 mit A-M für $s = 3$), globale Fehlerordnung $O(h^5)$, zwei Iterationsschritte.

B. Mit Schrittweitensteuerung (nach Formeln auf S. 203 mit A-M für $s = 2$), globale Fehlerordnung $O(h^4)$, die jedoch durch Weiterrechnung mit dem verbesserten Näherungswert $Y_i = Y_i + e^*_{i,h}$ auf $O(h^5)$ verbessert wird, ein Iterationsschritt.

Die Programme lassen sich auf die entsprechenden Verfahren höherer Fehlerordnung erweitern.

A. OHNE SCHRITTWEITENSTEUERUNG.

```
      PROGRAM  DGLM  (INPUT,TAPE1=INPUT,OUTPUT,TAPE2=OUTPUT)
      REAL X(5),Y(5),Q(2)
      INTEGER TEXT(26),FO
      DATA  IEIN,IAUS  / 1 , 2 /
      READ(IEIN,100) TEXT
      READ(IEIN,110) A,B,Y0,N
      IF(N.GT.3.AND.B.GT.A) GOTO 20
      WRITE(IAUS,120)
      STOP
   20 X(1)=A
      Y(1)=Y0
      K1=0
      WRITE(IAUS,130)TEXT,A,Y0,B,N,K1,X(1),Y(1)
      DO 60 L=1,2
      X(1)=A
      Y(1)=Y0
      N1=N+1-L
      H=(B-A)/FLOAT(N1)
      DO 30 K=2,4
      K1=K-1
      X(K)=X(K1)+H
      CALL DG(X(K1),Y(K1),X(K),Y(K),FO)
      IF(L.EQ.2) GOTO 30
      WRITE(IAUS,140)K1,X(K),Y(K)
   30 CONTINUE
      N2=N1+1
      DO 50 K=5,N2
      K1=K-1
      CALL DGM(X,Y,FO)
      IF(L.EQ.2) GOTO 35
      WRITE(IAUS,140)K1,X(5),Y(5)
   35 DO 45 J=1,4
      J1=J+1
      X(J)=X(J1)
   45 Y(J)=Y(J1)
   50 CONTINUE
      Q(L)=Y(4)
      IF(N.EQ.4) GO TO 70
   60 CONTINUE
   70 WRITE(IAUS,150)FO
      IF(N.EQ.4) STOP
      FS=(Q(1)-Q(2))/((FLOAT(N)/FLOAT(N-1))**FO-1.)
      WRITE(IAUS,160)FS
      STOP
```

```
100 FORMAT (13A4)
110 FORMAT (3E10.2,I5)
120 FORMAT (29H1EINGANGSPARAMETER FEHLERHAFT)
130 FORMAT (1H1,2(13A4,/,1X),/,9H0X0=   A=,1PE20.10,/,
   1   9H Y0=Y(A)=,1PE20.10,/,7X,2HB=,1PE20.10,/,7X,2HN=,I5,//,5X,1HK,
   2   10X,1HX,19X,1HY,//,1X,I5,2(1PE20.10))
140 FORMAT (1X,I5,2(1PE20.10))
150 FORMAT (39H0LOESUNG MIT GLOBALER FEHLERORDNUNG FO=,I2)
160 FORMAT (44H0FEHLERSCHAETZUNG AM RECHTEN RAND ERGIBT FS=,1PE20.10)
    END

    SUBROUTINE DGM (X,Y,FO)
    REAL X(5),Y(5),FF(5)
    INTEGER FO
    FO=5
    DO 10 K=1,4
 10 FF(K)=F(X(K),Y(K))
    H=X(2)-X(1)
    X(5)=X(4)+H
    Y(5)=Y(4)+H*(55.*FF(4)-59.*FF(3)+37.*FF(2)-9.*FF(1))/24.
    S=H*(646.*FF(4)-264.*FF(3)+106.*FF(2)-19.*FF(1))/720.
    DO 20 J=1,2
    FF(5)=F(X(5),Y(5))
 20 Y(5)=Y(4)+S+H*251.*FF(5)/720.
    RETURN
    END
```

EINGABEWERTE.

(1) 2 Textkarten (Format 13 A 4)

(2) 1 Parameterkarte

Name	Spalte	Format	Bedeutung
A	1-10	E 10.2	Intervallgrenzen a,b
B	11-20	E 10.2	
YØ	21-30	E 10.2	Anfangswert y(a)
N	31-35	I 5	Teilintervallzahl $n \geq 4$

Anzufügen sind die SUBROUTINE DG(...) des klassischen R-K-Verfahrens aus P 10.2.3 und f(x,y) als FUNCTION F(X,Y).

Mit der Schrittweite $h_1 = h = \frac{b-a}{n}$ mit $hL \leq 0{,}2$, $L = \max\limits_{x\in[a,b]} |f_y|$ werden für $x_i = x_0 + ih$, $i = 1(1)3$, die Näherungswerte $Y_i = Y(x_i)$ mit Hilfe des klassischen R-K-Verfahrens berechnet, die Werte $Y(x_i)$, $i = 5(1)n$, mit Hilfe des Praediktor-Korrektor-Verfahrens von Adams-Moulton. Es werden jeweils zwei Iterationsschritte des Korrektors durchgeführt. Wie in P 10.2. A werden die Rechnungen im Fall $n > 4$ mit $h_2 = \frac{b-a}{n-1}$ wiederholt und der Schätzwert für den Fehler von $Y_{h_1}(b)$ wird angegeben.

● BEISPIEL.

```
ADAMS-MOULTON
DX/DY = F(X,Y) = Y


X0=     A=      0.
Y0=Y(A)=        1.0000000000E+00
        B=      1.0000000000E+00
        N=     10

     K          X                        Y

     0     0.                       1.0000000000E+00
     1     1.0000000000E-01         1.1051708333E+00
     2     2.0000000000E-01         1.2214025709E+00
     3     3.0000000000E-01         1.3498584971E+00
     4     4.0000000000E-01         1.4918243721E+00
     5     5.0000000000E-01         1.6487209335E+00
     6     6.0000000000E-01         1.8221184513E+00
     7     7.0000000000E-01         2.0137523479E+00
     8     8.0000000000E-01         2.2255405602E+00
     9     9.0000000000E-01         2.4596027362E+00
    10     1.0000000000E+00         2.7182814496E+00

LOESUNG MIT GLOBALER FEHLERORDNUNG FO= 5

FEHLERSCHAETZUNG AM RECHTEN RAND ERGIBT FS=     4.1796006361E-07
```

● B. MIT SCHRITTWEITENSTEUERUNG.

```
      PROGRAM  DGMST  (INPUT,TAPE1=INPUT,OUTPUT,TAPE2=OUTPUT)
      REAL X(5),Y(5)
      INTEGER TEXT(26),KK(5),FO
      DATA  IEIN,IAUS  / 1 , 2 /
      READ(IEIN,100)TEXT
      READ(IEIN,110)A,B,Y0,EPS,N,N0
      IF(N.GT.4.AND.B.GT.A.AND.EPS.GT.0..AND.N0.GE.N) GOTO 10
      WRITE(IAUS,120)
      STOP
   10 X(1)=A
      Y(1)=Y0
      H=(B-A)/FLOAT(N)
      K1=0
      WRITE(IAUS,130)TEXT,A,Y0,B,N,EPS,N0,K1,X(1),Y(1)
   15 DO 20 K=1,5
   20 KK(K)=K1+K-1
   25 DO 30 K=2,5
      K1=K-1
   30 X(K)=X(K1)+H
      DO 40 K=2,4
      K1=K-1
   40 CALL DG(X(K1),Y(K1),X(K),Y(K),FO)
      CALL DG(X(1),Y(1),X(4),Y1,FO)
      FS=(Y(4)-Y1)/(FLOAT(3**FO)-1.)
      IF(ABS(FS).LT.EPS) GOTO 50
      H=H/2.
      GOTO 25
```

```
   50 Y(4)=Y(4)+FS
      WRITE(IAUS,140)KK(2),X(2),Y(2)
   55 CALL DGM(X,Y,FO,FS)
      IF(ABS(FS).LE.EPS) GOTO 60
      X(1)=X(2)
      Y(1)=Y(2)
      K1=KK(2)
      H=H/2.
      GOTO 15
   60 IF(KK(5).LT.NO) GOTO 80
   70 WRITE(IAUS,140)((KK(J),X(J),Y(J)),J=3,5)
      WRITE(IAUS,160)FO
      IF(KK(5).LT.NO) STOP
      WRITE(IAUS,150)
      STOP
   80 IF(ABS(X(5)-B).LT.1.E-13) GOTO 70
      WRITE(IAUS,140)KK(3),X(3),Y(3)
      DO 85 J=1,4
      J1=J+1
      X(J)=X(J1)
      Y(J)=Y(J1)
   85 KK(J)=KK(J1)
      X(5)=X(4)+H
      KK(5)=KK(4)+1
      GOTO 55
C
C
  100 FORMAT (13A4)
  110 FORMAT (4E10.2,2I5)
  120 FORMAT (29H1EINGANGSPARAMETER FEHLERHAFT)
  130 FORMAT (1H1,2(13A4,/,1X),/,9H0X0=    A=,1PE20.10,/,
     1   9H Y0=Y(A)=,1PE20.10,/,7X,2HB=,1PE20.10,/,7X,2HN=,I5,/,5X,
     2   4HEPS=,1PE20.10,/,6X,3HNO=,I5,//,5X,1HK,10X,1HX,19X,1HY,//,
     3   1X,I5,2(1PE20.10))
  140 FORMAT (1X,I5,1PE20.10,1PE20.10)
  150 FORMAT (32H0MAXIMALE INTERVALLZAHL ERREICHT)
  160 FORMAT (39H0LOESUNG MIT GLOBALER FEHLERORDNUNG FO=,I2)
      END


      SUBROUTINE DGM (X,Y,FO,FS)
      REAL X(5),Y(5),FF(5)
      INTEGER FO
      FO=4
      DO 10 K=1,4
   10 FF(K)=F(X(K),Y(K))
      H=X(2)-X(1)
      YP=Y(4)+H*(55.*FF(4)-59.*FF(3)+37.*FF(2)-9.*FF(1))/24.
      FF(5)=F(X(5),YP)
      Y(5)=Y(4)+H*(9.*FF(5)+19.*FF(4)-5.*FF(3)+FF(2))/24.
      FS=-(Y(5)-YP)/14.
      Y(5)=Y(5)+FS
      RETURN
      END
```

EINGABEWERTE.

(1) 2 Textkarten (Format 13 A 4)

(2) 1 Parameterkarte

Name	Spalte	Format	Bedeutung
A	1-10	E 10.2	Intervallgrenzen a,b
B	11-20	E 10.2	
Y0	21-30	E 10.2	Anfangswert y_0
EPS	31-40	E 10.2	Genauigkeitsschranke $\varepsilon > 0$
N	41-45	I 5	Vorgesehene Intervallzahl n
N0	46-50	I 5	Maximale Intervallzahl n_0

Anzufügen sind die SUBROUTINE DG(...) des klassischen R-K-Verfahrens aus P 10.3.2 und f(x,y) als FUNCTION F(X,Y).

Mit dem AWP $y(a) = y_0$ berechnet man $L_0 = |f_y(x_0,y_0)|$ und wählt eine Schrittweite h und damit ein n so, daß $h = (b-a)/n$ mit $hL_0 \leq 0{,}20$ gilt. Mit diesem Wert für h werden für $x_i = x_0 + ih$, $i = 1(1)3$, die Näherungswerte $Y_{i,h} \approx y(x_i)$, i = 1,2,3, für das Anlaufstück nach dem klassischen R-K-Verfahren bestimmt. Durch einen R-K-Schritt der Schrittweite 3h berechnet man außerdem $Y_{i,3h}$ und erhält nach Abschnitt 10.4.1

$$e_{3,h} \approx \frac{1}{80}\left(Y_{3,h} - Y_{3,3h}\right) = e^*_{3,h} .$$

Ist die Bedingung $|e^*_{3,h}| < \varepsilon$ erfüllt, so rechnet man mit dem verbesserten Wert $Y^*_{3,h} = Y_{3,h} + e^*_{3,h} :\,= Y_3$ weiter, andernfalls wird zunächst die R-K-Rechnung mit jeweils halbierter Schrittweite solange wiederholt, bis für eine verkleinerte Schrittweite diese Bedingung erfüllt ist. Die weitere Rechnung erfolgt nach dem A-M-Verfahren (ein Iterationsschritt), man berechnet Y_i, i = 4,5,... . Nach jedem Schritt wird eine Fehlerschätzung (FS) nach der Formel

$$e^{AM}_{i,h} \approx -\frac{1}{14}\left(Y_i^{(1)} - Y_i^{(0)}\right) = e^*_{i,h}$$

(Abschnitt 10.4.1) durchgeführt. Ist $|e^*_{i,h}| < \varepsilon$, so wird h beibehalten, und es wird mit dem gegenüber $Y_i^{(1)}$ verbesserten Näherungswert $Y_i^* = Y_i^{(1)} + e^*_{i,h} = :Y_i$ weitergerechnet. Ist $|e^*_{i,h}| > \varepsilon$, so wird h halbiert. Das für die weitere Rechnung benötigte neue Anlaufstück mit i=j-2, j-3/2, j-1, j-1/2 wird nach dem klassischen R-K-Verfahren berechnet.

Das Programm läßt sich soweit verfeinern, daß im Falle $|e_{i,h}| > C\varepsilon$ mit (vorgegebenem C) h verdoppelt wird.

● BEISPIEL.

```
ADAMS-MOULTON     (SCHRITTWEITENSTEUERUNG)
DX/DY = F(X,Y) = Y


X0=    A=      0.
Y0=Y(A)=       1.0000000000E+00
      B=       1.0000000000E+00
      N=       5
    EPS=       5.0000000000E-07
     N0=      20
```

K	X	Y
0	0.	1.0000000000E+00
1	1.0000000000E-01	1.1051708333E+00
2	2.0000000000E-01	1.2214025709E+00
3	3.0000000000E-01	1.3498587595E+00
4	4.0000000000E-01	1.4918245210E+00
5	5.0000000000E-01	1.6487209268E+00
6	6.0000000000E-01	1.8221182611E+00
7	6.5000000000E-01	1.9155402573E+00
8	7.0000000000E-01	2.0137521014E+00
9	7.5000000000E-01	2.1169993887E+00
10	8.0000000000E-01	2.2255402651E+00
11	8.5000000000E-01	2.3396461508E+00
12	9.0000000000E-01	2.4596023702E+00
13	9.5000000000E-01	2.5857088763E+00
14	1.0000000000E+00	2.7182810011E+00

LOESUNG MIT GLOBALER FEHLERORDNUNG FO= 4

P 11

P 11.1 IMPLIZITES RUNGE-KUTTA-VERFAHREN.

(W. Glasmacher, D. Sommer)

Es wird ein Programm zur Lösung von AWPen bei Systemen von m DGLen erster Ordnung ($1 \le m \le 20$) für m Funktionen $x_j(t)$, $j = 1(1)m$, und m ABen

$$\text{(P 11.1)} \quad \begin{cases} x_j' = f_j(t, x_1, x_2, \ldots, x_m) \\ x_j(t_0) = x(t_0), \quad j = 1(1)m \end{cases}$$

angegeben. In diesem von D. Sommer für das System (P 11.1) entwickelten (s. [53], [62]) und zusammen mit W. Glasmacher programmierten Verfahren weichen fast durchweg die Bezeichnungen von denen in den Abschnitten 11.1 und 10.2.4.1 ab. Die Bezeichnungen sind im folgenden gegenübergestellt.

Abschnitt 11.1 und 10.4.1	Sommer - Glasmacher
$y_r(x)$, $r = 1(1)n$	$x_j(t)$, $j = 1(1)m$
$f_r(x,y_1,\dots,y_n)$	$f_j(t,x_1,x_2,\dots,x_m)$
n: Anzahl der DGLen	m: Anzahl der DGLen
m: Ordnung des R-K-Verfahrens	n: Ordnung des R-K-Verfahrens
A_j, α_j, β_{jl} } Koeffizienten für einen R-K-Schritt	$h\gamma$, α, β } Koeffizienten für einen R-K-Schritt
$[a,b]$: Integrationsintervall	$[t_0,t_1]$: Integrationsintervall
h: Schrittweite	h: Schrittweite

Das nachstehend angegebene Programm rechnet mit doppelter Genauigkeit. Wegen der hohen Fehlerordnung der impliziten R-K-Formeln in Verbindung mit der besonderen Schrittweitensteuerung (Abschnitt 10.4.1) läßt sich der globale relative Verfahrensfehler bis auf 10^{-18} herabdrücken. Die Koeffizienten α,β,γ werden vom Band gelesen. Sie sind aus [68] zu entnehmen. Das Programm ermittelt zunächst zu gegebenem ε das optimale m und die zugehörige Schrittweite h (s. Abschnitt 10.2.4.1, [53], [62]).

EINGABEWERTE.

(1) 2 Textkarten (Format 13 A 4)

(2) m+1 Parameterkarten

Parameterkarte 1

Name	Spalte	Format	Bedeutung
M	1- 4	I 5	Anzahl der Variablen $1 \le m \le 20$
EPS	5-14	E 10.0	geforderte Genauigkeit $\varepsilon > 0$
T0	15-34	D 20.0	Integrationsintervall [T0,T1]
T1	35-54	D 20.0	

Parameterkarte 2,...,m+1 (für eine DGL 1. Ordnung nur 1 Karte).

Name	Spalte	Format	Bezeichnung
X0(I)	1-19	D 20.0	Anfangswert X(T0)
G(I)	20-29	E 10.0	Gewicht zu X(I)

Die Gewichte G(I) ermöglichen eine unterschiedliche Wichtung der Komponenten von X bezüglich der Genauigkeitsforderung ε mit

$$\varepsilon = \frac{\sum_I G(I)(X(I) - XQ(I))}{\sum_I G(I)} .$$

Dabei sind X(I) und XQ(I) zwei mit unterschiedlicher Stützstellenzahl erzielte numerische Lösungen.

Das zu integrierende System

$$X' = F(T,X), \quad X = \begin{pmatrix} X1 \\ \vdots \\ XM \end{pmatrix}$$

ist in der Form

```
SUBROUTINE DGL (T,X,F)
DOUBLE PRECISION T, X(20), F(20)
   :
```

zur Verfügung zu stellen, dabei sind T und X die Eingangsparameter, F der zugehörige Funktionswert.

Es können beliebig viele Datensätze (m+1 Karten) nacheinander verarbeitet werden. Hinter dem letzten Datensatz sind 3 Leerkarten einzugeben.

```
      PROGRAM IRK(INPUT,OUTPUT,TAPE1=INPUT,TAPE2=CUTPUT,TAPE3)
      INTEGER  TEXT(26),FU,Z,P,Q,SZ
      REAL  G(20),AW(20)
      DOUBLE PRECISION T0,X0(20),T1,F0(20),FX(20,20),FS(20),
     1   HE(20),KD(40),FSH(20),FAK(20),WURZ,SUM,H,T,ALPHA(20),
     2   BETA(20,20),GAMMA(20),ALPHAQ(20),BETAQ(20,20),
     3   KI(20,20),KIQ(20,20),KIN(20,20),KIQN(20,20),X(20),
     4   XN(20),XQN(20),TH,XH(20),GD,E,KDL,H1,APS
     5  ,F1(20),GAMMAQ(20),XQ(20)
      COMMON N,FU,M,TEXT,I,J,MARKE,Z,NB,K,L,P,Q,VK,EPS,G,VZ,
     1   T0,X0,T1,F0,FX,FS,F1,HE,KD,FSH,FAK,SUM,H,T,ALFHA,
     2   GAMMA,ALPHAQ,BETAQ,GAMMAQ,KI,KIQ,KIN,KIQN,X,XQ,XN,
     3  GD,E,HS,SG,AW,BETA,XQN,TH,XH
      APS=10.D0
      H=1.D0
      NE = 19
      FAK(1) = 2.D0
      DO 8 I=2,20
      T0 = 2*I*(2*I-1)
8     FAK(I) = FAK(I-1) * T0
1     REWIND 3
      VK = .9
      SZ=0
      Z=0
      NA = NE
      NB = 0
      READ(1,1000) TEXT,M,EPS,T0,T1
```

```
1000 FORMAT (13A4,/,13A4,/,I5,E10.0,2D20.0)
     IF (M .EQ. 0) STOP
     IF( M .GT. 0 .AND. M .LE. 20 .AND. EPS .GT. 0.) GO TO 50
     WRITE(2,1004)
1004 FORMAT (31H1UNZULAESSIGE EINGANGSPARAMETER)
     STOP
50   WRITE(2,1001) TEXT,M,  EPS,T0,T1
1001 FORMAT (1H1,2(13A4,/,1X),4H0M =,I5,5X,5HEPS =,1PE12.4,
   1   /,5H0T0 =,1PD25.17,5X,4HT1 =,1PD25.17,/,
   2   1H0,10X,12HANFANGSWERTE,23X,8HGEWICHTE,/)
     SG = 0.
     DO 2 I=1,M
     READ(1,1002) X0(I),G(I)
1002 FORMAT(D20.0,E10.0)
     SG = SG + G(I)
     WRITE(2,1003) I,X0(I),I,G(I)
1003 FORMAT (2H X,I2,2H =,1PD25.17,5X,1HG,I2,2H =,1PE15.7)
     FU = 0
     VZ = DSIGN(1.D0,T1-T0)
     H=H*1.D-7
     CALL DGL(T0,X0,F0)
     CALL DGL(T0+H ,X0,F1)
     DO 4 I=1,M
     FS(I) = (F1(I) - F0(I)) / H
     MARKE = 0
     DO 5 I=1,M
     X0(I) = X0(I) + H
     CALL DGL(T0,X0,F1)
     X0(I) = X0(I) - H
     DO 5 J=1,M
     FX(J,I) = (F1(J) - F0(J)) / H
     IF (FX(J,I) .NE. 0.D0) MARKE = 1
     CONTINUE
     IF (MARKE .EQ. 0) GOTO 6
     MARKE = 0
     DO 48 I=1,M
     SUM = 0.D0
     DO 49 J=1,M
     SUM = SUM + FX(I,J) * F0(J)
     FS(I) = FS(I) + SUM
     IF (FS(I) .NE. 0.D0) MARKE = 1
     CONTINUE
     IF (MARKE .EQ. 0) GOTO 6
     KD(1) = 0.D0
     DO 7 I=1,M
     KD(1) = KD(1) + G(I) * FS(I)**2
     KD(1) = DSQRT(KD(1)/SG)
     HE(1) = DSQRT(EPS * FAK(1)*.100 / KD(1))
     AW(1) = FLOAT (M+3) / HE(1)
     SZ=SZ+1
     NAS = NA+2
     IF(Z .NE. 0)NAS=NA
     IF(NAS .GT. NE) NAS=NE
     DO 10 N=2,NAS
     CALL WZ(WURZ)
     KD(2*N-2) = WURZ
     CALL WZ(WURZ)
```

```
      KD(2*N-1) = WURZ
      IF (KD(2*N-1) .EQ. 0.D0) GOTO 6
      HE(N) = (EPS * FAK(N)*.1D0 / KD(2*N-1)) ** (1 /(2*N))
      AW(N) = FLOAT (M+2+2*N*N-N)  / HE(N)
      IF (AW(N) .GE. AW(N-1)) GOTO 11
10    CONTINUE
      N=NAS
      GOTO 37
11    N = N-1
      N=N+1
37    H = VZ * VK * HE(N)
      J = 2*N
13    FU = FU + M + 2
      Z = 0
9     NA = N
14    T = T0 + H
      IF (VZ * (T1 - T) .GE. 0.D0) GOTO 15
      H = T1 - T0
      T = T1
15    CONTINUE
16    IF (N - NB) 17,18,19
17    I = NB - N + 2
21    DO 20 J=1,I
20    BACKSPACE 3
22    READ(3) NB,ALPHA,BETA,GAMMA
      READ(3) J,ALPHAQ,BETAQ,GAMMAQ
      GOTO 18
19    I = N - NB
      IF (I .EQ. 1) GOTO 22
      IF(I .EQ. 2)GOTO 22
      I = I - 2
      DO 23 J=1,I
23    READ(3)
      GOTO 22
18    DO 24 I=1,M
      DO 25 J=1,N
      KI(I,J) = F0(I)
25    KIQ(I,J)=F0(I)
      KIQ(I,N+1)=F0(I)
      X(I) = X0(I) + H * F0(I)
24    XQ(I)= X(I)
      K = 2*N-1
      SUM = H
      DO 26 L=1,K
      SUM = SUM * H      / FLOAT(L+1)
      KDL=SUM*KD(L)
      DO 27 I=1,N
      TH = T0 + ALPHA(I) * H
      DO 28 J=1,M
      XH(J) = 0.D0
      DO 29 P = 1,N
29    XH(J) = XH(J) + BETA(I,P) * KI(J,P)
28    XH(J) = XH(J) * H + X0(J)
27    CALL DGL(TH,XH,KIN(1,I))
      Q=N+1
      DO 30 I=1,Q
      TH=T0+ ALPHAQ(I) * H
```

```
      DO 31 J=1,M
      XH(J) = 0.D0
      DO 32 P=1,Q
32    XH(J) = XH(J) + BETAQ(I,P) * KIQ(J,P)
31    XH(J) = XH(J) * H + X0(J)
30    CALL DGL(TH,XH,KIQN(1,I))
      E=0.D0
      GD = 0.D0
      DO 33 J=1,M
      XN(J) = 0.D0
      DO 34 I=1,N
34    XN(J) = XN(J) + GAMMA(I) * KIN(J,I)
      XN(J) = XN(J) * H + X0(J)
      XQN(J) = 0.D0
      DO 35 I=1,Q
35    XQN(J) = XQN(J) + GAMMAQ(I) * KIQN(J,I)
      XQN(J) = XQN(J) * H + X0(J)
      E = E + G(J) * (XQN(J) - XN(J))**2
33    GD = GD + G(J) * (XQN(J) - X(J))**2
      GD = DSQRT(GD/SG)
      E= DSQRT(E/SG)
      FU = FU + N* 2 + 1
      IF( E .GT. EPS) GOTO 38
      IF (GD .LT. EPS) GOTO 40
      IF (GD .GE.5.* KDL   ) GOTO 39
      DO 41 I=1,M
      X(I) = XQN(I)
      DO 42 J=1,N
      KI(I,J) = KIN(I,J)
42    KIQ(I,J) = KIQN(I,J)
41    KIQ(I,Q) = KIQN(I,Q)
26    CONTINUE
      H=H*.9
      VK=VK*.9
      Z = Z+1
      GOTO 14
38    Z= Z + 1
      H1=(.1D0*EPS/E)**(1    /(2*N+1))
      VK = VK * H1
      H = H * H1
      GOTO 14
39    H1=GD/KDL
      H1=(.1D0*KDL/GD )**(1    /(L+1))
      VK=VK*H1
      H=H*H1
      Z = Z+1
      GOTO 14
6     N = 3
      H = .1D0 * VZ
      KD(1) = EPS * 1.D5
      DO 44 I=2,6
44    KD(I) = KD(I-1) / 10.D0
      GOTO 13
40    IF (T .EQ. T1) GOTO 45
      IF( Z .NE. 0)GOTO 12
      IF( 5.D0*KDL .LT.GD)GOTO 12
      H1=(5.D0*KDL/GD)**(1    /(L+1))
```

```
      VK=VK*H1
      IF(VK.GT. .95) VK=.95
12    T0 = T
      DO 46 I=1,M
46    X0(I) = XQN(I)
      GOTO 3
45    WRITE(2,1008) T1,FU,SZ
1008 FORMAT (5H0T1 =,1PD25.17,4HFU =,I6,5X,10HSCHRITTE =,I6,/,
    1   8H0LOESUNG,/)
      DO 47 I=1,M
47    WRITE(2,1009) I,XQN(I)
1009 FORMAT (2H X,I2,1H=,1PD25.17)
      GOTO 1
      END


      SUBROUTINE WZ(WURZ)
      INTEGER N,FU,M,TEXT(2),I,J,MARKE,Z,NB,K,L,P,Q
      REAL VK,EPS,G(20),VZ,HS,SG,AW(20)
      DOUBLE PRECISION T0,X0(20),T1,F0(20),FX(20,20),FS(20),
     1   HE(20),KD(40),FSH(20),FAK(20),WURZ,SUM,H,T,ALPHA(20),
     2   BETA(20,20),GAMMA(20),ALPHAQ(20),BETAQ(20,20),
     3   KI(20,20),KIQ(20,20),KIN(20,20),KIQN(20,20),X(20),
     4   XN(20),XQN(20),TH,XH(20),GD,E
     5  ,F1(20),GAMMAQ(20),XQ(20)
      COMMON N,FU,M,TEXT,I,J,MARKE,Z,NB,K,L,P,Q,VK,EPS,G,VZ,
     1   T0,X0,T1,F0,FX,FS,F1,HE,KD,FSH,FAK,SUM,H,T,ALPHA,
     2   GAMMA,ALPHAQ,BETAQ,GAMMAQ,KI,KIQ,KIN,KIQN,X,XQ,XN,
     3  GD,E,HS,SG,AW,BETA,XQN,TH,XH
      DO 1 I=1,M
      SUM = 0.D0
      DO 2 J=1,M
2     SUM = SUM + FX(I,J) * FS(J)
1     FSH(I) = SUM
      SUM = 0.D0
      DO 3 J=1,M
      FS(J) = FSH(J)
3     SUM = SUM + FS(J)**2
      WURZ = DSQRT(SUM/SG)
      RETURN
      END
```

LITERATURVERZEICHNIS.

A. LEHRBÜCHER UND MONOGRAPHIEN.

[1] AHLBERG, J.H.; NILSON, E.N.; WALSH, J.L.: The Theory of Splines and their Application, London 1967.

[2] BERESIN, I.S.; SHIDKOW, N.P.: Numerische Methoden, Bd. 1 und 2, Berlin 1970.

[3] BJÖRCK, A.; DAHLQUIST, G.: Numerische Methoden, München-Wien 1972 (Originaltitel: "Numeriska methoder", Lund (Schweden) 1972.

[4] CARNAHAN, B.; LUTHER, H.A.; WILKES, J.O.: Applied Numerical Methods, New York-London-Sidney-Toronto 1969.

[5] COLLATZ, L.: The Numerical Treatment of Differential Equations, Berlin-Heidelberg-New York 1966.

[6] COLLATZ, L.: Funktionalanalysis und Numerische Mathematik, Berlin-Heidelberg-New York 1968.

[7] CONTE, S.D.: Elementary Numerical Analysis,an algorithmic approach, New York-Sidney-Toronto 1965.

[8] DEMIDOWITSCH, B.P.; MARON, I.A.; SCHUWALOWA, E.S.: Numerische Methoden der Analysis, Berlin 1968.

[9] ERWE, F.: Gewöhnliche Differentialgleichungen, BI-Hskrpt. 19, 2. Auflage, Mannheim 1964.

[10] FADDEJEW, D.K.; FADDEJEWA, W.N.: Numerische Methoden der linearen Algebra, Berlin 1970.

[11] FIKE, C.T.: Computer evaluation of mathematical functions, Englewood Cliffs 1966.

[12] GREVILLE, T.N.E. u.a.: Theory and Application of Spline Functions, New York-London 1969.

[13] GRIGORIEFF, R.D.: Numerik gewöhnlicher Differentialgleichungen Band 1, Stuttgart 1972, Band 2, Stuttgart 1977.

[14] HÄMMERLIN, G.: Numerische Mathematik I, BI-Hskrpt. 498/498a, Mannheim-Wien-Zürich 1970.

[15] HANDSCOMB, D.C.: Methods of numerical approximation, Oxford-London-New York- Toronto-Sidney 1966.

[16] HEINRICH, H.: Numerische Behandlung nichtlinearer Gleichungen in Überblicke Mathematik 2, BI-Hskrpt. 232/232a, Mannheim 1969.

[17] HENRICI, P.: Discrete Variable Methods in Ordinary Differential Equations, New York-London-Sidney 1962.

[18] HENRICI, P.: Elemente der numerischen Analysis, Bd.1 und 2, BI-Htb. 551 und 564, Mannheim-Wien-Zürich 1972.

[19] ISAACSON, E.; KELLER, H.B.: Analyse numerischer Verfahren, Zürich und Frankfurt 1973.

[20] JORDAN-ENGELN, G.; REUTTER, F.: Numerische Mathematik für Ingenieure, BI-Htb. 104, Mannheim-Wien-Zürich 1973, 2. Auflage 1977.

[21] KELLER, H.B.: Numerical methods for two point boundary value problems, Massachusetts-Toronto-London 1968.

[22] KNAPP, H.; WANNER, G.: Numerische Integration gewöhnlicher Differentialgleichungen, in Überblicke Mathematik 1, BI-Hskrpt. 161/161a, Mannheim-Zürich 1968.

[23] KNESCHKE, A.: Differentialgleichungen und Randwertprobleme, Band 1, Berlin 1957.

[24] KRYLOV, V.J.: Approximate Calculation of Integrals, New York-London 1962.

[25] McCALLA, Th.R.: Introduction to numerical methods and Fortran Programming, New York-London-Sidney 1967.

[26] McCRACKEN, D.D.; DORN, W.S.: Numerical methods and Fortran-Programming, New York 1964.

[27] MEINARDUS, G.: Approximation von Funktionen und ihre numerische Behandlung, Berlin-Heidelberg-New York 1964.

[28] NITSCHE, J.: Praktische Mathematik, BI-Hskrpt. 812, Mannheim-Zürich 1968.

[29] NOBLE, B.: Numerisches Rechnen I,II, BI-Htb. 88,147, Mannheim 1973.

[30] POLOSHI, G.N.: Mathematisches Praktikum, Leipzig 1963.

[31] RALSTON, A.; WILF, H.S.: Mathematische Methoden für Digitalrechner I, München-Wien 1967, II München-Wien 1969.

[32] SAUER, R.; SZABO, I.: Mathematische Hilfsmittel des Ingenieurs, Teil II, Berlin-Heidelberg-New York 1969, Teil III, Berlin-Heidelberg-New York 1968.

[33] SCHWARZ, H.R.; STIEFEL, E.; RUTISHAUSER, H.: Numerik symmetrischer Matrizen, Stuttgart 1968.

[34] STIEFEL, E.: Einführung in die numerische Mathematik, Stuttgart 1970.

[35] STOER, J.: Einführung in die numerische Mathematik I, Berlin-Heidelberg-New York 1970.

[36] STOER, J.; BULIRSCH, R.: Einführung in die numerische Mathematik II, Berlin-Heidelberg-New York 1973.

[37] STROUD, A.H.; SECREST, D.: Gaussian Quadrature Formulas, Englewood Cliffs, N.Y., 1966.

[38] STUMMEL, E.; HAINER, K.: Praktische Mathematik, Stuttgart 1970.

[39] WANNER, G.: Integration gewöhnlicher Differentialgleichungen, BI-Hskrpt. 831/831a, Mannheim-Zürich 1969.

[40] WERNER, H.: Praktische Mathematik I, Berlin-Heidelberg-New York 1970

[41] WERNER, H.; SCHABACK, R.: Praktische Mathematik II, Berlin-Heidelberg-New York 1972, 2. Aufl. 1979.

[42] WILKINSON, J.H.: Rundungsfehler, Berlin-Heidelberg-New York 1969.

[43] WILLERS, F.A.: Methoden der praktischen Analysis, Berlin 1957.

[44] ZURMÖHL, R.: Matrizen und ihre technischen Anwendungen, Berlin-Göttingen-Heidelberg 1964.

[45] ZURMÖHL, R.: Praktische Mathematik für Ingenieure und Physiker, Berlin-Heidelberg-New York 1965.

B. ORIGINALARBEITEN.

[46] DÖRING, B.: Über das Newtonsche Näherungsverfahren, Math.-Phys. Semesterberichte XVI (1969), S.27-40.

[47] ENGELS, H.: Allgemeine interpolierende Splines vom Grade 3, Computing 10 (1972), S.365-374.

[48] FEHLBERG, E.: Neuere genauere Runge-Kutta-Formeln für Differentialgleichungen zweiter Ordnung bzw. n-ter Ordnung, ZAMM 40 (1960), S.252-259 bzw. S.449-455.

[49] FEHLBERG, E.: Numerisch stabile Interpolationsformeln mit günstiger Fehlerfortpflanzung für Differentialgleichungen erster und zweiter Ordnung, ZAMM 41 (1961), S.101-110.

[50] FEHLBERG, E.: New High-Order Runge-Kutta-Formulas with an Arbitrarily Small Truncation Error, ZAMM 46 (1966), S.1-16 (vgl. auch ZAMM 44 (1964), T 17-T 29).

[51] FEHLBERG, E.: Klassische Runge-Kutta-Formeln fünfter bis siebenter Ordnung mit Schrittweitenkontrolle, Computing 4 (1969), S.93-106.

[52] FEHLBERG, E.: Klassische Runge-Kutta-Nyström-Formeln mit Schrittweitenkontrolle, Computing 10 (1972), S.305-315 und Computing 14 (1975), S.371-387.

[53] FILIPPI, S.; SOMMER, D.: Beiträge zu den impliziten Runge-Kutta-Verfahren, Elektron. DVA 3 (1938), S. 113-121.

[54] HEINRICH, H.: Zur Vorbehandlung algebraischer Gleichungen (Abspaltung mehrfacher Wurzeln), ZAMM 36 (1956), S. 145-148.

[55] RITTER, K.: Two Dimensional Splines and their Extremal Properties, ZAMM 49 (1969), S.597-608.

[56] RUTISHAUSER, H.: Über die Instabilität von Methoden zur Integration gewöhnlicher Differentialgleichungen, ZAMP 3 (1952), S.63-74.

[57] RUTISHAUSER, H.: Der Quotienten-Differenzen-Algorithmus, Mitteilungen aus dem Inst. für Angew. Mathematik der ETH Zürich, Nr. 7, Basel 1957, S.5-74.

[58] RUTISHAUSER, H.: Bemerkungen zur numerischen Integration gewöhnlicher Differentialgleichungen n-ter Ordnung, Num. Math. 2 (1960), S.263-279 (s.a. ZAMP 6 (1955), S.497-498).

[59] SCHMIDT, J.W.: Eine Übertragung der Regula falsi auf Gleichungen in Banachräumen, ZAMM 43 (1963), S.1-8 und S.97-110.

[60] SCHMIDT, J.W.: Konvergenzgeschwindigkeit der Regula falsi und des Steffensen-Verfahrens, ZAMM 46 (1966), S.146-148.

[61] SHAH, J.M.: Two-Dimensional-Polynomial Splines, Num. Math. 15 (1970), S.1-14.

[62] SOMMER, D.: Neue implizite Runge-Kutta-Formeln und deren Anwendungsmöglichkeiten, Dissertation, Aachen 1967.

[63] SPICHER, K.: Bemerkungen zur praktischen Durchführung des Verfahrens von Runge-Kutta-Fehlberg, Elektron. DVA 9(1967), S.79-85.

[64] ZURMÜHL, R.: Zum Graeffe-Verfahren und Horner-Schema bei komplexen Wurzeln, ZAMM 30 (1950), S.283-285.

C. AUFGABEN UND FORMELSAMMLUNGEN, TABELLENWERKE.

[65] ABRAMOWITZ, M.; STEGUN, I.A. (ed.): Handbook of Mathematical Functions, New York 1965.

[66] BRONSTEIN, I.N.; SEMENDJAJEW, K.A.: Taschenbuch der Mathematik, Leipzig 1969.

[67] COLLATZ, L.; ALBRECHT, J.: Aufgaben aus der Angewandten Mathematik I und II, Braunschweig 1972, 1973.

[68] GLASMACHER, W.; SOMMER, D.: Implizite Runge-Kutta-Formeln, Forschungsberichte des Landes NRW, Nr. 1763, Köln-Opladen 1966.

[69] GRÖBNER, W.; HOFREITER, N.: Integraltafel, erster und zweiter Teil, Wien 1961.

[70] HART, J.F. u.a.: Computer Approximations, New York-London-Sidney 1968.

[71] HASTINGS, C.: Approximations for digital computers, Princeton 1955.

[72] LEBEDEV, A.V.; FEDOROVA , R.M.; BURUNOVA, N.M.: A Guide to Mathematical Tables, 2 Bde.,Oxford-London-New York-Paris 1960.

[73] PRASAD, B.; NARASIMHAN, V.L.: An Index of Approximations of Functions, San Diego 1964.

[74] RICE, J.E.: Mathematical Software, New York and London 1971.

[75] WILKINSON, J.H.; REINSCH, C.: Handbook for automatic computation, Berlin 1971.

[76] ZIELKE, G.: Algol Katalog "Matrizenrechnung", München-Wien 1972.

[77] IMSL International Mathematical and Statistical Library, Version 5, Houston (Texas) 1975.

D. ERGÄNZUNGEN zu A ([78] - [94]) und B ([95] - [117]).

[78] BEZIER, P.: Numerical Control, Mathematics and Applications, New York-London-Toronto 1972.

[79] BÖHMER, K.: Spline-Funktionen, Stuttgart 1974.

[80] BÖHMER, K.; MEINARDUS, G.; SCHEMPP, W.: Splinefunktionen, Vorträge und Aufsätze, Mannheim-Wien-Zürich 1975.

[81] BROSOWSKI, B.; KREß, R.: Einführung in die numerische Mathematik I und II, Mannheim-Wien-Zürich 1975 und 1976.

[82] FORSYTHE, G.E.; MOLER, C.B.: Computer Solution of linear Algebraic Systems, Englewood Cliffs, N.J. 1967.

[83] GEAR, C.W.: Numerical Initial Value Problems in Ordinary Differential Equations, Englewood Cliffs, N.J. 1971.

[84] HAGANDER, N.; SUNDBLAD, Y.: Aufgabensammlung Numerische Methoden, Bd.1: Aufgaben, Bd.2: Lösungen, München-Wien 1972.

[85] KERNER, J.O.: Numerische Mathematik und Rechentechnik, Teil I, Leipzig 1970, Teil II, 1 und 2, Leipzig 1973.

[86] LAPIDUS, L.; SEINFELD, J.H.: Numerical Solution of Ordinary Differential Equations, New York and London 1971.

[87] SELDER, H.: Einführung in die Numerische Mathematik für Ingenieure, München 1973.

[88] SCHMEIßER, G.; SCHIRMEIER, H.: Praktische Mathematik, Berlin-New-York, 1976.

[89] SPÄTH, H.: Spline Algorithmen zur Konstruktion glatter Kurven und Flächen, München-Wien 1973.

[90] SPÄTH, H.: Algorithmen für elementare Ausgleichsmodelle, München-Wien 1973.

[91] STETTER, J.: Analysis of Discretization Methods for Ordinary Differential Equations, Berlin-Heidelberg-New York 1973.

[92] STROUD, A.H.: Numerical Quadrature and Solution of Ordinary Differential Equations, New York-Heidelberg-Berlin 1974.

[93] WERNER, H.: Vorlesung über Approximationstheorie, Berlin-Heidelberg-New York 1966.

[94] YOUNG, D.M.: Iterative Solution of Large Linear Systems, New York and London 1971.

[95] BAUHUBER, F.: Diskrete Verfahren zur Berechnung von Nullstellen von Polynomen, Computing 5 (1970), S.97-118.

[96] BULIRSCH, R., STOER, J.: Numerical Treatment of Ordinary Differential Equations by Extrapolation Methods, Numerische Mathematik 8 (1966), S.1-13.

[97] ESSER, H.: Eine stets quadratisch konvergente Modifikation des Steffensen-Verfahrens, Computing 14 (1975), S.367-369.

[98] ESSER, H.; REUTTER, F.: Stabilitätsungleichungen bei Randwertaufgaben gewöhnlicher Differentialgleichungen (noch nicht veröffentlichtes Manuskript).

[99] FRANK, W.L.: Finding Zeros of Arbitrary Functions, JACM, Vol. 5 (1958), S.154-160.

[100] GEAR, C.W.: The Automatic Integration of Stiff Ordinary Differential Equations, Comm. of the ACM, Vol 14 No.3 (1971), S.176-179.

[101] GEAR, C.W.: DIFSUB for Solution of Ordinary Differential Equations (D 2), Comm. of the ACM, 14 (1971), S.185-190.

[102] GRAGG, W.B.: On Extrapolation Algorithms for Ordinary Initial Value Problems, J.Siam Numer. Anal. Ser. B, 2 (1965), S.384-403.

[103] HULL-ENRIGHT-FELLEN and SEDGWICK: Comparing Numerical Methods for Ordinary Differential Equations, SIAM J. Num. Anal. Vol.9, Nr.4 (1972), S.603-137.

[104] JANSEN, R.: Genauigkeitsuntersuchungen bei direkten und indirekten Verfahren zur numerischen Lösung von gewöhnlichen Differentialgleichungen n-ter Ordnung, Dipl. Arbeit Aachen 1975 (unveröffentlichtes Manuskript).

[105] JENKINS, M.A.; TRAUB, J.F.: A Three-Stage-Algorithm for Real Polynomials using Quadratic Iteration, SIAM J. Num. Anal. Vol. 7 (1970), S.545-566. S.a. Numer. Math. 14 (1970) S. 252-263.

[106] KREISS, H.O.: Difference Approximations for Boundary and Eigenvalue Problems for Ordinary Differential Equations, Math. of Comp. 26 (1972), S.605-624.

[107] KROGH, F.T.: Predictor-Corrector-Methods of High Order with Improved Stability Characteristics, J. Ass. for Comp. Mach., Vol. 13 (1966), S.374-385.

[108] KROGH, F.T.: A variable Step Variable Order Multistep Method for the Numerical Solution of Ordinary Differential Equations. Propulsion Laboratory Pasadena/Cal. (Sect. Comp. and Anal.), May 1968, S.A91-A95.

[109] MARTIN, R.S.; PETERS, G. and J.H. WILKINSON: The QR-Algorithm for Real Hessenberg Matrices, Num. Math. 14 (1970), S.219-231.

[110] MARTIN, R.S.; J.H. WILKINSON: Similarity Reduction of a General Matrix to Hessenberg Form, Num. Math. 12 (1968), S.349-368.

[111] MULLER, D.E.: A Method for Solving Algebraic Equations using an Automatic Computer, Math. Tables Aids Comp. 10 (1956), S.208-215.

[112] NIETHAMMER, W.: Ober- und Unterrelaxation bei linearen Gleichungssystemen, Computing 5 (1970), S.303-311.

[113] PARLETT, B.N; C. REINSCH: Balancing a Matrix for Calculation of Eigenvalues and Eigenvectors, Num. Math. 13 (1969), S.293-304.

[114] PETERS, G.; J.H. WILKINSON: Eigenvectors of Real and Complex Matrices by LR and QR triangularizations, Num. Math. 16(1970), S.181-204.

[115] REINSCH, CH.H.: Smoothing by Spline Functions I, Num. Math. 10 (1967), S.177-183; II.: Num. Math. 16 (1971), S.451-454.

[116] SPÄTH, H. Zweidimensionale glatte Interpolation, Computing 4 (1969), S.178-182; s. auch Computing 7 (1971), S.364-369.

[117] TRAUB, J.F.: A Class of Globally Convergent Iteration Functions for the Solution of Polynomial Equations, Math. of Comp. 20 (1966), S.113-138.

E. EINIGE LITERATURANGABEN ZU HIER NICHT BEHANDELTEN GEBIETEN.

a. PARTIELLE DIFFERENTIALGLEICHUNGEN, METHODE DER FINITEN ELEMENTE.

(1) ACIZ, A.K. (ed.): The Mathematical Foundations of the Finite Element Method with Applications to Partial Differential Equations, New York 1972.

(2) FIX, G.; STRANG, G.: An analysis of the finite element Method, Englewood Cliffs, N.Y. 1973.

(3) FORSYTHE, G.E.: WASON, W.: Finite-difference Methods for Partial Differential Equations, New York 1960.

(4) GREENSPAN, D.: Introductory Numerical Analysis of Elliptic Boundary Value Problems, New York 1966.

(5) JANENKO, N.N.: Die Zwischenschrittmethode zur Lösung mehrdimensionaler Probleme der mathematischen Physik, Berlin-Heidelberg-New York 1969.

(6) MARSAL, D.: Die numerische Lösung partieller Differentialgleichungen in Wissenschaft und Technik, Mannheim-Wien-Zürich 1976.

(7) SALVADORI, M.G.; BARON, M.L.: Numerical Methods in Engineering, Englewood Cliffs, N.Y. 1964.

(8) SMITH, G.D.: Numerische Lösung von partiellen Differentialgleichungen, Berlin 1971.

(9) ZIENKIEWICZ, O.C.: Methode der finiten Elemente, München-Wien 1975; sowie [4]; [6]; [7]; [19]; [26]; [29] II; [30]; [31]; [32] II; [34]; [36], 8.

b. INTEGRALGLEICHUNGEN, KONFORME ABBILDUNG.

(1) GAIER, D.: Konstruktive Methoden der konformen Abbildung, Berlin-Göttingen-Heidelberg 1964.

(2) KANTOROVICH, L.V.; KRYLOW, V.L.: Approximate Methods of higher Analysis, Groningen 1958.

c. MEHRFACHE INTEGRALE UND ERGÄNZUNGEN ZU KAP. 9.

(1) STROUD, A.H.: Approximate Calculations of Multiple Integrals, Englewood Cliffs, N.Y. 1971.
Unbestimmte und spezielle uneigentliche Integrale s. [3]; [24].

d. NICHTLINEARE TSCHEBYSCHEFF-APPROXIMATION.

(1) BROSOWSKI, B.: Nichtlineare Tschebyscheff-Approximation, BI-Htb. 808/808a, Mannheim 1968.

(2) COLLATZ, L.; KRABS, W.: Approximationstheorie (Tschebyscheff-Approximationen mit Anwendungen), Stuttgart 1973,

sowie [27]; [93].

e. OPTIMIERUNG.

(1) COLLATZ, L.; WETTERLING, W.: Optimierungsaufgaben, 2. Auflage, Berlin-Heidelberg-New York 1972.

(2) DANTZIG, G.B.: Lineare Programmierung und Erweiterungen, Berlin-Heidelberg-New York 1966.

(3) KÜNZI, H.P.: Numerische Methoden der Mathematischen Optimierung, Leipzig 1966.

(4) KÜNZI, H.P.; KRELLE, W.: Nichtlineare Programmierung, Berlin-Göttingen-Heidelberg 1961.

(5) NEUMANN, K.: Dynamische Optimierung, BI-Htb. 714/714a, Mannheim-Wien-Zürich 1969.

(6) NEUMANN, K.: Operations Research Verfahren, Bd. I und III, Mannheim-Wien 1975, II 1976.

SACHREGISTER

A

B

C

D

E

F

G

H

I

K

L

M

N

O

P

Q

R

S

T

U

V

W

Z

Inhaltsverzeichnis

Sachgebiete

Zeichenerklärung

HTB = B.I.-Hochschultaschenbücher.
Wv = B.I.-Wissenschaftsverlag (Einzelwerke und Reihen).
M.F.O. = Mathematische Forschungsberichte Oberwolfach.
Stand: April 1978.

Mathematik

Aitken, A. C.
Determinanten und Matrizen
142 S. mit Abb. 1969. (HTB 293)

Andrié, M./P. Meier
Lineare Algebra und analytische Geometrie. Eine anwendungsbezogene Einführung
243 S. 1977. (HTB 84)

Artmann, B./W. Peterhänsel/ E. Sachs
Beispiele und Aufgaben zur linearen Algebra
150 S. 1978. (HTB 783)

Aumann, G.
Höhere Mathematik
Band I: Reelle Zahlen, Analytische Geometrie, Differential- und Integralrechnung. 243 S. mit Abb. 1970. (HTB 717)
Band II: Lineare Algebra, Funktionen mehrerer Veränderlicher. 170 S. mit Abb. 1970. (HTB 718)
Band III: Differentialgleichungen. 174 S. 1971. (HTB 761)

Bachmann, F./E. Schmidt
***n*-Ecke**
199 S. 1970. (HTB 471)

Barner, M./W. Schwarz (Hrsg.)
Zahlentheorie
235 S. 1971. (M. F. O. 5)

Behrens, E.-A.
Ringtheorie
405 S. 1975. (Wv)

Böhmer, K./G. Meinardus/ W. Schempp (Hrsg.)
Spline-Funktionen. Vorträge und Aufsätze
415 S. 1974. (Wv)

Brandt, S.
Datenanalyse. Mit statistischen Methoden und Computerprogrammen
342 S. mit Abb. 1975. (Wv)

Brauner, H.
Geometrie projektiver Räume
Band I: Projektive Ebenen, projektive Räume. 235 S. 1976. (Wv)
Band II: Beziehungen zwischen projektiver Geometrie und linearer Algebra. 258 S. 1976. (Wv)

Brosowski, B.
Nichtlineare Tschebyscheff-Approximation
153 S. 1968. (HTB 808)

Brosowski, B./R. Kreß
Einführung in die numerische Mathematik
Teil I: Auflösung von Gleichungssystemen, die Approximationstheorie. 223 S. 1975. (HTB 202)
Teil II: Interpolation, numerische Integration, Optimierungsaufgaben. 124 S. 1976. (HTB 211)

Brunner, G.
Homologische Algebra
213 S. 1973. (Wv)

Bundke, W.
12stellige Tafel der Legendre-Polynome
352 S. 1967. (HTB 320)

Cartan, H.
Differentialformen
250 S. 1974. (Wv)

Cartan, H.
Differentialrechnung
236 S. 1974. (Wv)

Cartan, H.
Elementare Theorie der analytischen Funktionen einer oder mehrerer komplexen Veränderlichen
236 S. mit Abb. 1966. (HTB 112)

Degen, W./K. Böhmer
Gelöste Aufgaben zur Differential- und Integralrechnung
Band I: Eine reelle Veränderliche. 254 S. 1971. (HTB 762)
Band II: Mehrere reelle Veränderliche. 111 S. 1971. (HTB 763)

Dinghas, A.
Einführung in die Cauchy-Weierstraß'sche Funktionentheorie
114 S. 1968. (HTB 48)

Dombrowski, P.
Differentialrechnung I und Abriß der linearen Algebra
271 S. mit Abb. 1970. (HTB 743)

Eisenack, G./C. Fenske
Fixpunkttheorie
258 S. 1978. (Wv)

Elsgolc, L. E.
Variationsrechnung
157 S. mit Abb. 1970. (HTB 431)

Eltermann, H.
Grundlagen der praktischen Matrizenrechnung
128 S. mit Abb. 1969. (HTB 434)

Erwe, F.
Differential- und Integralrechnung
Band I: Differentialrechnung. 364 S. mit Abb. 1962. (HTB 30)
Band II: Integralrechnung. 197 S. mit Abb. 1973. (HTB 31)

Erwe, F.
Gewöhnliche Differentialgleichungen
152 S. mit 11 Abb. 1964. (HTB 19)

Erwe F./E. Peschl
Partielle Differentialgleichungen erster Ordnung
133 S. 1973. (HTB 87)

Felscher, W.
Naive Mengen und abstrakte Zahlen I
260 S. 1978. (Wv)

Gericke, H.
Geschichte des Zahlbegriffs
163 S. mit Abb. 1970. (HTB 172)

Gericke, H.
Theorie der Verbände
174 S. mit Abb. 1963. (HTB 38)

Goffman, C.
Reelle Funktionen
331 S. Aus dem Englischen. 1976. (Wv)

Gottschalk, G./R. Kaiser
Einführung in die Varianzanalyse und Ringversuche
165 S. 1976. (HTB 775)

Gröbner, W.
Algebraische Geometrie
Band I: Allgemeine Theorie der kommutativen Ringe und Körper. 193 S. 1968. (HTB 273)

Gröbner, W.
Matrizenrechnung
276 S. mit Abb. 1966. (HTB 103)

Gröbner, W./H. Knapp
Contributions to the Method of Lie Series
In englischer Sprache. 265 S. 1967. (HTB 802)

Grotemeyer, K. P./E. Letzner/ R. Reinhardt
Topologie
187 S. mit Abb. 1969. (HTB 836)

Gunning, R. C.
Vorlesungen über Riemannsche Flächen
276 S. 1972. (HTB 837)

Hämmerlin, G.
Numerische Mathematik
Band I: Approximation, Interpolation, Numerische Quadratur, Gleichungssysteme. 194 S. 1970. (HTB 498)

Hardtwig, E.
Fehler- und Ausgleichsrechnung
262 S. mit Abb. 1968. (HTB 262)

Hasse, H./P. Roquette (Hrsg.)
Algebraische Zahlentheorie
272 S. 1966. (M. F. O. 2)

Heesch, H.
Untersuchungen zum Vierfarbenproblem
290 S. mit Abb. 1969. (HTB 810)

Heidler, K./H. Hermes/ F.-K. Mahn
Rekursive Funktionen
248 S. 1977. (Wv)

Heil, E.
Differentialformen
207 S. 1974. (Wv)

Hein, O.
Graphentheorie für Anwender
141 S. 1977. (HTB 83)

Hein, O.
Statistische Verfahren der Ingenieurpraxis
197 S. Mit 5 Tabellen, 6 Diagrammen, 43 Beispielen. 1978. (HTB 119)

Hellwig, G.
Höhere Mathematik
Band I/1. Teil: Zahlen, Funktionen, Differential- und Integralrechnung einer unabhängigen Variablen. 284, IX S. 1971. (HTB 553)
Band I/2. Teil: Theorie der Konvergenz, Ergänzungen zur Integralrechnung, das Stieltjes-Integral. 137 S. 1972. (HTB 560)

Hengst, M.
Einführung in die mathematische Statistik und ihre Anwendung
259 S. mit Abb. 1967. (HTB 42)

Henze, E.
Einführung in die Maßtheorie
235 S. 1971. (HTB 505)

Hirzebruch, F./W. Scharlau
Einführung in die Funktionalanalysis
178 S. 1971. (HTB 296)

Holmann, H.
Lineare und multilineare Algebra
Band I: Einführung in Grundbegriffe der Algebra. 212 S. 1970. (HTB 173)

Holmann, H./H. Rummler
Alternierende Differentialformen
257 S. 1972. (Wv)

Horvath, H.
Rechenmethoden und ihre Anwendung in Physik und Chemie
142 S. 1977. (HTB 78)

Hoschek, J.
Liniengeometrie
VI, 263 S. mit Abb. 1971. (HTB 733)

Hoschek, J./G. Spreitzer
Aufgaben zur darstellenden Geometrie
229 S. mit Abb. 1974. (Wv)

Ince, E. L.
Die Integration gewöhnlicher Differentialgleichungen
180 S. 1965. (HTB 67)

Jordan-Engeln, G./F. Reutter
Formelsammlung zur numerischen Mathematik mit Fortran IV-Programmen
360 S. mit Abb. 2. Auflage 1976. (HTB 106)

Jordan-Engeln, G./F. Reutter
Numerische Mathematik für Ingenieure
XIII, 365 S. mit Abb. 2., überarbeitete Aufl. 1978. (HTB 104)

Kaiser, R./G. Gottschalk
Elementare Tests zur Beurteilung von Meßdaten
68 S. 1972. (HTB 774)

Kastner, G.
Einführung in die Mathematik für Naturwissenschaftler
212 S. 1971. (HTB 752)

Kießwetter, K.
Reelle Analysis einer Veränderlichen. Ein Lern- und Übungsbuch
316 S. 1975. (HTB 269)

Kießwetter, K./R. Rosenkranz
Lösungshilfen für Aufgaben zur reellen Analysis einer Veränderlichen
231 S. 1976. (HTB 270)

Klingbeil, E.
Tensorrechnung für Ingenieure
197 S. mit Abb. 1966. (HTB 197)

Klingbeil, E.
Variationsrechnung
332 S. 1977. (Wv)

Klingenberg, W. (Hrsg.)
Differentialgeometrie im Großen
351 S. 1971. (M. F. O. 4)

Klingenberg, W./P. Klein
Lineare Algebra und analytische Geometrie
Band I: Grundbegriffe, Vektorräume. XII, 288 S. 1971. (HTB 748)
Band II: Determinanten, Matrizen, Euklidische und unitäre Vektorräume. XVIII, 404 S. 1972. (HTB 749)

Klingenberg, W./P. Klein
Lineare Algebra und analytische Geometrie. Übungen zu Band I u. II
VIII, 172 S. 1973. (HTB 750)

Laugwitz, D.
Ingenieurmathematik
Band I: Zahlen, analytische Geometrie, Funktionen. 158 S. mit Abb. 1964. (HTB 59)
Band II: Differential- und Integralrechnung. 152 S. mit Abb. 1964. (HTB 60)
Band III: Gewöhnliche Differentialgleichungen. 141 S. 1964. (HTB 61)
Band IV: Fourier-Reihen, verallgemeinerte Funktionen, mehrfache Integrale, Vektoranalysis, Differentialgeometrie, Matrizen, Elemente der Funktionalanalysis. 196 S. mit Abb. 1967. (HTB 62)
Band V: Komplexe Veränderliche. 158 S. mit Abb. 1965. (HTB 93)

Laugwitz, D./C. Schmieden
Aufgaben zur Ingenieurmathematik
182 S. 1966. (HTB 95)

Laugwitz, D./H.-J. Vollrath
Schulmathematik vom höheren Standpunkt
Band I: Einführung in die Denk- und Arbeitsweise der Mathematik an Universitäten. 195 S. mit Abb. 1969. (HTB 118)

Lebedew, N. N.
Spezielle Funktionen und ihre Anwendung
372 S. mit Abb. 1973. (Wv)

Lighthill, M. J.
Einführung in die Theorie der Fourieranalysis und der verallgemeinerten Funktionen
96 S. mit Abb. 1966. (HTB 139)

Lingenberg, R.
Grundlagen der Geometrie
226 S. mit Abb. 3., durchgesehene Aufl. 1978. (Wv)

Lingenberg, R.
Lineare Algebra
161 S. mit Abb. 1969. (HTB 828)

Lorenzen, P.
Metamathematik
173 S. 1962. (HTB 25)

Lutz, D.
Topologische Gruppen
175 S. 1976. (Wv)

Marsal, D.
Die numerische Lösung partieller Differentialgleichungen in Wissenschaft und Technik
602 S. mit Abb. 1976. (Wv)

Martensen, E.
Analysis.
Für Mathematiker, Physiker, Ingenieure
Band I: Grundlagen der Infinitesimalrechnung. IX, 200 S. 2. Aufl. 1976. (HTB 832)
Band II: Aufbau der Infinitesimalrechnung. VIII, 176 S. 2., neu bearbeitete Aufl. 1978. (HTB 833)
Band III: Gewöhnliche Differentialgleichungen. V, 209 S. 1971. (HTB 834)
Band V: Funktionalanalysis und Integralgleichungen. VI, 275 S. 1972. (HTB 768)

Meinardus, G./G. Merz
Praktische Mathematik I.
Für Ingenieure, Mathematiker und Physiker
Etwa 340 S. 1978. (Wv)

Meschkowski, H.
Einführung in die moderne Mathematik
214 S. mit Abb. 3., verbesserte Aufl. 1971. (HTB 75)

Meschkowski, H.
Grundlagen der Euklidischen Geometrie
231 S. mit Abb. 2., verbesserte Aufl. 1974. (Wv)

Meschkowski, H.
Mathematikerlexikon
328 S. mit Abb. 2., erweiterte Aufl. 1973. (Wv)

Meschkowski, H.
Mathematisches Begriffswörterbuch
315 S. mit Abb. 4. Aufl. 1976. (HTB 99)

Meschkowski, H.
Mehrsprachenwörterbuch mathematischer Begriffe
135 S. 1972. (Wv)

Meschkowski, H.
Problemgeschichte der neueren Mathematik (1800–1950)
Etwa 270 S. 1978. (Wv)

Meschkowski, H.
Reihenentwicklungen in der mathematischen Physik
151 S. mit Abb. 1963. (HTB 51)

Meschkowski, H.
Richtigkeit und Wahrheit in der Mathematik
219 S. 2., durchgesehene Aufl. 1978. (Wv)

Meschkowski, H.
Ungelöste und unlösbare Probleme der Geometrie
204 S. 2., verb. und erweiterte Aufl. 1975. (Wv)

Meschkowski, H.
Wahrscheinlichkeitsrechnung
233 S. mit Abb. 1968. (HTB 285)

Meschkowski, H./I. Ahrens
Theorie der Punktmengen
183 S. mit Abb. 1974. (Wv)

Meschkowski, H./G. Lessner
Aufgabensammlung zur Einführung in die moderne Mathematik
136 S. mit Abb. 1969. (HTB 263)

Neukirch, J.
Klassenkörpertheorie
308 S. 1970. (HTB 713)

Niven, I./H. S. Zuckerman
Einführung in die Zahlentheorie
Band I: Teilbarkeit, Kongruenzen, quadratische Reziprozität u. a. 213 S. 1976. (HTB 46)
Band II: Kettenbrüche, algebraische Zahlen, die Partitionsfunktion u. a. 186 S. 1976. (HTB 47)

Noble, B.
Numerisches Rechnen
Band II: Differenzen, Integration und Differentialgleichungen. 246 S. 1973. (HTB 147)

Oberschelp, A.
Elementare Logik und Mengenlehre
Band I: Die formalen Sprachen, Logik. 254 S. 1974. (HTB 407)
Band II: Klassen, Relationen, Funktionen, Anfänge der Mengenlehre. 229 S. 1978. (HTB 408)

Peschl, E.
Analytische Geometrie und lineare Algebra
200 S. mit Abb. 1968. (HTB 15)

Peschl, E.
Differentialgeometrie
92 S. 1973. (HTB 80)

Peschl, E.
Funktionentheorie I
274 S. mit Abb. 1967. (HTB 131)

Pflaumann, E./H. Unger
Funktionalanalysis
Band I: Einführung in die Grundbegriffe in Räumen einfacher Struktur. 240 S. 1974. (Wv)
Band II: Abbildungen (Operatoren). 338 S. 1974. (Wv)

Poguntke, W./R. Wille
Testfragen zur Analysis I
96 S. 1976. (HTB 781)

Preuß, G.
Grundbegriffe der Kategorientheorie
105 S. 1975. (HTB 739)

Reiffen, H.-J./G. Scheja/U. Vetter
Algebra
272 S. mit Abb. 1969. (HTB 110)

Reiffen, H.-J./H. W. Trapp
Einführung in die Analysis
Band I: Mengentheoretische Topologie. IX, 320 S. 1972. (HTB 776)
Band II: Theorie der analytischen und differenzierbaren Funktionen. 260 S. 1973. (HTB 786)
Band III: Maß- und Integrationstheorie. 369 S. 1973. (HTB 787)

Rottmann, K.
Mathematische Formelsammlung
176 S. mit Abb. 1962. (HTB 13)

Rottmann, K.
Mathematische Funktionstafeln
208 S. 1959. (HTB 14)

Rottmann, K.
Siebenstellige dekadische Logarithmen
194 S. 1960. (HTB 17)

Rottmann, K.
Siebenstellige Logarithmen der trigonometrischen Funktionen
440 S. 1961. (HTB 26)

Schick, K.
Lineare Optimierung
331 S. mit Abb. 1976. (HTB 64)

Schmidt, J.
Mengenlehre. Einführung in die axiomatische Mengenlehre
Band I: 245 S. mit Abb. 2., verb. und erweiterte Aufl. 1974. (HTB 56)

Schwabhäuser, W.
Modelltheorie
Band I: 176 S. 1975. (HTB 813)
Band II: 123 S. 1972. (HTB 815)

Schwartz, L.
Mathematische Methoden der Physik
Band I: Summierbare Reihen, Lebesque-Integral, Distributionen, Faltung. 184 S. 1974. (Wv)

Schwarz, W.
Einführung in die Siebmethoden der analytischen Zahlentheorie
215 S. 1974. (Wv)

Tamaschke, O.
Permutationsstrukturen
276 S. 1969. (HTB 710)

Tamaschke, O.
Projektive Geometrie
Band II: XI, 397 S. mit Abb. 1972. (HTB 838)

Tamaschke, O.
Schur-Ringe
240 S. mit Abb. 1970. (HTB 735)

Teichmann, H.
Physikalische Anwendungen der Vektor- und Tensorrechnung
231 S. mit 64 Abb. 3. Aufl. 1975. (HTB 39)

Tropper, A. M.
Matrizenrechnung in der Elektrotechnik
99 S. mit Abb. 1964. (HTB 91)

Uhde, K.
Spezielle Funktionen der mathematischen Physik
Band I: Zylinderfunktionen. 267 S. 1964. (HTB 55)
Band II: Elliptische Integrale, Thetafunktionen, Legendre-Polynome, Laguerresche Funktionen u. a. 211 S. 1964. (HTB 76)

Voigt, A./J. Wloka
Hilberträume und elliptische Differentialoperatoren
260 S. 1975. (Wv)

Waerden, B. L. van der
Mathematik für Naturwissenschaftler
280 S. mit 167 Abb. 1975. (HTB 281)

Wagner, K.
Graphentheorie
220 S. mit Abb. 1970. (HTB 248)

Walter, R.
Differentialgeometrie
286 S. 1978. (Wv)

Walter, W.
Einführung in die Theorie der Distributionen
VIII, 211 S. mit Abb. 1974. (Wv)

Weizel, R./J. Weyland
Gewöhnliche Differentialgleichungen. Formelsammlung mit Lösungsmethoden und Lösungen
194 S. mit Abb. 1974. (Wv)

Werner, H.
Einführung in die allgemeine Algebra
Etwa 150 S. 1978. (HTB 120)

Wollny, W.
Reguläre Parkettierung der euklidischen Ebene durch unbeschränkte Bereiche
316 S. mit Abb. 1970. (HTB 711)

Wunderlich, W.
Darstellende Geometrie
Band I: 187 S. mit Abb. 1966. (HTB 96)
Band II: 234 S. mit Abb. 1967. (HTB 133)

Reihe: Jahrbuch Überblicke Mathematik

Herausgegeben von Prof. Dr. Benno Fuchssteiner, Gesamthochschule Paderborn, Prof. Dr. Ulrich Kulisch, Universität Karlsruhe, Prof. Dr. Detlef Laugwitz, Techn. Hochschule Darmstadt, Prof. Dr. Roman Liedl, Universität Innsbruck.
Das Jahrbuch Überblicke Mathematik bringt Informationen über die aktuellen wissenschaftlichen, wissenschaftsgeschichtlichen und didaktischen Fragen der Mathematik. Es wendet sich an Mathematiker, die nach abgeschlossenem Studium in der Forschung, in der Lehre des Sekundar- und Tertiärbereiches und in der Industrie tätig sind und die den Kontakt zur neueren Entwicklung halten wollen.

Jahrbuch Überblicke Mathematik 1975. 181 S. mit Abb. 1975. (Wv)

Jahrbuch Überblicke Mathematik 1976. 204 S. mit Abb. 1976. (Wv)

Jahrbuch Überblicke Mathematik 1977. 181 S. mit Abb. 1977. (Wv)

Jahrbuch Überblicke Mathematik 1978. 224 S. 1978. (Wv)

Reihe: Überblicke Mathematik

Herausgegeben von Prof. Dr. Detlef Laugwitz, Techn. Hochschule Darmstadt.

Diese Reihe bringt kurze und klare Übersichten über neuere Entwicklungen der Mathematik und ihrer Randgebiete für Nicht-Spezialisten; seit 1975 erscheint an Stelle dieser Reihe das neu konzipierte „Jahrbuch Überblicke Mathematik".

Band 1: 213 S. mit Abb. 1968. (HTB 161)

Band 2: 210 S. mit Abb. 1969. (HTB 232)
Band 3: 157 S. mit Abb. 1970. (HTB 247)
Band 4: 123 S. 1972 (Wv)
Band 5: 186 S. 1972 (Wv)
Band 6: 242 S. mit Abb. 1973. (Wv)
Band 7: 265, II S. mit Abb. 1974. (Wv)

Reihe: Mathematik für Physiker

Herausgegeben von Prof. Dr. Detlef Laugwitz, Techn. Hochschule Darmstadt, Prof. Dr. Peter Mittelstaedt, Universität Köln, Prof. Dr. Horst Rollnik, Universität Bonn, Prof. Dr. Georg Süßmann, Universität München.

Diese Reihe ist in erster Linie für Leser bestimmt, denen die Beschäftigung mit der Mathematik nicht Selbstzweck ist. Besonderer Wert wird darauf gelegt, mit Beispielen und Motivationen den speziellen Anforderungen der Physiker zu genügen.

Band 1:
Meschkowski, H.
Zahlen
174 S. mit Abb. 1970. (Wv)

Band 2:
Meschkowski, H.
Funktionen
179 S. mit Abb. 1970. (Wv)

Band 3:
Meschkowski, H.
Elementare Wahrscheinlichkeitsrechnung und Statistik
188 S. 1972. (Wv)

Band 4:
Lingenberg, R.
Einführung in die lineare Algebra
236 S. 1976. (Wv)

Band 5:
Erwe, F.
Reelle Analysis
Etwa 350 S. 1978. (Wv)

Band 6:
Gröbner, W.
Differentialgleichungen. Gewöhnliche Differentialgleichungen
188 S. 1977. (Wv)

Band 7:
Gröbner, W.
Differentialgleichungen II. Partielle Differentialgleichungen
157 S. 1977. (Wv)

Band 9:
Fuchssteiner, B./D. Laugwitz
Funktionalanalysis
219 S. 1974. (Wv)

Reihe: Mathematik für Wirtschaftswissenschaftler

Herausgegeben von Prof. Dr. Martin Rutsch, Universität Karlsruhe.

Diese im Aufbau befindliche Reihe bringt Einführungen, die nach Konzeption, Themenauswahl, Darstellungsweise und Wahl der Beispiele auf die Bedürfnisse von Studenten der Wirtschaftswissenschaften zugeschnitten sind.

Band 1:
Rutsch, M.
Wahrscheinlichkeit I
350 S. mit Abb. 1974. (Wv)

Band 2:
Rutsch, M./K.-H. Schriever
Wahrscheinlichkeit II
404 S. mit Abb. 1976. (Wv)

Band 3:
Rutsch, M./K.-H. Schriever
Aufgaben zur Wahrscheinlichkeit
267 S. mit Abb. 1974. (Wv)

Band 4:
Rommelfanger, H.
Differenzen- und Differentialgleichungen
232 S. 1977. (Wv)

Band 5:
Egle, K.
Graphen und Präordnungen
208 S. 1977. (Wv)

Reihe: Methoden und Verfahren der mathematischen Physik

Herausgegeben von Prof. Dr. Bruno Brosowski, Universität Göttingen, und Prof. Dr. Erich Martensen, Universität Karlsruhe.

Diese Reihe bringt Originalarbeiten aus dem Gebiet der angewandten Mathematik und der mathematischen Physik für Mathematiker, Physiker und Ingenieure.

Band 1: 183 S. mit Abb. 1969. (HTB 720)
Band 2: 179 S. mit Abb. 1970. (HTB 721)
Band 3: 176 S. mit Abb. 1970. (HTB 722)
Band 4: 177 S. 1971. (HTB 723)
Band 5: 199 S. 1971. (HTB 724)
Band 6: 163 S. 1972. (HTB 725)
Band 7: 176 S. 1972. (HTB 726)
Band 8: 222 S. mit Abb. 1973. (Wv)
Band 9: 201 S. mit Abb. 1973. (Wv)
Band 10: 184 S. 1973. (Wv)
Band 11: 190 S. mit Abb. 1974. (Wv)
Band 12: 214 S. mit Abb. 1975. Mathematical Geodesy, Part 1. (Wv)
Band 13: 206 S. mit Abb. 1975. Mathematical Geodesy, Part 2. (Wv)
Band 14: 176 S. mit Abb. 1975. Mathematical Geodesy, Part 3. (Wv)
Band 15: 166 S. 1976. (Wv)
Band 16: 180 S. 1976. (Wv)

Informatik

Alefeld, G./J. Herzberger/ O. Mayer
Einführung in das Programmieren mit ALGOL 60
164 S. 1972. (HTB 777)

Bosse, W.
Einführung in das Programmieren mit ALGOL W
249 S. 1976. (HTB 784)

Breuer, H.
Algol-Fibel
120 S. mit Abb. 1973. (HTB 506)

Breuer, H.
Fortran-Fibel
85 S. mit Abb. 1969. (HTB 204)

Breuer, H.
PL/1-Fibel
106 S. 1973. (HTB 552)

Breuer, H.
Taschenwörterbuch der Programmiersprachen ALGOL, FORTRAN, PL/1
157 S. 1976. (HTB 181)

Haase, V./W. Stucky
BASIC
Programmieren für Anfänger
230 S. 1977. (HTB 744)

Hotz, G./H. Walter
Automatentheorie und formale Sprachen I
184 S. 1968. (HTB 821)

Mell, W.-D./P. Preus/P. Sandner
Einführung in die Programmiersprache PL/1
304 S. 1974. (HTB 785)

Mickel, K.-P.
Einführung in die Programmiersprache COBOL
206 S. 1975. (HTB 745)

Müller, D.
Programmierung elektronischer Rechenanlagen
249 S. mit 26 Abb. 3., erweiterte Aufl. 1969. (HTB 49)

Müller, K. H./I. Streker
FORTRAN. Programmierungsanleitung
215 S. 2. Aufl. 1970. (HTB 804)

Rohlfing, H.
SIMULA
243 S. mit Abb. 1973. (HTB 747)

Schließmann, H.
Programmierung mit PL/1
150 S. 1975. (HTB 740)

Zimmermann, G./P. Marwedel
Elektrotechnische Grundlagen der Informatik I
Elektrostatik, Oszillograph, Logikschaltungen, Digitalspeicher. 200 S. 1974. (HTB 789)

Zimmermann, G./J. Höffner
Elektrotechnische Grundlagen der Informatik II
Wechselstromlehre, Leitungen, analoge u. digitale Verarbeitung kontinuierlicher Signale. 194 S. 1974. (HTB 790)

Reihe: Informatik

Herausgegeben von Prof. Dr. Karl Heinz Böhling, Universität Bonn, Prof. Dr. Ulrich Kulisch, Universität Karlsruhe, Prof. Dr. Hermann Maurer, Technische Universität Graz.

Diese Reihe enthält einführende Darstellungen zu verschiedenen Teildisziplinen der Informatik. Sie ist hervorgegangen aus der Zusammenlegung der Reihen „Skripten zur Informatik" (Hrsg. K. H. Böhling) und „Informatik" (Hrsg. U. Kulisch).

Band 1:
Maurer, H.
Theoretische Grundlagen der Programmiersprachen. Theorie der Syntax
254 S. Neudruck 1977. (Wv)

Band 2:
Heinhold, J./U. Kulisch
Analogrechnen
242 S. mit Abb. 1976. (Wv)

Band 4:
Böhling, K. H./D. Schütt
Endliche Automaten
Teil II: 104 S. 1970. (HTB 704)

Band 5:
Brauer, W./K. Indermark
Algorithmen, rekursive Funktionen und formale Sprachen
115 S. 1968. (HTB 817)

Band 6:
Heyderhoff, P./Th. Hildebrand
Informationsstrukturen. Eine Einführung in die Informatik
218 S. mit Abb. 1973. (Wv)

Band 7:
Kameda, T./K. Weihrauch
Einführung in die Codierungstheorie
Teil I: 218 S. 1973. (Wv)

Band 8:
Reusch, B.
Lineare Automaten
149 S. mit Abb. 1969. (HTB 708)

Band 9:
Henrici, P.
Elemente der numerischen Analysis
Teil I: Auflösung von Gleichungen. 227 S. 1972. (HTB 551)
Teil II: Interpolation und Approximation, praktisches Rechnen. IX, 195 S. 1972. (HTB 562)

Band 10:
Böhling, K. H./G. Dittrich
Endliche stochastische Automaten
138 S. 1972. (HTB 766)

Band 11:
Seegmüller, G.
Einführung in die Systemprogrammierung
480 S. mit Abb. 1974. (Wv)

Band 12:
Alefeld, G./J. Herzberger
Einführung in die Intervallrechnung
XIII, 398 S. mit Abb. 1974. (Wv)

Band 13:
Duske, J./H. Jürgensen
Codierungstheorie
235 S. 1977. (Wv)

Band 14:
Böhling, K. H./B. v. Braunmühl
Komplexität bei Turingmaschinen
324 S. mit Abb. 1974. (Wv)

Band 15:
Peters, F. E.
Einführung in mathematische Methoden der Informatik
348 S. 1974. (Wv)

Band 16:
Wedekind, H.
Datenbanksysteme I
227 S. mit Abb. 1975. (Wv)

Band 17:
Holler, E./O. Drobnik
Rechnernetze
195 S. mit Abb. 1975. (Wv)

Band 18:
Wedekind, H./T. Härder
Datenbanksysteme II
430 S. 1976. (Wv)

Band 19:
Kulisch, U.
Grundlagen des numerischen Rechnens. Mathematische Begründung der Rechnerarithmetik
467 S. 1976. (Wv)

Band 20:
Zima, H.
Betriebssysteme. Parallele Prozesse
325 S. 1976. (Wv)

Band 21:
Mies, P./D. Schütt
Feldrechner
150 S. 1976. (Wv)

Band 22:
Denert, E./R. Franck
Datenstrukturen
362 S. 1977. (Wv)

Band 23:
Ecker, K.
Organisation von parallelen Prozessen. Theorie deterministischer Schedules
280 S. 1977. (Wv)

Band 24:
Kaucher, E./R. Klatte/Ch. Ullrich
Höhere Programmiersprachen ALGOL, FORTRAN, PASCAL
258 S. 1978. (Wv)

Band 25:
Motsch, W.
Halbleiterspeicher. Technik, Organisation und Anwendung
237 S. 1978. (Wv)

Band 26:
Görke, W.
Mikrorechner
225 S. 1978. (Wv)

Physik

Baltes, H. P./E. R. Hilf
Spectra of Finite Systems
In englischer Sprache. 116 S. 1976. (Wv)

Barut, A. O.
Die Theorie der Streumatrix für die Wechselwirkungen fundamentaler Teilchen
Band I: Gruppentheoretische Beschreibung der S-Matrix. 225 S. mit Abb. 1971. (HTB 438)
Band II: Grundlegende Teilchenprozesse. 212 S. mit Abb. 1971. (HTB 555)

Bensch, F./C. M. Fleck
Neutronenphysikalisches Praktikum
Band I: Physik und Technik der Aktivierungssonden. 234 S. mit Abb. 1968. (HTB 170)
Band II: Ausgewählte Versuche und ihre Grundlagen. 182 S. mit Abb. 1968. (HTB 171)

Bethge, K.
Quantenphysik.
Eine Einführung in die Atom- und Molekülphysik
Etwa 240 S. 1978. Unter Mitarbeit von Dr. G. Gruber, Universität Frankfurt. (Wv)

Bjorken, J. D./S. D. Drell
Relativistische Quantenmechanik
312 S. mit Abb. 1966. (HTB 98)

Bleuler, K./H. R. Petry/D. Schütte (Hrsg.)
Mesonic Effects in Nuclear Structure
In englischer Sprache. 181 S. mit Abb. 1975. (Wv)

Bodenstedt, E.
Experimente der Kernphysik und ihre Deutung
Band I: 290 S. mit Abb. 1972. (Wv)
Band II: XIV, 293 S. mit Abb. 2., verbesserte Aufl. 1978. (Wv)
Band III: 288 S. mit Abb. 1973. (Wv)

Borucki, H.
Einführung in die Akustik
236 S. mit Abb. 1973. (Wv)

Donner, W.
Einführung in die Theorie der Kernspektren
Band I: Grundeigenschaften der Atomkerne, Schalenmodell, Oberflächenschwingungen und Rotationen. 197 S. mit Abb. 1971. (HTB 473)
Band II: Erweiterung des Schalenmodells, Riesenresonanzen. 107 S. mit Abb. 1971. (HTB 556)

Dreisvogt, H.
Spaltprodukttabellen
188 S. mit Abb. 1974. (Wv)

Eder, G.
Atomphysik.
Quantenmechanik II
259 S. 1978. (Wv)

Eder, G.
Elektrodynamik
273 S. mit Abb. 1967. (HTB 233)

Eder, G.
Quantenmechanik I
324 S. 1968. (HTB 264)

Emendörfer, D./K. H. Höcker
Theorie der Kernreaktoren
Band I: Kernbau und Kernspaltung, Wirkungsquerschnitte, Neutronenbremsung und -thermalisierung. 232 S. mit Abb. 1969. (HTB 411)
Band II: Neutronendiffusion (Elementare Behandlung und Transporttheorie). 147 S. mit Abb. 1970. (HTB 412)

Feynman, R. P.
Quantenelektrodynamik
249 S. mit Abb. 1969. (HTB 401)

Fick, D.
Einführung in die Kernphysik mit polarisierten Teilchen
VI, 255 S. mit Abb. 1971. (HTB 755)

Gasiorowicz, S.
Elementarteilchenphysik
742 S. mit 119 Abb. 1975. (Wv)

Groot, S. R. de
Thermodynamik irreversibler Prozesse
216 S. mit 4 Abb. 1960. (HTB 18)

Groot, S. R. de/P. Mazur
Anwendung der Thermodynamik irreversibler Prozesse
349 S. mit Abb. 1974. (Wv)

Heisenberg, W.
Physikalische Prinzipien der Quantentheorie
117 S. mit Abb. 1958. (HTB 1)

Henley, E. M./W. Thirring
Elementare Quantenfeldtheorie
336 S. 1975. (Wv)

Hesse, K.
Halbleiter.
Eine elementare Einführung
Band I: 249 S. mit 116 Abb. 1974. (HTB 788)

Huang, K.
Statistische Mechanik
Band III: 162 S. 1965. (HTB 70)

Hund, F.
Geschichte der physikalischen Begriffe
410 S. 1972. (HTB 543)

Hund, F.
Geschichte der Quantentheorie
262 S. mit Abb. 2. Auflage 1975. (Wv)

Hund, F.
Grundbegriffe der Physik
234 S. mit Abb. 1969. (HTB 449)

Källèn, G./J. Steinberger
Elementarteilchenphysik
687 S. mit Abb. 2., verbesserte Aufl. 1974. (Wv)

Kertz, W.
Einführung in die Geophysik
Band I: Erdkörper. 232 S. mit Abb. 1969. (HTB 275)
Band II: Obere Atmosphäre und Magnetosphäre. 210 S. mit Abb. 1971. (HTB 535)

Kippenhahn, R./C. Möllenhoff
Elementare Plasmaphysik
297 S. mit Abb. 1975. (Wv)

Libby, W. F./F. Johnson
Altersbestimmung mit der C^{14}-Methode
205 S. mit Abb. 1969. (HTB 403)

Lipkin, H. J.
Anwendung von Lieschen Gruppen in der Physik
177 S. mit Abb. 1967. (HTB 163)

Luchner, K.
Aufgaben und Lösungen zur Experimentalphysik
Band I: Mechanik, geometrische Optik, Wärme. 158 S. mit Abb. 1967. (HTB 155)
Band II: Elektromagnetische Vorgänge. 150 S. mit Abb. 1966. (HTB 156)
Band III: Grundlagen zur Atomphysik. 125 S. mit Abb. 1973. (HTB 157)

Lüscher, E.
Experimentalphysik
Band I: Mechanik, geometrische Optik, Wärme.
1. Teil: 260 S. mit Abb. 1967. (HTB 111)
Band I/2. Teil: 215 S. mit Abb. 1967. (HTB 114)
Band II: Elektromagnetische Vorgänge. 336 S. mit Abb. 1966. (HTB 115)
Band III: Grundlagen zur Atomphysik.
1. Teil: 177 S. mit Abb. 1970. (HTB 116)
Band III/2. Teil: 160 S. mit Abb. 1970. (HTB 117)

Lüst, R.
Hydrodynamik
Etwa 250 S. 1978. (Wv)

Mittelstaedt, P.
Der Zeitbegriff in der Physik
164 S. 1976. (Wv)

Mitter, H.
Quantentheorie
316 S. mit Abb. 1969. (HTB 701)

Møller, C.
Relativitätstheorie
316 S. 1977. (Wv)

Möller, F.
Einführung in die Meteorologie
Band I: Meteorologische Elementarphänomene. 222 S. mit Abb. 1973. (HTB 276)
Band II: Komplexe meteorologische Phänomene. 223 S. mit Abb. 1973. (HTB 288)

Neff, H.
Physikalische Meßtechnik
160 S. mit Abb. 1976. (HTB 66)

Neuert, H.
Experimentalphysik für Mediziner, Zahnmediziner, Pharmazeuten und Biologen
292 S. mit Abb. 1969. (HTB 712)

Neuert, H.
Physik für Naturwissenschaftler
Band I: Mechanik und Wärmelehre. 173 S. 1977. (HTB 727)
Band II: Elektrizität und Magnetismus, Optik. 198 S. 1977. (HTB 728)
Band III: Atomphysik, Kernphysik, chemische Analyseverfahren. 326 S. 1978. (HTB 729)

Rollnik, H.
Physikalische und mathematische Grundlagen der Elektrodynamik
217 S. mit Abb. 1976. (HTB 297)

Rollnik, H.
Teilchenphysik
Band I: Grundlegende Eigenschaften von Elementarteilchen. 188 S. mit Abb. 1971. (HTB 706)
Band II: Innere Symmetrien der Elementarteilchen. 158 S. mit Abb. z. T. farbig. 1971. (HTB 759)

Rose, M. E.
Relativistische Elektronentheorie
Band I: 193 S. mit Abb. 1971. (HTB 422)
Band II: 171 S. mit Abb. 1971. (HTB 554)

Scherrer, P./P. Stoll
Physikalische Übungsaufgaben
Band I: Mechanik und Akustik. 96 S. mit 44 Abb. 1962. (HTB 32)
Band II: Optik, Thermodynamik, Elektrostatik. 103 S. mit Abb. 1963. (HTB 33)
Band III: Elektrizitätslehre, Atomphysik. 103 S. mit Abb. 1964. (HTB 34)

Schulten, R./W. Güth
Reaktorphysik
Band II: Zeitliches Verhalten von Reaktoren. 164 S. mit Abb. 1962. (HTB 11)

Schultz-Grunow, F. (Hrsg.)
Elektro- und Magnetohydrodynamik
308 S. mit Abb. 1968. (HTB 811)

Seiler, H.
Abbildungen von Oberflächen mit Elektronen, Ionen und Röntgenstrahlen
131 S. mit Abb. 1968. (HTB 428)

Sexl, R. U./H. K. Urbantke
Gravitation und Kosmologie. Eine Einführung in die Allgemeine Relativitätstheorie
335 S. mit Abb. 1975. (Wv)

Teichmann, H.
Einführung in die Atomphysik
135 S. mit 47 Abb. 3. Auflage 1966. (HTB 12)

Teichmann, H.
Halbleiter
156 S. mit Abb. 3. Auflage 1969. (HTB 21)

Wagner, C.
Methoden der naturwissenschaftlichen und technischen Forschung
219 S. mit Abb. 1974. (Wv)

Wegener, H.
Der Mössbauer-Effekt und seine Anwendung in Physik und Chemie
226 S. mit Abb. 1965. (HTB 2)

Wehefritz, V.
Physikalische Fachliteratur
171 S. 1969. (HTB 440)

Weizel, W.
Einführung in die Physik
Band I: Mechanik und Wärme. 174 S. mit Abb. 5. Auflage 1963. (HTB 3)
Band II: Elektrizität und Magnetismus. 180 S. mit Abb. 5. Auflage 1963. (HTB 4)
Band III: Optik und Atomphysik. 194 S. mit Abb. 5. Auflage 1963. (HTB 5)

Weizel, W.
Physikalische Formelsammlung
Band II: Optik, Thermodynamik, Relativitätstheorie. 148 S. 1964. (HTB 36)
Band III: Quantentheorie. 196 S. 1966. (HTB 37)

Zimmermann, P.
Eine Einführung in die Theorie der Atomspektren
91 S. mit Abb. 1976. (Wv)

Astronomie

Becker, F.
Geschichte der Astronomie
201 S. mit Abb. 3., erweiterte Aufl. 1968. (HTB 298)

Bohrmann, A.
Bahnen künstlicher Satelliten
163 S. mit Abb. 2., erweiterte Aufl. 1966. (HTB 40)

Schaifers, K.
Atlas zur Himmelskunde
96 S. 1969. (HTB 308)

Scheffler, H./H. Elsässer
Physik der Sterne und der Sonne
535 S. mit Abb. 1974. (Wv)

Schurig, R./P. Götz/K. Schaifers
Himmelsatlas (Tabulae caelestes)
44 S. 8. Aufl. 1960. (Wv)

Voigt, H. H.
Abriß der Astronomie
556 S. mit Abb. 2., verbesserte Aufl. 1975. (Wv)

Philosophie

Glaser, I.
Sprachkritische Untersuchungen zum Strafrecht am Beispiel der Zurechnungsfähigkeit
131 S. 1970. (HTB 516)

Kamlah, W.
Philosophische Anthropologie. Sprachkritische Grundlegung und Ethik
192 S. 1973. (HTB 238)

Kamlah, W.
Von der Sprache zur Vernunft. Philosophie und Wissenschaft in der neuzeitlichen Profanität
230 S. 1975. (Wv)

Kamlah, W./P. Lorenzen
Logische Propädeutik. Vorschule des vernünftigen Redens
239 S. 2., erweiterte Aufl. 1973. (HTB 227)

Kanitscheider, B.
Vom absoluten Raum zur dynamischen Geometrie
139 S. 1976. (Wv)

Leinfellner, W.
Einführung in die Erkenntnis- und Wissenschaftstheorie
226 S. 2., erweiterte Aufl. 1967. (HTB 41)

Lorenzen, P.
Normative Logic and Ethics
In englischer Sprache. 89 S. 1969. (HTB 236)

Lorenzen, P./O. Schwemmer
Konstruktive Logik, Ethik und Wissenschaftstheorie
331 S. mit Abb. 2., verbesserte Aufl. 1975. (HTB 700)

Mittelstaedt, P.
Philosophische Probleme der modernen Physik
227 S. mit Abb. 5., überarbeitete Aufl. 1976. (HTB 50)

Mittelstaedt, P.
Die Sprache der Physik
139 S. 1972. (Wv)

Mittelstaedt, P.
Der Zeitbegriff in der Physik
164 S. 1976. (Wv)

Literatur und Sprache

Kraft, H. (Hrsg.)
Andreas Streichers Schiller-Biographie
459 S. mit Abb. 1974. (Wv)

Storz, G.
Klassik und Romantik
247 S. 1972. (Wv)

Trojan, F./H. Schendl
Biophonetik
264 S. mit Abb. 1975. (Wv)

Chemie

Cordes, J. F. (Hrsg.)
Chemie und ihre Grenzgebiete
199 S. mit Abb. 1970. (HTB 715)

Freise, V.
Chemische Thermodynamik
288 S. mit Abb. 2. Aufl. 1972. (HTB 213)

Grimmer, G.
Biochemie
376 S. mit Abb. 1969. (HTB 187)

Kaiser, R:
Chromatographie in der Gasphase
Band I: Gas-Chromatographie. 220 S. mit Abb. 1973. (HTB 22)
Band II: Kapillar-Chromatographie. 346 S. mit Abb. 3., erweiterte Aufl. 1975. (HTB 23)
Band IV/2. Teil: 118 S. mit Abb. 2., erweiterte Aufl. 1969. (HTB 472)

Laidler, K. J.
Reaktionskinetik
Band I: Homogene Gasreaktionen. 216 S. mit Abb. 1970. (HTB 290)

Preuß, H.
Quantentheoretische Chemie
Band I: Die halbempirischen Regeln. 94 S. mit Abb. 1963. (HTB 43)
Band II: Der Übergang zur Wellenmechanik, die allgemeinen Rechenverfahren. 238 S. mit Abb. 1965. (HTB 44)
Band III: Wellenmechanische und methodische Ausgangspunkte. 222 S. mit Abb. 1967. (HTB 45)

Riedel, L.
Physikalische Chemie.
Eine Einführung für Ingenieure
406 S. mit Abb. 1974. (Wv)

Schmidt, M.
Anorganische Chemie
Band I: Hauptgruppenelemente. 301 S. mit Abb. 1967. (HTB 86)
Band II: Übergangsmetalle. 221 S. mit Abb. 1969. (HTB 150)

Schneider, G.
Pharmazeutische Biologie.
Pharmakognosie
333 S. 1975. (Wv)

Steward, F. C./A. D. Krikorian/
K.-H. Neumann
Pflanzenleben
268 S. mit Abb. 1969. (HTB 145)

Wilk, M.
Organische Chemie
291 S. mit Abb. 1970. (HTB 71)

Medizin

Forth, W./D. Henschler/W. Rummel (Hrsg.)
Allgemeine und spezielle Pharmakologie und Toxikologie
Für Studenten der Medizin, Veterinärmedizin, Pharmazie, Chemie, Biologie sowie für Ärzte und Apotheker.
2., überarbeitete und erweiterte Aufl. 1977. 686 S. Über 400 meist zweifarbige Abb., sowie mehr als 320 Tabellen. Format 19x27 cm. (Wv)

Das Standardwerk für den Bereich der Pharmakologie und Toxikologie. Lehrbuchmäßige Darstellung des gesamten Stoffes für Studenten der Medizin, Veterinärmedizin, Pharmazie, Chemie, Biologie. Geeignet zum Selbststudium, zur Vorbereitung auf Seminare, als Repetitorium – vor allem aber auch als umfassendes Handbuch und Nachschlagewerk für den praktisch tätigen Arzt, den Apotheker und für Wissenschaftler verwandter Gebiete.

Ingenieurwissenschaften

Beneking, H.
Praxis des Elektronischen Rauschens
255 S. mit Abb. 1971. (HTB 734)

Billet, R.
Grundlagen der thermischen Flüssigkeitszerlegung
150 S. mit Abb. 1962. (HTB 29)

Billet, R.
Optimierung in der Rektifiziertechnik unter besonderer Berücksichtigung der Vakuumrektifikation
129 S. mit Abb. 1967. (HTB 261)

Billet, R.
Trennkolonnen für die Verfahrenstechnik
151 S. mit Abb. 1971. (HTB 548)

Böhm, H.
Einführung in die Metallkunde
236 S. mit Abb. 1968. (HTB 196)

Bosse, G.
Grundlagen der Elektrotechnik
Band I: Das elektrostatische Feld und der Gleichstrom. Unter Mitarbeit von W. Mecklenbräuker. 141 S. mit Abb. 1966. (HTB 182)
Band II: Das magnetische Feld und die elektromagnetische Induktion. Unter Mitarbeit von G. Wiesemann. 154 S. mit Abb. 2., überarbeitete Aufl. 1978. (HTB 183)
Band III: Wechselstromlehre, Vierpol- und Leitungstheorie. Unter Mitarbeit von A. Glaab. 136 S. 1969. (HTB 184)
Band IV: Drehstrom, Ausgleichsvorgänge in linearen Netzen. Unter Mitarbeit von J. Hagenauer. 164 S. mit Abb. 1973. (HTB 185)

Feldtkeller, E.
Dielektrische und magnetische Materialeigenschaften
Band I: Meßgrößen, Materialübersicht und statistische Eigenschaften. 242 S. mit Abb. 1973. (HTB 485)
Band II: Piezoelektrische/magnetostriktive und dynamische Eigenschaften. 188 S. mit Abb. 1974. (HTB 488)

Glaab, A./J. Hagenauer
Übungen in Grundlagen der Elektrotechnik III, IV
228 S. mit Abb. 1973. (HTB 780)

Klein, W.
Vierpoltheorie
159 S. mit Abb. 1972. (Wv)

MacFarlane, A. G. J.
Analyse technischer Systeme
312 S. mit Abb. 1967. (HTB 81)

Mahrenholtz, O.
Analogrechnen in Maschinenbau und Mechanik
208 S. mit Abb. 1968. (HTB 154)

Marguerre, K./H.-T. Woernle
Elastische Platten
242 S. mit 125 Abb. 1975. (Wv)

Mesch, F. (Hrsg.)
Meßtechnisches Praktikum
217 S. mit Abb. 2. Auflage 1977. (HTB 736)

Pestel, E.
Technische Mechanik
Band I: Statik. 284 S. mit Abb. 1969. (HTB 205)
Band II: Kinematik und Kinetik.
1. Teil: 196 S. mit Abb. 1969. (HTB 206)
Band II/2. Teil: 204 S. mit Abb. 1971. (HTB 207)

Piefke, G.
Feldtheorie
Band I: Maxwellsche Gleichungen, Elektrostatik, Wellengleichung, verlustlose Leitungen. 264 S. Verbesserter Nachdruck 1977. (HTB 771)
Band II: Verlustbehaftete Leitungen, Grundlagen der Antennenabstrahlung, Einschwingvorgang. 231 S. mit Abb. 1973. (HTB 773)
Band III: Beugungs- und Streuprobleme, Wellenausbreitung in anisotropen Medien. 362 S. 1977. (HTB 782)

Rößger, E./K.-B. Hünermann
Einführung in die Luftverkehrspolitik
165, LIV S. mit Abb. 1969. (HTB 824)

Sagirow, P.
Satellitendynamik
191 S. 1970. (HTB 719)

Schrader, K.-H.
Die Deformationsmethode als Grundlage einer problemorientierten Sprache
137 S. mit Abb. 1969. (HTB 830)

Stüwe, H. P.
Einführung in die Werkstoffkunde
197 S. mit Abb. 2., verbesserte Aufl. 1978. (HTB 467)

Stüwe, H. P./G. Vibrans
Feinstrukturuntersuchungen in der Werkstoffkunde
138 S. mit Abb. 1974. (Wv)

Waller, H./W. Krings
Matrizenmethoden in der Maschinen- und Bauwerksdynamik
377 S. mit 159 Abb. 1975. (Wv)

Wasserrab, Th.
Gaselektronik
Band I: Atomtheorie. 223 S. mit Abb. 1971. (HTB 742)
Band II: Niederdruckentladungen, Technik der Gasentladungsventile. 230 S. mit Abb. 1972. (HTB 769)

Wiesemann, G.
Übungen in Grundlagen der Elektrotechnik II
202 S. mit Abb. 1976. (HTB 779)

Wiesemann, G./W. Mecklenbräuker
Übungen in Grundlagen der Elektrotechnik I
179 S. mit Abb. 1973. (HTB 778)

Wolff, I.
Grundlagen und Anwendungen der Maxwellschen Theorie
Band I: Mathematische Grundlagen, die Maxwellschen Gleichungen, Elektrostatik. 326 S. mit Abb. 1968. (HTB 818)
Band II: Strömungsfelder, Magnetfelder, quasistationäre Felder, Wellen. 263 S. mit Abb. 1970. (HTB 731)

Reihe: Theoretische und experimentelle Methoden der Regelungstechnik

Band 1:
Preßler, G.
Regelungstechnik
348 S. mit Abb. 3., überarbeitete Aufl. 1967. (HTB 63)

Band 3:
Isermann, R.
Theoretische Analyse der Dynamik industrieller Prozesse (Identifikation II)
Teil I: 122 S. mit Abb. 1971. (HTB 764)

Band 4:
Klefenz, G.
Die Regelung von Dampfkraftwerken
229 S. mit Abb. 2., verbesserte Aufl. 1975. (Wv)

Band 6:
Schlitt, H./F. Dittrich
Statistische Methoden der Regelungstechnik
169 S. 1972. (HTB 526)

Band 7:
Schwarz, H.
Frequenzgang- und Wurzelortskurvenverfahren
164 S. mit Abb. Verb. Nachdruck 1976. (Wv)

Band 8/9:
Starkermann, R.
Die harmonische Linearisierung
Band I: 201 S. mit Abb. 1970. (HTB 469)
Band II: 83 S. mit Abb. 1970. (HTB 470)

Band 10:
Starkermann, R.
Mehrgrößen-Regelsysteme
Band I: 173 S. mit Abb. 1974. (Wv)

Band 12:
Schwarz, H.
Optimale Regelung linearer Systeme
242 S. mit Abb. 1976. (Wv)

Band 13:
Latzel, W.
Regelung mit dem Prozeßrechner (DDC)
213 S. mit Abb. 1977. (Wv)

Geographie/Geologie/ Völkerkunde

Ganssen, R.
Grundsätze der Bodenbildung
135 S. mit Zeichnungen und einer mehrfarbigen Tafel. 1965. (HTB 327)

Gierloff-Emden, H.-G./
H. Schroeder-Lanz
Luftbildauswertung
Band I: Grundlagen. 154 S. mit Abb. 1970. (HTB 358)

Henningsen, D.
Paläogeographische Ausdeutung vorzeitlicher Ablagerungen
170 S. mit Abb. 1969. (HTB 839)

Kertz, W.
Einführung in die Geophysik
Band I: Erdkörper. 232 S. mit Abb. 1969. (HTB 275)
Band II: Obere Atmosphäre und Magnetosphäre. 210 S. mit Abb. 1971. (HTB 535)

Lindig, W.
Vorgeschichte Nordamerikas
399 S. mit Abb. 1973. (Wv)

Möller, F.
Einführung in die Meteorologie
Band I: Meteorologische Elementarphänomene. 222 S. mit Abb. und 6 Farbtafeln. 1973. (HTB 276)
Band II: Komplexe meteorologische Phänomene. 223 S. mit Abb. 1973. (HTB 288)

Schmithüsen, J.
Geschichte der geographischen Wissenschaft von den ersten Anfängen bis zum Ende des 18. Jahrhunderts
190 S. 1970. (HTB 363)

Schwidetzky, I.
Grundlagen der Rassensystematik
180 S. mit Abb. 1974. (Wv)

Wunderlich, H.-G.
Bau der Erde.
Geologie der Kontinente und Meere
Band I: Afrika, Amerika, Europa. 151 S., Tabellen und farbige Abb. 1973. (Wv)
Band II: Asien, Australien, Geologie der Ozeane. 164 S., Tabellen und 16 S. farbige Abb. 1975. (Wv)

Wunderlich, H.-G.
Einführung in die Geologie
Band I: Exogene Dynamik. 214 S. mit Abb. und farbigen Bildern. 1968. (HTB 340)
Band II: Endogene Dynamik. 231 S. mit Abb. und farbigen Bildern. 1968. (HTB 341)

B.I.-Hochschulatlanten

Dietrich, G./J. Ulrich (Hrsg.)
Atlas zur Ozeanographie
76 S. 1968. (HTB 307)

Ganssen, R./F. Hädrich (Hrsg.)
Atlas zur Bodenkunde
85 S. 1965. (HTB 301)

Schaifers, K. (Hrsg.)
Atlas zur Himmelskunde
96 S. 1969. (HTB 308)

Schmithüsen, J. (Hrsg.)
Atlas zur Biogeographie
80 S.1976. (HTB 303)

Wagner, K. (Hrsg.)
Atlas zur physischen Geographie (Orographie)
59 S. 1971. (HTB 304)